U0790276

空天力学系列教材

飞行器气动设计

李　桦　田正雨　潘　沙　编著

科学出版社

北　京

内 容 简 介

本书讲述飞行器基本气动特性、理论计算方法和气动布局设计。全书分 8 章，第 1 章为气动设计与飞行器发展综述，第 2 章讨论飞行器涉及的气体与流动基本性质，第 3~5 章讨论翼型和机翼在低速、亚声速、跨声速和超声速流动中的主要气动理论及其气动特性，第 6 章主要介绍飞机气动布局与总体参数初步设计步骤，第 7 章详细介绍飞机部件的气动设计思路与方法，第 8 章介绍高超声速飞行器气动特性及其设计原理。

本书可作为飞行器设计专业与力学专业的本科教材，也可供有关专业的研究生、教师、科研人员和工程技术人员参考。

图书在版编目(CIP)数据

飞行器气动设计 / 李桦，田正雨，潘沙编著. —北京：科学出版社，2017.3
空天力学系列教材
ISBN 978-7-03-050710-5

Ⅰ. ①飞… Ⅱ. ①李… ②田… ③潘… Ⅲ. ①飞行器－空气动力学－教材 Ⅳ. ①V211

中国版本图书馆 CIP 数据核字(2016)第 278323 号

责任编辑：潘斯斯 张丽花 / 责任校对：郭瑞芝
责任印制：赵 博 / 封面设计：迷底书装

科 学 出 版 社 出版
北京东黄城根北街 16 号
邮政编码：100717
http://www.sciencep.com
固安县铭成印刷有限公司印刷
科学出版社发行 各地新华书店经销
*
2017 年 3 月第 一 版 开本：787×1092 1/16
2025 年 7 月第九次印刷 印张：21 1/2
字数：500 000

定价：98.00 元

(如有印装质量问题，我社负责调换)

前 言

本书是为飞行器设计专业与力学专业本科生编写的飞行器气动设计教材。本书主要以飞机为对象，介绍飞行器设计所需的基本气动理论，以及飞行器初步设计和部件设计时需要考虑的气动问题。在飞行器涉及的气体与流动基本性质的基础上，针对翼型和各类机翼，分别讨论它们在低速、亚声速、跨声速和超声速流动中的主要气动理论及其气动特性，介绍飞机气动布局，讨论总体参数初步设计步骤，并详细介绍飞机部件的气动设计原则、参数计算和选取方法，此外还对处于前沿的高超声速飞行器气动特性及其设计原理进行了介绍。意在提高学生综合运用基本气动原理和理论解决实际飞行器设计问题的能力。

本书是国防科学技术大学新一轮教学改革课程建设工作的一部分，“飞行器气动设计”作为一门综合性专业课程，强调流体力学、空气动力学、飞行器部件空气动力学及高超声速空气动力学等基本理论与概念在飞行器气动设计中的实际应用。本书内容重点针对飞行器设计所需的气动理论，同时又带有相当部分的气动相关的飞行器设计内容，目的在于使学生将气动原理融入飞行器设计进行学习和理解。主要特点是：第一，介绍的空气动力学知识均为理解飞行器流动所需，并未介绍最基本的流动原理，因此读者需要有一定的空气动力学或流体力学基础知识；第二，设计部分重点在气动相关的飞行器设计部分内容，不同于飞行器总体设计内容的大而全；第三，配以大量的图片素材，同时制作了多个三维模型动画或者流场动画，以加深读者对一些重要知识点的理解。

本书根据作者多年讲授“飞行器气动设计”课程的讲稿编写而成。国防科学技术大学早期使用的教材是屈西曼所著的《飞机空气动力设计》，讲授内容结合实际教学反馈以及参考国内相关优秀教材，得以不断修止和完善。教学中参考了国内著名的“飞机设计手册”丛书，以及陆志良编著的《空气动力学》，钱翼稷编著的《空气动力学》，徐华舫编著的《空气动力学基础》，黄志澄编著的《高超声速飞行器空气动力学》，刘君编著的《飞行器部件空气动力学》，杨岞生编著的《飞行器部件空气动力学》，顾诵芬编著的《飞机总体设计》，李为吉编著的《飞机总体设计》，方宝端编著的《飞机气动布局设计》等，同时引用了《世界飞机大全》、百度百科、空翼网的部分飞机数据。这里谨向各位作者致以崇高的敬意和深深的感谢！

本书在编写过程中，得到了北京航空航天大学 CFD 重点实验室叶友达研究员和南京航空航天大学程克明教授的宝贵意见和建议，在此向他们表示衷心的感谢！

本书由李桦、田正雨、潘沙编写，最后由李桦统编定稿。由于水平所限，不当之处在所难免，恳请读者批评指正。

李 桦

2016 年 8 月

于国防科学技术大学

前言

目　　录

第1章 绪　　论

飞行器是利用空气动力原理飞行的，它在发动机的作用下，在空气介质的帮助下产生了推力、升力和控制力，同时消耗着所储备燃料的能量。目前，由于能按照空气动力原理飞行的、已开拓的飞行速度和高度的范围还很有限，而实际中对飞行器的军用和民用需求则在不断增长，因此飞机是其中最为通用而又具有巨大发展潜力的一类。

气动设计是飞机设计中非常重要的一个环节，它主要包括气动外形的设计、飞机布局形式的选择、主要气动参数的确定、部件气动设计以及为满足飞机设计要求而需要采取的气动措施等。

气动设计的内容广泛，需要说明的问题很多。作为绪论，本章重点针对飞行器气动设计相关各环节进行总体介绍，阐述空气动力学设计的任务、地位，说明设计要求、设计步骤和主要内容。除了高超声速飞行器气动设计部分外，本文所讨论的主要对象是飞机，有别于导弹这样的飞行器。本章采用较多的篇幅介绍飞行器的发展脉络，使读者初步了解飞行器气动布局演变历程。

§1.1　概　　述

1.1.1　飞机的构成

飞机由机体、推进系统和机载设备三大部分构成，图1.1.1为飞机组成的系统图。其

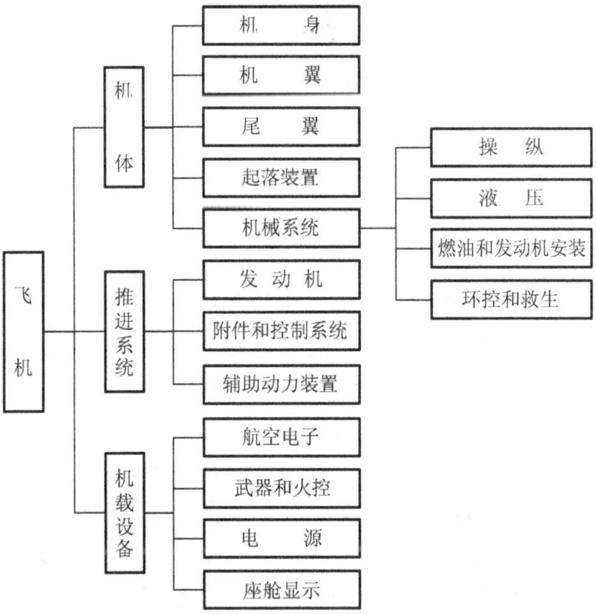

图1.1.1　飞机的组成

中，机体一般包括机身、机翼、尾翼、起落装置等部件和机械系统。机械系统是有别于电子/电气系统的一个类别，一般包括操纵、液压、燃油和发动机安装、环控和救生系统等，对民用飞机而言还包括客舱设施。推进系统除了发动机本身以外，还包含复杂的附件和控制系统，大型飞机还有辅助动力装置。对于机载设备，早期的飞机只包括简单的通信和导航设备，以及简单的座舱仪表。由于航空技术和电子技术的发展，对于现代的先进飞机，机载设备已是一个非常复杂的功能先进的多门类系统。考虑到飞机有军用和民用之分，还有先进与普通之分，因此这里将机载设备大体上分为四个系统，即航空电子、武器和火控、座舱显示和发动机。

1.1.2 飞行器空气动力学与气动设计的任务

1. 空气动力学的任务

飞行器是在地球大气层中运动的，这有别于航天器。它的飞行状态取决于它所受的重力、发动机推力及飞行中飞机部件产生的气动力。在各种匀速飞行时，飞行器处于平衡状态，重力和推力的合力必须等于气动力的合力。在平飞这种特别简单的飞行状态下，以翼型代表飞行器，作用在翼型上的气动力如图 1.1.2 所示。在这种情况下，平衡条件是：在垂直方向上重力等于升力，水平方向上推力等于阻力。其中，升力和阻力分别是气动力合力在垂直和平行于飞行速度方向上的分力。若飞机处于非匀速飞行状态，其所受的力还要加上惯性力。

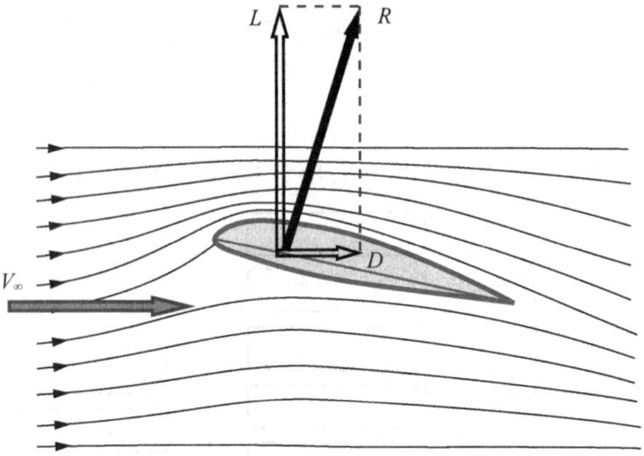

图 1.1.2　作用在翼型上的空气动力

飞行器空气动力学研究飞机运动时其部件乃至整体上所承受的气动力。对空气动力特性(常简称气动力特性或气动特性)起作用的最重要的部件是机翼、机身、尾翼和发动机。气动力与这些飞机部件的几何形状、飞行速度和空气的几种物理性质(如密度和黏度)的关系相当密切和复杂。飞行器空气动力学的任务主要有两个方面。

第一方面，计算给定外形飞行器的气动力，这是一个正问题，结果应当是唯一的。

第二方面，确定所要求的流动状态或气动指标的飞行器部件的形状，这是一个设计问题，也就是反问题，结果不是唯一的，也就是说可以有多个满足要求的结果。

给定气动力、飞机重力和发动机推力的情况下研究飞机的运动，是飞行力学领域的任务。除了包括飞行性能问题以外，还包括飞行特性的问题，如飞机的操纵性和稳定性。飞行力学不是本书讨论范围。此外气动弹性力学领域，即飞机部件变形时气动力和弹性理论相互作用，也不是本书的任务范围。

“飞行器气动计算”主要涉及飞机空气动力学任务的第一个方面，而“飞行器气动设计”则主要涉及上述任务的第二个方面，它是飞机空气动力学内容的深入和发展。由于气动力与飞机部件、飞行速度和空气流动之间的复杂关系，反问题的求解既需要有对正问题的深刻理解和认识，还需要有创造性和实践经验的帮助。因此气体动力学基础和部件空气动力学知识是气动设计的重要基础。

本书所介绍和讨论的内容，这两个方面都有相关，但都是服务于第二个方面。

2. 气动设计的任务

在飞行器设计中，气动设计的任务是：设计飞行器暴露在空气中各部件的气动外形及相对位置，预测并最后确定飞行器气动外形的气动特性。

所谓的气动外形即理论外形，它是飞行器总体部位安排(气动布局)和结构设计的依据。下面给出了一架典型飞机各主要部件的示意图(图1.1.3)。其中，机翼主要功能是产生升力，机身的主要功能则是承受有效载荷并把各部件连结为一个整体，尾翼的主要作用则是操纵飞机和保持飞机的稳定性。

气动特性包括各种气动系数、压力分布等；它们是进行弹道计算、载荷计算、控制参数选择、发动机推力选择、材料选择的原始依据。飞行条件确定后，飞行器的气动特性只取决于气动外形，而气动外形的优劣又要由气动特性的好坏来衡量。因此，飞行器的气动设计与气动特性预测是紧密相连的。一般来说，每设计一种气动外形，就应当进行一次气动特性预测。当气动外形最后选定时，就要确定该外形的全部气动特性。

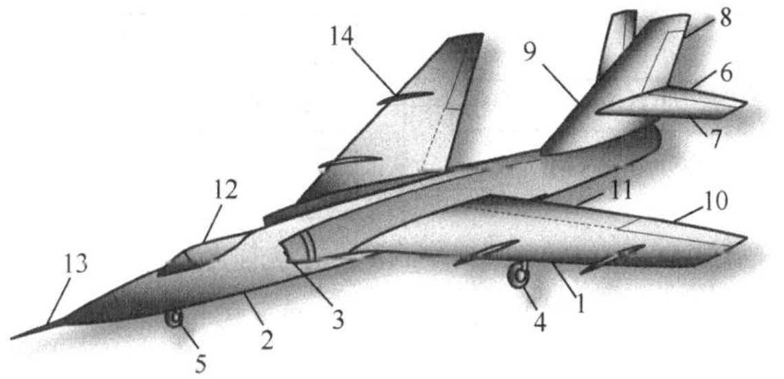

1—机翼　2—机身　3—发动机进气口　4　起落架主轮　5—起落架前轮
6—升降舵　7—水平稳定面　8—方向舵　9—垂直稳定面　10—副翼
11—襟翼　12—驾驶员座舱　13—空速管　14—翼刀

图1.1.3　飞机的主要组成部分

由于气动设计涉及空气动力学领域内的许多问题，从理论上全面分析和解决这些问题是非常复杂而且困难的，而对于一般的气动设计问题，考虑到读者的空气动力学基础，本书将只作定性的、概念上的介绍，重点分析飞行器设计中遇到的空气动力学问题的物理机理和概念，并结合理论分析和已有研究的试验结果，介绍原则性的解决方法。

1.1.3　飞行器气动设计的地位和作用

气动设计是飞行器总体设计的重要组成部分，在飞行器设计中占有重要的地位。飞行器的许多性能如平飞速度、高度、航程、稳定性及操纵性在很大程度上将取决于气动设计。有时气动设计能否取得关键性突破，将直接影响整个飞行器设计的成败。因此，气动设计常被称为飞行器设计上的“先行官”。

下面我们来看飞机气动设计在整个飞机研制过程中的地位和作用。飞机是一个复杂的系统。新飞机的研制，具有周期长、费用高的特点，因此设计方案一旦决定下来，总是希望能够研制成功，进入批量生产。要做到这一点，就必须按国家的法规和自行研制飞机的经验进行工作。根据相关规定，新飞机的研制可分成五个阶段：论证阶段、方案阶段、工程研制阶段、设计定型阶段和生产定型阶段。

1. 论证阶段

论证阶段主要是研究设计新飞机的可行性，其工作内容包括拟定新飞机的战术技术要求，新飞机的总体技术方案以及研制经费、保障条件和对研制周期的预测，最后形成“系统研制总要求”。

新飞机的系统研制总要求，是由使用部门根据国家的战略方针和将来面临的作战环境，经过分析后对新飞机提出的任务、使命和主要技术特性。研制部门则根据自己的技术储备和可用新技术的预测，拟定满足使用方需求的新飞机的可能的技术方案。经过最新飞机概念性方案的反复修改，以及针对使用部门提出的初步战术技术要求，从技术可行性、经费、研制周期及风险度等方面反复磋商后，才能形成正式的“系统研制总要求”，如图 1.1.4 所示。在这一阶段为了验证技术方案的可行性，必要时还要对采用的关键新技术进行试验验证，如气动布局方案的风洞试验，以使方案的可行性论证有坚实的技术基础。

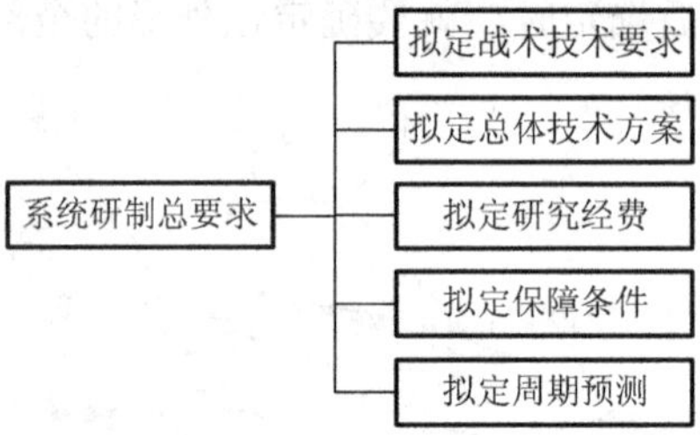

图 1.1.4　系统研制总要求

2. 方案阶段

方案阶段主要是根据批准的“系统研制总要求”设计出可行的飞机总体技术方案，即确定飞机布局形式、总体设计参数、选定动力装置和各主要系统方案，确定主要设备以及机体结构用的主要材料和工艺分离界面，进而形成飞机的总体布置图、三面图、结构受力系统图，进行重心定位，进行性能、操纵稳定性计算，进行结构强度和刚度计算以及提出对各分系统的技术要求；最终要制造出全尺寸的样机，进行人机接口、主要设备和通路布置的协调检查以及使用维护性检查。样机在经过使用部门，特别是经空、地勤人员审查通过后，可以冻结新机的总体技术方案，开始转入工程研制。

此阶段还必须进行方案验证性的风洞试验、结构和系统原理试验，使所有设计验证计算都建立在可靠的技术基础上。在确定总体技术方案的同时，也应对技术方案在经济和进度上作进一步分析和确定。

3. 工程研制阶段

工程研制阶段是根据此方案阶段制订的飞机总体技术方案，进行飞机的详细设计，向制造部门提供生产图纸。在工程研制阶段，制造部门的工艺人员要制定飞机制造工艺总方案，并对详细设计的零部件图纸进行工艺性审查。同时，各分系统的设备要陆续提交设计部门进行分系统的验证，然后对液压、燃油、飞控、空调、电源、航空电子等分系统进行全系统的地面模拟试验。在详细设计过程中还会对总体技术方案在细节上作一些修改和调整，因此还应根据设计更改后的方案，做全机模型的风洞校核试验，以提供试飞用的准确气动力数据，然后进行有飞行员参加的地面模拟器的飞行模拟试验。对于飞机部件及整机要进行静力试验，以验证飞机的强度，对于起落架还要进行动力试验。

飞机总装完以后在试飞前，要做全机地面共振试验，以确定飞机的颤振特性，还要做各系统及其综合的机上地面试验以及全机电磁兼容性等机上地面试验，为放飞前作最后的验证。

飞机在工程研制阶段，应拟定考核其能否满足原定战术技术要求的试飞大纲，并且应尽早培训空、地勤人员。最好在方案设计阶段他们就参加进来，以便熟悉新飞机的设计思想和特性，便于正确使用和处理新飞机在试飞中可能出现的问题；同时还应在该飞机的地面飞行模拟台进行重要的飞行状态的飞行模拟试验，提前发现飞行品质问题和熟悉飞机的操纵稳定性和使用特点。

在放飞前还应进行充分的地面滑行，以进一步验证在动态过程中机上各系统的工作情况，同时进一步对试飞测试系统作一定的检验。

工程研制阶段的最终结果一般是试制出供地面和飞行试验用原型机4~5架。制定试飞大纲并准备好空、地勤人员使用原型机所需的相应技术文件，并具有进行试飞所必需的外场保障设备。

4. 设计定型阶段

新飞机首飞成功后即应按试飞大纲要求，进行定型试飞。但需要进行飞机的调整试飞，以排除新飞机的一些初始性的重大故障，大致要飞到原设计飞行包线的80%左右，再开始正式的国家鉴定试飞，以检查新飞机能否达到设计要求。参与鉴定试飞用的原型机可按不同分工完成各自的试飞任务。如有的主要用于考核飞机的性能，有的评定操纵稳定性，有的检查颤振，有的检验武器和火控系统等。总之，各司其职，以完成试验定型试飞大纲规定的所有任务。

在做调整试飞过程中，新飞机肯定会出现各种故障，必要时还应对飞机做局部的修改。在定型试飞过程中还会有故障，当然比调整试飞中出现的要少得多，而且更改大多是其内系统，设计飞机外形的改动很少。

定型试飞通常需要上千次起落。试飞科目全部完成后，由试飞鉴定部门和飞行员写出正式报告，上报国家鉴定委员会批准后，方可进入小批量生产。

5. 生产定型阶段

经过设计定型后，新飞机可能还会有一定的更改，特别是公益性的更改，之后飞机进入小批量生产。首批生产的飞机也应经鉴定试飞，主要检查工艺质量，通过后即可进入成批生产。

成批生产的飞机，在大量使用中还会出现新的问题，积累到一定程度，可再做一次改进。改进飞机的设计则属于另一循环。当今作战飞机的机体往往有4000到6000飞行小时的寿命。在其整个寿命期内，机上设备和发动机的更换是必然的，这往往称为寿命中期改进。

以上所介绍的是军用飞机的一般研制过程；至于民用飞机的研制，大体上也要经过这些阶段。

可以看到，在飞机研制的五个阶段中，涉及气动布局等气动设计内容的主要集中在论证阶段、方案阶段和工程研制阶段，尤其是在方案阶段，即主要设计阶段。这充分体现了飞行器气动设计的“先行官”作用。

1.1.4 飞行器气动设计的要求

1. 飞机设计要求

飞机和其他机器的不同，最突出的是要在空中飞行，具有高的运输效率和良好的飞行性能，因此对它的外形要有严格要求，以满足空气动力学的特点。为了能在空中飞行并有一定的运输效率，必须严格控制飞机的空载重量。世界上所有飞机设计部门都有一句共同的名言，即“为减轻飞机的每一克重量而奋斗”。

除此以外，因为飞机是在空中飞行的，一旦出现故障不能停在空中修理，所以从设计开始就必须注意飞行的飞机的高品质要求，包括可靠性、安全性、维修性和技术寿命等。要实现这些要求，设计出好的飞机，必须采用先进的科学技术，还要继承成功的实践经验。

2. 飞行器气动设计要求

在飞行器气动设计中，气动外形设计要按照一定的设计原则进行，气动特性的预测则要求达到一定的准确度。

(1)气动外形设计原则。

飞行器技术指标是气动外形设计的依据，它主要有飞行速度范围、高度范围、航程、起飞着陆质量、动力装置形式等。气动外形设计在考虑气动特性先进技术的同时，还要考虑到结构的合理性及制造的经济型，一般的设计原则有：

① 气动外形应有良好的气动特性。平飞时升阻比较高，全机纵向、航向静稳定性好，操纵面效率高，且在设计范围内无畸变。

这里对稳定性稍作解释。稳定性是飞机本身固有的一种运动属性，从空气动力学观点来看，它由恢复力矩和阻尼力矩决定。稳定性分为静稳定性和动稳定性，其中静稳定性是指，座舱操纵固持情况下，飞机在平衡(配平)状态受到扰动，在扰动源撤出后，飞机本身具有恢复到原平衡状态趋势的能力；而动稳定性是指，飞机受扰运动在扰动源撤除后，能渐进地回到扰动前的运动状态，所关注的是受扰后的全过程和最终状态。

② 结构上是能够实现的，且保证起飞、降落、机动飞行时安全可靠。

③ 应考虑气动外形的继承性，使飞行器制造的周期短、成本低。

(2)气动特性预测的准确度及其影响。

在设计中，气动特性预测的准确度越高越好，即要求预测的误差尽可能地小。据统计，目前气动参数预测的结果相对误差一般为 10%~25%，个别(如升力、侧力系数)可低于10%，少数(如滚转力矩系数、铰链力矩系数和动导数)会超过 30%。

设计飞行器的性能与所获得的气动力系数有着密切的关系，气动性能预测误差必将给性能指标的确定带来相应的误差；因此在确定飞行器技术指标的参评误差范围时，必须考虑到气动系数误差的影响，并找出两者之间的相应关系；如 20%的升力误差，将给飞行器动力航程带来 10%的误差；10%的阻力误差，也将给飞行器的动力航程带来 10%的误差。这些关系有较大部分是经验关系，其他的需要研究获得。

(3) 气动设计的综合性。

要制造出飞机，并使飞机能在空中安全飞行，飞机必须依靠各种专业技术和系统来完成。在机体本身专业技术方面主要有空气动力学、结构力学、材料学、制造工艺等，此外还需要其他的一些例如动力装置、飞行控制系统、动力系统等的配合。飞机设计需要是飞机整体性能优化，达到规定的战术技术要求。如果各技术专业都只从本身的角度出发来设计飞机，那得到的飞机将不是一架可用的飞机。最形象的结果如图 1.1.5 所示，这是 1940 年美国著名飞机设计教育家米勒(C.W. Miller)的杰作，为后来几乎所有的飞机设计教科书所引用。

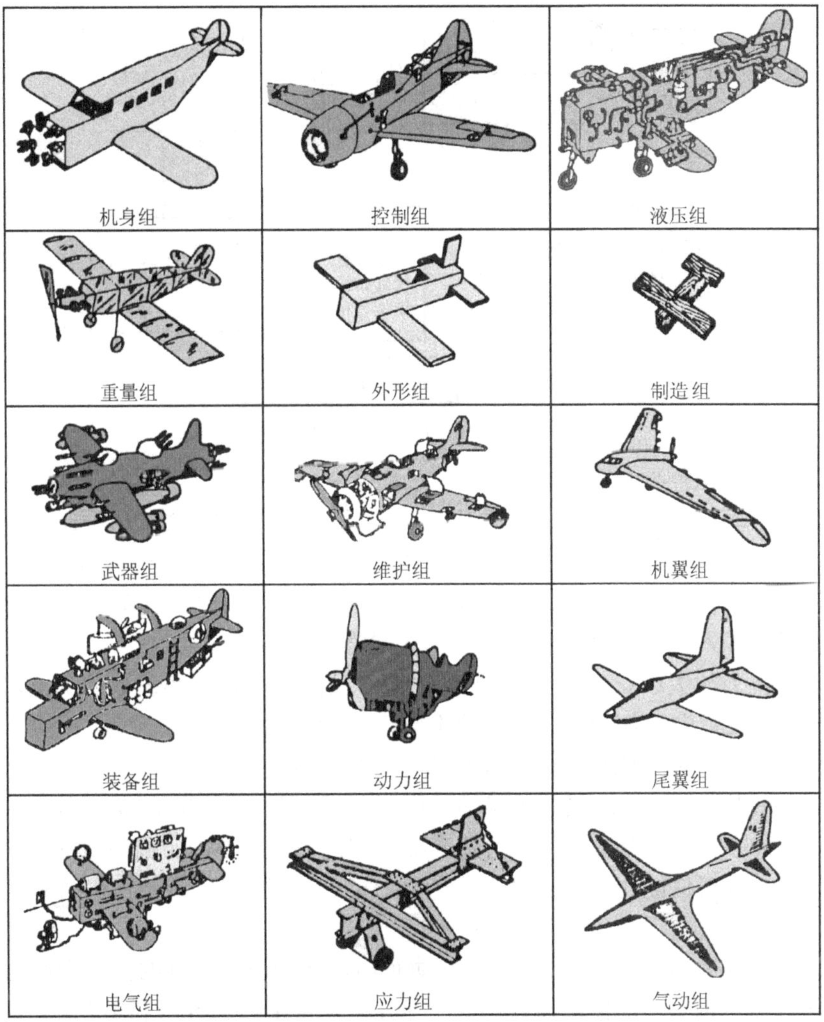

图 1.1.5　从各专业角度出发设计成的飞机(漫画 *Dream Airplanes* by C.W. Miller)

因此，气动设计必须与总体及其他分系统设计互相配合，不能只按气动要求设计。由于其他系统的限制条件，气动设计经常要做必要的让步，其他系统间相互也有协调。

1.1.5 气动设计的内容

飞机气动布局设计不仅限于飞机气动外形的设计，还包括各种气动参数的选择，以及与气动特性有关的综合设计，方案设计的主要环节如图 1.1.6 所示，可以看到，初步方案设计主要包括：从最基本的设计要求出发，需要选择飞机的气动布局形式，计算并确定主要参数(机翼面积、翼载、推重比等)，并在此基础上选择适用的发动机。然后围绕飞机的各部件进行外形的设计，这些部件涉及翼型选择、机翼设计、机身设计、尾翼/副翼等操纵面/稳定面的设计，还涉及发动机进气道和喷管出口位置与飞机的融合等较多细节。部件设计完毕后，绘制飞机初步设计方案的三面图，明确部件的安装部位、结构布置。针对该设计外形进行相关重量、气动、性能和结构的分析计算，计算结果同设计要求进行比较，针对不符合要求的指标单独分析，重新设计，进行循环。

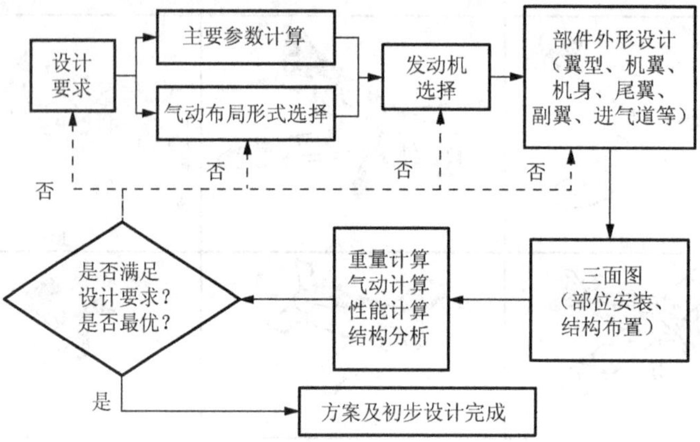

图 1.1.6 飞机方案设计的主要环节

下面有几个方面需要特殊说明。

在机翼设计中机翼面积是一个需要优选的参数。由于气动特性的不同，各种气动布局形式或不同机翼平面形状需要的机翼面积也不同，而尾翼的面积与机翼面积又有一定的关系。因此机翼面积(关系到翼载)的选择是飞机气动布局设计中需要确定的一个重要参数。

发动机类型和发动机循环参数的选择一般是概念设计研究的内容，在方案设计阶段主要确定发动机推力的大小(也可能包括加力比或者其他发动机循环参数的细调)，即相当于确定飞机的推重比。由于各种布局方案的不同气动特性以及对飞机重量的不同影响，在飞机气动布局设计中，推重比也是一个需要进行优化的参数。

实际上，在飞机气动布局设计中虽然考虑的出发点是空气动力，但必须同时考虑对重量的影响。这种影响来自两方面，气动效率影响燃油需量，不同布局参数的结构效率影响结构重量。而重量对性能的影响反过来又影响气动布局的选择(具体将在第 6 章 § 6.3 “飞机初始总体参数的选择” 内容中讨论)

图 1.1.6 给出的只是总的环节形式，气动布局设计的较为详细的内容列在表 1.1.1 中，其中大部分对应于本书后面的章节中，设计部分主要集中在第 6 章和第 7 章，对应章节已在表中标出，方便读者索引查阅。

表 1.1.1　飞机气动设计的内容

气动设计环节	设计内容	细节		
气动布局形式 （见§ 6.2，§ 7.3）	主要气动布局	常规布局 鸭式布局	变后掠翼 三翼面布局	无尾布局 飞翼式布局
机翼设计 （见§ 4.4，§ 7.1，§ 7.4，附录 E）	机翼平面形状	平直翼 三角翼	梯形翼	后掠翼
	机翼平面参数	展弦比 机翼面积	尖削比	后掠角
	翼型	标准翼型 层流翼型	尖头翼型	超临界翼型
	机翼安装	上反或下反 扭转角	位置	安装角
	前缘襟翼	普通前缘襟翼 克鲁格襟翼	前缘缝翼	前缘涡襟翼
	后缘襟翼	开裂式襟翼 双缝襟翼	简单襟翼 多缝襟翼	单缝襟翼 吹气襟翼
	机翼附加装置	机翼边条 涡流发生器	翼刀 吹气控制	前缘锯齿和前缘槽口
机身设计 （见§ 7.2）	机头	外形 弯度	截面形状	长细比
	整体	机身最大截面 后机身与喷管设计	长细比	外形
	面积律修型	跨声速减阻		
	整流	机身机翼整流	鼓包外形	
	座舱盖	风挡形状 长细比	风挡后掠角	座舱盖截面
纵向稳定面和操纵面设计 （见§ 7.7）	平尾/前翼	面积 位置	翼力臂 平面参数	尾容量 转轴设计
	升降舵	升降舵效率 偏度	弦长	面积
航向稳定面和操纵面设计 （见§ 7.8）	方向舵	弦长	面积	偏度
	全动垂尾	面积	尾容量	偏度
	腹鳍	外形	面积	位置
横向操纵面设计 （见§ 7.5）	副翼或升降副翼	弦长 偏度	展长	面积
	差动平尾或差动前翼	差动偏度		
	扰流片	弦长 形式	展长 位置	面积
隐身气动外形设计 （见§ 7.9）	外形布局	消除角反射器布局	非后向散射设计	非重要照射方向设计
	散射源	消除强散射源	遮挡强散射部件	
	细节设计	口盖、缝隙、尾部的锯齿形设计		

§1.2 飞行器发展历程简介

自古以来，飞行一直是人类的梦想，有许多学者希望发现飞行的原理，有许多工程师希望创造能够飞行的工具。自有文字记载以来，人类不断进行着飞行的尝试，在探索飞行技术途径的过程中，历尽艰辛，付出了极大的代价。我们可以看到，现在的飞机有各种各样的气动布局形式，这些形式并不是突然就设计出来的。

从莱特兄弟发明飞机算起已经过去一百多年，这一百多年间，伴随着动力、材料、结构上的改进和突破，飞机气动布局形式一直在发展变化，特别是也曾受到战争和冷战的推动而迅速发展。因此，飞机的气动布局形式与航空工业的发展是紧密地联系在一起的。为了使读者更好地了解飞机气动布局的演变，本节对飞行器的整个发展历程对进行回顾。对于飞行器的发展，主要经历了以下四个时期。

1.2.1 第一个时期——飞行探索时期

20 世纪以前是飞行的探索时期，人们主要在探索离地升空的技术，在很长的时期，这种探索多出于对鸟类飞行的向往和想象，难以实现真正的飞行。到了近代，在各种基础学科和技术迅速发展的基础上，研究手段和工具更加科学，人们对飞行原理的认识不断加深，并且在经历了富有勇气和牺牲精神的飞行试验之后，对飞行器的研究取得了实质性的进步。

1. 古代中国的贡献

——风筝

风筝出现于公元前 1000 年的中国，被誉为人类第一个飞行器。它是一种重于空气的飞行器，本质上其飞行原理和现代飞机相似，绳子的拉力，使其与空气产生相对运动，从而获得向上的升力。在一些国家的博物馆中展示着中国风筝，如美国国家博物馆中的一块牌子醒目地写着“世界上最早的飞行器是中国的风筝和火箭”。

风筝与人类飞行探索有着密切的关系，风筝具有良好的空气动力性能，它向人们证明，除了像飞鸟、昆虫那种扑翼的方式以外，采用合理的固定翼面将拉力和升力分开，也可以实现飞行。

19 世纪中期以后，人们逐渐将注意力集中到固定翼飞行器的研究，风筝对滑翔机和飞机的发明起到了重要的作用。1804 年英国的凯利曾利用风筝作为机翼制成一架滑翔机，用绳牵引起飞。飞机的探索者——俄国的莫扎伊斯基和飞机发明者——美国的莱特兄弟都曾用观察风筝的方法进行研究。中国的筒形风筝发展成的盒形风筝，成为双翼飞机的雏形。英籍美国人科迪模仿风筝的形状，制成英国的一架双翼飞机。

在众多的中国风筝中，有一种性能最好、影响最大，也最具代表性的风筝，那就是外形像一个“大”字的“沙燕”（或称“扎雁”“沙雁”等），如图 1.2.1 所示。“沙雁”风筝的翅膀已经采用了弧形剖面椭圆形翼尖，并且其展弦比大约等于 5，从空气动力学的观点看，这是性能较好的机翼所具有的特征。

图 1.2.1 风筝

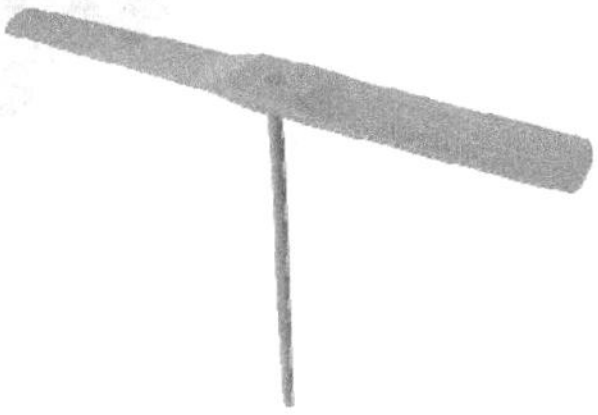

图 1.2.2 竹蜻蜓

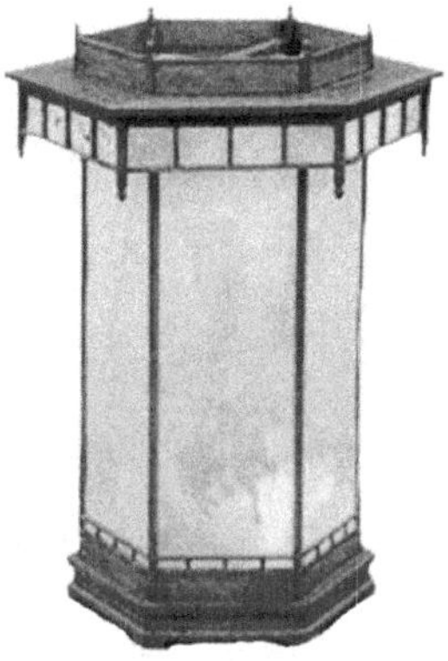

图 1.2.3 走马灯

——竹蜻蜓

用竹或木削成带扭曲状的薄片，在中间装一根立轴，用双手急挫时其快速旋转而飞升，这就是中国民间流传久远的玩具竹蜻蜓，如图 1.2.2 所示。竹蜻蜓的叶片和水平旋转面之间有一个倾角。当旋翼旋转时，旋转的叶片将空气向下推，同时空气也给竹蜻蜓一股向上的反作用升力。这股升力随着叶片的倾斜角变化而改变，倾角大升力就大，倾角小升力也小。当叶片旋转达到一定速度，升力大于竹蜻蜓的重量时，竹蜻蜓便可向上飞起。

竹蜻蜓大约在 18 世纪传入欧洲，被称为“中国陀螺”。西欧和俄国学者曾加以研究和试验，竹蜻蜓旋转而飞升的原理与现代直升机相同，如果把它横放便是螺旋桨。

——走马灯

中国人民很早就发明了走马灯，众多古籍与古诗词都有关于走马灯的描述，如图 1.2.3 所示。在走马灯的顶部装有平放的叶轮，下燃蜡烛和其他灯火，热气上升带动叶轮旋转，这可以看做现代燃气涡轮原理的原始应用。

——孔明灯

孔明灯发明于公元 907~960 年，也叫松脂灯，如图 1.2.4 所示，当时主要是军事联络用。松脂灯以竹篾制成长方形灯架，外蒙上纸，底盘上燃以松脂油，灯内空气受热膨胀，密度减小，导致孔明灯整体产生浮力。当重力小于浮力时，孔明灯即扶摇直上，可用作军中信号。松脂灯靠热气浮升的原理，与航空热气球升空原理完全相同，但比世界上第一个热空气球早了 800 多年。

——王莽时期“飞人”

据传在公元 9~23 年的王莽时期，有一个人用鸟翎编成一对大翅膀，绑在身上，居然滑翔了数百步之远，如图 1.2.5 所示。这是人类关于实现人力飞行的最早记载。

图 1.2.4 孔明灯

图 1.2.5 王莽时期 “飞人”的现代艺术造型

——原始火箭

“火箭”一词根据古书记载，最早出现在公元 3 世纪的中国的三国时代，距今已有 1700 多年的历史了。人们把一种头部带有易燃物、点燃后射向敌方的箭叫做火箭，这与我们现在所称的火箭相差甚远。唐代发明火药之后，到了宋代，人们把装有火药的筒绑在箭杆上，点燃引火线后射出去，箭在飞行中借助火药燃烧向后喷火所产生的反作用力使箭飞得更远，人们又把这种喷火的箭叫做火箭，如图 1.2.6 所示。这种利用火药喷气推进原理的箭，已具有现代火箭的雏形，可以称之为原始的固体火箭。

——万户进行第一次动力飞行

14 世纪末，中国明朝士大夫万户在座椅上安装 47 支火箭，双手各持一个大风筝，想利用火箭的推力，加上风筝的力量飞起。不幸火箭爆炸，万户也为此献出了生命。虽然飞行失败，却可谓当时重大的技术突破。万户开创的飞天事业，得到了世界的公认，纪念万户的塑像如图 1.2.7 所示。美国的火箭专家詹姆斯·史密斯·麦克唐纳称中国的万户是人类第一位进行载人火箭飞行尝试的先驱。

图 1.2.6 原始火箭

图 1.2.7 万户现代塑像

2. 近代世界的飞行努力

——15 世纪 达·芬奇的飞行器构想

莱昂纳多·达·芬奇(Leonardo da Vinci，1452－1519)是世界上第一个进行科学思考和研究飞行的人，他是画家、学者，也是航空科学先驱。达·芬奇曾应用解剖学和数理方面的知识观察分析了鸟类翅膀的运动，著有著作《论鸟的飞行》。他正确推论出，空气流过鸟的翅膀才能产生升力，这体现了气流与物体发生相对运动而产生升力的思想。他还发现气流流过的速度越快，产生的升力也越大。1490 年他发明了空气螺旋桨，在一个类似螺旋桨的物体上插上鸟的羽毛，做成一个直升机模型。但后来他错误地坚持只有模仿鸟儿才能飞行，因而把研究的重点放在扑翼机上。他的扑翼机方案是人俯卧在扑翼器械上用手划动两只带羽毛的桨来获得升力，但从现代力学的角度来看显然不能达到飞行目的。

达·芬奇对航空科学的重要贡献还有，最先提出用两个旋翼绕垂直轴转动以支承飞行器的思想并预见到降落伞的应用；绘制了大量有关飞行研究的草图，图中的许多设计符合空气动力学原理，反映出他认识到空气密度和重心位置对飞行器的重要影响。扑翼机、空气螺旋桨设计如图 1.2.8 所示。

图 1.2.8 扑翼机、空气螺旋桨设计

——1783 年孟格菲兄弟发明热气球，人类首次升空自由飞行

哥哥约瑟夫·米歇尔·孟格菲(Joseph Michel Montgolfier，1740－1810)和弟弟雅克·艾蒂尔·孟格菲(Joseph Michel Montgolfier，1745－1799)曾制造出新式仿羊皮纸和水质扬声器而成为法国知名的发明家。两人对航空科学最大的贡献在于研制出世界上第一个热空气气球。1783 年兄弟二人用麻布和纸制成一个直径达 10 m 的热空气气球，以燃烧湿稻草和碎羊毛产生的热空气充满气球。经过试验和多次改进，1783 年 6 月 4 日在昂诺内省首次升空，轰动整个法国。同年 9 月 19 日，应法国国王路易十六和法兰西学院的邀请，孟格菲兄弟带着气球去巴黎凡尔赛宫作表演，气球在空中飘行了 8 分钟，被公认为世界上第一个热空气气球。这次试验后，他们马上制定了送人上天的计划。10 月 15 日，法国人皮拉特尔·德罗齐埃(Pilâtre de Rozier，1754－1785)乘热空气气球上升到 26 m，飞行约 4.5 分钟。同年 11 月 21 日，德罗齐埃和洛朗·达尔朗德(Laurent d'Arlandes，1742－1809)，乘坐孟格菲的热气球，在巴黎实现了人类首次升空自由飞行。热气球直径 15 m，高 23 m，质量约 800 kg，升到 300 m 高空，飘飞了 25 分钟，降落在离起飞地点 8.9 km 的地方，这标志着人类航空发展的第一次重大突破，但它是利用浮力原理飞行，并没有实现重于空气的飞行器的动力飞行。孟格菲兄弟发明的气球如图 1.2.9 所示。

图 1.2.9 孟格菲兄弟发明的气球

——1783 年，氢气球的发明

孟格菲热气球的出现引起法国科学院的关注，法国科学家查理(Jacques Alexandre Cesar Charles，1746－1823)认识到，对于提供升力来说，氢气比空气更为有效。于是他用涂以橡胶的绸布制成了一个氢气球，世称“查理气球”。1783 年 8 月 27 日，该气球在巴黎上升到约 915 m 处，飘行了 25 km 以后安全降落。之后他又制造了一个体积更大的氢气球，下系载人的吊篮。1783 年 12 月 1 日，查理和助手罗伯特兄弟(Anne-Jean Robert，1758–1820 和 Nicolas-Louis Robert，1760–1820)乘这只气球在空中飘行 50 km，留空时间超过 2 小时，实现了首次氢气球载人飞行。查理发明的氢气球如图 1.2.10 所示。

图 1.2.10 查理发明的氢气球

——1852 年，飞艇的发明

气球只能在空中随风漂流而不能控制前进的方向，于是带有动力并可以操纵的气球——飞艇应运而生。1852 年法国人吉法尔(Henri Giffard，1825－1882)终于制成第一艘飞艇，该飞艇呈雪茄烟翼型，长 44 m，最大直径 12 km，有一台 3 马力的蒸汽机作动力装置，驱动一副三叶螺旋桨，并设有方向舵，人员和发动机均装在吊舱内。1852 年 9 月 24 日，吉法尔驾驶这艘飞艇由巴黎飞到特拉普，航程为 28 km。吉法尔和他发明的飞艇如图 1.2.11 所示。

18 世纪热气球载人飞行的成功，以及随着人类征服自然能力的提升，人们不再满足于只在神话中展开想象的翅膀，而是涌现出极大的热情要冒险尝试制作飞行器，使自己真正离开地面，飞向天空。他们也付出了更大的努力，在不同于气球和飞艇的另一类飞行器——重于空气的飞行器方向，进行了不懈的探索。

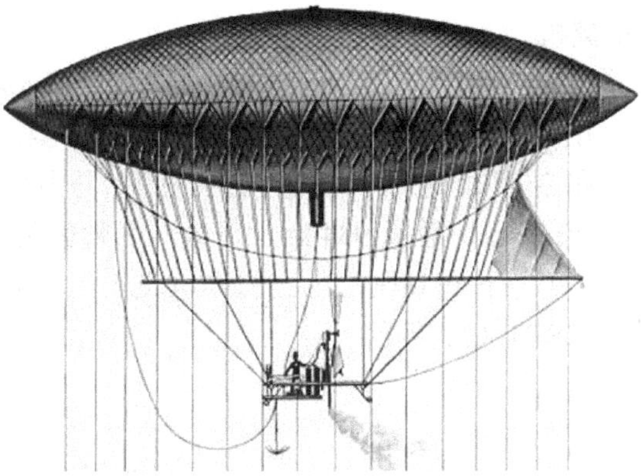

图 1.2.11 吉法尔发明的飞艇

——乔治·凯利在空气动力和飞行原理上的贡献

19 世纪初期，乔治·凯利(Geoge Cayley，1773－1857)进行了多方面的研究和试验，为重于空气的航空器创立了必要的飞行原理，从而使飞行探索进入更科学的阶段。他在 1809 年发表了重要著作《论空中航行》，这被认为是现代航空学诞生的标志，被后人尊称为“空气动力学之父”。莱特兄弟曾说过：“我们的成功完全要感谢那位英国绅士乔治·凯利，他写的有关航空的原理，他出版的著作，可以说毫无错误，实在是科学上最伟大的文献。”

凯利的主要贡献有：

(1) 他首先提出利用固定机翼产生升力和利用不同的翼面控制和推进飞机的设计概念。他的学说中，有一段阐述飞行器基本原理的论述，在今天看来依然十分精辟和准确，即“机械飞行的全部问题是向一块平板提供动力，使它在空气流中产生升力，并支持一定的质量”。该原理为后来的探索者指明了方向。

(2) 他将鸟的上升和前进两种功能从概念上区分开来，并初步勾画出现代飞机及其部件的轮廓，如机身、机翼和尾翼等部分。他又指出飞行器必须迎风飞行，必须有垂直的和水平的舵面。

(3) 他的研究涉及飞行的机械原理，即重力、升力、阻力和推力之间的关系。

(4) 他不但设计制造出最早的旋翼飞行器模型，还设计制造出最早的能载人的滑翔机。凯利及其设计的滑翔机如图 1.2.12 所示。

图 1.2.12 凯利设计的滑翔机

——**莫扎伊斯基的单翼机**

1884年，俄国海军军官莫扎伊斯基(Александр Фёдорович Можайский，1825—1890)设计制造了一架单翼机，并进行了试飞。该单翼机包括机身、尾翼、四轮起落架，以及两台英国制造的蒸汽发动机和3副螺旋桨，发动机功率为10马力(7.35 kW)。飞机的翼展22.8 m，弦长14.20 m，机长23 m，总重934 kg，可载一名驾驶员以及几名乘客。莫扎伊斯基的单翼机获得专利权，并在彼得堡附近的红村作试飞，但只能飞跃20~30 m的距离。莫扎伊斯基设计的单翼机如图1.2.13所示。

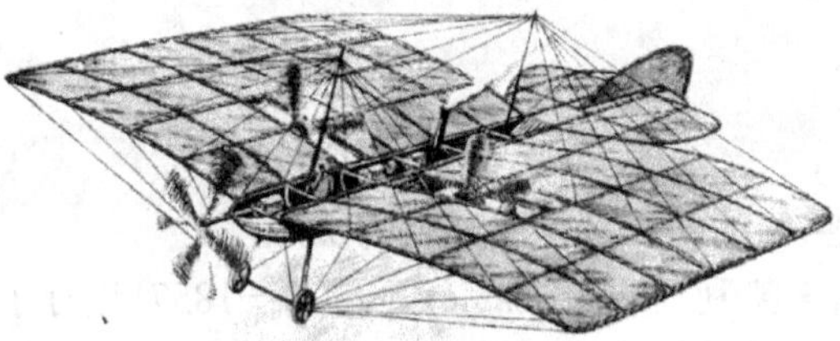

图1.2.13　莫扎伊斯基设计的单翼机

——**奥托·李林达尔实现人类第一次滑翔飞行**

德国工程师、滑翔飞行家奥托·李林达尔(Otto Lilienthal，1848—1896)也是世界航空先驱者之一。自幼酷爱飞行，少年时代的李林达尔曾长期观察研究鸟的飞行规律，并用自制的仪器验证观察的结果，也进行过扑翼飞行试验。他认识到扑翼飞行的不现实性，转向固定翼滑翔机研究和相关试验，并与其弟弟合作，于1891年制成一架弓形翼面的滑翔机，成功地进行了滑翔飞行，飞行距离超过30 m。李林达尔经过反复试验，证实了当时许多人使用的平板翼面完全不适合飞行，只有像鸟翼那样的拱形翼面才适用于飞行，而且能大大节约动力。该发现是当时航空技术的重大突破，这些研究成果都反映在他1889年的重要著作《鸟类飞行——航空的基础》中，该著作成为当时航空先驱者的必读之书。此后李林达尔又制造了多架不同形式的单翼和双翼滑翔机，坚持滑翔飞行试验。奥托·李林达尔设计的滑翔机如图1.2.14所示。

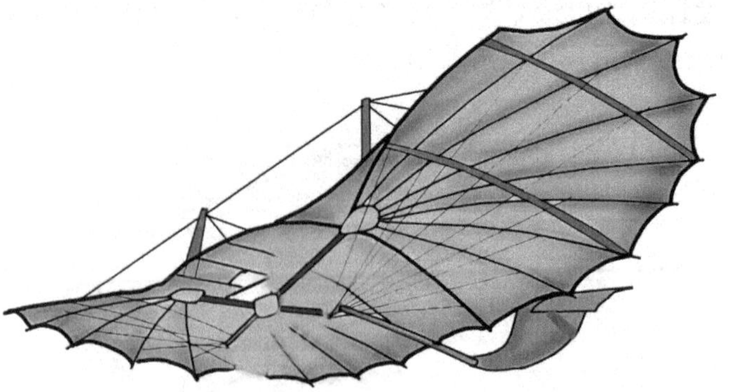

图1.2.14　奥托·李林达尔设计的滑翔机

如何实现动力飞行，当时有两种观点，一种观点主张先解决动力和升力问题，因而要先在飞行器上安装发动机，使飞行器离地升空，然后才能解决稳定与操纵问题；另一种观点以李林达尔和美国莱特兄弟为代表，他们认为应该先解决好稳定与操纵，然后装上合适的发动机，飞机就能飞行成功。后来的实践证明后一条道路是正确的，李林达尔用他的生命开辟了这一条道路。

李林达尔的滑翔机在中部设吊架，飞行员悬吊在架上，靠移动身体掌握重心位置，借以控制滑翔机的方向和速度。从 1891 到 1896 年，他在柏林附近的试验场地进行了 2000 次以上的滑翔试验，并把滑翔经验与体会作详细的记录，编制成数据表，写入了《飞翔中的实际试验》一书中。他准备在充分掌握稳定操纵后，在滑翔机上安装发动机以实现动力飞行，但这个愿望未能实现。1896 年 8 月，李林达尔驾驶他的 11 号滑翔机在飞行试验中失事牺牲。

1.2.2　第二个时期——活塞时期

20 世纪初至 40 年代中期是探索飞行的技术途径的时期，是活塞式发动机飞机迅猛发展的时期，航空发展取得了很多重大突破，可称为“活塞时代”。我们从下面几个阶段来看飞机发展主要历程和重要突破。

1. 第一次世界大战之前

——1903 年莱特兄弟实现人类第一次动力飞行

美国的莱特兄弟威尔伯·莱特(Wilbur Wright，1867－1912)和奥维尔·莱特(Orville Wright，1871－1948)从理论和实践两个方面解决了飞机的稳定操纵问题，成为人类航空史上举足轻重的人物。他们认为，飞机的平衡、俯仰和改变方向，可以通过偏转舵面来实现；又同时发明卷角翼尖来保证横向的稳定和操纵，从而实现了飞机围绕三个轴的运动。他们将一台四汽缸的液冷式活塞发动机安装在以滑翔机为基础制成的飞机上，命名为“飞行者”1 号。

“飞行者”1 号采用双翼布局，上机翼为弯拱形翼面，下机翼的剖面为平凸形，翼展为 12.32m，机长 6.43m，机翼面积 47.4m^2，起飞质量 340kg。总体气动外形为鸭式布局，即双翼式的升降舵安置在前面，两个方向舵装在后面，12 马力的活塞式发动机装在下机翼中间偏右部位，通过传动机件带动机翼后面的直径为 2.59m 的两副螺旋桨。结构材料为蒙布和木材，上下机翼之间用支撑柱加强。飞行员则俯卧在下机翼上面。图 1.2.15 所示为莱特兄弟试飞的飞机。

图 1.2.15　莱特兄弟试飞的飞机

1903 年 12 月 17 日，莱特兄弟用自己制造的飞机实现人类第一次持续的、有动力的、可操纵的飞行，开创了现代航空的新纪元。当天共飞行了四次，留空时间最长为 59s，飞行距离达 260 m。表 1.2.1 所示为 1903 年 12 月 17 日莱特兄弟 4 次飞行统计。

表 1.2.1　1903 年 12 月 17 日莱特兄弟 4 次飞行统计

留空时间/s	飞行距离/m	留空时间/s	飞行距离/m
12	36.6	15	61.0
11	59.6	59	260.0

——风洞的出现与使用

风洞是空气动力学实验的最重要的工具，英国的韦纳姆(E.Mariotte)在 1871 年设计并运行了一个风洞，它是一个两端开口的木箱，截面 45.7 厘米×45.7 厘米，长 3.05 米，被普遍认为是世界上第一个真正意义上的风洞。

1900 年，莱特兄弟在研制飞机的过程中，也建立了风洞，如图 1.2.16 所示。风洞试验段为正方形(40.6cm×40.6cm)，长 1.5m，气流速度 40~56.3 km/h，专门用于研究飞机部件的空气动力特性，为飞机设计直接提供必不可少的数据。他们进行了大量试验，收集了比前人更精确的数据，从而设计出了更高效的机翼和螺旋桨。

图 1.2.16　莱特兄弟研制的风洞

在这个时期，经过大量的飞行试验验证了他的飞行原理，初步解决了飞行时的稳定性和操纵性问题。在各种因素的促进下，此后飞机得到了迅猛的发展。

——飞机第一次飞越英吉利海峡

1909 年 7 月 25 日，法国航空先驱路易斯·布莱里奥(Louis Blériot，1872－1936)驾驶自己设计的布莱里奥 XI 号飞机，首次飞越了英吉利海峡，在 36 分钟内飞行了约 40 km，从法国的加莱飞到英国的多佛尔，这是最早的国际飞行，也初步显示出飞机的使用价值。

布莱里奥 XI 号飞机采用当时看来很独特的中单翼布局，机翼上面用几组斜拉张线与机身上方的支柱相连，使机翼和机身组成一个完整的受力构架。与莱特兄弟的双翼机相比，显得更紧凑且重量较轻。布莱里奥的飞机如图 1.2.17 所示。

图 1.2.17 布莱里奥的飞机

——儒科夫斯基翼型理论

19 世纪后期到 20 世纪初，航空先驱者在设计飞机时几乎都采用了大弯度的薄翼型，具体参数是根据风洞试验获得的。这种翼型虽然升力较大，但阻力也很大，升阻比较低。

俄国的尼古拉・叶戈罗维奇・儒科夫斯基(Николай Егорович Жуковский，1847－1921)提出了一种变换式，第一次用理论方法设计出了第一种理论翼型(双参数翼型，用相对厚度 $\bar{t}$ 和相对弯度 $\bar{f}$ 表示，中线是圆弧，后缘角等于 0，即很尖的后缘)。这个变换式和儒科夫斯基翼型，成了后来翼型理论研究和设计的基础。经过空气动力学家的发展，翼型理论成为翼型研究、设计和修改的重要依据。从此，飞机设计师不再需要自己设计翼型了，只需根据具体要求选择即可。儒科夫斯基翼型如图 1.2.18 所示。

图 1.2.18 儒茹科夫斯基翼型

2. 第一次世界大战开始后

——飞机参战

第一次世界大战的爆发将飞机真正推上了军事历史舞台，飞机开始作为一种主要武器大规模投入战场，出现了真正意义上的空战。各交战国在战争中共制造了 70 多个种类的几十万架飞机投入战场。第一次世界大战不但使飞机各方面的性能有了大幅度的提高和改善，确立了飞机作为武器的历史地位，也使航空科研、设计、制造、使用体系更加完善。一战期间优秀的飞机代表有英国的 SE5a 和“骆驼”、法国的纽波特、德国的福克 E 和“信天翁”等。

SE5A 战斗机(如图 1.2.19(a)所示)拥有几何尺寸和形状完全相同的、略带上反角的双层机翼，其间有支柱和张线加强，是一种坚固而保守的设计。使用的是与法国斯帕德一样的强劲发动机。SE5A 的飞行速度快，爬升迅速，机体坚固，操纵上不存在任何固癖，易为广大飞行员所接受。射击时机体姿势能保持稳定，而且特别突出了机动性能，在空战中，尤其适合作高速脱离或采取“打了就走”的战术，是皇家空军中的名机，被德国人视为“天敌”。

福克 E 单翼战斗机(如图 1.2.19(b)所示)采用第一次世界大战时少有的单翼机设计，优点是速度轻快，随着德军飞行员发明的“英麦曼回旋”的出现，使得它多次在空战当中通过反咬着敌机的机尾开火，把其击落而获胜，而福克 E 单翼战斗机最大的优势是其同步射击系统，该系统能令子弹的开火时机和螺旋桨的转动错开而不会击中螺旋桨，这令其机枪可以被安装在接近瞄准器的发动机后方位置，增加了子弹命中的准确度，该战斗机战绩辉煌，曾被对手称为“福克灾难”。

(a) SE5A，1916(英国)　　(b) 福克 E，1915(德国)

图 1.2.19　一战时期的典型战斗机

——单翼机代替双翼机

飞机的机翼是产生升力的主要部件，其功能类似于鸟的翅膀。早期飞机的材料主要是木材和纺织品，结构单薄、脆弱，尺寸越大越是如此。飞机机翼的升力与面积成正比，面积越大，升力也越大。但是，木质结构的机翼容易断裂，无法做得很大。当然，也可以设想制造大型机，并采用加固手段提高机翼的强度。但这样一来，机翼就会变得非常沉重，重量性能有差了很多，或者飞不起来。于是，设计师只好采用两幅较小的机翼，上下安装，中间由立柱和金属线固定在一起。在第一次世界大战以前，双翼机十分普遍，三翼机也屡见不鲜。

双翼机的缺点十分明显：一是结构复杂，给制造带来很大困难；二是阻力很大，消耗发动机额外功率；三是速度提高很难。同时由于军事应用的要求，飞机必须不断提高速度，对阻力的要求越来越高，这些因素导致双翼机逐渐被淘汰。

铝合金的强度远远高于木材，又比钢结构轻得多，成为最佳的飞机材料，使得单翼机成为可能。20 世纪 30 年代，由于新技术的出现和飞机使用的新要求，使大型客机、轰炸机、战斗机大都由双翼机过渡到单翼机，由木质结构过渡到全金属。所以到第二次世界大战时，战场上几乎看不到双翼机了。

——发动机的改进

发动机是飞机性能的关键因素之一。在 20 世纪前 30 年，设计师和工程师为改进发动机付出了巨大的努力，并在燃料、结构、材料、冷却方式等方面取得重大突破。发动机技术改进的主要内容有：改进发动机燃料，提高压缩比；活塞等零部件采用铝合金减轻质量；改进气冷与水冷技术，提高发动机的功率和寿命；采用涡轮增压器提高进气量，改善飞机的高空性能等。航空发动机性能水平不断提高，使得质量功率比下降了近 20 倍。

从上面的介绍可以看到这个阶段飞行器技术发展的突飞猛进，而在背后促进飞机发展有多方面的因素。第一是空气动力学的快速发展，风洞的出现提供了新的测试研究技术，极大地促进了空气动力学的发展；空气动力学理论方面，在机翼理论、升力理论和边界层理论上发展迅速；飞机气动布局上出现了多种改进，包括各种增升 / 减阻措施的应用、双翼机改为单翼机、起落架改为收放式、座舱变为封闭式、发动机加装整流罩等等。第二是发动机的性能得到了较大提升，到 20 世纪 30 年代，发动机的重量 / 功率比降到 6.67N/kW；单台发动机的功率从 1919 年的 294 kW 提高到 1470 kW。第三是飞机制造材料的改进，从第一次世界大战时的木板、层板、亚麻布和棉布改为铝合金蒙皮，以提高强度、降低气动阻力。第四是导航 / 定位技术的发展，1929 年美国无线电导航技术成功通过飞行试验，到 30 年代末民航机普遍采用无线电导航；到第二次世界大战前夕，英国又发展了雷达技术。

除开科学技术的促进，战争是飞机发展的重要因素，飞机使战争的规模扩大。在 20 世纪初至 20 世纪中叶，爆发了两次世界大战。战争扰乱了科研秩序，摧残了科技人才，阻碍了科学技术的发展；但战争也可能对一些科学技术领域提出极为紧迫的特殊要求，投入巨资，提供专门试验场所和最佳“用武之地”，这些无疑成了加速这些科技领域迅猛发展的动力。航空技术当时正是如此。下面的表 1.2.2 显示了飞机的性能在第一次世界大战期间的变化发展。

表 1.2.2　飞机在第一次世界大战期间的变化发展

第一次世界大战		1914 年	1918 年
飞机的飞行性能	飞行速度/(km/h)	80~115	180~230
	爬升速度/(m/s)	0.7~1.5	3~5
	飞机升限/m	3000~5000	8000
	航程/km	200~400	800~1200
	发动机功率/(kW/马力)	52~88 / 72~120	309 / 420
	续航时间/h	1~4	8~10
	起飞重量/kg	300~700	14000
	载重量/kg	20~50	3400

上述因素带动了飞行器技术的提升，也促进了航空技术的发展：飞机的气动布局、结构型式和动力装置有明显改进，飞机研究、设计、制造和驾驶有明确分工，航空已从个人活动发展到有组织的群体运作，许多国家已建立专门的航空科学技术研究机构和航空工业。到 1918 年，世界上已有 200 多家飞机加工厂，共制造了 200000 架飞机。1918 年 4 月 1 日，世界上第一个空军——英国皇家空军成立。

3. 20世纪30年代到第二次世界大战期间

20世纪30年代后，航空技术的重大突破主要包括全金属结构、单翼布局、拉力蒙皮技术、可缩放起落架、变矩螺旋桨、发动机涡轮增压技术，及空气动力学上的增升装置、新型翼型以及减阻技术等。这些技术的使用对降低飞行阻力、提高飞行速度、改善飞机适应性、增大飞机尺寸和提高载重十分有利。

第二次世界大战期间，作战飞机发挥了巨大作用，在太平洋战场上，更是决定战争胜负的主要力量。第二次世界大战结束前，航空技术以活塞动力为基本特征。在此基础上，通过改进材料、改进机翼设计以及完善仪表技术等实现飞机性能的提高。但是，活塞式发动机具有体积大、质量大、功率低、故障率高等许多天然的局限。由于必须通过螺旋桨产生推动力，极大地影响了飞机速度的进一步提高。所以第二次世界大战的结束也意味着飞机的“活塞”时代走到了尽头，代之而来的将是喷气技术革命。

——“声障”

到了20世纪30年代后期，一些活塞式发动机飞机的最大平飞速度已达到700km/h，当时最高纪录的755km/h是1939年4月德国Me−109R飞机(如图1.2.20)创造的。当飞机飞行接近声速时，发现一些异常现象：阻力剧增、升力下降、产生很大的低头正稳定力矩、机翼/尾翼发生抖振、操纵性恶化等等，当时人们普遍认为这是无法跨越的难关，称之为“声障”。后来空气动力学研究揭开了“声障”之谜：当飞机的飞行马赫数超过某一个值，飞机上某些局部部位的流动会处于局部超声速状态，出现激波，使阻力急剧上升；激波与边界层相互作用导致升力和俯仰力矩急剧下降，产生激波失速，边界层分离，并引起抖振。

图1.2.20　Me−109R，1935(德国)

当时从纯力学的角度来看，只要为飞机提供足够大的推进动力，通过“硬推”就可以突破“声障”，但是当时广泛应用的由活塞式发动机和螺旋桨组成的推进动力系统已不能提供更大的推进动力。主要原因有两个：第一，当速度超过700km/h，螺旋桨工作效率会急剧下降，此时螺旋桨转速已超过1000转/min，桨叶尖与空气的相对速度首先达到声速，产生激波，工作效率下降。第二，飞行所需的推进功率与其飞行速度的三次方成比例，所以当飞行速度接近于声速时，需用功率增长更快，对于这样体积小、重量轻、功力大的推进动力要求，活塞式发动机根本不可能满足要求。例如，一架质量为5000kg的飞机要达到1000 km/h的飞行速度，必须为其配置700kW的发动机，然而产生此功率的活塞式发动机自身质量就会达到 4000kg。显然活塞式发动机不可能满足高亚声速和超声速飞行的动力要求，必须探索新的推进原理并研制新的发动机。

到了20世纪40年代中期(第二次世界大战后)，随着喷气发动机和喷气式飞机的诞生，迎来了航空工业发展的第三个时期。

1.2.3　第三个时期——喷气式飞机时期

喷气飞行，就是利用燃料在“缓慢燃烧”时所产生的推力使物体飞行，该过程和作用，人们已经知道数千年。至于实用型涡轮喷气式发动机的研制，则始于 20 世纪 30 年代前后，由德国教授恩斯特·海因里希·亨克尔(Ernst Heinrich Heinkel，1888－1958)率先进行。1936 年，德国容克斯公司根据汉斯·冯·奥海因(Hans von Ohain，1911－1998)的设想，研制成功了德国第一台喷气发动机——尤莫-004 型涡轮喷气发动机。1936 年 7 月 8 日，安装了该发动机的 Me-262 型战斗机原型首次试飞并获得成功，但由于各种原因，一直到了 1945 年才进行量产，Me-262 战斗机如图 1.2.21 所示。二战中英国最早装备的涡轮喷气发动机战斗机，是 1943 年试飞成功的 Meteor“流星”型喷气战斗机(如图 1.2.22 所示)。美国研制的第二种喷气式战斗机是 F-80“射星”战斗机(因为研制的第一种性能不佳)，也是美军装备的第一种喷气式战斗机，如图 1.2.23 所示，1944 年 1 月 8 日首次试飞，1945 年 2 月交付部队使用。

图 1.2.21　Me 262 Schwalbe，1945(德国)

图 1.2.22　Meteor “流星”，1943(英国)

图 1.2.23　F-80“射星”，1944(美国)

1. 20 世纪 40 年代末

第一代喷气式战斗机，以及关于突破声障的尝试

1946 年，世界上第一代真正实用的喷气式战斗机开始问世，这包括美国的 F-84“雷电”、F-6F“地狱猫”、F-86“佩刀”和苏联的雅克-15、米格-9、米格-15 等喷气式战斗机，这些飞机都采用了当时新出现的喷气发动机，但在飞行速度上还是亚声速，这标志着喷气式飞机时期的开始，上述飞机如图 1.2.24 所示。

P-84“雷电”(美国)

米格-9(苏联)

F-6F“地狱猫”(美国)

雅克-15(苏联)

F-86“佩刀”(美国)

米格-15(苏联)

图 1.2.24　第一代相对成熟的战斗机(1946)

——突破声速的尝试

是否只要增加发动机推力，就可以直接达到声速呢？事实并非如此。图 1.2.24 中的 P-84、F-6F、雅克-15 和米格-9 均采用喷气发动机，气动布局上采用与螺旋桨飞机的相仿的平直机翼布局，但最大的飞行速度仅为 800~900 km/h。后来从飞行动力学的角度研究认为，要使飞机突破声障，不能仅增加推力，应该从增加推力和减少空气阻力这两个方面寻求对策，而减小阻力则主要依靠于气动布局与外形设计。

——火箭动力：使飞机首先冲过“声障”

1943 年，在冯·卡门(Theodore von Kármán，1881－1963)的建议下，美国开始执行贝尔火箭动力研究计划。1947 年 10 月 14 日，根据冯·卡门构思设计的 X-1 演示验证机(如图 1.2.25 所示)，在 12800 m 的高空达到了 1078 km/h(马赫数 1.015)的速度，首次突破声障。其布局为平直机翼布局，之所以能够突破声障，主要是靠火箭发动机的强大动力，且采用尖头头部外形，减小了波阻。

图 1.2.25 X-1 演示验证机，1947(美国)

——后掠翼气动布局出现：持续的超声速飞行

在持续的研究中，人们发现为了实现持续的超声速飞行，还必须采用各种气动设计措施，以更加有效地降低跨声速区域气动阻力。思路最主要是气动布局的变化——后掠机翼布局。

后掠机翼即机翼各剖面沿展向后移的机翼，后掠机翼布局实现持续超声速飞行的第一种行之有效的气动布局措施。1935 年在罗马举行的航空学术会议上，德国空气动力学家阿道夫·布泽曼(Adolf Busemann，1901－1986)提出了超声速飞行的后掠翼概念，试图将其后掠翼用于高亚声速飞行，但是首次后掠翼模型风洞试验却是在 1939 年 12 月由其他研究者在新建风洞中完成的。之后，各国的飞机设计师耗费了很多精力才把后掠翼应用到飞机上。

后掠翼的特点是，可以减小空气压缩性对气动特性的影响，推迟激波的产生，消弱激波强度，降低激波阻力，迟缓出现跨声速物面的各种异常现象。第一种带后掠翼的高速飞机是德国的 Me 262 Schwalbe(如图 1.2.21 所示)，到了第二次世界大战期间，德国飞机的飞行速度已经高于 $M=0.7$，接近当今大多数民航飞机的速度水平。后来出现的 F-86“佩刀”和米格-15，机翼都采用了后掠翼。

在第一代喷气式战斗机问世以后，以美、苏两个航空大国为主，经历了曲折的历程，陆续发展了第一至第四代超声速喷气式战斗机。

2. 20 世纪 50 年代初开始

第一代超声速喷气式战斗机(即第二代喷气式战斗机)

20 世纪 50 年代初，美、苏两国在第一线战斗机的发展上，都力争“三个最”：速度最快、高度最高、航程最远。其中，能够进行持续超声速平飞是首要目标。在这个时期，超声速喷气式战斗机投入实用，最大速度达到了 $M=1.3\sim1.5$，形成第一代超声速战斗机，F-100 和米格-19 是其中的典型，它们曾是 50～60 年代多国空军的主力机型。

美国是在 F-86 型机之后开始研制并生产 F-100“超级佩刀”型战斗机(如图 1.2.26 所示)。F-100“超级佩刀”型战斗机既是美国也是世界第一型实用的超声速喷气式战斗机，在战争中主要执行空中掩护和对地攻击任务，是美国空军在越南战争中的主要作战机型之一。1953 年试飞，1954 年装备军队，机翼前缘后掠角 45°，动力装置为 2 台 J57-P-21A 型涡轮喷气发动机，最大飞行 $M=1.3$。

同时，苏联也在倾全力研制更先进的喷气式战斗机。1953 年，米高扬飞机设计局研制的苏联第一种超声速战斗机，也就是米格−19 的原型机开始首飞。米格−19 机翼前缘后掠角 55°。动力装置为两台涡轮喷气发动机，最大飞行 $M = 1.355$。如图 1.2.27 所示。

图 1.2.26 F−100“超级佩刀”(美国)

图 1.2.27 米格−19(苏联)

——面积律减阻

持续超声速飞行需要最有效地减少空气阻力的气动布局措施，而面积律所反映的正是飞行器做跨声速或超声速飞行时，其零升阻力与飞行器的横截面积沿其纵轴分布之间的关系。

1952 年，美国空气动力学和航空工程师理查德·惠特科姆(Richard Whitcomb，1921−2009)通过风洞试验发现：当飞行马赫数接近于 1 时，飞行器的零升阻力是其横截面积分布的函数，且与具有相同的横截面积分布的旋成体(当量旋成体)之零升波阻力基本一致。他设想：若能按最小波阻力旋成体的横截面积分布来调整飞行器的横截面积，可以使飞行器的跨声速零升阻力出现激波的马赫数推迟，其激波强度也可以明显降低。根据这一思想，他设计出了大后掠角、小展弦比三角翼气动布局。

与后掠机翼相比，大后掠角、小展弦比的三角翼气动布局的优点是：阻力小，气动中心随马赫数变化小，结构强度与刚度大为改善。根据面积律设计的第一架原型机 YF−102A 于 1954 年 12 月 21 日试飞成功(高度 12000m，$M = 1.25$)，如图 1.2.28 所示。

——首架变后掠翼飞机

在 1946 年，英国人和美国人就开始研究可变后掠翼概念，创造性地解决了高速飞机的低速问题，打破了飞机的几何外形在整个飞行过程中保持不变的模式。飞机在起飞和着陆、低速飞行时，令机翼有小后掠角、大展弦比的外形，以提高飞机的升阻比，缩短起飞/着陆距离；超声速飞行时，令其机翼具有大后掠角、小展弦比，以降低飞机的波阻。1964 年 12 月 21 日，第一架可变后掠机翼的战斗机 F−111A 首次试飞成功，如图 1.2.29 所示。

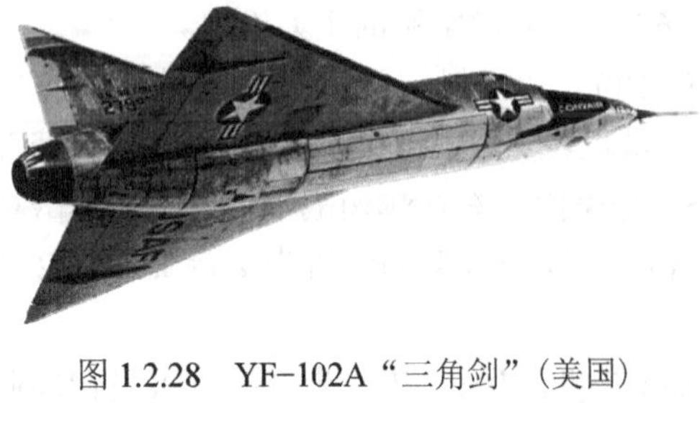

图 1.2.28 YF−102A“三角剑”(美国)

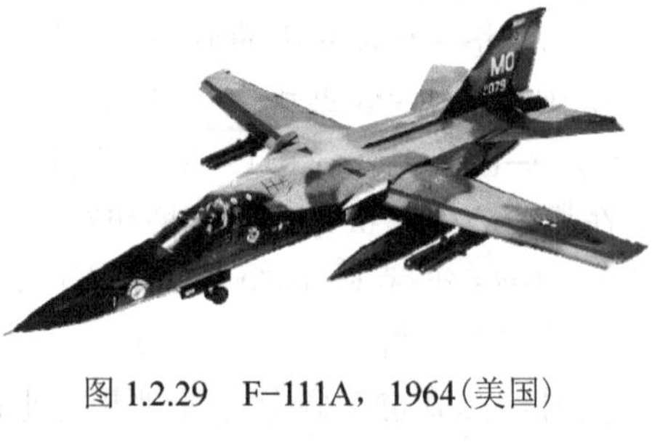

图 1.2.29 F−111A，1964(美国)

——“热障”：高速飞行器必须面对的问题

在喷气发动机研制成功和后掠翼、面积律等基本航空理论研究获得突破以后，超声速战斗机相继问世，战斗机飞得越来越快，飞行速度达到$M=2$的战斗机进入美、苏两国空军部队服役。与此同时，当飞机达到$M=2$或更高速度后，机身温度就会升高至100℃以上，某些部位可能高达200℃。当速度进一步达到$M=3$时，飞机的某些部分温度可能会升至500℃，这时飞机上的金属蒙皮被加热变形，甚至熔化烧毁。而随着温度的升高，飞机结构的强度和刚度不断降低，乘员和机载设备也难以正常工作。这是战斗机作超声速和高超声速飞行时，由于气动加热而引起的“热障”现象。克服热障比克服声障办法要少，主要是需要采用耐热性能较好的合金等材料和特殊的结构形式，如在蒙皮处设隔热层，用冷却剂散热，用传热性能好的材料吸热，进行吸收式热防护、辐射式热防护等措施。但采取这些措施都会使飞机重量增加，成本提高。

3. 20世纪50年代末、60年代初开始

第二代超声速喷气式战斗机(即第三代喷气式战斗机)

随着航空技术的发展，在F-100型战斗机之后，很快便出现了第二代超声速喷气式战斗机，最大速度约$M=2$。典型的第二代超声速喷气式战斗机有美国的F-104“星”、F-4“鬼怪”、苏联的米格-21和法国的“幻影”III等机型，如图1.2.30所示。

图1.2.30　典型的第二代超声速喷气式战斗机

第二代超声速喷气式战斗机与第一代超声速喷气式战斗机的区别主要表现在速度方面。第一代超声速喷气式战斗机因进气道的设计构造尚不合理和完善，当战斗机在高速飞行时，不仅遇到较大的激波阻力，而且大量气流从进气道唇口处溢出，使发动机无法正常工作。

针对第一代超声速喷气式战斗机的问题。20世纪50年代中期，飞机设计师发明了在进气道内安装激波锥和调节板的技术，从而解决了高速飞行时产生激波阻力和喷气发动机推力损失严重等制约飞行速度的瓶颈，在20世纪50年代末、60年代初诞生了最大飞行速度超过2倍声速的第二代超声速喷气式战斗机，如F-104“星”，它的亮相曾赢得诸多

赞誉，它不仅创造了当时飞行速度和爬升率等多项世界纪录，而且外形设计极为简捷，如果把该型机竖起来，简直就像一具漂亮的火箭。机翼采用别具一格的悬臂式小展弦比梯形中单翼(展弦比 2.45)，钢质结构，翼型极薄(相对厚度 3.36%)，前缘呈尖锐的刀刃形(前缘半径仅 0.41mm)，非常适合高速飞行。此外，尾翼的设计也采用很别致的 T 形悬臂形式。但是，由于该型机过分追求高空和高速度，其作战半径和起降性能均受到了影响。

在美国 F−104 型机问世后不久便开始试飞并且可以与其相媲美的，是苏联在 20 世纪 50 年代研制成功的著名的米格−21 型战斗机。苏联米高扬设计局不受 F−104 型机新型气动布局所动，坚持自己的设计思想，采用了三角翼布局，机翼前缘后掠角 57°，展弦比 2.22，机身细长，机翼、尾翼的相对厚度较小(顺气流方向的相对厚度分别为 5%和 6%)，因而气动阻力很小。具有重量轻、机动性好、转弯半径小、爬升快、跨声速和超声速操纵性强的优点。首次亮相时最大飞行马赫数达到 2.1。米格−21 型机产量之大，装备国家之多和服役时间之长，在超声速喷气式战斗机中是少有的，这在很大程度上得益于其一开始就确定并坚持实施的正确设计思想，使其具有良好的基础，能够不断进行改进和改型。米格−21 的气动外形好，结构紧凑，轻巧灵活，火力强。其不足之处是低空性能稍差，因此不适于低空作战和对地攻击作战，且航程也偏小。

此外，法国研制的“幻影”Ⅲ型机也很有名。为单座单发三角翼超声速喷气式战斗机，1953 年开始研制，1956 年 11 月原型机首次试飞，1960 年交付使用。“幻影”Ⅲ是法国 20 世纪 60~70 年代的主力战斗机，它的动力装置是 1 台阿塔−9C 型涡轮喷气发动机，最大平飞马赫数 2.2。

F−104、米格−21 和“幻影”Ⅲ等第二代超声速喷气式战斗机相继形成作战能力后，军事主管部门却发现，虽然这些飞机的高空、高速性能有了长足的进步，但是由于机体过小，使载油量和外挂能力有限，而且机载设备也比较简单，因此其攻击能力和全天候作战能力均受到严重影响。解决的办法就是加大战斗机的尺寸，研制较重型的战斗机，使战斗机有较大的空间安装大功率雷达和其他先进的机载电子设备，可以多携带燃油和攻击弹药。美国在 F−104 以后发展的 F−4“鬼怪”型战斗机就是基于上述考虑。

F−4 型战斗机(如图 1.2.30 所示)则是美国第一种型成熟的两倍声速战斗机，为了获得较好的空气动力稳定性，采取了后掠机翼且翼尖向上翻翘翼型，小垂直尾翼和低水平尾翼的设计。机翼后掠角(1/4 弦线)45°，展弦比 2.82，相对厚度 5.1%(平均)、3%(翼尖)。F−4 型战斗机安装两台 179−GE−17 型涡轮喷气发动机，每台最大推力该型机投产不久，曾创造了 21 项飞行世界纪录，在 20 世纪 60 年代中期以后发生的世界较大规模的局部战争中发挥了重要的作用。

截至 20 世纪 60 年代中期，在第二次世界大战后短短的 20 年间，喷气式战斗机的发展就形成了三代，尤其是第三代喷气式战斗机(即第二代超声速喷气式战斗机)。这代超声速喷气式战斗机普遍采用小展弦比机翼、三角翼或可变后掠翼，更适应高速飞行，并获得较高的推重比。第二代超声速喷气式战斗机的机载电子设备和机载武器更加先进，普遍装备第二代雷达和空空导弹，与第二代喷气式战斗机比较，有了很大进步，更是第一代喷气式战斗机所望尘莫及的。但是，第二代超声速喷气式战斗机仍然不能满足现代空中作战的需要，无论是机动性能，还是探测和识别敌机的能力，都与实战要求有较大差距。

4. 20世纪70年代中期开始

第三代超声速喷气式战斗机(即第四代喷气式战斗机)

无论是声障，还是热障，或是飞行的其他困难，在人类的智慧面前，均被一一突破，飞行 $M=3$ 的飞机在美、苏两国相继研制成功。但在实战中却发现，较高的机动性能、优良的机载电子设备和机载武器对战斗机的空战更为重要，因为空战主要在中、低空进行，最大飞行在马赫数为2时已能满足需要，若要求战斗机飞得更高更快，不仅空战难以进行，而且飞机机动性、作战半径和起降性能等方面均要受到很大影响。于是在充分吸取了第二次世界大战以后发生的局部战争和武装冲突中的经验教训的基础上，喷气式战斗机的发展进入了性能更完善、设计思想更成熟的第四代喷气式战斗机的阶段。

第四代喷气式战斗机，如美国的F–14“雄猫”、F–15“鹰”、F–16“战隼”和F/A–18“大黄蜂”，苏联的米格–29、米格–31、米格–33/35和苏–27以及法国的“幻影”2000等型机，都采用了一些先进技术，例如采用边条翼、前缘襟翼/翼身融合等，从而增强了战斗机在低速大迎角状态下的气动性能；使用电传操纵系统和主动控制技术并按静不稳定设计，大大提高了操纵性能，拓宽了战斗机完成任务的范围；装备了具有高亚声速性能、推重比为8的涡轮风扇发动机，为战斗机进行各种机动飞行提供了充分的动力保障。总体而言，第四代喷气式战斗机具有突出的中低空跨、亚声速性能以及超视距作战、多目标攻击和下视/下射能力，与此同时，还具有很强的对地攻击作战能力，它们在20世纪80年代以后爆发的几次局部战争中发挥了重要作用，也是目前世界各国空军的主战装备。

F–14“雄猫”型战斗机是原美国格鲁门公司根据美国海军在20世纪70~80年代对舰队防空和护航的要求而研制的双座超声速舰载多用途重型战斗机，是世界上第一型具有多目标攻击能力的战斗机。F–14型机采用美国国家航空航天局(NASA)在20世纪60年代后期提出的双垂尾变后掠中单翼气动布局(变后掠翼相关内容参见§7.3)，机翼的后掠角可以由机载设备根据飞行状态在20°~68°范围内自动调节，具有很好的低速和高速性能。安装两台普拉特·惠特尼公司生产的TF30–P–412型涡轮风扇发动机。二元外压式直通进气道位于机身两侧固定翼段下方，距机身有25cm的间隙，可以消除边界层效应。最大平飞马赫数2.34。

F–15“鹰”型战斗机是美国麦道公司研制的重型超声速制空战斗机，主要用于夺取战区制空权，同时兼具对地攻击能力，是美国空军一直引以为豪的主力战斗机。F–15型机的设计以具有优良的空战格斗性能为重点，飞机推重比大、翼载小、机动性好，攻击力强，是一种典型的第三代超声速喷气式战斗机。固定式切角三角形上单翼、双发、双垂尾布局。并使用大推重比发动机，以提高战斗机跨声速性能。该型机的最大平飞速度为飞行马赫数2.5。F–15型机不愧是第三代超声速战斗机中的佼佼者，在其问世不久，便在中东地区的局部战争中显示了优越性能，在海湾战争的“沙漠风暴”行动中更是大放异彩。但其过于昂贵，需要以一种造价相对低廉、能大量生产和装备的轻型战斗机与F–15型机相配套。F–16“战隼”战斗机便在这种背景下应运而生了。

F–16的设计要求主要有：质量不超过9 t，价格低廉，尽量采用新的设计方法和先进技术以提高空战能力。从实战看，F–16型机的作战性能非常优越，总体结构重量轻、外挂多、机动性好、对空作战能力强。F–16型机为单座、单发轻型战斗机，采用边条翼、空战襟翼、翼身融合体、高过载座舱、电传操纵系统、放宽静稳定度等先进技术。F-16型机最大平飞速度大于飞行马赫数 2.0。与常规布局相比，F-16 型机的机翼位置相对靠前，使飞机的气动中心也相应前移，飞行马赫数 0.9 时飞机的静稳定度略为负值，而在飞行马赫数 1.2 时为 8%，由“增稳系统”自动控制舵面保持稳定飞行，这一设计不仅缩小了飞机尾翼的尺寸，还减少了飞机的结构重量和阻力，改善了操纵性能，提高了机动能力。F-16型机的机载电子设备和机载武器性能先进，使它成为第三代超声速喷气式战斗机的典型代表。

F/A-18“大黄蜂”型机(如图 1.2.31 所示)是美国 20 世纪 70 年代为海军研制的双发超声速舰载和陆基战斗/攻击机，F/A-18 型机采用双发、双垂尾正常布局。具有可靠性高、生存能力强、机动性好等特点。早期生产的 F/A-18 型机安装两台 GE 公司的 F404-GE-400 型低涵道比涡轮风扇发动机，1992 年后换装 F404-GE-402 增强型发动机。最大平飞速度大于飞行马赫数 1.8，中等推力最大速度大于飞行马赫数 1，是美国第一种可以不开加力进行超声速飞行的战斗机，在海湾战争中表现出色。

在美国研制第三代超声速战斗机的同时，作为两极格局的另一方盟主和航空工业大国的苏联也正在加紧研制能与 F-16 和 F/A-18 型机相抗衡的第三代超声速喷气式战斗机，这就是米格-29 出世的背景。米格-29 型战斗机(如图 1.2.31 所示)也是苏联最早研制的一型双发高机动性超声速制空战斗机，可执行截击、护航、对地攻击和侦察等多种任务。该机具有高亚声速机动、加速和爬升等性能。采用全后掠下单翼、双垂尾正常布局，液压助力机械式操纵系统，复合材料结构占全机总重的 7%，整机推重比大于 1，允许迎角范围比早期战斗机高出 70%多。安装 2 台 HD-33 型涡轮风扇发动机，高空最大平飞速度为马赫数 2.3。米格-29 型机截至 2002 年尚在继续生产，不仅在世界空军大国的苏联和以后的俄罗斯装备数量达 500 多架之多，而且被世界 10 多个国家购买和仿制，从另一个角度说明该机的性能相当先进。

20 世纪 70 年代初，苏联米高扬设计局还在米格-25MP 型机的基础上发展了米格-31 型战斗机(如图 1.2.31 所示)，它是苏联研制的最后一型专用截击机，1975 年 9 月 16 日首飞，1979 年正式投产，生产持续至 1998 年，主要装备苏联/独联体国家空军。米格-31 型机的起飞重量超过 46000kg，是世界上最大的截击机。与米格-25 型机的主要不同是，该型机加大了发动机舱和进气道，改用了 D-30F6 型涡轮风扇发动机；加长了机身，合金钢的用量比例减少至 49%，飞机可以进行低空超声速飞行；机翼增加了前缘边条，提高了大迎角时的攻击能力。米格-31 型机航程远、速度快，超声速飞行性能好，但机动性要逊于其他第三代超声速战斗机，主要用于截击超声速轰炸机、侦察机和巡航导弹等高速目标。

在苏联研制的第三代超声速战斗机中，苏-27 型战斗机可谓佳作，它的性能可与美国的 F-15 型机相匹敌。苏-27 型机由苏霍伊设计局于 1969 年开始研制，1982 年开始量产。它是针对美国 F-16 型机和 F-15 型机而设计的一种单座双发全天候空中优势重型战斗机，可执行截击低空突防的超声速轰炸机和亚声速巡航导弹的任务，也可为远程轰炸机和海上水面舰艇进行空中护航。

苏-27 型机突破了苏联的传统，座舱位置突出在机身前部，飞行员视野良好。采用静不稳定设计、翼身融合体技术、电传飞行控制系统和高推重比发动机，使该型机具有机动性高、敏捷性好和续航时间长等特点。在迎角 110°~120°时飞机仍能保持飞行和可恢复姿态，显示了其优异的飞行性能、操作性能，以及发动机的良好加速性能。苏–27 型机安装两台 AL–31F 型涡轮风扇发动机。数字式燃油调节系统。短而直的楔形进气道，位于翼身融合体的前下方，采用二元多激波系、变几何布局。且具有很强的对空作战能力和较强的对地攻击作战能力。从飞机的空气动力性能看，苏–27 要优于其他第三代超声速喷气式战斗机，也优于 F–15 型机。但它也有美中不足之处，主要是机载电子设备和座舱显示设备相对落后一些。

此外，在第三代超声速喷气式战斗机中，法国的“幻影”2000 型战斗机和英、德、意等三国联合研制生产的“狂风”型机(如图 1.2.31 所示)，都可谓是佳作名品。

——翼身融合体

在 20 世纪 60 年代，空气动力学就提出了翼身融合体概念。把机身和机翼的气动问题和结构问题进行综合考虑，并把机翼和机身作为一个整体设计/制造，超声速/亚超声速飞行器的飞行性能获得明显改善：①减小机体的结构重量和外露面积，增加内部的可用空间和结构刚度；②降低阻力，提高升阻比。例如 F–16(如图 1.2.31 所示)采用翼身融合体设计模式后，其机身容积增加了 9%，机体质量减轻了 258 kg。

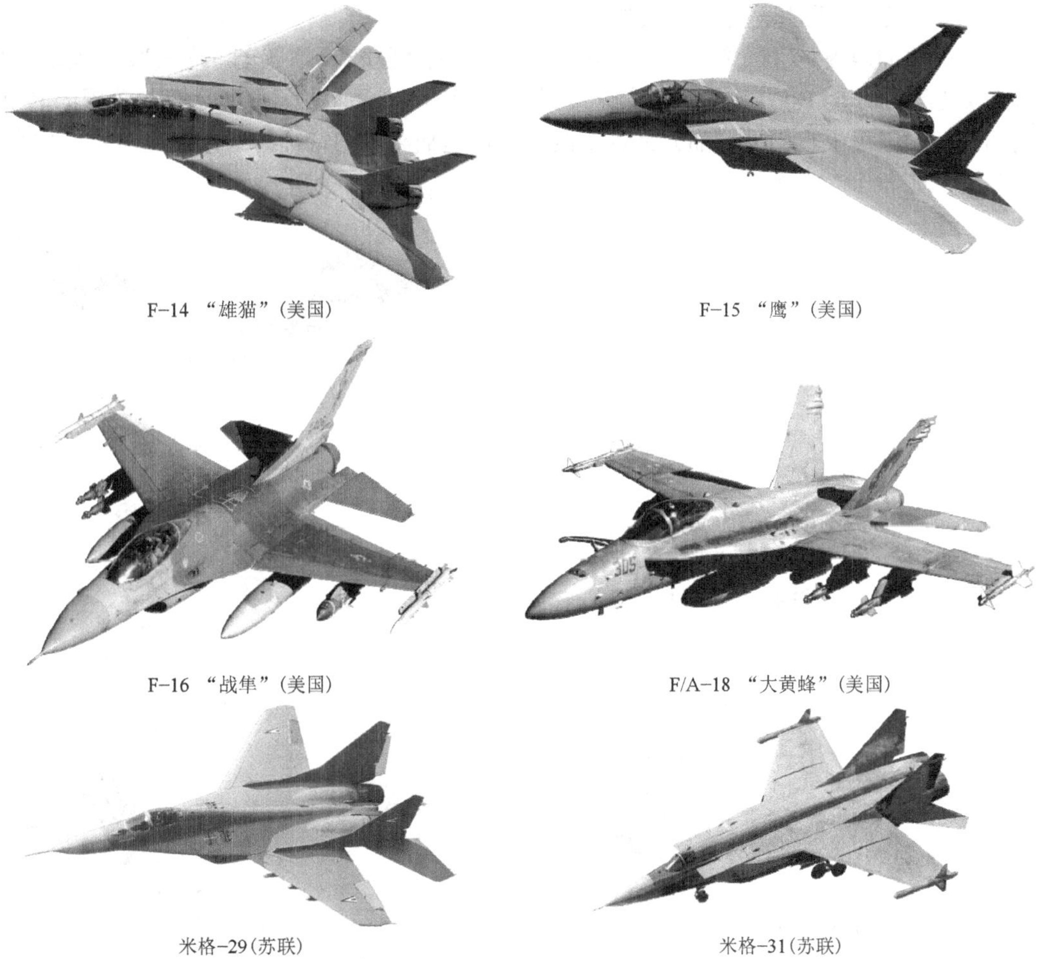

F–14 “雄猫”(美国)　　F–15 “鹰”(美国)

F–16 “战隼”(美国)　　F/A–18 “大黄蜂”(美国)

米格–29(苏联)　　米格–31(苏联)

图 1.2.31　典型的第三代超声速喷气式战斗机

米格-33(苏联/俄罗斯)

苏-27(苏联)

幻影 2000(法国)

“狂风”(英国、德国、意大利)

图 1.2.31　典型的第三代超声速喷气式战斗机(续)

——“三代半”超声速喷气式战斗机

此外欧洲四国(英国、德国、意大利和西班牙)的“台风”、法国的“阵风”、瑞典的“鹰狮”以及美国的 F-18E/F“超级大黄蜂”、俄罗斯的苏-30 系列战斗机，尽管与美国的 F-22 同期研制，但由于它们只是部分具备第四代超声速战斗机的特征，通常被称作“三代半”战斗机，如图 1.2.32 所示。

“台风”(英国、德国、意大利和西班牙)

“阵风”(法国)

JAS-39“鹰狮”(瑞典)

F-18E/F“超级大黄蜂”(美国)

苏-30MKM(俄罗斯)

苏-35BM(俄罗斯)

图 1.2.32　典型的三代半超声速喷气式战斗机

5. 20世纪80年代初开始

第四代超声速喷气式战斗机(即第五代喷气式战斗机)

从20世纪80年代起，美、苏和其他一些航空大国根据高技术局部战争的发展，对21世纪初的战场环境和作战模式进行了预测，在充分利用已取得的技术储备的基础上，开始着手研制第五代喷气式战斗机。这一代战斗机与前四代战斗机相比，有了质的飞跃，其主要特征为：

(1)具有优良的隐身性能。通过飞机外形的隐身设计，外挂武器采用内埋或半内埋挂弹方式，同时对发动机尾喷的红外辐射能量采取屏蔽措施，降低飞机的雷达、红外特性，其目的是降低对方对本机的发现和截获概率，减少对方制导武器攻击的可能性，提高飞机的生存能力。

(2)具有超声速巡航能力。通过采用先进的气动外形和配装大推重比的涡轮风扇发动机，使飞机具备了超声速巡航能力，其目的是缩短突防时间，加快接敌速度，同时为远距武器的攻击增加初始动力。

(3)具有优良的全飞行包线范围内的机动能力。通过先进的气动布局、直接力控制和发动机推力矢量技术的应用，使飞机具备非常规机动的作战能力，其目的是通过飞机的各种机动动作，迅速调整飞机的机头指向，使目标进入到本机的攻击范围。

(4)具有优良的战场信息感知能力。

(5)飞机的平台、火控系统、动力系统高度综合，使三者协调一致，优化飞机的作战动作，提高飞机的作战效能。

(6)武器攻击能力进一步增强，攻击距离进一步提高，攻击范围进一步扩大。

此外，这一代战斗机在开始设计时就非常重视飞机的保障性，其经济性、可靠性和维护性良好，保证了飞机具有很好的出勤率。与上几代战斗机相比，第四代超声速喷气式战斗机的发展历程可谓艰难而漫长。由于技术发展限制、国际局势变化和先进战机价格暴涨等因素的影响，当前各国对装备第四代超声速喷气式战斗机的紧迫性有所降低，投产时间一延再延，其中仅美国的F-22已投入现役，其余均处于研制阶段，包括美国的F-35、俄罗斯的T-50等。美国的F-22和F-35战斗机分别如图1.2.33和图1.2.34所示。

图1.2.33 F-22“猛禽”(美国)

图1.2.34 F-35“闪电”II(美国)

——隐形飞机

飞机隐身的目的是使自己不易被发现，从而增强攻击的突然性，提高飞机的作战效能和生存能力。现在隐身飞机主要是对雷达隐身，即使敌方雷达不易探测，技术术语是“低可探测性”。飞机隐形技术主要是针对外形、发动机配置和涂层的新技术。

雷达隐身的主要措施可由两个字来概括：吸收、散射。吸收就是在飞机表面采用特殊吸波材料和涂层，尽可能多地吸收雷达波，减少反射；散射就是通过适当的外形设计和布局安排，使反射雷达信号尽可能地弱，并避免集中在雷达方向。两种方法共同使用可以有效降低雷达散射截面(Radar Cross Section，RCS)。在实际飞机设计中，这两方面需要综合协调，难度很大，后者尤其困难。它与飞机的空气动力特性关系极大，而气动特性和隐身特性的要求常常是矛盾的。飞机表面的突起物、机翼前缘、外挂物、连接处、发动机进气道、尾喷管、垂直尾翼、垂直相交面都是强反射体，对隐身极为不利。气动设计上必须将这些部位悉心安排，尽量减少雷达波反射强度。

20 世纪 80 年代初，美国空军开始制定先进战术战斗机(ATF)计划，准备取代当时风头正劲的 F-15 型战斗机，作为美国空军新世纪初的主力战斗机，执行空中优势任务。除要求保持 F-15 型机的盘旋、加速性能外，特别强调新一代战斗机要具有低可探测性、高机动性和敏捷性、超声速巡航和超声速机动能力、超视距作战能力，以便在空战中能先敌发现、先敌开火和先敌摧毁，并具有良好的使用维护特性和短距起降性能。

F-22 战斗机成功地将隐身外形设计技术、低超声速波阻技术、大迎角气动力技术和非定常前体涡控技术等融合在一起，并在隐身性能和机动性能之间取得了很好的平衡，具有优良的综合性能。F-22 战斗机的机身采用翼身融合技术，大量使用复合材料。在动力装置的设计上采取了大量先进技术，如楔形固定式斜板进气口，S 形进气道，二元扩散/收敛喷管等，既提高了飞机的气动性能，又有助于减少飞机的雷达和红外特征。机炮和弹舱为内置式，弹舱门由热塑性复合材料制成。8 个油箱也全部内置。使飞机具有良好的低可探测性。据称该机对雷达波的反射截面积仅为 0.08m^2，只相当于 F-15 型机的 1/80，从而极大地提高了飞机在空中隐蔽自己、先敌发现、先敌攻击的能力。F-22 战斗机是第一型将可靠性和维护性列为正式设计指标的战斗机，从设计开始就考虑了全寿命概念。F-22 战斗机安装两台普惠公司的 F119-PW-100 型常规小涵道比加力涡轮风扇发动机。最大无加力巡航速度大于飞行马赫数 1.6，最大俯冲速度大于马赫数 2.5。F-22 战斗机具有空前卓越的性能，但其价格也空前昂贵，如不计分摊的研制费用，每架飞机将在 8100 万美元以上，后来美国减少了其采购的数量。

F-35 联合攻击战斗机是与 F-22 战斗机搭配使用的第四代超声速喷气式战斗机。20 世纪 90 年代初由美国空军、海军、国防部等联合提出的联合攻击战斗机(JSF)计划于 1996 年 11 月开始概念验证阶段，选定波音和洛克希德 • 马丁两家公司来竞争。验证机型于 1999 年完成首次飞行，2001 年 10 月空军选定洛克希德 • 马丁公司设计的 X-35 原型机。F-35 战斗机计划于 200 年装备部队，形成作战能力。F-35 型机的面世体现了第五代战斗机的特别需求，F-35 在生存性、经济可承受性、致命性、耐用性等方面能力突出。

未来，各国将更加注重发展高性能、高生存力的超声速战斗机，并且随着军事思想和科学技术的发展，还将继续改进和发展。主要趋势是：①加强信息能力；②提高隐身性能；③具备多种作战能力；④发展无人战斗机；⑤改进和提升现役飞机性能。

6. 喷气式轰炸机的发展

——喷气式轰炸机的诞生

第二次世界大战后期，喷气发动机技术已经达到实用水平。大战末期，喷气式轰炸机

Ar-234 的问世，把轰炸机的发展带进喷气时代。喷气发动机技术的成熟，带动了航空技术的全面飞跃，为喷气式轰炸机的发展提供了坚实的技术基础。由于喷气式轰炸机，特别是喷气式重型轰炸机研制成本与装备费用十分昂贵，二战后，只有美国和苏联等继续研制和装备重型轰炸机，英国、法国等发达国家重点研制装备中型轰炸机。

20 世纪 50、60 年代，轰炸机实现了喷气化，速度达到了亚声速和高亚声速，主要着眼于高空突防。具有代表性的有美国的 B-47、B-52、苏联的图-16、图-95 等轰炸机，如图 1.2.35 所示。1950 年，美国航程 6500km、载弹量为 10 t 的 B-47“同温层喷气”中型轰炸机问世；1955 年，根据美国空军要求的航程达 10000km 以上、载弹量达 27 t 的 B-52“同温层堡垒”战略轰炸机投入使用并很快成为美国空军的主战机种。面对美国的空中优势，苏联奋起直追。1957 年，航程达 12000~14000km、载弹量为 25 t 的图-95“熊”涡轮螺旋桨式轰炸机和航程为 8000km、载弹量为 12 t 的米亚-4 喷气式轰炸机服役。上述轰炸机的服役，标志着轰炸机已经进入喷气式时代。B-52 和图-95 等战略轰炸机的服役，标志着空军基本具备了洲际作战的能力。

B-47(美国)

B-52“同温层堡垒”(美国)

图-16(苏联)

图-95“熊”(苏联)

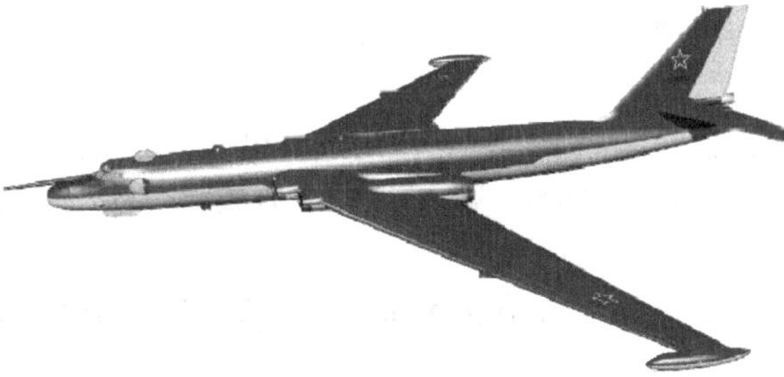

米亚-4(苏联)

图 1.2.35　20 世纪 50、60 年代典型轰炸机

——喷气式轰炸机进入超声速时代

20 世纪 70、80 年代，轰炸机实现了超声速，主要着眼于低空超声速和高空超声速突防。美国、苏联等依据越南战争的经验加快研制第三代喷气式战斗机。代表机型有美国的 FB-111、B-1B 和苏联的图-22M、图-160 轰炸机，如图 1.2.36 所示。

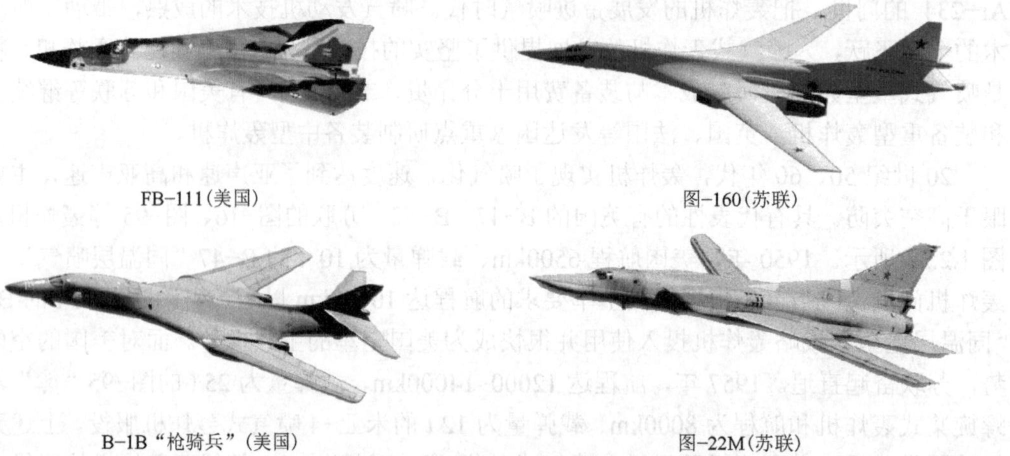

FB-111(美国)　　图-160(苏联)

B-1B“枪骑兵”(美国)　　图-22M(苏联)

图 1.2.36　20 世纪 70、80 年代典型轰炸机

航空技术及机载设备技术已经能够对研制超声速轰炸机提供强有力的支持。为使轰炸机在亚声速和超声速范围内都具有较好的飞行品质，这个阶段的轰炸机大多数都采用了变后掠翼技术。超声速轰炸机的外形多呈流线型，采用翼身融合结构，全长约在 20~50m。机翼大多为后掠翼、小展弦比的三角翼或变后掠翼，翼展达 20~50m。机翼与机体作为一个整体设计，使之光滑过渡，宜于减小阻力增加升力，获得良好的亚声速、低亚声速操纵性和稳定性。

流线型外形和翼身融合的气动布局还有利于减小对雷达波的反射。如 B-1B 轰炸机与 B-52 轰炸机相比，两机尺寸相差不大，而 B-1 轰炸机的雷达反射面积仅为 B-52 轰炸机的 1/20，B-1B 轰炸机的反射面积更小，仅为 B-52 轰炸机的 1/100，使雷达的探测距离缩短 30%~40%。这样既有利于提高升阻比，又可以提高飞机的生存能力。超声速和高亚声速飞机多采用后掠翼，这有利于推迟及缓和气流压缩性的影响。超声速轰炸机多采用变后掠翼技术，如美国的 FB-111 轰炸机、B-1B 轰炸机，苏联的图-22M 轰炸机皆为变后掠翼轰炸机。后掠翼的活动范围在 15°~70°之间，依飞行状态而选定。高亚声速飞行时，机翼选择在小后掠角状态，超声速飞行时，在大后掠角状态。

超声速轰炸机的动力装置多为涡轮风扇发动机，推力大，推重比达到 7，耗油率低，一些现役的亚声速轰炸机也纷纷更换为涡轮风扇发动机。安装位置依气动布局而异，后掠翼轰炸机的发动机多数位于翼下吊舱或翼根部位，变后掠翼轰炸机的发动机往往装在机身后部或机身下短舱内。

超声速轰炸机起飞重量较大，为 100~260t，飞机推重比为 0.30~0.35，因此飞机的爬升性能受到一定限制。

——隐身轰炸机

战略轰炸机突破敌人的空中防线比战略导弹有更大的危险，飞行员的安全也很难得到保证。如果使战略轰炸机具有隐身性能，则在使用中上述缺点就能得到克服，而且与其他突防方法相比，由于较少牵扯其他飞机的使用，使用起来就更方便。这成为美国和苏联研制新一代战略轰炸机的基本指导思想。

隐身技术的发展沿着以下 4 个方向延伸：一是降低飞机的雷达反射截面积，这是隐身技术的重心，二是降低红外辐射特征的隐身技术，三是降低可见光特征的隐身技术，四是降低声学特征的隐身技术。

美国的 F−117A“夜鹰”是专为夜间攻击设计的战斗轰炸机，如图 1.2.37 所示。属于高亚声速隐身攻击机，它的最大飞行速度略超过声速，巡航速度则低于声速。为降低雷达散射截面，它采用了极为奇特的气动外形设计，机身上下表面由许多个小平面合为一体组成一个多面锥体。它是气动与隐身一体化设计的杰作，可以把雷达波的大部分散射到上半天球内。F−117A 机身表面和平面转接处的设计使反射波集中于水平面内的几个狭窄的区域内，而不像常规飞机那样全方向反射，这样就可使两个波束之间的微弱反射信号与背景噪声难以区分。1991 年，海湾战争中，F−117A 由于隐身性能好，空袭时让对方难以察觉，不用规避对方的防空炮火，投弹命中率 80%~85%，攻击效果相当于二战时 4500 架次的 B−17 轰炸机和越战时 95 架次 F−107 战斗轰炸机。

图 1.2.37　F−117A“夜鹰”(美国)

图 1.2.38　B−2“幽灵”(美国)

20 世纪末期，美国空军隐身轰炸机(如图 1.2.38 所示)服役，标志着轰炸机隐身时代的到来。B−2 是目前世界上唯一的隐身战略轰炸机。B−2 集各种高精尖技术于一体，更因隐身性能出众，被行家们誉为“军用航空器发展史上的一个里程碑”。B−52 的雷达散射截面为 100 m^2，而 B−2 只有不到 0.1 m^2，仅仅相当于天空中的一只飞鸟的雷达散射截面，这就使一般雷达很难发现它。B−2 为了达到这样的隐身效果可谓在各方面做足工夫，例如：B−2 的整体外形光滑圆顺，不易反射雷达波；驾驶舱玻璃在制造时掺有金属粉末，使雷达波无法穿透舱体；机翼后掠 33°，使从上、下方向入射的雷达波无法反射或折射回雷达所在方向；无垂直尾翼；无外挂物；S 形发动机进气口置于机翼上方；采用喷口温度调节技术，喷嘴部分的红外暴露信号大为减少。上述措施大大减少了飞机整体的雷达散射截面。

1.2.4　第四个时期——高超声速飞行时期

飞行得更快、更高、更远，是人类在航空事业上的永恒追求。人类在追求飞机飞得更快方面进行了不懈地努力，并取得了很多成果。在 20 世纪，研究者在早期航天探索过程中，对火箭技术给予了高度重视。他们都认识到喷气推进火箭由于不需要空气提供氧化剂，因而它最适于作航天飞行的动力装置，这样在航天发展历程中，古老的火箭便成了唯一的推进工具。在发展航天学理论的同时，研究者也注意到了将火箭用作飞机动力装置，从而研制火箭飞机的可行性。另外，20 世纪上半叶，已经提出了高超声速的概念并开始研究相关技术。

1. 20世纪50年代之前

1936年，来自奥地利的尤金·桑格(Eugen Sänger，1905－1964)在德国高层授命下开始发展所谓的“美洲轰炸机”，代号“银鸟”。按照设计，“银鸟”采用混合动力，可进入外层空间轨道，能绕地球飞行。该机并非凭空想象，因为设计者居然使用了当时世界上唯一的不锈钢超声速风洞。这是第一种设计中的高超声速飞行器概念，但由于此概念在当时过于超前未能实现。尤金·桑格设计的“银鸟”概念图如图1.2.39所示。

图1.2.39　尤金·桑格设计的“银鸟”概念图

1942年10月，德国进行V−2火箭的发射试验成功，最大射程为320km，捷联式惯性制导，采用液氧、酒精为推进剂，后来成为世界上首先用于实战的地地弹道导弹。由于火箭飞行速度很高，高超声速飞行器及其气动问题开始受到关注。

我国著名科学家钱学森(1911－2009)是高超声速技术的最早倡导者之一。1945年，钱学森发表了题为“高超声速流动的相似律”的著名论文，如图1.2.40所示，奠定了高超声速无黏流的理论基础，同时在该文中，他首先采用“Hypersonic”这个词来表示速度高于马赫数5的高超声速飞行，后来该词在学术和工程领域逐渐推广。

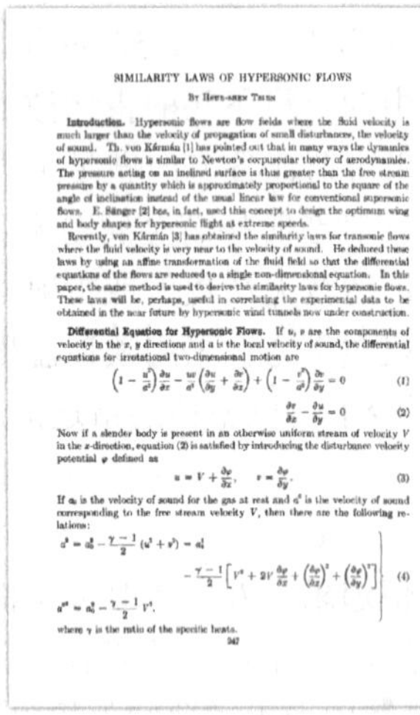

SIMILARITY LAWS OF HYPERSONIC FLOWS

By Hsue-shen Tsien

Introduction. Hypersonic flows are flow fields where the fluid velocity is much larger than the velocity of propagation of small disturbances, the velocity of sound. Th. von Kármán [1] has pointed out that in many ways the dynamics of hypersonic flows is similar to Newton's corpuscular theory of aerodynamics. The pressure acting on an inclined surface is thus greater than the free stream pressure by a quantity which is approximately proportional to the square of the angle of inclination instead of the usual linear law for conventional supersonic flows. E. Sänger [2] has, in fact, used this concept to design the optimum wing and body shapes for hypersonic flight at extreme speeds.

Recently, von Kármán [3] has obtained the similarity laws for transonic flows where the fluid velocity is very near to the velocity of sound. He deduced these laws by using an affine transformation of the fluid field so that the differential equations of the flows are reduced to a single non-dimensional equation. In this paper, the same method is used to derive the similarity laws for hypersonic flows. These laws will be, perhaps, useful in correlating the experimental data to be obtained in the near future by hypersonic wind tunnels now under construction.

Differential Equation for Hypersonic Flows. If u, v are the components of velocity in the x, y directions and a is the local velocity of sound, the differential equations for irrotational two-dimensional motion are

$$\left(1-\frac{u^2}{a^2}\right)\frac{\partial u}{\partial x}-\frac{uv}{a^2}\left(\frac{\partial u}{\partial y}+\frac{\partial v}{\partial x}\right)+\left(1-\frac{v^2}{a^2}\right)\frac{\partial v}{\partial y}=0 \tag{1}$$

$$\frac{\partial v}{\partial x}-\frac{\partial u}{\partial y}=0 \tag{2}$$

Now if a slender body is present in an otherwise uniform stream of velocity V in the x-direction, equation (2) is satisfied by introducing the disturbance velocity potential φ defined as

$$u=V+\frac{\partial\varphi}{\partial x},\quad v=\frac{\partial\varphi}{\partial y}. \tag{3}$$

If a_0 is the velocity of sound for the gas at rest and a^* is the velocity of sound corresponding to the free stream velocity V, then there are the following relations:

$$\left.\begin{aligned} a^2&=a_0^2-\frac{\gamma-1}{2}(u^2+v^2)=a_0^2-\frac{\gamma-1}{2}\left[V^2+2V\frac{\partial\varphi}{\partial x}+\left(\frac{\partial\varphi}{\partial x}\right)^2+\left(\frac{\partial\varphi}{\partial y}\right)^2\right]\\ a^{*2}&=a_0^2-\frac{\gamma-1}{2}V^2,\end{aligned}\right\} \tag{4}$$

where γ is the ratio of the specific heats.

247

图1.2.40　钱学森论文“高超声速流动的相似率”首页

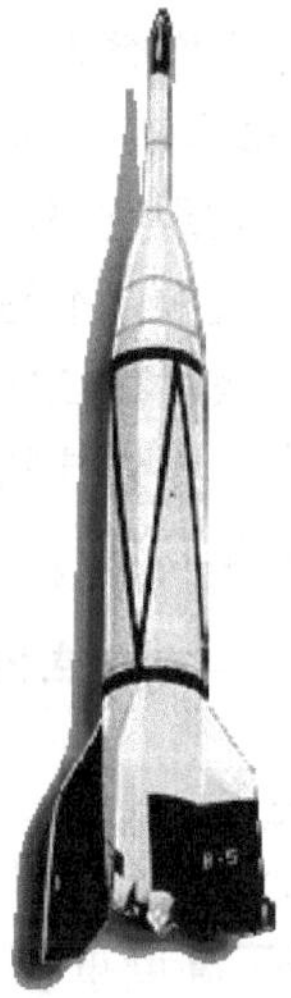

图1.2.41　顶部加装“WAC下士”火箭的V−2火箭

1949 年 2 月，美国将 V−2 火箭顶部加装 WAC 下士(Corporal)火箭组成两级火箭，进行了飞行试验；飞行高度达到 392.6 km，速度 8286 km/h，马赫数近 7，虽最终被烧毁，但这是人类历史上第一个高超声速飞行器，顶部加装“WAC 下士”火箭的 V−2 火箭如图 1.2.41 所示。

2. 20 世纪 50 年代至 70 年代

1957 年 10 月，苏联发射了第一颗人造地球卫星。1961 年 4 月，苏联“东方号”飞船飞行成功，前苏联航天员尤里・阿列克谢耶维奇・加加林(Юрий Алексéевич Гагáрин，1934－1968)乘坐“东方 1 号”飞船，绕地球低轨道飞行 108 分钟后，安全返回地面，其再入大气层时的速度达到 25 马赫，“东方号”飞船成为人类第一个载人的高超声速飞行器，如图 1.2.42 所示。该期间，高超声速飞行器相关理论发展得很快，形成了高超声速飞行器发展的第一个高潮。

Apollo 飞船登月飞行是美国太空总署从 1961 年至 1972 年从事的一系列载人航天任务，于 20 世纪 60 年代的 10 年中，主要致力于完成载人登陆月球和安全返回地球的目标。1969 年，阿波罗 11 号宇宙飞船达成了上述目标，人类第一次踏足月球表面。为了进一步执行在月球的科学探测，阿波罗计划一直延续到 20 世纪 70 年代早期。总共耗资约 240 亿美元。再入中的 Apollo 飞船如图 1.2.43 所示。

图 1.2.42 苏联“东方”号飞船

图 1.2.43 Apollo 飞船

——X−15

X−15 是美国多个部门联合研制的高超声速试验机，1954 年提出设想，目的是对高超声速和太空飞行的有关问题进行研究，涉及面比较广，包括高温结构、高超声速空气动力学、稳定与控制、飞行员行为与心理等特殊问题。X−15 机长约 15m，最大飞行重量 13.6 t，运用了先进的材料、结构设计制造方法和大推力火箭发动机，如图 1.2.44 所示。

在 20 世纪 60 年代 X−15 共计飞行了 199 次，创下了有翼飞机的飞行速度和高度的新纪录。1961 年首次试飞时，飞行马赫数就超过 5.3。1964 年 2 月，两架 X−15 被改装为 X−15A−2，机翼下增加了两个分别装有液氨和液氧的罐体，创造出了 6.72 马赫的当时世界最快速度纪录。先后共有 13 次达到了美国标准的太空高度，最大高度为 107.9km。

X−15 火箭试验机计划是一项高度成功的高超声速研究计划，高超声速空气动力学、气动加热、无动力滑翔、着陆技术、有翼太空飞行、结构设计、材料技术、稳定与控制等方面都取得前所未有的成果和大量科学数据，它为美国后来水星、双子星、阿波罗等有人太空飞行计划和航天飞机的发展提供了极其珍贵的试验数据，技术回报极大。

图 1.2.44　X−15 高超声速演示验证机

3. 20 世纪 80 年代至今

——航天飞机：可重复使用航天飞行器

航天飞机是一种有翼、可重复使用的太空器，由辅助的运载火箭发射脱离大气层，作为往返于地球与外层空间的交通工具，外形类似飞机。虽然世界上有许多国家都陆续进行过航天飞机的开发，但实际上只有美国和苏联成功发射过。苏联解体后，相关的设备由哈萨克斯坦接收后，但由于经费不足致使太空计划陷入停顿，之后全世界只剩美国的航天飞机可以实际使用并执行任务。

从 1981 年美国“哥伦比亚”号航天飞机首次升空开始，到 2011 年“亚特兰蒂斯号”的最后一次任务，美国航天飞机共完成飞行任务 135 次。

航天飞机是一种为穿越大气层而设计的火箭动力航天器。它是一种有翼、可重复使用的航天器，由辅助的运载火箭发射脱离大气层，作为往返于地球与外层空间的交通工具，航天飞机结合了飞机与航天器的性质，外形类似飞机，其翼在再入返回时提供升力和阻力。航天飞机升入太空时跟其他单次使用的载具一样，是用火箭动力垂直升入。因为机翼的关系，航天飞机的有效载荷比例较低，设计者希望以重复使用性来弥补这个缺点。

航天飞机的飞行过程大致有上升、轨道飞行、返回三个阶段。起飞命令下达后，航天飞机在助推火箭的推动下垂直上升，直至进入预定轨道，完成上升。进入轨道后，航天飞机的主发动机关闭，由两台小型火箭发动机控制飞行。到达预定位置后，航天飞机开始工作。航天飞机完成任务后，便开始重新启动发动机再入大气层，受空气作用航天飞机速度逐渐变小，最后像飞机一样着陆。

以美国“哥伦比亚”号航天飞机为例，其总长约 56 m，翼展约 24 m，起飞重量约 2040 t，起飞总推力达 2800 t，自重 68 t，能装运 36 t 重的货物，如图 1.2.45 所示。它的核心部分轨道器长 37.2 m。每次飞行最多可载 8 名宇航员，飞行时间 7～30 天，轨道器可重复使用 100 次。

航天飞机是人类在重复使用运载器方向迈出的具有探索性的重要一步，开创了人类航天的新纪元。

——X–37B

X–37B 飞行器计划由美国空军领导实施，波音公司作为主承包商负责研制和建造，主要用于空间技术试验与验证。X–37B 计划的目标为：对可重复使用的空间飞行器技术进行空间验证、降低风险、运行方案研发。X–37B 采用与航天飞机轨道器相似的带翼升力体设计方案，不同之处是 X–37B 具有一对倾斜尾翼，而航天飞机轨道器采用的是一个垂直尾翼。X–37B 机身结构采用轻质复合材料制造，机翼前缘采用新一代耐高温材料，如图 1.2.46 所示。

图 1.2.45　航天飞机(美国)

图 1.2.46　X–37B 飞行器(美国)

X–37 计划事实上是美国航天局早期与 X–33 同时推动的另一个计划，由于经费原因，该计划在 2004 年终止后，很快被美国空军接手，并在 6 年后一鸣惊人。美国东部时间 2010 年 4 月，一架 X–37B 从佛罗里达州卡纳维拉尔角空军基地成功发射升空，这架 X–37B 可以凭自带的太阳能电池提供动力，且具有大幅变轨能力。在经过长达 270 天的飞行后，于 2010 年 12 月在美国加州范登堡空军基地降落。2011～2015 年，美国又进行了三次 X–37B 的发射飞行任务，在轨时间越来越长。

X–37B 借助火箭发射升空时的速度可达 25 倍声速，在这样的高速下，地面雷达很难发现并跟踪其轨迹，完全有可能发展成为未来的“轨道轰炸机”。

——X–43：吸气式高超声速飞行器的发展

作为美国国家航空航天局重点实施的高超声速研究计划，Hyper–X 计划备受美国军方关注。该计划主要研究并演示可用于高超声速飞机与可重复使用的天地往返系统的超燃冲压发动机技术与一体化设计技术，其试飞器 X–43 包括 X–43A、X–43B、X–43C 和 X–43D 四个型号。

波音公司负责 X–43A 飞行器空气动力学和结构设计。X–43A 采用了非常传统的升力体结构设计，在机身后部设计了控制面，包括全动式水平尾翼和双垂直尾翼与方向舵。为确保高速巡航、减小阻力而将前缘设计得很尖，同时控制面也相应很薄。前机身下部的外形设计可以为超燃冲压发动机进气道提供外部压缩斜面，同时后机身下部的外形设计则可以提供单膨胀喷管面。机体上表面采用缓和的曲率，机身前段包含有大块的压舱段，从而使飞行器的重心足够靠前，以提供较好的纵向稳定性。X-43 演示验证飞行器如图 1.2.47 所示。

为了将气动阻力降至最小，X-43A 的前缘设计采用非常小的曲率半径(0.08cm)，虽然后来将这一指标要求放宽到 0.13cm。即使这样，前缘碳-碳材料的制造和碳化硅层涂覆的难度也非常高。来自各承包商、包括子承包商 SAIC 和美国国家航空航天局的专家，组成专家组协助开发工序，通过不懈努力最终使这些薄型前缘能够达到满意的性能。

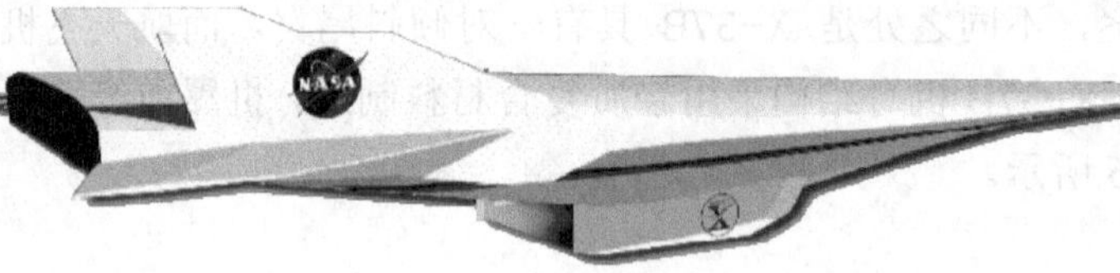

图 1.2.47　X-43 演示验证飞行器(美国)

2004 年，采用吸气式冲压发动机技术的美国演示验证飞行器 X-43A 两次试验成功，最大飞行马赫数分别为 6.83 和 9.68。X-43A 的试验成功展示了美国在该领域的重大进展：一是以超燃冲压发动机为动力的一体化飞行器可以获得正推力，以接近马赫 10 的速度飞行；二是两个非对称的飞行器可以在高超声速的高动压下成功分离，实现自由飞行。

——X-51：采用及热型碳氢燃料

美国空军的高超声速发展计划“HyTech”计划的目标是发展碳氢燃料一主动冷却超燃冲压发动机技术，验证在 M = 4~8 范围内发动机的可操作性、性能和结构的耐久性。HyTech 计划已经完成了三个阶段的研究工作，其研究成果 SJX61-2 型主动冷却超燃冲压发动机应用到 X-51A 验证机上进行试飞。

X-51A 试飞器由巡航飞行器、级间部分和助推器构成(如图 1.2.48 所示)。X-51A 飞行器采用乘波体设计，方柱形机身、楔形头部和无收缩的尾部，尾端串联一个固体火箭助推器，助推器尾部有稳定翼。助推器是洛克希德·马丁公司陆军战术导弹系统的发动机改进型。级间部分采用气流直通管的设计，可以在超燃冲压发动机点火之前，通过气动加热对燃料进行预热。

巡航飞行器主要由头部、前部、中部和后部四段组成，头部近似楔形，在楔形下部可形成压缩来流的斜面，对来流进行初步压缩。飞行器前段空间可装战斗部和制导设备；机身中段无弹翼，内装燃料，飞行器中段下面装有超燃冲压发动机，它有一铲形进气口，其整流罩向后一直延伸到发动机尾端；飞行器后段有“X”形配置的 4 个尾翼。

2010～2013 年，同样采用冲压发动机技术的美国演示验证飞行器 X-51 四次试飞，最后一次成功的试飞也达到了马赫数 5.1。X-51A 验证了用吸热型燃料的超燃冲压发动机的生存能力，同时也验证了以超燃冲压发动机为动力的、自主飞行的飞行器的生存能力。

——HTV-2

2003年7月29日，美国空军和国防部预先研究计划局(DARPA)联合开展FALCON计划，该计划的目标是：研发、飞行试验和验证高超声速飞行器的关键技术，确保美国在近期和远期具备执行全球快速精确打击的能力；演示验证低成本、快速航天发射的能力。

FALCON 计划的具体任务是发展小型运载火箭(SLV)和高超声速武器系统(HWS)，即通用航空飞行器(CAV)，改进的通用航空飞行器(ECAV)和高超声速巡航飞行器(HCV)。2005年，美国国会将FALCON计划限定为非武器技术验证计划，取消与武器相关的飞行试验，采用高超声速技术验证机HTV-1、HTV-2和HTV-3X分别验证CAV、ECAV和HCV技术。

2010年4月22日，HTV-2高超声速技术飞行器进行了首次飞行试验。但在火箭起飞9分钟后，HTV-2的遥测数据中断，随后与地面失去联系。DARPA宣称，此次高超声速技术验证试验最终失败。不过在遥测数据丢失之前，HTV-2在大气层内已经以马赫20的速度实现了可控飞行。HTV-2验证飞行器如图1.2.49所示。

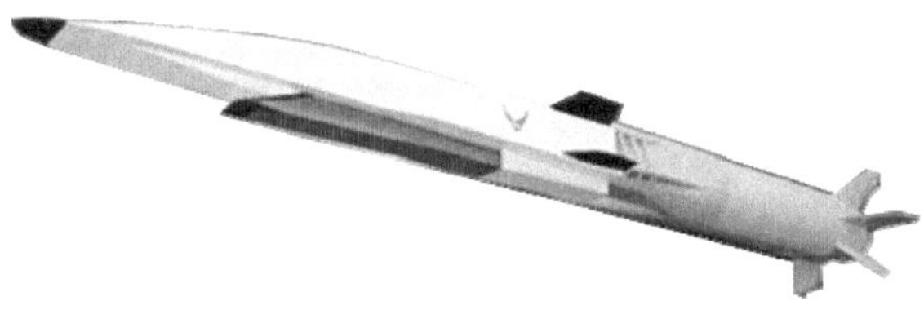

图1.2.48 X-51演示验证飞行器(美国)

图1.2.49 HTV-2验证飞行器(美国)

从上面关于飞行器的发展和飞机气动布局的演变历程中可以看出：

(1)飞行器的发展进步与支撑飞行器的各个学科和技术密切相关，早期空气动力学的进步曾给飞机性能带来巨大的提升。

(2)飞行器的作用受到其飞行目的的重要影响，飞机发展到当前已经分化出多个类型，各类的气动布局与设计方法也有大的差异。

(3)飞行器的设计及气动设计是一项极度创新的科学研究，需要扎实的理论基础和充分的实践经验，也需要极度的创新精神。

对于飞行器气动设计的初学者，这里从认识的角度上提几点总的建议。

(1)现有的飞行器都是经过历史锤炼不断发展而成的，包括标准翼型、各种典型的气动布局都是前人留下的优秀成果，未来的飞行器气动设计应当吸收这些成果中的主要思想，在其基础上不断发展。

(2)飞机种类、机型繁多，应当了解甚至熟知典型飞机的相关特性和参数。

(3)飞行器总体设计中子系统较多，气动设计只是其中之一，但却跟其他子系统联系密切，实际设计工作中，在各系统设计和性能参数选择时应学习把握“度”，每个性能都达到最优是不可能的，应从总体考虑，学会取舍。

复习与思考

1．理清空气动力学、飞行器设计、飞行器气动设计几者之间的关系。
2．了解飞行器气动设计的内容。
3．了解飞机发展的历史脉络，展望其未来发展趋势。

第 2 章　气体与流动的基本性质与描述

维持飞机飞行的升力和影响飞机的阻力都是在流体绕飞机流过时产生的，飞机的操纵基于操纵面的气动影响，飞机发动机的主要工作过程也是气体的变化过程。因此，空气动力学原理是认识飞机飞行的基础，飞机气动外形以及相关系统的设计离不开对空气动力学基本原理的掌握和熟练运用。考虑到本书的针对性，认为读者应具有一定的流体力学和空气动力学基础，因此本章从流动的基本性质出发，简要介绍气动基本参数与规律，并初步说明适用于飞机的流动对于所介绍的一些细节和关系式，这里并不作更细的推导，读者若感兴趣可以查阅诸多《空气动力学》教材或资料。

§2.1　气体流动基本规律

2.1.1　空气的物理性质

1. 连续介质假设

空气和其他流体一样都是由分子组成的，显然分子之间存在空隙，从微观角度来看，物理量在空间是不连续的，且由于分子的随机运动，微观上任一空间点的物理量对于时间也是不连续的。但在飞行器设计中讨论的流动问题，特征尺度往往远远大于空气分子的距离，流体力学所研究的也不是个别分子的微观运动，而是由大量分子组成的宏观机械运动。宏观流体的物理量，如压强、密度和温度都是大量分子的统计平均特性。这样就可以将真正的流体看成是由稠密而无间隙的连续介质所组成的，而流体的基本单元看成流体质点，其体积对于流动空间和流体中固定尺寸可以忽略不计，这就是连续介质假设。

本书所涉及的内容仅限于连续介质流动，分子运动碰撞特征时间、分子平均自由程与所考虑流动问题中的“单位时间”“单位长度”相比可以忽略不计。在连续流中，可用一个无量纲参数——努森数 $Kn=\dfrac{\bar{l}}{L}$ 来判断流动是否为连续：

$$Kn=\frac{\bar{l}}{L}<<1 \tag{2.1.1}$$

即为连续介质流动，其中，L 为飞行器的特征长度，$\bar{l}$ 为空气分子的平均自由程。一般海平面上分子平均自由程为

$$\bar{l}=6.633\times10^{-8}\,\mathrm{m} \tag{2.1.2}$$

在高度 $H<40\mathrm{km}$ 时空气的连续假设成立，在 $H=120\sim160\mathrm{km}$ 时，空气分子的平均自由程可以与飞行器特征尺度相比拟，连续假设不成立，分子平均自由程与飞行器的特征尺度相当或更大，即 $\bar{l}\geqslant L$。

2. 状态参数

描述和理解空气流动需要基于气体的状态参数，气体状态可以用三个状态参数来表征：密度ρ、温度T和压强p。

1) 密度ρ

在连续介质假设下，可以选取任意位置的流体微团作为分析对象，设定对象微团的体积为$\Delta\tau$，微团中包含介质的质量为Δm，则该微团密度为

$$\rho=\frac{\Delta m}{\Delta\tau} \tag{2.1.3}$$

为了讨论问题方便，可以首先假设微团体积足够大，然后围绕中心点使其缩小，研究密度随容积变小的变化规律。图 2.1.1 给出了微团体积趋于零时，流体微团密度变化情况，从图 2.1.1 中可以看出，在微团容积缩小过程中流体密度向某一定值趋近，而当气体微团过小后，由于微团内瞬间分子数量突变较大，微团密度忽大忽小情况严重，因此研究对象的微团中需要包含足够多的分子，但相对物体特征尺寸而言又需要无限微小。在此处我们指定微团密度区域平衡微团体积为$(\Delta\tau)_0$，气体在微团位置的密度为

$$\rho=\lim_{\Delta\tau\to(\Delta\tau)_0}\frac{\Delta m}{\Delta\tau} \tag{2.1.4}$$

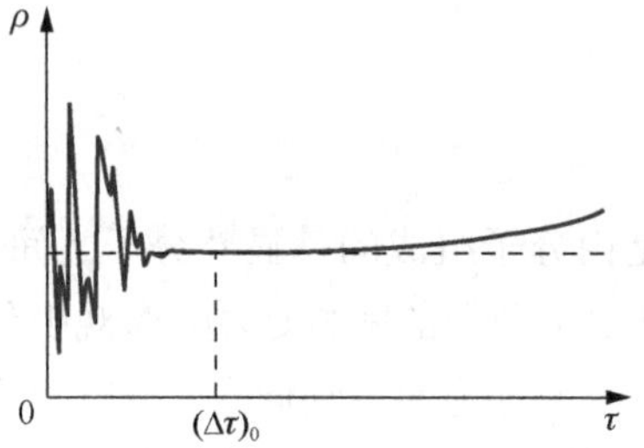

图 2.1.1 平均密度随容积变化

由于$(\Delta\tau)_0$相对于飞行器特征尺寸L来说很小，可视为零，则任意一点的密度最后的定义形式为

$$\rho=\lim_{\Delta\tau\to 0}\frac{\Delta m}{\Delta\tau} \tag{2.1.5}$$

在海平面上，温度为288.15K时的标准大气密度为1.225 kg/m^3，该值随高度的增加而降低。

2) 温度T

在空气动力学研究中经常使用总温与静温的概念。其中静温为流动过程中气体本身实际具有的温度，即运动气体的当地温度。理论上只有温度传感器相对气流静止时才能准确测量，故名静温。总温是气流绝热滞止到速度为零时气体的温度，完全气体在定常、绝热流动中总温为常数，实际流动中总温随着静温、当地马赫数的变化而变化。

在大气层中，不同高度空气的温度是不同的。

3) 压强P

在空气动力学研究中，将空气作用于物体表面单位面积上的压力称为压强（工程上常

直接称作压力）。在无黏流体中，无论流体静止还是流动，流体内部任意一点处的压强是各向同性的，即理想流体内部压强不会因受压面的方向不同而变化。

在空气动力研究中，根据需求将压强分别定义为静压、动压和总压来开展分析工作。静压是流动过程中气体本身实际具有的压强，原理上只有当压力传感器相对气流静止时才能准确测出。动压又称为速压，其意义在于它包含了气流速度的影响，当具有一定速度的气流被滞止时，压强将升高，在等熵情况下，当动能将全部转化为压力能时，动压为零，静压等于总压。总压又称为驻点压强，指气流中任意一点速度等熵滞止到零时的压强，在运动气体中总压描述为静压与动压之和。完全气体在等熵、定常流动中总压保持不变，而实际流动中由于各种耗散总会存在一定损失。

在海平面上，标准大气压强约为 101325Pa，大气中的压强随高度的增加而降低。从海平面到 100km 高度的大气参数详见附录 A。

3. 状态方程

气体三个状态参数之间满足状态方程

$$p = \rho RT \tag{2.1.6}$$

其中，R 是气体常数，对于标准状态下的空气，$R = 287\ \mathrm{J/(kg \cdot K)}$。

4. 气体的黏性与热传导

空气的黏性作用将会在飞机表面形成一层很薄的边界层，在边界层内存在较大的剪切作用从而对飞机的阻力特性产生重要影响，因此，边界层研究十分重要。

任何一种实际流体都有黏性，只是不同流体的黏性各不相同。空气和水的黏性都不大，其作用在日常生活中不太为人注意。空气黏性为水的黏性的 1/50，然而在空气动力学研究中却十分重要。图 2.1.2 为研究空气黏性试验的过平板流动速度观察示意图。

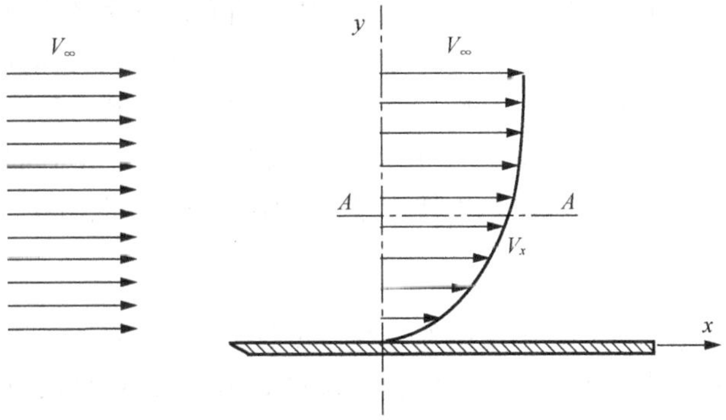

图 2.1.2　过平板流动试验

把一块无限薄的静止平板放置在气流速度为 V_∞ 的直匀流（来流速度大小相等且流线彼此平行）中，使平板与气流平行。观察结果显示：气流在没有到达平板以前，平板对气流没有扰动，气流速度均匀，其值均为 V_∞；在流过平板时，紧靠近平板表面的那层气流完全贴附在平板表面上，气流速度降为零。随着逐渐远离平板，气流速度逐渐增大，直到离平板表面一定距离以后，气流速度才基本恢复到原来的来流值。

气流速度之所以形成这样的变化，正是气体具有黏性的表现。而造成黏性的主要原因是气体分子不规则的热运动，它使得不同速度的相邻气体层之间发生质量交换和动量交换，上层流动速度较大的气体分子进入下层时会带动下层气体加速，而下层流动速度较小的气体分子进入上层时会阻滞上层气体使其减速。这种相邻两个流动速度不同的气体层之间存在的相互牵扯的作用，称为气体黏性或内摩擦力。气体黏性大小用黏度μ表示，与温度有关。在温度为288.15K时，空气黏度值为$\mu = 1.7894 \times 10^{-5}\ \mathrm{kg/(m \cdot s)}$。

空气动力学中与气体黏性直接相关的重要的参数是雷诺数 Re，它是衡量流体惯性力与黏性力相对大小的一个无量纲参数。英国物理学家雷诺在圆管水流试验中发现，水流随流速V、管内直径D、流体运动黏度μ变化而出现不同的流动状态。而对于惯性力和黏性力起主要作用的流动，当不同的流体以不同的速度绕大小不同的几何形状运动时，在一定条件下能够保持力学相似，这种相似条件是雷诺数$\mathrm{Re} = \dfrac{\rho VD}{\mu}$相同。在空气动力学研究中往往通过变换雷诺数来研究黏性变化对气动性能的影响。例如，风洞试验状态的雷诺数很低(百万量级)，而真实飞行状态下的雷诺数很高(2000 万左右)，如何对风洞试验的数据进行雷诺数修正，精确模拟飞行状态也是截至目前航空领域的难题，对雷诺数模拟的需求促进了高雷诺数风洞的诞生。

当气体中沿某一方向存在温度梯度时，热量就会由温度高的地方向着温度低的地方传递，这种性质称为气体传热性。常用热传导系数 K 来表征物质的热传导能力。在通常温度范围内，空气的热传导系数很小，为$2.47 \times 10^{-5}\mathrm{kW/(m \cdot K)}$，当温度梯度不大时，可以忽略空气传热性对流动特性的影响。

2.1.2 气体与流动的基本模型

实际气体有着多方面的物理属性，严格来说，这些物理属性对于气体流动特性有或多或少的影响，在我们研究问题的时候，如果将流体的所有属性都考虑进去，那问题是非常复杂的，要进行分析并要得出结果非常困难。但事实上，在某些具体问题里，气体各方面的属性并不具有同等重要的作用。因此，对于一些具体问题来说，我们可以抓住一些起主要作用的属性，忽略一些处于次要地位的属性。这样做的结果，使我们更能清楚地看清问题的本质和关键，同时使问题简化，也便于进行数学处理。一般常用的模型如下。

1. 完全气体(perfect gas)

完全气体是气体分子运动论中采用的一种模型气体。忽略分子间作用力的气体定义为完全气体。对于完全气体，压力p、密度ρ、温度T满足气体的状态方程。

这是假定气体分子只有质量而没有体积，并且分子间相互作用完全忽略的一种简化结果。完全气体的热力学性质比较简单，它的内能、焓、熵等热力学参数都只是温度的函数。

对于空气流动，在一般的温度和压力下，气体分子间的平均距离大于 10 倍的分子直径，满足完全气体假设，可视作完全气体。

2. 无黏气体(inviscid gas)

黏性是流体的固有属性之一，空气中也有黏性，空气的黏性系数很小，在实际流动中，只有边界层内部气流速度差异大、黏性力比较大，而边界层外各层气流之间速度变化缓慢，黏性力很小，通常可以忽略黏性作用。由于黏性的作用与热传导的作用是同量级的，忽略黏性的同时，也忽略了热传导。

所谓无黏气体是一种不考虑空气黏性的模型，这种模型中流体微团不承受黏性力作用，空气的黏度 $\mu=0$。在飞行器与空气相对运动时，除紧贴飞机表面较薄的一层边界层外，可以认为是无黏流动。在工程中根据无黏气体模型计算出来的扰流图谱和物面压力分布，通常与试验结果比较一致，由此得到的升力和力矩值也比较可信。

但由于黏性阻力与边界层流动特性密切相关，使用无黏气体模型研究流动阻力问题的结果与实际情况差别较大，因此在确定飞行器的阻力问题时，则必须考虑空气的黏性影响。并且，当流线型物体在大迎角情况或对于非流线型物体绕流情况，实际流动在物体表面会形成一定程度的分离，此时忽略黏性作用使用无黏气体模型研究的结果将与实际流动情况差别很大。

3. 绝热气体

绝热气体是一种不考虑流体热传导性的模型，即把流体的热传导系数视为 0。由于空气热传导系数很小，因此在低速流动中除专门研究传热问题的场合外，一般都不考虑气体的热传导性质，把气体看成绝热的，此时得到的结果与实际情况很一致。高速流动中，在温度梯度不大的地方，气体微团间的传热量微乎其微，也可以不考虑传热的作用。

4. 运动的描述

描述运动的一种自然的方法是考虑流体质点本身的运动，将运动与用函数

$$x = x(a,t) \tag{2.1.7}$$

表示的几何变换联系起来，函数 x 给出流体质点 a 在不同时间 t 时的位置矢量。这就是拉格朗日法。其实对一切实际应用来说，用视为 x 和 t 的函数的速度矢量 $\boldsymbol{V}$ 来描述就足够了

$$\boldsymbol{V} = \boldsymbol{V}(x,t) \tag{2.1.8}$$

这就是欧拉法。

质点一方面是描述流体运动的最小单位，另一方面又含有足够多的气体分子，由于足够多的碰撞在内部始终保持着平衡状态。流体的整体性质可以认为是这些质点之间相互作用的结果。

5. 纳维-斯托克斯方程

玻尔兹曼方程是以气体的组分粒子的运动来描述气体的，它利用一个分布函数决定任一给定时刻粒子的速度和位置，并确定给定体积内粒子的数目。当忽略分子的转动和振动状态、电子状态，并且考虑质量、动量、能量在粒子碰撞中守恒时，从这个方程可以推导出一组流体力学方程，即我们所熟知的纳维–斯托克斯方程。也就是 Navior–Stokes 方程，简称 N–S 方程，其一般形式为

$$\begin{aligned}
&\frac{\partial \rho}{\partial t} + \nabla\cdot\left(\rho \boldsymbol{V}\right) = 0 \\
&\rho\frac{\mathrm{D}\mathbf{V}}{\mathrm{D}t} = -\nabla p + \rho \boldsymbol{f}_V + \nabla\cdot\boldsymbol{\tau} \\
&\rho\frac{\mathrm{D}E}{\mathrm{D}t} + \nabla\cdot\left(p\boldsymbol{V}\right) = \rho\mathbf{V}\cdot\boldsymbol{f}_V + \nabla\cdot\left(\boldsymbol{V}\cdot\boldsymbol{\tau}\right) - \nabla\cdot\boldsymbol{q}
\end{aligned} \tag{2.1.9}$$

其中，E为比总能，f_V为体积力，$\boldsymbol{\tau}$是切应力张量，$\boldsymbol{q}$为热通量矢量。

N-S 方程的适用范围很广泛，但在某些特殊情况下(需要考虑振动能、离解、电离和电磁效应时)应该特别小心。另外，N-S 方程在不考虑黏性和传热的情况下简化得到欧拉方程。

应该指出，这组方程不是封闭的，因为未知数比方程多。未知参数有密度、压力、温度和三个速度分量。它们必须满足质量、能量和三个动量分量的守恒定律。在实践中，为了使方程变得完备，我们要求助于状态方程。利用适当的假设，状态方程也可以从分子运动论推导出来。

6. 声速、马赫数与流动

根据热力学定律，声速a定义为

$$a^2 = \frac{\partial p}{\partial \rho} \tag{2.1.10}$$

飞行器飞行速度通常用马赫数M来表示，飞行马赫数(即来流马赫数)。

$$M = \frac{V}{a} \tag{2.1.11}$$

由马赫数可以区分不同的流速区域，如亚声速和超声速流动，它们有本质区别，必须分别详细研究。

(1)低速流动。指$M \leqslant 0.3$的流动，也称作不可压缩流动。

(2)亚声速流动。指飞行器绕流场中，马赫数处处小于 1，但速度又高于低速流动的情况，即$0.3 < M < 1$，如图 2.1.3(a)所示。

(3)跨声速流动。指在流场中同时存在亚声速及超声速区域，但较为接近声速。如果来流为亚声速，一般其范围为$0.75 < M < 1$，此时流场存在超声速区并有激波存在，如图 2.1.3(b)所示。如果来流为超声速，一般$1 < M < 1.2$，流场在飞行器头部有亚声速区，并在头部产生脱体激波，如图 2.1.3(c)所示。

(4)超声速流动。流场中马赫数M处处大于 1.2，即$M > 1.2$。图 2.1.3(d)所示为超声速气流流过一个圆锥物体的流动画面。在圆锥顶部产生激波，在尾部由于气流向外转折而产生膨胀波。

(5)高超声速流动。一般指来流马赫数$M > 3$的流动。某一尖楔绕流流动如图 2.1.3(e)所示。此时激波接近物面，激波层及与紧贴物面的黏性层相互干扰产生高温，并伴随着化学反应。

需要注意的是，上述对于流动区域的划分的部分界限并不是严格的界限，而是根据实际流动经验的总结，实际流动的性质应当看有没有出现该类流动的典型性质，例如，对于尖头细长体，马赫数要到 5 左右才能出现典型的高超声速特征。

7. 可压缩与不可压性

可压缩性是指气体流动过程中，由于压强变化导致密度、温度随之变化的性质。在像空气这样的气体中，比较小的扰动就能改变其密度，但需要按照流动速度进行区分。

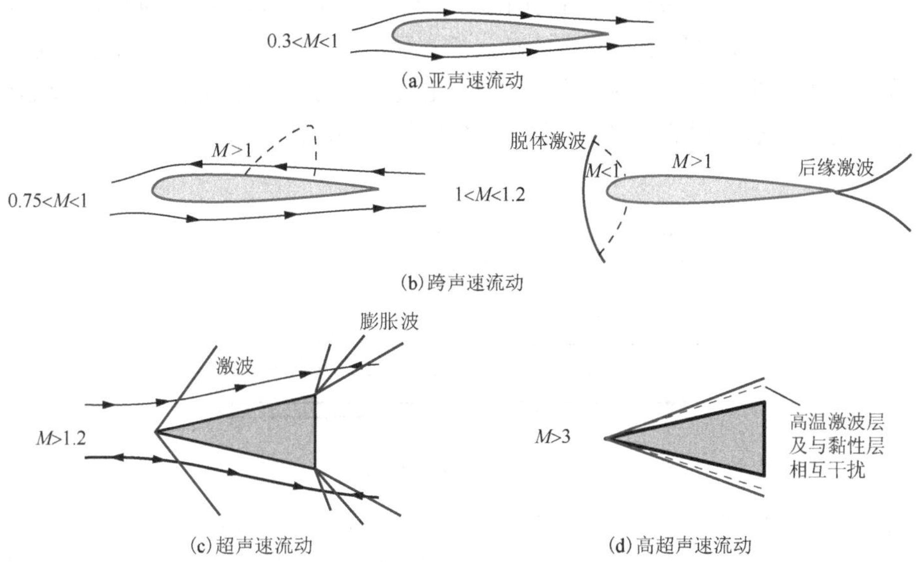

图 2.1.3　不同马赫数范围的流动

若飞行器作马赫数 $M<0.3$ 的低速飞行，即来流速度不大时，流场中各点的速度变化不大，因而压强变化不大，相应的密度变化也不大。此时我们把这种密度变化很小的流动近似地当做密度不变的流动。这样，使问题的数学处理大大简化，从而比较容易得出可用的解析结论，因此我们将低速流动的流体当做不可压缩的流体来处理。用这种模型所得到的低速结果和实际相差不大。若来流为马赫数 $M>0.3$ 的高速流动，流动中各点速度较大，速度变化引起密度变化较大，必须如实地把空气视为密度可变的可压缩流来处理。对于空气的不可压流和可压流的区分并没有明显的界限。

具体的模型与处理方法我们在 2.3 节中介绍。

8. *边界层*

实际流体都有黏性。考虑到黏性作用，实际流体在运动中必然会出现一些与无黏流体不同的规律。这种不同一般只限于紧贴物面、黏性力作用不可忽略的一个空气薄层内，我们把流体绕固态物体流动时，在紧贴物体表面附近形成的流速沿物面法线方向逐渐增大的薄层空气称为边界层(也称附面层)。飞机在空气中飞行时，黏性作用主要表现在边界层里，边界层内的黏性对飞机的摩擦阻力、气流分离的影响都很大，在空气高速流动时边界层还将出现气动增温等现象。边界层概念最早是 1904 年由德国空气动力学家普朗特(Ludwig Prandtl，1875—1953)提出的，这为解释空气动力中的摩擦阻力和压差阻力的产生原因奠定了理论基础。

空气流过物体时，由于物体表面不可能是绝对光滑的，加上空气本身具有黏性，所以，紧贴物体表面的一层空气受到阻滞，流速会减小为零。这层流速为零的空气又通过黏性的作用影响相邻上一层空气的流动，使上层空气流速减小。如此一层影响一层，在紧贴物体表面的范围，就出现了流速沿物面法线方向逐渐增大的薄层空气，在这一薄层内流动的空气就是边界层，如图 2.1.4 所示(图中的法向尺寸放大了若干倍)。沿物面法线流速不再变化的气流，称为主流。严格地说，沿物面法线向外，只有当离开物面无限远时，其流速才能等于主流速度，即黏性影响属于全流场。但实际上，物面法线方向上的速度逐渐增大，主要是在物面附近的一个薄层内完成的。一般定义，沿物面各点的法线上，速度达到主流速度的99%处，为边界层的边界，如图 2.1.4 中的虚线所示。

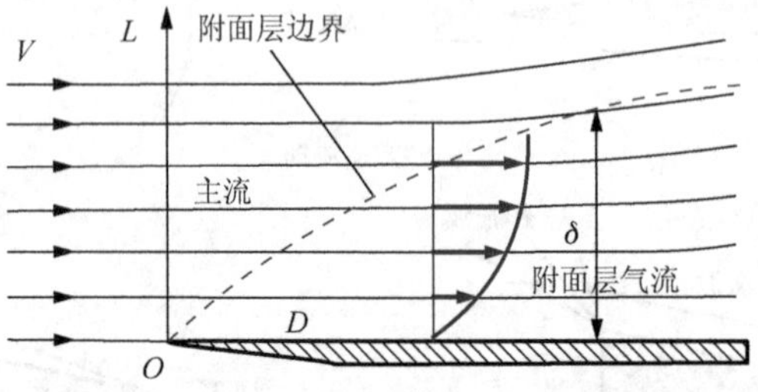

图 2.1.4　平板表面的边界层

由边界层边界到物面的垂直距离为边界层厚度，常用 δ 表示。应该注意，边界层边界线并不是一条流线。边界线之外的主流则不再考虑黏性的影响，可以当做无黏气体来处理。因而可认为黏性的影响仅局限于边界层内，而整个流场的黏性影响，也就可以通过边界层来体现了。

边界层的特点表现为：第一，空气沿物面流过的路程越远，边界层就越厚。空气沿物面流动时，紧贴边界层的主流空气不断受到边界层内空气黏性的影响，逐渐减速变成边界层内的气流。所以，空气沿物面流动的路程越远，边界层也就越厚。对一般飞机来说，从机翼前缘开始，翼面边界层逐渐增厚，离开机翼前缘 1~2m 处，边界层的厚度为数毫米到数十毫米。第二，边界层内沿物面法线方向各点的压强近似不变，等于主流的压强。

人们把边界层外的流动看成是无黏和无旋的，而且假定整个边界层内的压强沿法向相同。与没有边界层的情况相比，外部流动的流线向外移动了。这种位移厚度的存在意味着边界层外部的流动，因此还有沿给定物体表面的压力，与绕零法向速度的假想物体的无旋流动是一样的，这个假想物体完全处于给定物体之外。图 2.1.5 中层流边界层和湍流边界层中，物体必定对边界层做功，就像物体在空气中运动一样，因而发生动量变化。而且，边界层中的空气以尾流的形式留在物体后面，尾流中减少了的动量就相当于作用在物体上的阻力。

关于黏性影响的更多内容在 2.4 节中讨论。

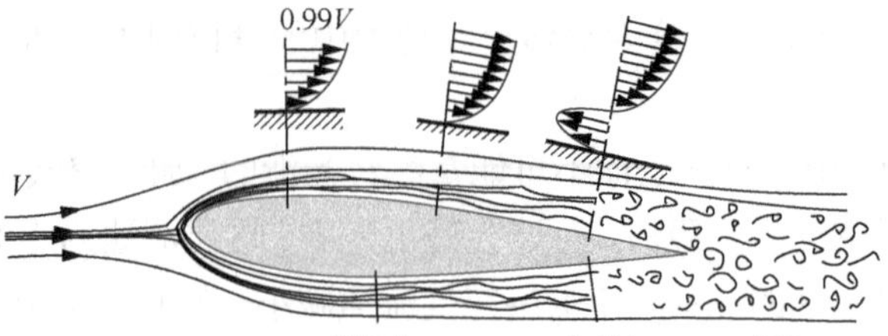

图 2.1.5　机翼的边界层状态

§ 2.2　无黏流场的描述方法

2.2.1　速度位方程

在飞机设计所采用的许多常用的流动模型中，都假设流动是定常、无黏、可压缩的。在这样的假设下常用的模型是流动的速度位方程，下面我们从基本的欧拉方程组出发，导出速度位方程。

三维情况下，设 V_x、V_y、V_z 分别为流动在 x、y、z 三个坐标方向的速度分量。描述其运动的方程组为欧拉方程组，可以理解不考虑输运效应的 N-S 方程：

连续方程：
$$\frac{\partial(\rho V_x)}{\partial x}+\frac{\partial(\rho V_y)}{\partial y}+\frac{\partial(\rho V_z)}{\partial z}=0 \tag{2.2.1}$$

动量方程：
$$\begin{cases} V_x\dfrac{\partial V_x}{\partial x}+V_y\dfrac{\partial V_x}{\partial y}+V_z\dfrac{\partial V_x}{\partial z}=-\dfrac{1}{\rho}\cdot\dfrac{\partial p}{\partial x} \\ V_x\dfrac{\partial V_y}{\partial x}+V_y\dfrac{\partial V_y}{\partial y}+V_z\dfrac{\partial V_y}{\partial z}=-\dfrac{1}{\rho}\cdot\dfrac{\partial p}{\partial y} \\ V_x\dfrac{\partial V_z}{\partial x}+V_y\dfrac{\partial V_z}{\partial y}+V_z\dfrac{\partial V_z}{\partial z}=-\dfrac{1}{\rho}\cdot\dfrac{\partial p}{\partial z} \end{cases} \tag{2.2.2}$$

能量方程：
$$\frac{\partial\rho V_x H}{\partial x}+\frac{\partial\rho V_y H}{\partial y}+\frac{\partial\rho V_z H}{\partial z}=0 \tag{2.2.3}$$

其中，H 是总焓：

$$H=E+\frac{p}{\rho}=e+\frac{p}{\rho}+\frac{1}{2}V^2 \tag{2.2.4}$$

能量方程的形式可变为

$$\rho V_x\frac{\partial e}{\partial x}+\rho V_y\frac{\partial e}{\partial y}+\rho V_z\frac{\partial e}{\partial z}+p\left(\frac{\partial V_x}{\partial x}+\frac{\partial V_y}{\partial y}+\frac{\partial V_z}{\partial z}\right)=0 \tag{2.2.5}$$

$$V_x\frac{\partial}{\partial x}\left(\frac{p}{\rho^\gamma}\right)+V_y\frac{\partial}{\partial y}\left(\frac{p}{\rho^\gamma}\right)+V_z\frac{\partial}{\partial z}\left(\frac{p}{\rho^\gamma}\right)=0 \tag{2.2.6}$$

对于可压缩绝热流动有

$$h+\frac{1}{2}V^2=h_\infty+\frac{1}{2}V_\infty^2 \Rightarrow a^2+\frac{\gamma-1}{2}V^2=a_\infty^2+\frac{\gamma-1}{2}V_\infty^2 \tag{2.2.7}$$

其中，h 为比焓，h_∞、V_∞ 和 a_∞ 分别为主流比焓、速度大小和声速，γ 为比热比。

$$H=E+\frac{p}{\rho}=e+\frac{p}{\rho}+\frac{1}{2}V^2 \tag{2.2.8}$$

由链式法则：

$$\begin{cases}\dfrac{\partial \rho}{\partial x}=\dfrac{\partial \rho}{\partial p}\cdot\dfrac{\partial p}{\partial x}=\dfrac{1}{a^2}\cdot\dfrac{\partial p}{\partial x}\\ \dfrac{\partial \rho}{\partial y}=\dfrac{\partial \rho}{\partial p}\cdot\dfrac{\partial p}{\partial y}=\dfrac{1}{a^2}\cdot\dfrac{\partial p}{\partial y}\\ \dfrac{\partial \rho}{\partial z}=\dfrac{\partial \rho}{\partial p}\cdot\dfrac{\partial p}{\partial z}=\dfrac{1}{a^2}\cdot\dfrac{\partial p}{\partial z}\end{cases}\tag{2.2.9}$$

式(2.2.2)、式(2.2.8)代入式(2.2.1)中，可得

$$\begin{aligned}&\left(1-\frac{V_x^2}{a^2}\right)\frac{\partial V_x}{\partial x}+\left(1-\frac{V_y^2}{a^2}\right)\frac{\partial V_y}{\partial y}+\left(1-\frac{V_z^2}{a^2}\right)\frac{\partial V_z}{\partial z}\\&-\frac{V_xV_y}{a^2}\left(\frac{\partial V_x}{\partial y}+\frac{\partial V_y}{\partial x}\right)-\frac{V_yV_z}{a^2}\left(\frac{\partial V_z}{\partial y}+\frac{\partial V_y}{\partial z}\right)-\frac{V_xV_z}{a^2}\left(\frac{\partial V_x}{\partial z}+\frac{\partial V_z}{\partial x}\right)=0\end{aligned}\tag{2.2.10}$$

在物体及其边界层和尾流之外，涡量处处为零。这时速度矢量$\boldsymbol{V}$是一个标量函数Φ的梯度，Φ即速度位，如果使用直角坐标系(x,y,z)，其中，x轴适当的固定在物体上，并与速度为V_0的主流方向成一定角度，就有

$$V_x=\partial\Phi/\partial x,\quad V_y=\partial\Phi/\partial y,\quad V_z=\partial\Phi/\partial z\tag{2.2.11}$$

将式(2.2.11)代入式(2.2.10)，即得到

$$\begin{aligned}&\left[1-\frac{(\partial\Phi/\partial x)^2}{a^2}\right]\frac{\partial^2\Phi}{\partial x^2}+\left[1-\frac{(\partial\Phi/\partial y)^2}{a^2}\right]\frac{\partial^2\Phi}{\partial y^2}+\left[1-\frac{(\partial\Phi/\partial z)^2}{a^2}\right]\frac{\partial^2\Phi}{\partial z^2}\\&-\frac{2}{a^2}\cdot\frac{\partial^2\Phi}{\partial x\partial y}\cdot\frac{\partial\Phi}{\partial x}\cdot\frac{\partial\Phi}{\partial y}-\frac{2}{a^2}\cdot\frac{\partial^2\Phi}{\partial x\partial z}\cdot\frac{\partial\Phi}{\partial x}\cdot\frac{\partial\Phi}{\partial z}-\frac{2}{a^2}\cdot\frac{\partial^2\Phi}{\partial z\partial y}\cdot\frac{\partial\Phi}{\partial z}\cdot\frac{\partial\Phi}{\partial y}=0\end{aligned}\tag{2.2.12}$$

上式各微分项系数中a可以通过能量方程(2.2.7)用速度V来表示

$$a^2=a_\infty^2-\frac{\gamma-1}{2}\left(V^2-V_\infty^2\right)$$

$$a^2=a_\infty^2-\frac{\gamma-1}{2}\left(V_x^2+V_y^2+V_z^2-V_\infty^2\right)\tag{2.2.13}$$

其中，a_∞是未受扰动主流中的声速，因此为常数。再由式(2.2.11)，所以a也可以用Φ来表示，因此式(2.2.12)是只含一个未知数Φ的方程，称为速度位方程。

式(2.2.12)是一个二阶非线性偏微分方程，一般不能求得解析解。但是在某些特定条件下，上式可简化成线性偏微分方程。根据简化的偏微分方程，和给出关于Φ的边界条件后，可求出函数$\Phi(x,y,z)$。这类方法是许多设计方法的基础。

这些方程以及前面描述的边界条件都是高度非线性的，以致现在还没有成功地得到实际有意义的各种三维流的解析解。因此，在已有可接受的简化基础上，我们还需要再作进一步的简化假设和近似。对于速度位方程，有三种不同的解法，第一种是数值求解，第二种是简化方程求解，第三种是用小扰动将方程线性化求解。

第一种方法即数值迭代求解，依赖于计算机规模以及物理模型是否合适，由于本书主要介绍飞行器气动设计的基本概念和物理机理，对数值求解不做过多介绍。第二种方法中有一种是处理可压缩性效应的，将在后面讨论。第三类方法是把非线性运动方程转变成线

性方程，下面我们针对二维翼型无黏绕流的情况来说明这种线化理论及其所包含的假设。

2.2.2　线化位流方程

对于二维薄机翼(图 2.2.1)，假设翼型很薄，弯度很小(关于翼型的参数定义参见 3.1 节)，因此翼型表面的斜率很小。在以小迎角飞行时，翼型对主流$\boldsymbol{V}_\infty$的扰动很小，因此引入扰动速度位ϕ，则有

$$\Phi=\left(V_\infty\cos\alpha\right)x+\left(V_\infty\sin\alpha\right)y+\phi+C \tag{2.2.14}$$

其中，C为常值，则x和y方向的扰动速度v_x和v_y分别为

$$v_x=\frac{\partial\phi}{\partial x},v_y=\frac{\partial\phi}{\partial y} \tag{2.2.15}$$

此时直角坐标系(x,y)固定在翼型上，在前缘处$x=0$，在后缘处$x=1$。总速度$\boldsymbol{V}$有两个分量

$$\begin{aligned}V_x&=V_{x\infty}+v_x=V_\infty\cos\alpha+v_x\approx V_\infty\\V_z&=V_{z\infty}+v_y=V_\infty\sin\alpha+v_y\approx V_\infty\alpha\end{aligned} \tag{2.2.16}$$

其中，$V_{x\infty}$、$V_{y\infty}$是主流速度的分量，因此是常数。

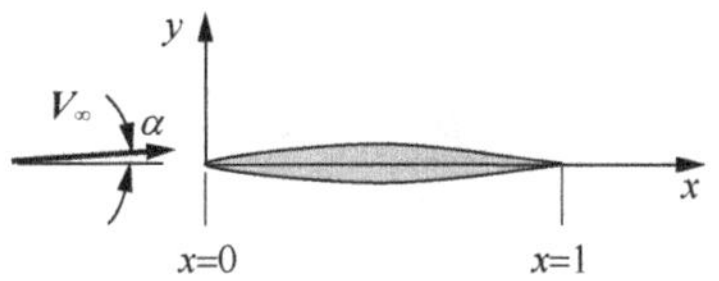

图 2.2.1　二维薄机翼

此时速度位方程(2.2.10)可以写成扰动速度的关系式，并取下列形式：

$$\left(1-\frac{V_x^2}{a^2}\right)\frac{\partial v_x}{\partial x}+\left(1-\frac{V_y^2}{a^2}\right)\frac{\partial v_y}{\partial y}-2\frac{\partial v_x}{\partial y}\frac{V_xV_y}{a^2}=0 \tag{2.2.17}$$

该方程所需的边界条件是，在距离翼型很远的地方速度趋于主流速度，而垂直于翼型表面的速度分量为零，由此可以得出翼型表面斜率和速度分量之间的关系为

$$\frac{\mathrm{d}y_w}{\mathrm{d}x}=\frac{V_{y\infty}+v_y(x,z_w)}{V_{x\infty}+v_x(x,z_w)} \tag{2.2.18}$$

尽管我们已经进行了这么多简化，这些方程仍然是高度非线性的，还不能很容易地用解析方法求解，所以还需要作进一步的近似。在线化理论中，主要假设如下。

(1) 方程(2.2.17)中$\dfrac{V_x^2}{a^2}$项用M_∞^2代替。

(2) 与$\dfrac{\partial v_y}{\partial y}$相比，$2\dfrac{\partial v_x}{\partial y}\dfrac{V_y}{a}M_\infty$项省略。

(3) 与 1 相比，$\dfrac{V_y^2}{a^2}$项是小量，可以省略。

根据这三项假设，式(2.2.17)简化为

$$\left(1-M_\infty^2\right)\frac{\partial v_x}{\partial x}+\frac{\partial v_y}{\partial y}=0 \tag{2.2.19}$$

对于边界条件(2.2.18)，做如下假设。

① 与$V_{x\infty}=V_\infty\cos\alpha$相比，$v_x$项省略。

② 翼面上的速度分量$v_y(x,y_w)$用弦线$y=0$上的值$v_y(x,0)$代替。

③ 翼面上的合速度$\boldsymbol{V}(x,y_w)$由弦线上的值$V_\infty\cos\alpha+v_y(x,0)$代替。

这时边界条件为

$$\frac{\mathrm{d}y_w}{\mathrm{d}x}=\sin\alpha+\frac{v_y(x,0)}{V_\infty}\approx\alpha+\frac{v_y}{V_\infty} \tag{2.2.20}$$

原则上，利用边界条件式(2.2.20)可以解方程式(2.2.19)，并求得速度分量。

将扰动位代入方程式(2.2.19)，则该方程具有拉普拉斯方程的形式

$$\beta^2\frac{\partial^2\phi}{\partial x^2}+\frac{\partial^2\phi}{\partial y^2}=0 \tag{2.2.21}$$

式中，$\beta^2=1-M_\infty^2$是一个常数。

2.2.3 压力系数

根据扰动速度可用于导出翼面压力系数C_{p}，需要先从速度导出作用于翼面上的压力，然后根据下式求出C_{p}

$$C_{\mathrm{p}}=\frac{p-p_\infty}{\frac{1}{2}\rho V_\infty^2}=\frac{2}{\gamma M_\infty^2}\left(\frac{p}{p_\infty}-1\right) \tag{2.2.22}$$

而p按如下关系求得。从伯努利方程和等熵关系式可导出$\dfrac{\rho_\infty}{\rho}$

$$c_{\mathrm{p}}T+\frac{1}{2}V^2=c_{\mathrm{p}}T_\infty+\frac{1}{2}V_\infty^2$$

$$\frac{p}{\rho}+\frac{\gamma-1}{2\gamma}V^2=\frac{p_\infty}{\rho_\infty}+\frac{\gamma-1}{2\gamma}V_\infty^2$$

$$\frac{\rho_\infty}{\rho}=\left(\frac{p_\infty}{p}\right)^{\frac{1}{\gamma}} \tag{2.2.23}$$

我们可以得到等熵流中压强和速度之间的一般关系式

$$\frac{p}{\rho}+\frac{\gamma-1}{2\gamma}V^2=\frac{p_\infty}{\rho_\infty}+\frac{\gamma-1}{2\gamma}V_\infty^2 \tag{2.2.24}$$

可进一步导出

$$C_{\mathrm{p}}=\frac{2}{\gamma M_\infty^2}\left\{\left[1+\frac{\gamma-1}{2}M_\infty^2\left(1-\frac{V^2}{V_\infty^2}\right)\right]^{\frac{\gamma}{\gamma-1}}-1\right\} \tag{2.2.25}$$

式中

$$\left(\frac{V}{V_\infty}\right)^2=1+2\cos\alpha\frac{v_x}{V_\infty}+\left(\frac{v_x}{V_\infty}\right)^2+2\sin\alpha\frac{v_y}{V_\infty}+\left(\frac{v_y}{V_\infty}\right)^2 \tag{2.2.26}$$

如果迎角α以及扰动速度v_x,v_y都很小，则合速度可以展开成一个级数，压力系数可写成

$$C_p = -2\cos\alpha\frac{v_x}{V_\infty} - \left(1 - M_\infty^2\cos^2\alpha\right)\left(\frac{v_x}{V_\infty}\right)^2 - 2\sin\alpha\frac{v_y}{V_\infty} - \left(\frac{v_y}{V_\infty}\right)^2 + \cdots \tag{2.2.27}$$

取一级近似则有

$$C_p = -2\frac{v_x}{V_\infty} \tag{2.2.28}$$

2.2.4　几种带奇点的不可压位流

1. 平面直匀流

直匀流是指流场中各点处速度的大小、方向相同的流动，如图 2.2.2(a)所示。对于位流有

$$V_x = \frac{\partial \Phi}{\partial x} = \frac{\partial \Psi}{\partial y},\quad V_y = \frac{\partial \Phi}{\partial y} = -\frac{\partial \Psi}{\partial x} \tag{2.2.29}$$

设速度在坐标轴上的投影为 $V_x = a$，$V_y = b$，可根据式(2.2.29)求得该流动的位函数和流函数为

$$\begin{cases} \Phi = ax + by \\ \Psi = ay - bx \end{cases} \tag{2.2.30}$$

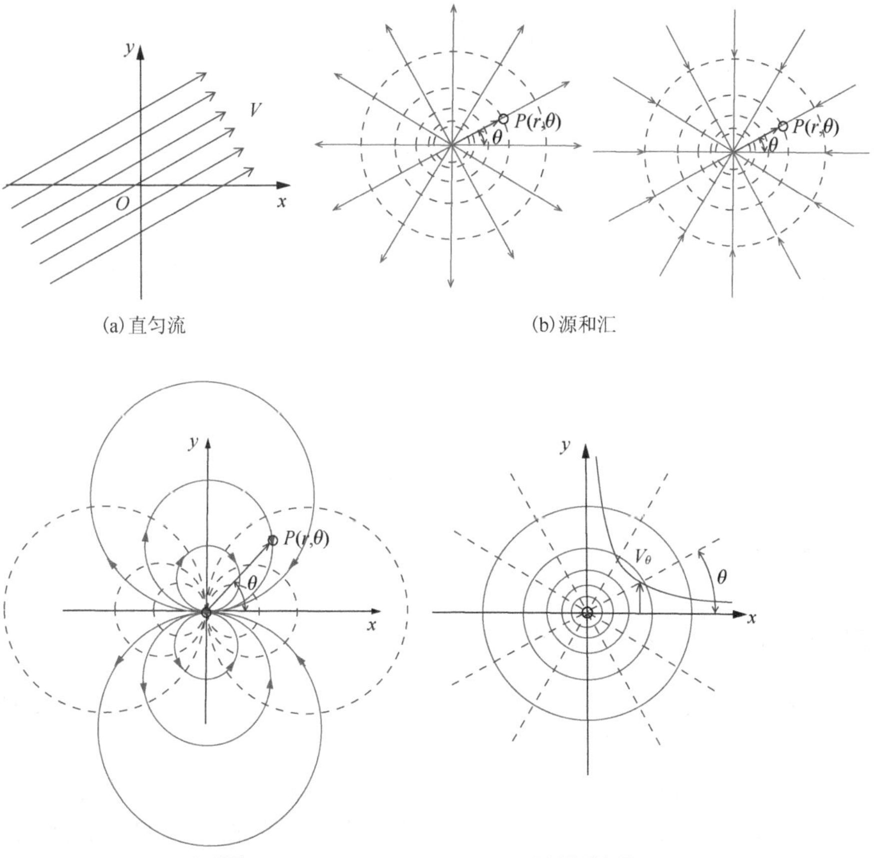

(a) 直匀流　　(b) 源和汇

(c) 平面偶极　　(d) 平面点涡

(上面图中的曲线，实线为流线，虚线为等位线)

图 2.2.2　几种典型不可压位流

2. 平面源和汇

源是从流场上某一点有一定的流量向四周流开去的一种流动，如图 2.2.2(b)所示。设单位时间内，从源中流出体积流量为Q，所以围绕源的任一圆周线(垂直纸向的高度为 1)上的流量，必然等于源流量Q(Q也称为源的强度)。

若源的位置坐标为$\left(x_0,y_0\right)$，则位函数和流函数为

$$\begin{cases} \Phi = \pm\dfrac{Q}{2\pi}\ln\sqrt{\left(x-x_0\right)^2+\left(y-y_0\right)^2} \\ \Psi = \pm\dfrac{Q}{2\pi}\arctan\dfrac{y-y_0}{x-x_0} \end{cases} \tag{2.2.31}$$

当流量取为$-Q$时，流动就变成了汇，流动形式与源是相反的。

3. 平面偶极

一对彼此无限靠近的等强度源和汇合成流动，称为偶极流，如图 2.2.2(c)所示。在平面内考虑在$\left(-\varepsilon,0\right)$处有一强度为$Q$的源，而在$\left(\varepsilon,0\right)$处有一强度为$Q$的汇，设偶极强度$M=2\varepsilon Q$。用叠加原理，这一源汇对的速度位和流函数可分别表示为

$$\begin{cases} \Phi = \dfrac{M}{2\pi}\dfrac{x}{x^2+y^2} \\ \Psi = -\dfrac{M}{2\pi}\dfrac{y}{x^2+y^2} \end{cases} \tag{2.2.32}$$

4. 平面点涡

位于原点的一个点涡的流动，其图像与图 2.2.2(b)相似，但是流线和等位线却是对调的。流线是同心圆，等位线则是过中心的直线，如图 2.2.2(d)所示。这个位于原点的点涡的位函数和流函数为

$$\begin{cases} \Phi = \dfrac{\Gamma}{2\pi}\theta \\ \Psi = -\dfrac{\Gamma}{2\pi}\ln r \end{cases} \tag{2.2.33}$$

其中，Γ为常数，称为点涡强度，即环量。点涡流场中，速度$V_\theta=\dfrac{\Gamma}{2\pi r}$。

2.2.5 无黏不可压缩流求解——奇点法

对于无黏不可压缩流，求实际解最有效的方法是用分布的奇点——源、汇、偶极子和涡叠加来表示流动。奇点可以放在物体的表面，也可以放在物体里面，对于升力系统也可以放在它们后面的涡尾流中。这种奇点分布自动满足运动方程，也自动满足无穷远处的边界条件。因此问题就简化为如何满足物体和尾流上的边界条件。图 2.2.3 给出了用直匀流和分布的源、汇、涡来表示绕有弯度的翼型流动的情况。

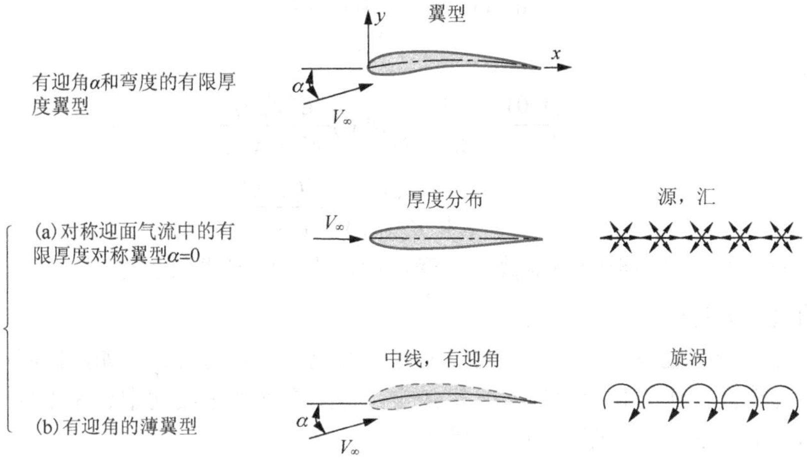

图 2.2.3　奇点法示意图

现在我们来单独考虑无黏不可压缩流中的一个无升力对称翼型。这样一种翼型可以用一个沿着弦线(弦长c)分布的直源丝$q(x)\mathrm{d}x$来表示。现在我们可以利用自动满足运动方程的孤立奇点的各个解能够叠加的原理。对分布的无限长源线，某一微元处的流量为

$$\mathrm{d}Q = q(x)\mathrm{d}x \tag{2.2.34}$$

由此我们可以得到垂直于主流速度的速度分量v_y

$$v_y(x,0) = \pm\frac{1}{2}q(x) \tag{2.2.35}$$

它表示在任意一点上，源的一半向上挤，另一半向下挤。在线化理论范围内，可以把其作为薄翼型表面的一阶近似。

如果边界条件(2.2.18)线化为

$$\frac{\mathrm{d}y(x)}{\mathrm{d}x} = \frac{v_y(x)}{V_\infty} \tag{2.2.36}$$

假定$v_x(x,y) << V_\infty$，则v_z就可以与翼型形状关联起来。因此由上两式可以得到

$$q(x) = 2V_\infty\frac{\mathrm{d}y(x)}{\mathrm{d}x} \tag{2.2.37}$$

通过积分得到

$$y(x) = \frac{1}{2V_\infty}\int_0^x q(x')\mathrm{d}x' \tag{2.2.38}$$

边界条件则为

$$y(0) = y(c) = \frac{c}{2V_\infty}\int_0^1 q(x')\mathrm{d}(x'/c) = 0 \tag{2.2.39}$$

其中，表示前缘，表示后缘。由上式可知，为了得到一个构成闭合轮廓的实际翼剖面，源和汇的总强度必须是相等的。

源的分布既然已知，沿流向的扰动速度v_x也就是可以确定的。一段单个的源丝在弦线上产生的流向速度为

$$\mathrm{d}v_x(x,0)=\frac{1}{2\pi}\frac{q(x')\mathrm{d}x'}{x-x'} \tag{2.2.40}$$

因此，积分后得到

$$\begin{aligned}\frac{v_x(x,0)}{V_\infty}&=\frac{1}{2\pi V_\infty}\int_0^1 q(x')\frac{\mathrm{d}(x'/c)}{x/c-x'/c}\\&=\frac{1}{\pi}\int_0^1\frac{\mathrm{d}z(x')/c}{\mathrm{d}(x'/c)}\frac{\mathrm{d}(x'/c)}{x/c-x'/c}\end{aligned} \tag{2.2.41}$$

它显示出速度增量是翼型形状的函数。v_x 确定后，就可根据式(2.2.28)进一步确定 C_p，并得到翼型的气动力特性。

由于进行了一些近似，不能保证能精确地得到阻力总体特性。例如，我们不能确信给出总阻力的绕翼面的压力积分算出来一定是零，而在这种理想流动中这是本应如此的。在上面介绍的近似方法中，总阻力由下式给出

$$C_\mathrm{D}=\frac{D}{\frac{1}{2}\rho_\infty V_\infty^2 c}=\int_0^1\frac{v_x(x')}{V_\infty}\frac{q(x')}{V_\infty}\mathrm{d}(\frac{x'}{c}) \tag{2.2.42}$$

一般来说，由于黏性的影响，这并不为零。

在小迎角绕流时，流体黏性对翼型表面压强分布和升力影响都不大。除翼型阻力问题之外，在一定近似程度下，已有研究的一些计算结果与试验结果非常吻合，可见用无黏位流理论求解小迎角下翼型的升力特性问题是合理的。

2.2.6 儒科夫斯基升力定理

对于绕任意外形物体的无黏位流的升力问题，都遵循儒科夫斯基升力定理：在定常、无黏及不可压条件下，直匀流流过任意截面形状物体的升力为

$$L=\rho V_\infty \Gamma \tag{2.2.43}$$

即对给定的密度 ρ 和来流流速 V_∞，只要确定绕物体的速度环量 Γ，那么即可求出物体的升力。

因此，可用无黏位流理论来求解翼型的升力问题，关键在于绕翼型速度环量的确定。

§ 2.3 流动的可压缩性模型

前面在介绍气体与流动的基本模型时已经提到了可压与不可压的概念，可以看到，即使在考虑无黏气体这样简化的前提下，控制可压缩流动的方程在给定的合适的边界条件下去求解，数学上仍是很难的。主要的难处在于方程组不是线性的。可以说除了少数极简单的可压流动，都没有精确解。一般来说，要想解决给定边界条件下的可压缩绕流问题，都需要采用近似方法。目前已建立的有这样一些方法，包括小扰动线化法、速度图法、逐次逼近法和数值计算方法。

小扰动线化法主要是针对扰动较小的特殊问题进行线化，进而可以使用叠加法进行求解，但不能应用于马赫数接近 1 的跨声速流动，精度虽然不高，但总体效果较好。速度图法将方程中的自变量和因变量转换后，方程变得能够线化，解可以叠加，但是边界条件处理较为困难。逐次逼近法把流动的位函数展为来流马赫数的幂级数，在零级近似的基础上，

再进行一次、二次近似的修正，该方法对于某些极为简单外形的流动提供一个可以比较的标准，但只能用于亚声速流动。数值计算方法是利用计算机直接进行偏微分方程数值求解的，方法较多，可参见“计算流体力学”课程相关内容。作为飞行器气动设计中工程估算主要理论基础的是小扰动线化法，其他方法这里不作更多的说明。

下面我们主要针对小扰动线化理论，进一步说明在处理可压缩流时所采用的模型和近似方法。

2.3.1　简单处理模型

假定我们研究的是无黏亚声速流，所以可以应用速度位方程(2.2.12)。

一个非常简单的方法是 Broadbent 于 1965 年提出的，他分析了一个二维流动。在这个流动中可以假设，与密度变化相比，压力变化可以忽略不计，而且流态不受马赫数影响。在此基础上将运动方程简化，并可求得

$$V = \frac{V_i}{\sqrt{\rho/\rho_\infty}} \tag{2.3.1}$$

此式建立了可压缩流中的速度 V 与不可压缩流中的速度 V_i 的关系，但是密度比有待确定。该模型的优点是能得出普遍适用的可压缩性因子，但该方法不能发展应用于三维绕流，因此对于一般性的问题，还要回归到基于小扰动假设的方法。

2.3.2　小扰动线化理论

当气流速度增大到超越从“低速”的范围后，气流密度 ρ 就从常量变为变量，因而描述流动的基本方程也和不可压流时有所不同。

如果物体扁平或细长，而且迎角较小，当直匀流流过这样的物体时，整个流场应该和直匀流的流场差别相对较小，总的来说，这种情况可以说是小扰动，如图 2.3.1 所示。

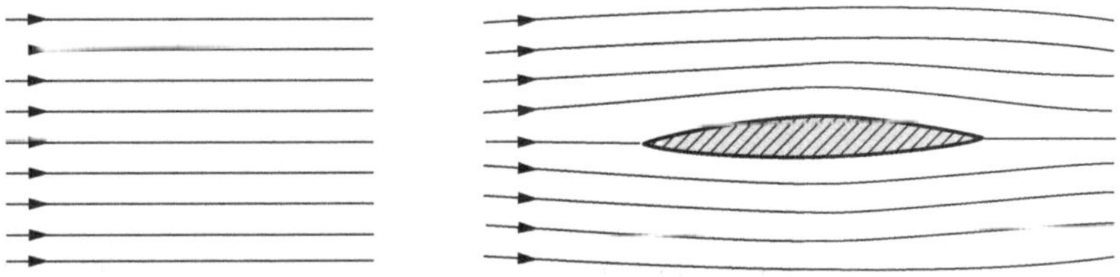

(a) 未受扰流动场　　(b) 受扰流动场

图 2.3.1　未受扰动流场和受扰动流场

将坐标轴放得和来流一致，来流的流速为V_∞，声速为a，马赫数为M_∞，扰动所产生的三个方向的速度分别记为v_x、v_y和v_z，那么x向的合速度是$V_x = V_\infty + v_x$，同时两个方向$V_y = v_y, V_z = v_z$。

1. 位函数方程的线化和亚声速流的小扰动解

代入流动的位函数方程式(2.2.10)，并经过简化可得到

$$\left(1 - M_x^2\right)\frac{\partial^2\phi}{\partial x^2} + \frac{\partial^2\phi}{\partial y^2} + \frac{\partial^2\phi}{\partial z^2} = 0 \tag{2.3.2}$$

其中，ϕ 是扰动位函数，扰动速度的三个分量分别满足 $v_x=\frac{\partial\phi}{\partial x}$，$v_y=\frac{\partial\phi}{\partial y}$，$v_z=\frac{\partial\phi}{\partial z}$。

令
$$\beta^2=1-M_x^2 \tag{2.3.3}$$
方程变为
$$\beta^2\frac{\partial^2\phi}{\partial x^2}+\frac{\partial^2\phi}{\partial y^2}+\frac{\partial^2\phi}{\partial z^2}=0 \tag{2.3.4}$$

这是一个线化了的方程，在性质上和不可压流的拉普拉斯方程一样，只是第一项的系数不是 1，而是 β^2。很自然地想到，可以对其进行仿射变换，形式上就一样了。所谓仿射变换就是，只把横向的尺度加以放大或缩小而保持纵向尺度不变。这里在小扰动前提下，近似满足 β 为常数。进行仿射变换

$$\begin{cases} x'=x \\ y'=\beta y \\ z'=\beta z \\ \phi'=\beta^2\phi \end{cases} \tag{2.3.5}$$

则式(2.3.4)变为
$$\frac{\partial^2\phi'}{\partial x'^2}+\frac{\partial^2\phi'}{\partial y'^2}+\frac{\partial^2\phi'}{\partial z'^2}=0 \tag{2.3.6}$$
该式的形式和不可压缩流场速度位方程是一致的。

假设能根据变换关系找到一个与要解决的亚声速流场相对应的不可压流场，而那个不可压流场已经从理论上得到解决，或者已经有了试验结果，那就不必直接去求解亚声速流问题，只要按变换关系推算出来就行。

2. 普朗特-格劳特因子

1) 简单近似

需要对参数 β 找出一个合适的常数值。最简单的近似方法是用主流速度 V_∞ 代替公式(2.3.2)中的速度 V_x，并用主流中的声速代替声速 a，于是
$$\beta=\sqrt{1-M_\infty^2} \tag{2.3.7}$$
这是最初的普朗特−格劳特(Prandtl-Glauert)因子，另外 $\frac{1}{\beta}$ 也被称作亚声速流动的可压缩性因子。该因子很简单，但缺点是式中不能反映流动当地情况。

2) 局部线化法

韦伯曾提出了一个较好的改进
$$\beta=\sqrt{1-V_i^2/a_\infty^2}=\sqrt{1-M_\infty^2(1-C_{pi})} \tag{2.3.8}$$
其中，V_i 是当地流速，C_{pi} 是当地压力系数。它采用不可压缩流动的当地速度 V_i 代替 V，考虑了翼型上的局部速度与主流速度不同这一事实，又称为局部线化法。

上述方法的主要特点是回避了实际问题，把可压缩流简化为不可压缩流进行计算，但是这种可压缩性因子的概念被证明非常有效。

另外要注意，这些模型仅仅适用于一种特殊的可压缩流，即亚声速流，这时线化方程

是椭圆形的。一旦在流动中 V_x/a 大于 1，流动控制方程就会改变，成为双曲型。发生这种改变时的主流马赫数称为临界马赫数(可参见第 5 章§5.4)。慢一些的流动成为亚临界流动，快些的流动称为超临界流动，而当流场包含几个不同类型方程的区域时，我们就说是跨声速流动和混合流动。当主流是超声速时，在某些情况下，小扰动的概念可以再次用来推导方便而有用的超声速线化理论(可参见第 5 章§5.2)。

§2.4　黏性作用与流动分离

由于边界层概念的提出，一般附着流动可以分为两个部分：边界层流动和无黏流动。

边界层沿固体表面形成，把整个流场分成一个外部区(那里流动被看成是无黏的)和一个内部区(那里流动本质上是有黏性的)。边界层内的流动可能是层流，也可能是湍流或者处于两者之间的转捩状态。边界层一边流动一边增厚，这种增厚对外流产生一种位移效应。因此物体上的压力分布取决于内部解和外部解的综合效果，而且只有在内部流动和外部流动在物理上既可能又相容，使得二者的相互作用能够匹配时，整个流动才能存在，如图 2.4.1 所示。

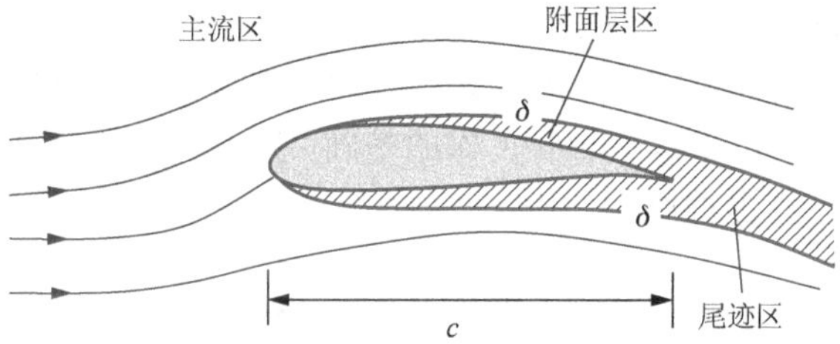

图 2.4.1　低速气流绕翼型的流动图画

在一些情况中，边界层内的流动会发展到特定的流型不能再存在下去，而必须有所改变。这时，有可能整个流态必须完全变成另一种流态。在设计问题中必须特别注意黏性相互作用的这一方面：我们总是把飞机设计得具有一定流型，而至关重要的是，我们应该知道这种流型什么时候不复存在，也就是说应该知道确定这种流型存在的物理极限的条件是什么。在大多数情况下，偏离设计流型会带来不好的结果，特别是当后来的新流型是非定常的时候。人们真正希望的是这样来设计飞机，使得它在无意地超出设计流型的边界之后，本身就能够没有振荡地恢复回来。

2.4.1　附着流型被破坏的主要原因——黏性的相互作用

1. 古典模型

如图 2.4.2 所示，一般来说，在升力机翼上，尤其是在亚声速和跨声速下，当大部分升力是由吸力(即低于主流的压力)产生时，边界层会受到压强变化很大的外部气流的影响。这种吸力应该尽可能大，并作用在上翼面尽可能大的面积上。这意味着在吸力区的下游，压强必须尽可能地升高，以便恢复到接近于机翼后缘主流压强的某个值。因此，边界层可以看成是在气流中产生或保持压缩和压强恢复的另一种设计手段。为了实际应用这种手段，必须能把边界层控制在外部压缩流和固体壁之间，并使它始终附着在有逆压梯度的壁面上。为此必须付出代价，因为其中包含有能量损失，形式是边界层动量和总压头减小了；还因为边界层流过机翼，在机翼后面形成尾涡。因此用这种方法产生的升力又一次伴随有阻力，即黏性阻力，其中一部分表现为沿表面的摩擦力，另一部分表现为压力。

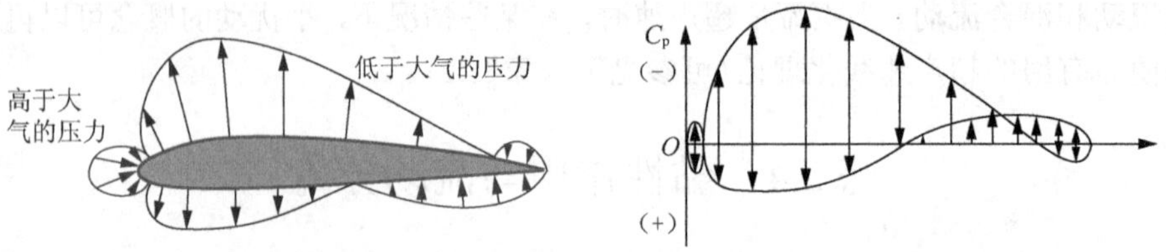

(a) 典型压力分布　　(b) 在升力方向上压力分量

图 2.4.2　典型的翼型压力分布

除了需要知道逆压梯度中的边界层流，还必须了解边界层的其他许多特性，例如，从层流到湍流的转捩是怎样发生的，以及在哪里发生。最重要的边界层现象之一是流动分离。边界层内流动得比较慢的质点必须顶着和边界层外流动得比较快的质点同样的压力升向前流动。这两部分质点的运动都将会迟缓下来。但边界层内的质点迟缓得更厉害，因为它们的动能比较小；靠近壁面的质点尤其是这样，那里的摩擦阻力把它们向后拉。这时，边界层的速度型就按照图 2.4.3 所示的样子改变形状，该图代表了普朗特关于流动分离的古典模型：流动在分离点离开壁面，分离点处的表面摩擦变为零，分离点后面的气流反向回流。这种古典流动模型一直是许多研究工作的基础。为了测算分离开始点和描述分离点附近的特性，已经提出了许多准则。

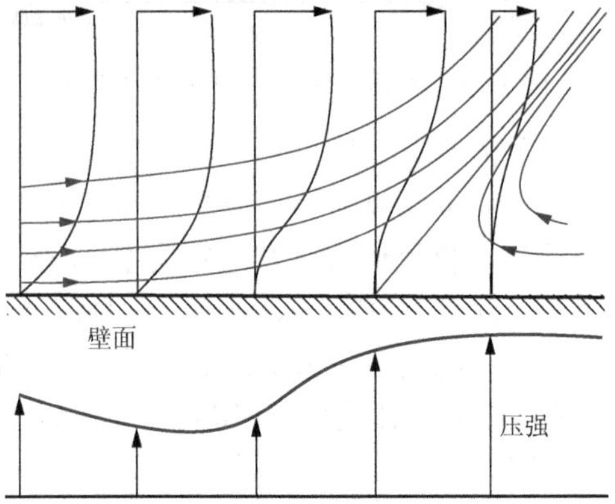

图 2.4.3　奇异流动分离——普朗特关于二维流动分离的古典概念

2. 其他分离模型

应当了解，以普朗特边界层概念和黏性剪切力为基础的古典流动分离模型并不是在二维流动中产生分离的唯一机理。在图中说明了另一种可能的机理。这种流型典型的发生在翼型的尖后缘附近，因此具有重要的实际意义。上、下表面的边界层相遇形成一道尾涡，其合流的特点是流线变弯，因此在更上游的两个黏性层中产生的涡量是沿着弯曲的轨迹传输的。这就诱导出一个速度场(在边界层理论中通常被忽略了，因为人们基本上是按沿平板的流动来考虑的，这时在一阶近似下这些诱导速度是零)。可以很容易地看到，这些诱导速度将有一个指向与流动反方向的分量，并使流动迟滞下来。如果涡量足够强，而且曲率足够大，这种迟滞作用可能使靠近壁面的流动停滞下来并使它分离，如图 2.4.4 所示。

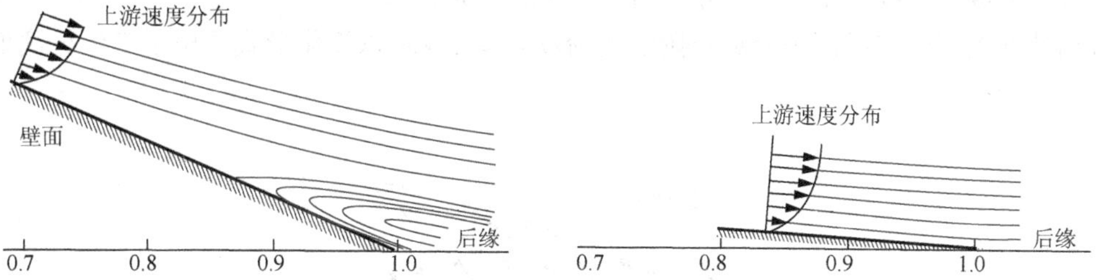

(a) 有涡量诱导的流动分离　　(b) 没有涡量诱导的流动分离

图 2.4.4　二维对称翼型后缘附近带有旋转层的无黏流

2.4.2　三维流动分离

三维流动分离与靠近固体表面的流线不平行于表面这个事实密切相关。当边界层外部的流动是流线弯曲的三维流时，在边界层内有垂直于边界层外的速度矢量的速度分量，为了说明这一点，引入了横向流的概念。另外，为了说明 $z \to 0$ 时流线的方向，引入了表面极限流线的概念；如果没有黏性，当 $z \to 0$ 时流线本来是要变得平行于物面的。极限流线始终沿着表面摩擦线。但在某些表面摩擦线附近，流线离开表面的距离也能明显地增加或减小，这些流线就是正常分离线(与图中的奇异分离线相反)，分离线上的气流离开了表面并形成分离面。

图 2.4.5(b)的前视图中显示出一条条普通附着线附近呈典型的人字形状的表面极限流线。这是钝头后掠前缘绕流的前视图。在图 2.4.5(a)侧视图中，附着流看起来像熟悉的驻点附近的二维流，其中一部分弯曲流动处于黏性区内。

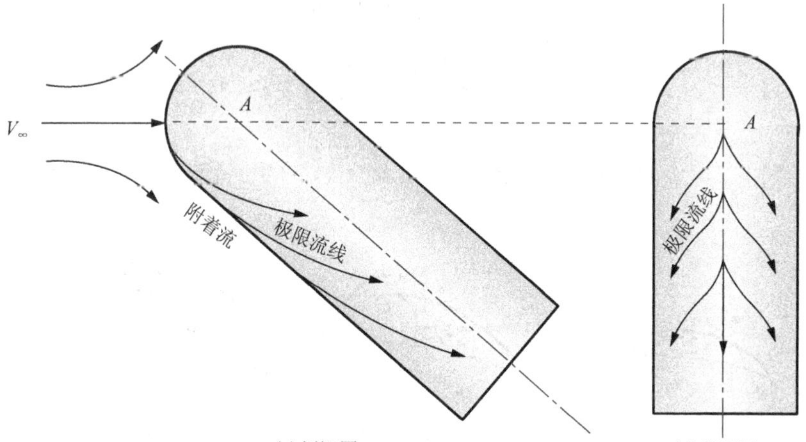

(a) 侧视图　　(b) 前视图

图 2.4.5　附着流动示例

图 2.4.6 和图 2.4.7 说明了从一般弯曲表面分离的两种典型的情况。图 2.4.6 表示气泡形成的情况，而图 2.4.7 表示自由剪切层和涡面形成的情况。在第一种情况中，分离面包

围的流体不是主流的一部分，但被物体带着一道向前运动；在第二种情况中，分离面两侧的空间完全充满着主流的流体。图中给出了物面上的极限流线，并表明它们如何以反人字形的方式汇成分离线，然后形成分离面。气泡的形成要求有一个奇异点(一个鞍点)，那里的流动特性类似于二维流中分离点附近的流动。图 2.4.8 以简化形式画出了三维分离面的三种可能形式。

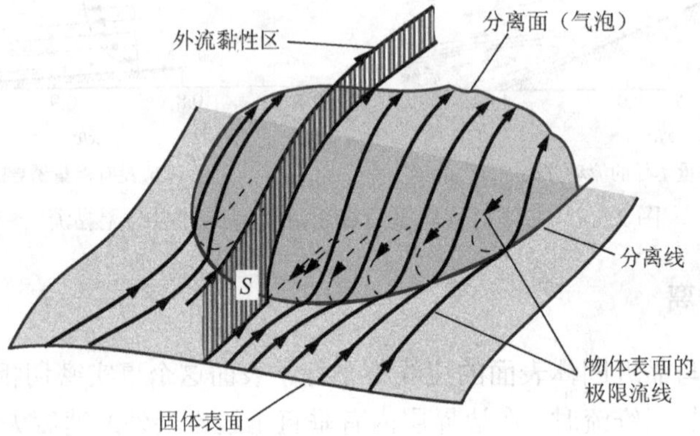

图 2.4.6　三维流中的分离，产生一个具有奇异分离点 S 的气泡

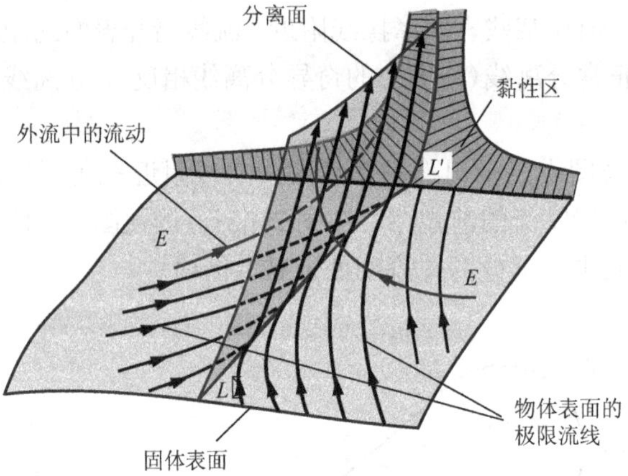

图 2.4.7　三维流动中的正常分离，产生一个涡面

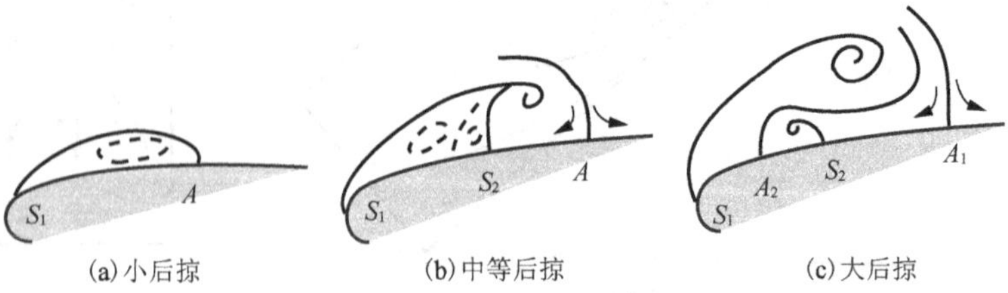

图 2.4.8　三维分离面各种可能的形状

另外还有一些其他形式的流动分离流态，不再做详细介绍。

§2.5　适用于飞机的流动

现在我们已经认识了一些基本流型和流动要素，从而能够开始考虑它们应该具有什么样的特性才能在飞机设计中适合于工程应用。从流动到形状的这种方法，是本书中采用的设计方法的关键特征，可能也是最重要的方面。

对于适合于工程应用的流动来说，一般来说，应该满足某些基本准则。

(1) 流动应该是定常而稳定的。这意味着随时间而脉动和振荡的流动一般来说是不合适的。流动还应该是完全确定的，并对大气飞行中将遇到的扰动不敏感。任何扰动都不应全然搅乱这种流动。相反，它应该是非常稳定的，很容易恢复到它的初始状态。

(2) 流动应该是可控的。在能够存在某种流型的飞行范围内，对飞行器应该能够产生相当大范围的力和力矩。力和力矩的任何变化都不应该很突然，而应该是逐渐的、平滑的，并且应该是唯一确定的。理想的状况是在整个飞机飞行包线内都应该有相同的流型。

(3) 流动应该是高效率的。这意味着升力和推进力的产生不应该伴随有很大的能量损失。在流动过程中飞行器必然对空气做功，飞行器以燃料的形式随身携带着做这些功所需要的能。而我们希望的是，有用升力功占燃料热含量的比例尽可能地大，产生升力和推力所伴随的能量损失应该尽可能地小。

在以后的讨论中，我们将重点关注飞机设计所涉及的流动物理特性，需要结合一些理论近似方法，并且给飞机设计提供了一个合理的基础。

复习与思考

1. 空气的基本性质有哪些，它们之间的关系是什么？
2. 不同速域的流动有什么特点，在描述流动的模型上有什么差异？
3. 请分析一下流动的无黏假设，看它适合于流动的哪些区域。
4. 空气的可压缩模型和不可压模型有什么差异？流动中以哪些具体形式存在？
5. 理解二维和三维流动分离的图画。

第 3 章　翼型低速空气动力特性

上一章中，除了对空气的基本认识外，我们还讨论了低速、定常、二维物体绕流，并初步接触到了翼型。在无黏条件下，把升力和速度环量联系起来，给出了升力与环量之间的具体关系式，即儒科夫斯基定理。也认识到了黏性的影响，在考虑黏性的时候，由于分离的影响，是无法使用儒科夫斯基定理的。

翼型是机翼的基本构成特征，本章将系统介绍翼型的参数特点，认识其气动参数和低速气动特征。由于实际翼型一般做得很薄，在巡航条件下以小迎角飞行。在这样的条件下，翼型给来流的影响只是小扰动。在小扰动条件下，存在通过确定环量而确定升力具体表达式的薄翼理论，也是本章所要介绍和讨论的。

§3.1　翼 型 概 述

3.1.1　翼型的几何参数

飞机的主要升力部件是机翼，而翼型是机翼截面的基本构型，如图 3.1.1 所示。

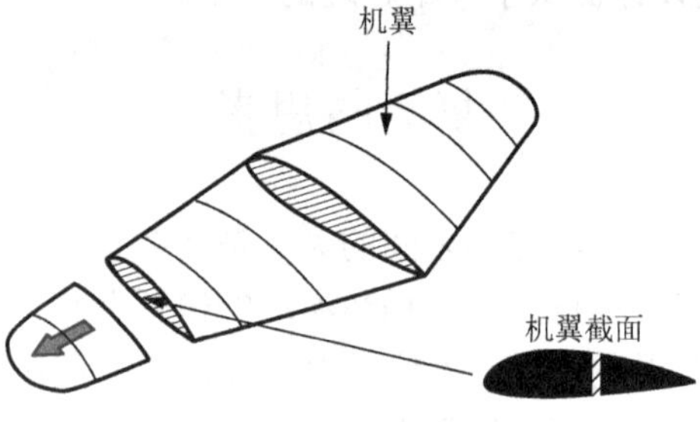

图 3.1.1　机翼和翼型

1. 翼型的构成

翼型是中弧线(或弯度线)和基本厚度分布叠加而成的，如图 3.1.2 所示。翼型的中弧线是翼型内接圆圆心的连线。如果中弧线是一条直线(即与弦线合一)，那么这个翼型是对称翼型。

翼型中弧线的最前和最后点分别称为前缘和后缘。连接前缘和后缘的直线称为弦线，弦线的长度称为弦长，用 c 表示。

2. 弯度

如果中弧线是曲线，则说此翼型有弯度，翼型的弯度记为 f，用中弧线 y 方向的最大坐标值 y_{max} 来表示。弯度和弦长之比称为相对弯度，即

$$\overline{f}=(f/c)\times 100\% \tag{3.1.1}$$

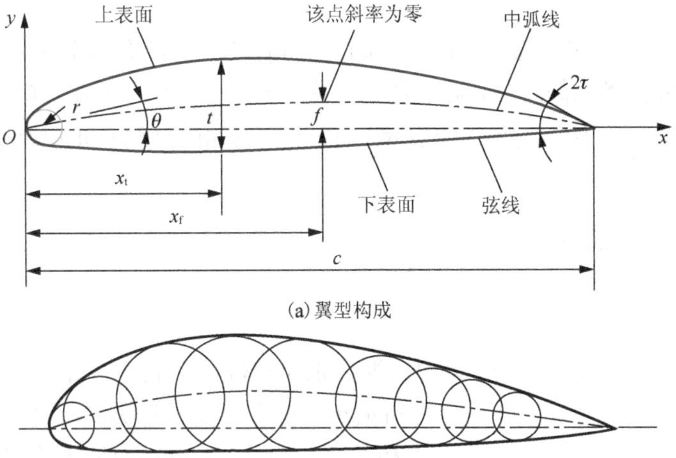

(a) 翼型构成

(b) 翼型的中弧线

图 3.1.2　翼型几何参数

相对弯度的大小表示翼型上、下翼面向外凸出的不对称程度，现代飞机的相对弯度为 0~2%。

弯度所在位置的 x 坐标，就是最大弯度位置，以 x_f 表示。最大弯度位置与弦长之比称为最大弯度相对位置，即

$$\overline{x}_f = (x_f/c)\times 100\% \tag{3.1.2}$$

3. 厚度

上、下翼面在垂直于翼弦方向的距离称为翼型的厚度，用 t 表示。厚度和弦长之比称为相对厚度，即

$$\overline{t} = (t/c)\times 100\% \tag{3.1.3}$$

现代飞机翼型的相对厚度一般为 3%~15%。

最大厚度所在的 x 坐标，就是最大厚度位置，以 x_t 表示。最大厚度位置与弦长之比称为最大厚度相对位置，即

$$\overline{x}_t = (x_t/c)\times 100\% \tag{3.1.4}$$

4. 前缘半径

再看翼型的头部，低速翼型的前缘一般是圆的，要很精确地画出前缘附近的翼型曲线，通常需要给出前缘半径 r 。这个与前缘相切的圆（图 3.1.2（a）），其圆心位于 $\overline{x} = x/c = 0.05$ 处中弧线的切线上。

前缘半径与翼弦弦长之比称为相对前缘半径，即

$$\overline{r} = (r/c)\times 100\% \tag{3.1.5}$$

相对前缘半径与相对厚度平方之比称为前缘钝度 $\overline{n}$ ，表示机翼前缘外形的尖锐程度，即

$$\overline{n} = \overline{r}/\overline{t}^2 \tag{3.1.6}$$

5. 后缘半径

翼型上下表面曲线在后缘处的切线之间的夹角，称为后缘角，用 2τ 表示(图 3.1.2(a))。

总的来看，现代飞机的翼型，通常是圆头或小圆头、尖尾、对称或微弯（$\overline{f}=0\sim2\%$）、较薄或中等厚度（$\overline{c}=3\%\sim15\%$）的翼型，最大弯度相对位置和最大厚度相对位置为30%~50%。

3.1.2 翼型的发展与族系

1. 翼型的发展

翼型的产生最早可追溯到 19 世纪后期，那时已经知道带有一定安装角的平板能够产生升力，但平板翼型效率较低，失速迎角很小。有人研究了鸟类飞行之后提出，弯曲的更接近于鸟翼的形状能够产生更大的升力和效率。图 3.1.3 所示为鸟类的翅膀具有现代机翼的弯度和大展弦比特征。

图 3.1.3 鸟类的翅膀具有现代机翼的弯度和大展弦比特征

早在 1884 年，菲利普使用早期的风洞测试了一系列翼型，后来他为这些翼型申请了专利。与此同时，德国人李林达尔设计并测试了许多曲线翼的滑翔机，他仔细测量了鸟翼的外形，认为试飞成功的关键是机翼的曲率或者说是弯度，他还试验了不同的翼尖半径和厚度分布。后来 1903 年美国莱特兄弟所使用的翼型与李林达尔的非常相似，薄而且弯度很大，这可能是因为早期的翼型试验都在极低的雷诺数下进行，薄翼型的表现要比厚翼型好。随后的十多年里，研究者在反复试验的基础上研制出了大量翼型，有的很有名，如俄罗斯的儒科夫斯基翼型、英国的 RAF-6、德国的 Gottingen 387、美国的 Clark-Y 等(图 3.1.4)，这些翼型成为了 NACA 翼型家族的鼻祖，有的应用很广，如 Clark-Y 翼型由于下型面是直线，工艺性好，气动性能也较满意，至今在教练机、通用航空飞机上还有采用的。

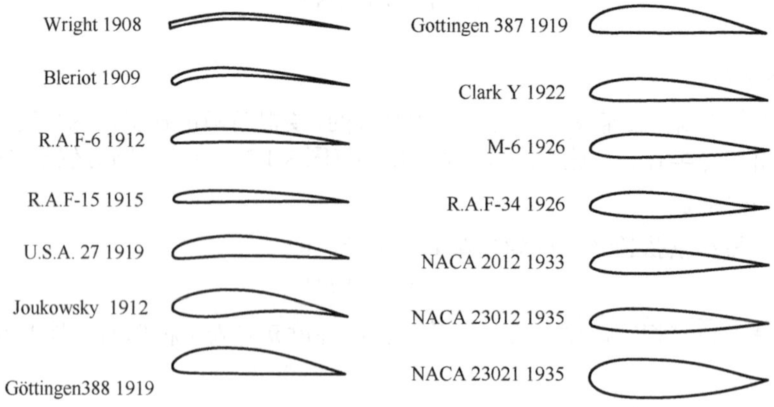

图 3.1.4 早期翼型族系

在 20 世纪 30 年代初期，NACA (National Advisory Committee for Aeronautics，美国国

家航空咨询委员会)，对低速翼型进行了系统的试验研究，他们发现当时的几种优秀翼型的折算成相同厚度时，厚度分布规律几乎完全一样。于是他们当时认为是最佳的翼型厚度分布作为 NACA 翼型族的厚度分布，提出了 NACA 四位数翼型和五位数翼型，NACA 系列翼型按中弧线和基本厚度翼型划分为翼型族。每族翼型都有一定分布规律的一组中弧线和一定的基本厚度翼型组。按这种基本厚度翼型组和这种中弧线组所组成的翼型称为标准翼型。以标准翼型为基础，作某些修改的称为修改翼型。20 世纪 40 年代又发展了对亚声速情况的 NACA 六位数翼型，头部呈圆形，最大厚度位置较靠后，到 50 年代该系列翼型应用较广。

到了 20 世纪 60 年代，为提高阻力发散马赫数，工程中常选用尖峰翼型；到 70 年代以后，开始采用后缘加载的超临界翼型，特点是前缘丰满，上翼面平坦，后缘向上凸。主要是由于跨声速情况下，在超临界流动状态时上翼面存在激波，这就要求翼型能减弱甚至消除激波，尖峰翼型和超临界翼型就是常用的跨声速翼型。

对于适用于超声速流动的翼型，其头部一般是尖的。下面将依次介绍亚声速流动的主要适用翼型，对于跨声速翼型和超声速翼型也一并进行介绍，如图 3.1.5 所示。

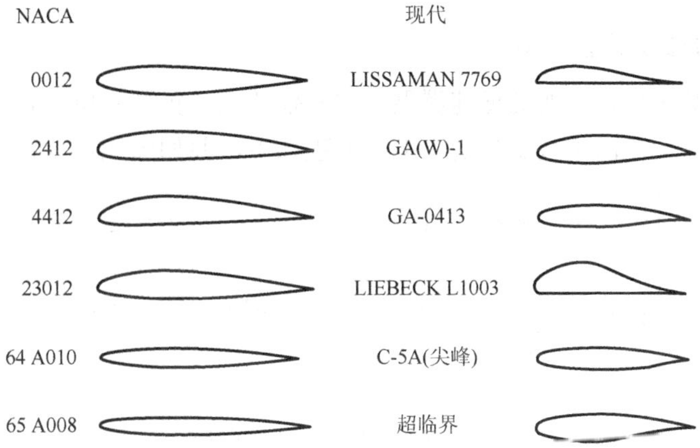

图 3.1.5　常用的翼型族系

2. 儒科夫斯基对称翼型

儒科夫斯基变换如下

$$f(z) = z + \frac{a^2}{z} \tag{3.1.7}$$

其中，z 为复数。

该变换可以把圆心在原点、半径为 a 的圆变成平板(如图 3.1.6(a)所示)。若是圆心不在原点，而在 $(-\varepsilon a, 0)$ 处，其中，ε 是小于 1 的正数，则该变换把圆心不在原点、半径为 a 的圆变成翼型(如图 3.1.6(b)所示)，这种翼型就是儒科夫斯基翼型。

图 3.1.6(b)中变换得到的儒科夫斯基翼型，最大厚度为 $3\sqrt{3}\varepsilon a$，对应于水平坐标 $-a$ 的地方。此外，其后缘角为 0，由于机械加工与强度的原因，严格的儒科夫斯基翼型是不可用的，可用的翼型后缘角必须大于 0。儒科夫斯基对称翼型，其升力系数为 $2\pi\sin\alpha$，其中 α 为迎角。

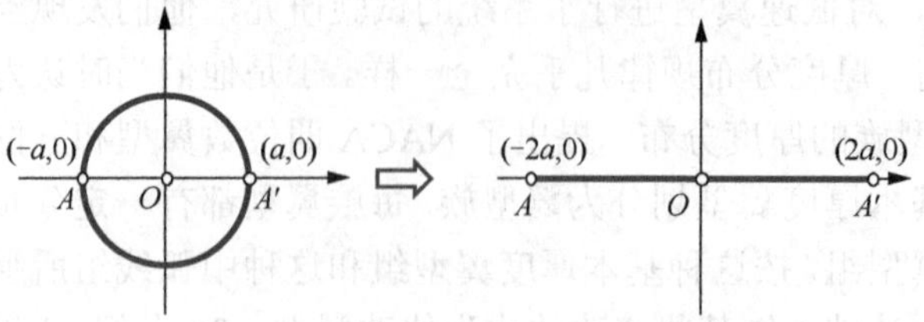

(a) 对中心在原点的圆的变换

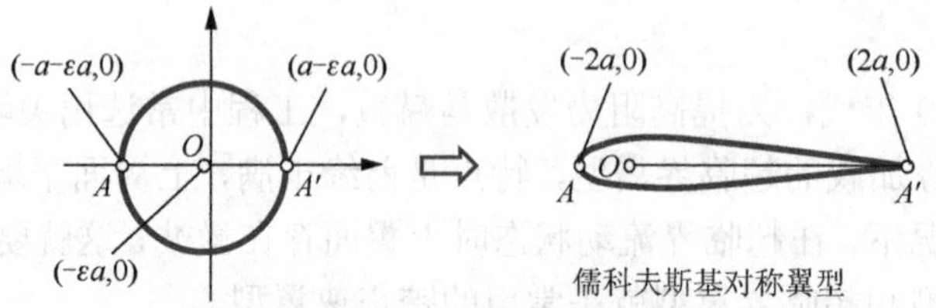

(b) 对中心不在原点的圆的变换

图 3.1.6　儒科夫斯基变换的效果

3. NACA 四位数翼型(低速翼型)

NACA 四位数翼型是经典的低速翼型，和其他的低速翼型类似，其特点是头部丰满，最大厚度靠前。NACA 四位数翼型的中弧线方程如下，并如图 3.1.7 所示。

$$\begin{cases} \bar{y}_{\mathrm{f}} = \dfrac{\bar{f}}{\bar{x}_{\mathrm{f}}^2}\left(2\bar{x}_{\mathrm{f}}\bar{x} - \bar{x}^2\right) & 0 \leqslant \bar{x} \leqslant \bar{x}_{\mathrm{f}} \\ \bar{y}_{\mathrm{f}} = \dfrac{\bar{f}}{\left(1-\bar{x}_{\mathrm{f}}\right)^2}\left[\left(1-2\bar{x}_{\mathrm{f}}\right) + 2\bar{x}_{\mathrm{f}}\bar{x} - \bar{x}_{\mathrm{f}}^2\right] & \bar{x}_{\mathrm{f}} \leqslant \bar{x} \leqslant 1 \end{cases} \tag{3.1.8}$$

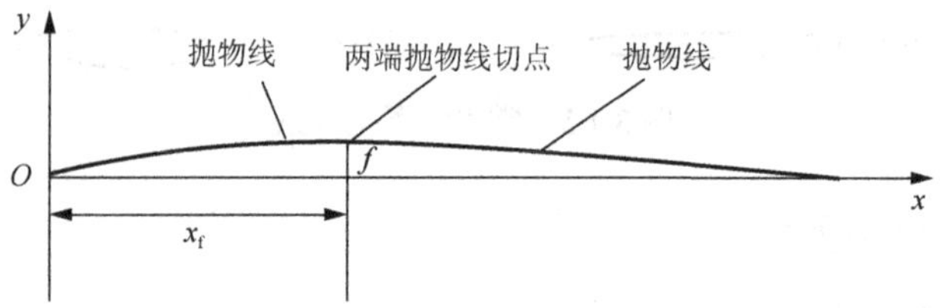

图 3.1.7　NACA 四位数翼型的中弧线

NACA 四位数翼型的基本厚度的方程如下：

$$\bar{y}_{\mathrm{t}} = \frac{\bar{t}}{0.2}\left(0.2690\sqrt{\bar{x}} - 0.12600\bar{x} - 0.35160\bar{x}^2 + 0.28430\bar{x}^3 - 0.10150\bar{x}^4\right) \tag{3.1.9}$$

四位数翼型的表达式为 NACA□□□□，如 NACA2415 翼型。第一个数字“2”表示相对弯度 $\bar{f} = 2\%$；第二个数字“4”表示最大弯度相对位置 $\bar{x}_{\mathrm{f}} = 40\%$；第三个和第四个数字构成的两位数“15”表示相对厚度等于该两位数乘以 0.01，即 $\bar{t} = 15 \times 0.01 = 15\%$。再如，NACA0008 翼型，是无弯度相对厚度为 8%的翼型。

NACA 四位数字翼型的中弧线和厚度分布是用严格的数学表达式给出的，这比早期翼型前进一步，但仍不是从气动要求的角度设计的。它不是低阻翼型，但其阻力随升力的增长相当缓慢。它是有弯度的翼型，它的最大升力系数也是相当高的，失速特性也比较平缓。力矩随升力的变化也比较平缓。它的构造比较简单。这些特点使它仍经常被选用。实际使用比较多的是中弧线为 NACA24 和 NACA44 系列。

4. NACA 五位数翼型(低速翼型)

NACA 五位数翼型也是典型的低速翼型，其中弧线分为两组，如图 3.1.8 所示。第一组中弧线方程如式(3.1.10)，中弧线前段为立方抛物线，后段为直线。中弧线的曲率到最大弯度位置 $\bar{x}_f$ 后的 $\bar{m}$ 处为零。

$$
\begin{cases}
\bar{y}_f = \dfrac{K_1}{6}\left[\bar{x}^3 - 3\bar{m}\bar{x}^2 + \bar{m}^2\left(3-\bar{m}\right)\bar{x}\right] & ,\ 0\leqslant\bar{x}\leqslant\bar{m} \\
\bar{y}_f = \dfrac{K_1}{6}\bar{m}^3\left(1-\bar{m}\right) & ,\ \bar{m}\leqslant\bar{x}\leqslant 1
\end{cases}
\tag{3.1.10}
$$

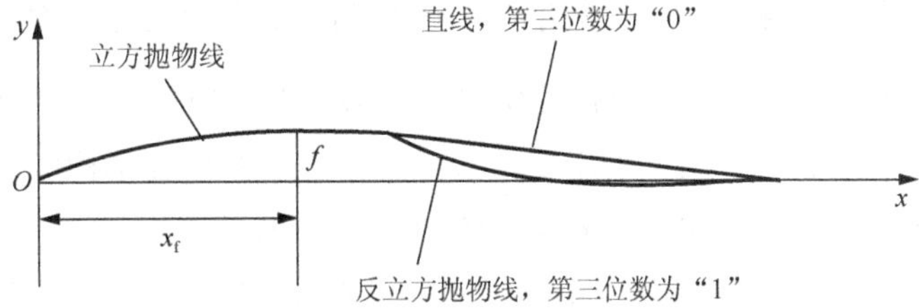

图 3.1.8　NACA 五位数翼型的中弧线

第二组中弧线方程如式(3.1.11)，中弧线前段为立方抛物线，后段为反弯度的立方抛物线。在连接点 $\bar{n}$ 处曲率连续。

$$
\begin{cases}
\bar{y}_f = \dfrac{K_1}{6}\left[\left(\bar{x}-\bar{n}\right)^3 - \dfrac{K_2}{K_1}\left(1-\bar{n}\right)^3\bar{x} - \bar{n}^3\bar{x} + \bar{n}\right] & ,\ 0\leqslant\bar{x}\leqslant\bar{n} \\
\bar{y}_f = \dfrac{K_1}{6}\left[\dfrac{K_2}{K_1}\left(\bar{x}-\bar{n}\right)^3 - \dfrac{K_2}{K_1}\left(1-\bar{n}\right)^3\bar{x} - \bar{n}^3\bar{x} + \bar{n}\right] & ,\ \bar{n}\leqslant\bar{x}\leqslant 1
\end{cases}
\tag{3.1.11}
$$

中弧线数据以设计升力系数 0.3(相对弯度 $\bar{f}$ 值接近于 2%)，最大弯度相对位置 $\bar{x}_f = 5\%$、10%、15%、20%、25%的中弧线为标准，并以 NACA2××标记，即 NACA210、220、230、240、250 等。与其对应的第一组中弧线的参数 $\bar{x}_f$、$\bar{m}$、$\bar{f}$、K_1 值见表 3.1.1，与其对应的第二组中弧线的参数 $\bar{x}_f$、$\bar{n}$、$\bar{f}$、K_1、K_1/K_2 值见表 3.1.2。对于其他设计升力系数 C_{Ldes} (或 $\bar{f}$ 值)的中弧线坐标的相应数据可按与 C_{Ldes} (或 $\bar{f}$ 值)成正比得到。

表 3.1.1　NACA 五位数字翼型第一组中弧线常数(设计升力系数 0.3)

标记 常数	210	220	230	240	250
$\bar{x}_f$	0.05	0.1	0.15	0.2	0.25
$\bar{m}$	0.058	0.126	0.2025	0.290	0.391
$\bar{f}$	0.0111	0.0154	0.0184	0.0208	0.0226
K_1	361.4	51.64	15.96	6.64	3.23

表 3.1.2 NACA 五位数字翼型第二组中弧线常数(设计升力系数 0.3)

标记 常数	221	231	241	251
$\overline{x}_f$	0.10	0.15	0.2	0.25
$\overline{n}$	0.130	0.217	0.318	0.441
$\overline{f}$	0.0157	0.0209	0.0240	0.0272
K_1	52.16	15.79	6.519	3.192
K_1/K_2	7.64	67.7	303	1355

NACA 五位数字翼型的基本厚度方程与 NACA 四位数字翼型相同。

五位数字翼型的表达式为 NACA□□□□□，如 NACA23015 翼型，用五个数字表示其理论的气动特性和几何特性。第一个数字“2”表示弯度，但不表示具体的几何参数，而是通过设计升力系数 C_{Ldes} 来表达，此数字乘以 3/20 等于设计升力系数 $C_{\mathrm{Ldes}}=2\times\dfrac{3}{20}=0.3$；第二个数字乘以 0.05 等于最大弯度相对位置 $\overline{x}_f=3\times0.05=15\%$；第三个数字表示后段中弧线的类型，“0”表示直线，“1”表示反弯度曲线；最后两位数字构成的两位数“15”表示相对厚度等于该两位数乘以 0.01，即 $\overline{t}=15\times0.01=15\%$。

最大弯度位置前移会使最大升力系数提高，最小阻力系数降低，NACA 四位数字翼型的中弧线方程限制了这种前移，而 NACA 五位数字翼型中弧线方程能比四位数字翼型最大弯度位置更靠前，这就是 NACA 五位数字翼型比四位数字翼型更优越之处。它们的基本厚度翼型是相同的。NACA230 系列翼型是标准 NACA 翼型中最大升力系数最高的翼型，但失速特性不是特别好，而且对尺度影响相当敏感，那些把提高升力性能作为机翼设计先决条件的，经常采用 NACA230 系列翼型，有时将它和翼尖处的 NACA 四位数字翼型组合起来使用。

5. NACA 六位数翼型(亚声速翼型)

亚声速翼型与低速翼型没有质的差别，只是由于速度提高，更突出地要求降低最小阻力系数，并提高临界马赫数。层流翼型能满足这些要求，是比较理想的亚声速翼型。NACA6 系列翼型就是最著名的层流翼型。

NACA6 族翼型的中弧线是使从 $\overline{x}=0$ 到 $\overline{x}=a$ 的载荷为均匀分布，从 $\overline{x}=a$ 到 $\overline{x}=1$ 的载荷线性减到零而设计的。其方程为

$$\begin{aligned}\overline{y}_f=\frac{C_{\mathrm{Ldes}}}{2\pi(a+1)}\Bigg\{&\frac{1}{1-a}\bigg[\frac{1}{2}(a-\overline{x})^2\ln|a-\overline{x}|-\frac{1}{2}(1-\overline{x})\ln(1-\overline{x})\\&+\frac{1}{4}(1-\overline{x})^2-\frac{1}{4}(a-\overline{x})^2\bigg]-\overline{x}\ln\overline{x}+g-h\overline{x}\Bigg\}\end{aligned}\tag{3.1.12}$$

其中

$$g=\frac{-1}{1-a}\left[a^2\left(\frac{1}{2}\ln a-\frac{1}{4}\right)+\frac{1}{4}\right]\tag{3.1.13}$$

$$h=\frac{1}{1-a}\left[\frac{1}{2}(1-a)^2\ln(1-a)-\frac{1}{4}(1-a^2)\right]+g \tag{3.1.14}$$

该中弧线的设计迎角

$$\alpha_{\text{des}}=C_{\text{Ldes}}\frac{h}{2\pi(a+1)} \tag{3.1.15}$$

中弧线在设计升力系数 $C_{\text{Ldes}}=1.0$ 条件下，以几何形状为 NACA $\alpha=0$、0.1、0.2、0.3、0.4、0.5、0.6、0.7、0.8、0.9、1.0 为标记，由此计算出中弧线的标准数据。对其他设计升力系数 C_{Ldes} 的中弧线纵坐标可用 C_{Ldes} 值乘以 $C_{\text{Ldes}}=1.0$ 的中弧线的相应纵坐标得到。

NACA 六位数翼型一般用 6 个数字和中弧线来标记，表达式为 NACA□□$_{□}$-□□□，如 NACA65$_3$-215 翼型。第一个数字“6”表示族号，说明它是层流翼型；第二个数字“5”表示在零升力时基本厚度翼型最小压力点相对横坐标 $\overline{x}_{\text{p min}}$ 乘以 0.1，即 $\overline{x}_{\text{p min}}=5\times0.1=50\%$；第三个位于下标处的数字“3”表示低阻的升力系数范围，即高于或低于设计升力系数该数字乘以 0.1，就是 $C_{\text{Ldes}}\pm(3\times0.1)=C_{\text{Ldes}}\pm0.3$；第四个数字“2”表示设计升力系数为该数字乘以 0.1，即 $C_{\text{Ldes}}=2\times0.1=0.2$；最后两位数字构成的两位数“15”表示相对厚度等于该两位数乘以 0.01，即 $\overline{c}=15\times0.01=15\%$。

另外也有文献将 NACA 六位数翼型的形式写成 NACA□□，□-□□□，其数字顺序与意义跟前面的形式是一致的。

根据基本厚度翼型在升力系数 $C_{\text{L}}=0$ 时的最小压力点的相对位置 $\overline{x}_{\text{p min}}$（$\overline{x}_{\text{p min}}=30\%$、40%、50%、60%、70%）而分为不同组，分别标记为 NACA63、64、65、66、67 共五个组。以形为 NACA63（64、65、66、67），-0□□为标记的基本厚度翼型为 NACA6 族的标准翼型。6 族翼型通常不能用最大厚度之间比例关系来求翼型纵坐标。只在相对厚度相差很小时才可用比例关系求出近似值。

从阻力上看，NACA6 族翼型是层流翼型，在小迎角亚声速飞行时，其摩擦阻力比普通翼型（四位和五位数字翼型）的小。特别是 6 族翼型能在一个有限的升力系数范围内，形成如图 3.1.9 所示的“阻力下陷”区域，使其最小阻力远比四位和五位数字翼型小。

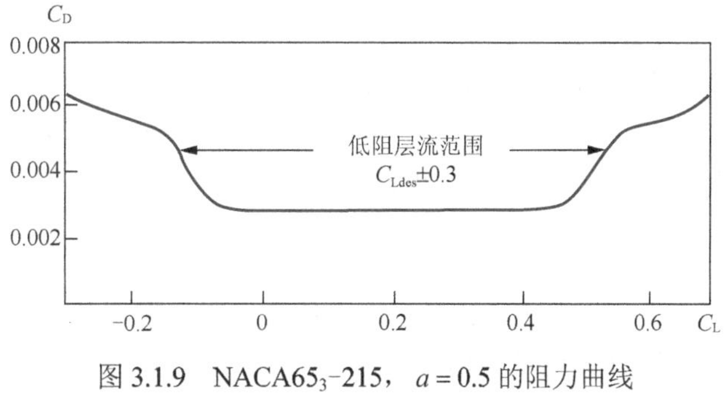

图 3.1.9　NACA65$_3$-215，$a=0.5$ 的阻力曲线

6. 尖峰翼型

普通翼型在高亚声速飞行时碰到一个突出问题是临界马赫数 M_{cr} 问题。速度较高时，

翼型上表面膨胀出现超声速区域，其后部会有正激波出现。当马赫数增大到阻力发散马赫数 M_{dd} 后，激波的尺寸和强度猛增，使机翼阻力剧增，升力骤降，力矩猛烈波动，并发生抖振，如图 3.1.10 所示。

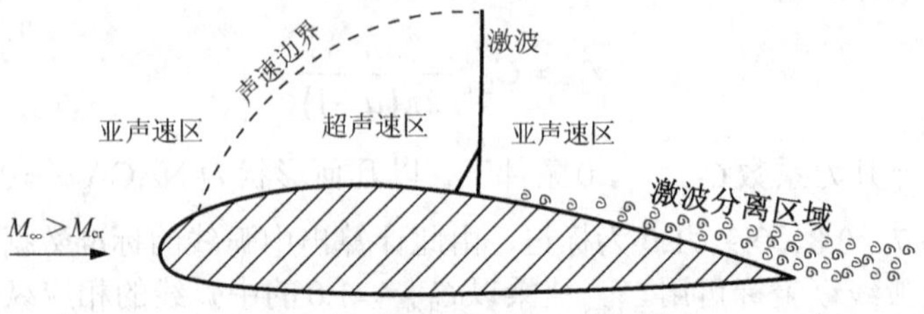

图 3.1.10　普通翼型的跨声速流动

图 3.1.5 中已经给出了尖峰翼型的图形，这是一种适用于跨声速流动的翼型，其特点是可以使翼型上表面的前部具有明显的负压峰，故名尖峰翼型，如图 3.1.11 所示。这样，使气流经过前缘附近急剧膨胀加速到超声速，出现局部超声速区，关键是翼型表面要设计适当，使得翼面上发生的膨胀波经声速线反射而形成的压缩波，而不是聚焦而形成激波。这样在超声速区内流动接近等熵减速扩压，最后经过一道很弱的激波变成亚声速流，从而避免过强激波所引起的不利现象。

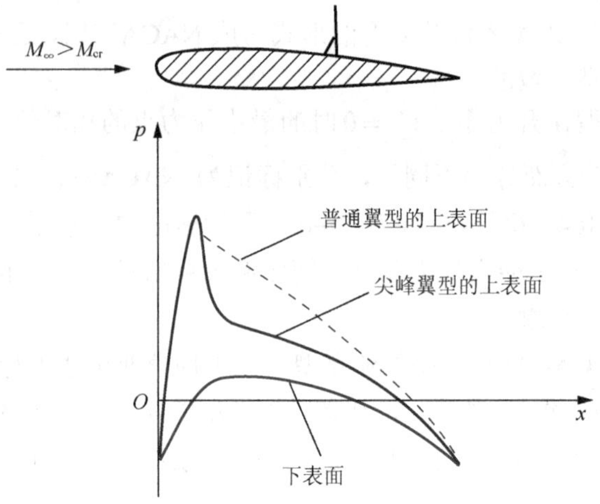

图 3.1.11　尖峰翼型

尖峰翼型的临界马赫数并不高，甚至亚临界的阻力还稍大些。尖峰翼型的突出优点在于提高了阻力发散马赫数 M_{dd}，扩大了临界马赫数 M_{cr} 与阻力发散马赫数 M_{dd} 之间的区域，使翼型在这个超临界状态区域内可以很好地使用。

7. 超临界翼型

图 3.1.5 也显示了另一种跨声速翼型，这就是超临界翼型，其头部比较丰满，目的是消除前缘的负压峰，使气流不致过早达到声速。翼型上表面中部比较平坦，因此压力分布也比较平坦，这是一个显著的优点，对提高临界马赫数有利，也有利于减小激波强度。后部向下弯曲，这有利于缓和激波诱导边界层分离。同时为了弥补上表面平坦而引起的升力不足，下表面后部有一个向里凹进去的反曲段，也会使机翼后部升力增加。

在跨声速飞行时，超临界翼型上即使有激波也是弱激波，设计得好，能达到无激波状态。它比尖峰翼型有更高的临界马赫数和更大的超临界马赫数的使用范围，在同样 M_{dd} 下，相对厚度可以提高 30%~50%，这对运输机机翼是非常有利的，在不加大重量下，可以提高强度和刚度以及增大展弦比，并且提高升阻比。

8. *超声速翼型*

超声速翼型的形状通常有双弧形、菱形和六边形三种剖面，如图 3.1.12 所示。双弧形剖面是由两段曲率相同的圆弧构成的，气动效果较好，刚度也好，所以在个别飞机上已有应用，对超声速飞机最主要的是通过减小翼型相对厚度来减小波阻，因为波阻正比于相对厚度的平方，翼型在小展弦比机翼上的作用并不突出。另外，飞机在低速仍要使用，超声速尖前缘翼型，造成前缘分离，低速性能不好。所以，多采用小钝头的亚声速翼型。

(a) 双弧形

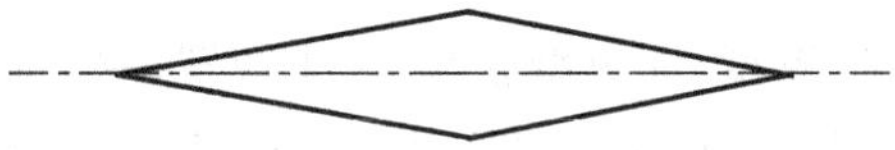

(b) 菱形

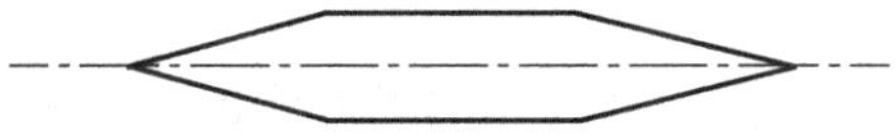

(c) 六边形

图 3.1.12　超声速翼型

§3.2　气 动 参 数

1. *压力系数*

典型的翼型压力分布参见图 2.4.2 和图 3.2.10，实际反映出表面压强与来流压强的大小关系。该关系一般用表面的压力系数的分布来表示，当地压力系数表示为

$$C_p = \frac{p_i - p_\infty}{\frac{1}{2}\rho_\infty V_\infty^2} \tag{3.2.1}$$

其中，p_∞、ρ_∞ 和 V_∞ 分别表示来流压强、密度和速度，下标“i”表示翼型表面一点。对于机翼上下表面而言，$C_p > 0$ 表示表面受到压力，$C_p < 0$ 表示表面受到吸力，这里所说的吸力对飞行器的升力特性非常重要，一般来说，机翼上表面对升力的贡献约为总升力的 2/3。

作用在翼型的上下翼面的压强(或压力系数)分布确定后，可以求出翼型的空气动力参数(简称气动参数)(摩擦阻力除外)，同时它在计算翼型的强度时也是不可少的。

这些气动参数包括升力、阻力、升阻比、力矩、升力系数、阻力系数、力矩系数、压力中心以及焦点等。其中升力和阻力合称为气动力，但通常提到气动力分析时，实际上也包含力矩分析。由于翼型流动是二维的，一般所说的翼型的力和力矩(图 3.2.1)，都是单位展长的机翼所受的力和力矩。

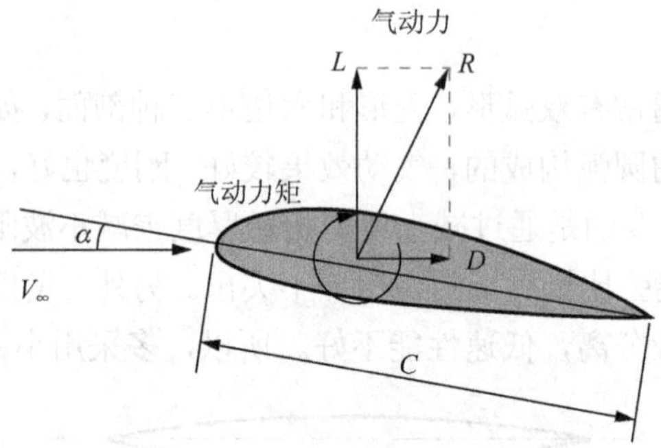

图 3.2.1 机翼的气动力和力矩

2. 升力、阻力和升阻比

在进行理论分析时，常把翼型(即翼型弦线)水平放置，来流则与翼型弦线成一定夹角。但在分析力时，将来流看成水平的，把翼型抬起来一定角度(角度等于迎角)比较方便，这与实际飞行情况是一致的。翼型总的气动力 R 可以分解为垂直于来流方向的升力 L 和平行于来流方向的阻力 D。

对于低速流动，由二维无旋流理论得出的阻力是 0，但实际流动因黏性的存在是有阻力的，且加速运动的翼型也存在附加惯性力，也可看成阻力。一般来说，因黏性导致的阻力比升力小。升力和阻力的比 L/D 称为升阻比，对于低速翼型，升阻比很大，数值至少在 10 以上(特殊情况可达到 100 以上)，这是飞机以小推力克服阻力，并获得平衡重力的大升力的奥妙所在。对于高速飞行，因为存在波阻，翼型升阻比多在 10 以下。但对于整架飞机而言，由于机身和其他部件的影响，其升阻比要比纯翼型升阻比低很多。

升力和阻力的无量纲化是除以来流动压与弦长，就得到了升力系数 C_{L} (对于机翼的升力系数则是用 C_{L} 表示)和阻力系数 C_{d} (对于机翼的阻力系数则是用 C_{D} 表示)

$$C_{\mathrm{L}}=\frac{L}{\frac{1}{2}\rho_\infty V_\infty^2 c},\quad C_{\mathrm{D}}=\frac{D}{\frac{1}{2}\rho_\infty V_\infty^2 c} \tag{3.2.2}$$

升力系数和阻力系数都是无量纲量，一般粗略要求升力系数是 1 量级，而阻力系数是 0.01~0.1 量级。前面已经提到，对于儒科夫斯基对称翼型，其升力系数 $C_{\mathrm{L}}=2\pi\sin\alpha$，其中 α 为迎角。那么当 $\alpha=10°$ 时，升力系数约为 1.1。

图 3.2.2 给出了升力系数随迎角的变化示意图。在迎角较小时，升力系数基本上是迎角的线性函数，升力系数变化曲线是一条直线，其斜率

$$C_{\mathrm{L}\alpha}=\frac{\mathrm{d}C_{\mathrm{l}}}{\mathrm{d}\alpha} \tag{3.2.3}$$

称为升力线斜率。对于儒科夫斯基对称翼型 $C_{l\alpha} \approx 2\pi$，在后面的薄翼分析中会看到，薄翼的 $C_{l\alpha}$ 也是 2π。

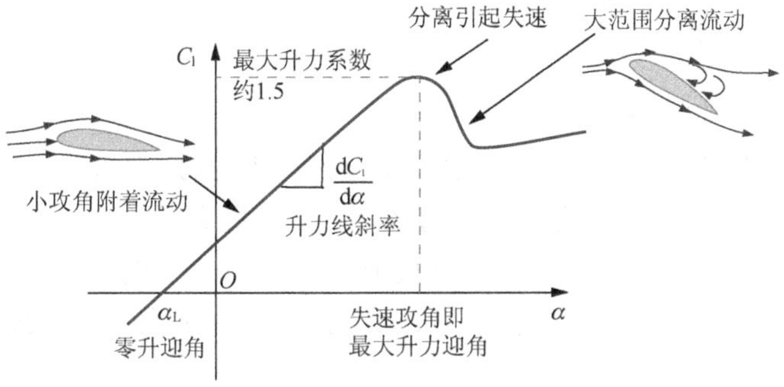

图 3.2.2 翼型升力线与升力线斜率示意

在迎角较大的情况下，由于黏性和其他因素，可能导致翼型上表面流体无法顺着壁面运动，会有回流即流动分离出现。迎角再增大到一定程度，翼型上表面将出现大面积分离。从整体效应上看，相当于翼型变厚、迎角变小、弯度变小且后缘不尖了，这时升力随迎角线性增加的规律被打破，流动分离使得升力系数下降。升力下降，意味着飞机可能下掉，失去飞行的正常速度，也就是“失速”。因此最大升力系数对应的迎角也称失速迎角。

图 3.2.3 给出了 NACA23012 升力系数随迎角的变化，可见在大迎角情况下，升力系数还与翼型粗糙度相关。迎角较大时，流动容易出现分离。而粗糙度对流动的影响比较复杂，不容易直接给出其影响的一般性说明。对于翼型流动，如果雷诺数很大，使得湍流即使在表面光滑时也存在，那么粗糙度可以增强湍流并且导致大面积分离，改变等效形状，减小升力。

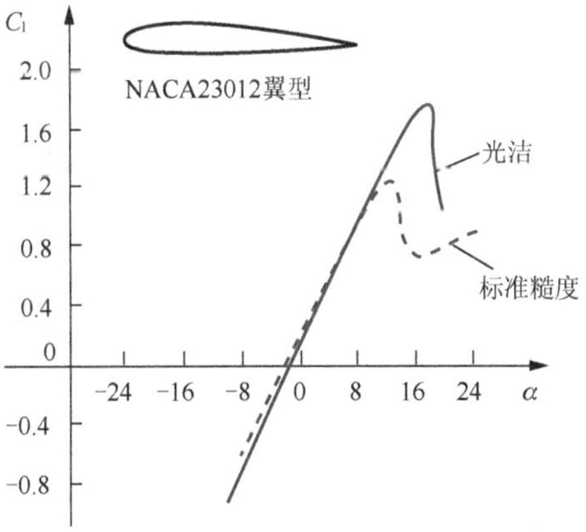

图 3.2.3 NACA23012 翼型升力线

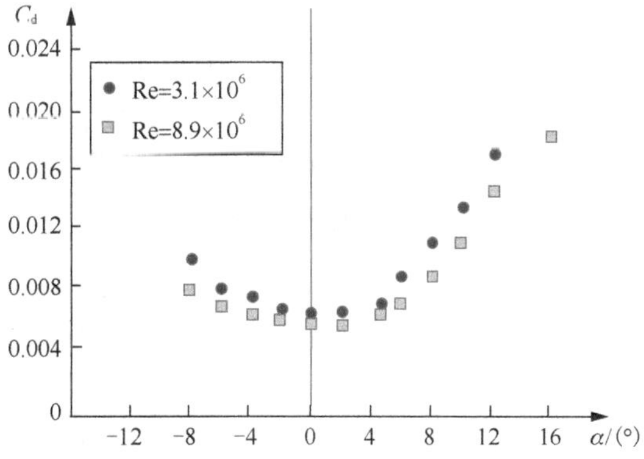

图 3.2.4 NACA2412 翼型阻力系数随迎角的变化

对于阻力，二维情况下主要是黏性引起的摩擦与分离产生阻力，这与雷诺数有关，该数反映了惯性力和黏性力之比。在迎角较小时，主要是摩擦阻力，迎角的变化对摩擦阻力影响不大；迎角较大时，会出现分离，导致压强分布前后不对称，出现所谓的压差阻力，这将使阻力急剧增大。图 3.2.4 给出了 NACA2412 翼型阻力系数随迎角的变化，可见在小迎角范围阻力系数接近常数，为 0.005 量级。在迎角大于 5°之后，阻力系数增长很快。图中的分布还说明，雷诺数增加时阻力系数减小，这是因为雷诺数增加时，惯性力相对于黏性的作用增加引起的。

3. 力矩、压力中心和焦点

翼型的力矩一般是指气动力相对于弦线上某点产生的力矩，若选择气动力的合力作用点，那么力矩为 0。比较常见的是相对前缘的力矩。一般令顺时针力矩为正。由于翼型的流动是二维问题，因此只需考虑绕 z 轴(垂直于翼型平面的轴)的力矩，该力矩使得翼型产生俯仰运动的趋势，因此也称俯仰力矩。如果该力矩使得翼型抬头，那么可称为抬头力矩，否则称为低头力矩。

力矩是飞行器控制的重要参数。为了不使飞机出现俯仰翻滚，需要利用平尾产生升力来平衡力矩。由于平尾位于机尾，距离重心较远即力臂很大，因此即使平尾很小也可产生足够的平衡力矩。

升力和阻力都会引起力矩。计算力矩时，要用到力臂。在低速情况下，阻力本身就比升力小一个量级，阻力力臂也远小于升力力臂，所以升力对力矩的贡献是主要的，阻力的贡献是次要的。因此，在定性分析中，我们只考虑升力引起的力矩。

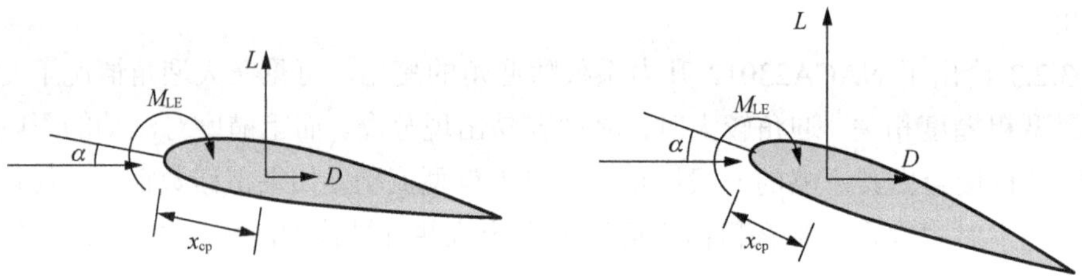

(a) 某迎角下的压力中心　　(b) 迎角增大时，压力中心前移

图 3.2.5　翼型的压力中心

升力的作用点 x_{cp} 称为压力中心(图 3.2.5)，它是升力作用点沿弦线方向离开前缘的距离。因此，升力相对于前缘的力矩 M_{LE} 为

$$M_{LE} = -x_{cp} L\cos\alpha \tag{3.2.4}$$

该式右端有负号，是因为定义抬头力矩为正。后面将会看到，压力中心随迎角增大而改变位置。此外，对于任意点处的力矩

$$M = M_{LE} + xL\cos\alpha \tag{3.2.5}$$

将相对某点 P 的力矩记为 M_P，则力矩系数定义为

$$(C_m)_P = \frac{M_P}{\frac{1}{2}\rho V_\infty^2 c^2} \tag{3.2.6}$$

此外，同样可以用式(3.2.4)写出压力中心的相关表达式

$$x_{cp} = -\frac{M_{LE}}{L\cos\alpha} \tag{3.2.7}$$

$$\frac{x_{\text{cp}}}{c}=-\frac{\left(C_m\right)_{\text{LE}}}{C_{\text{L}}\cos\alpha} \tag{3.2.8}$$

一般地，当翼型存在弯度时，压力中心在 1/4 弦长以后的位置，随着迎角增大，压力中心前移，如图 3.2.5 所示，但不会移到 1/4 弦长之前。在后面的薄翼理论中会进一步介绍这一现象。

飞行时迎角会进行调整，使得升力的改变能平衡燃油消耗的重量的改变。起飞着落时尤其需要增大迎角，这是因为此时飞机速度低，而升力同时是迎角和速度的增函数，速度低时迎角必须增加。由于迎角增加，压力中心会前移，所以压力中心的使用很不方便。为了比较好地配置飞机各部分重量分布，人们发现另一个点——焦点（也称气动中心）的概念用起来更好。如图 3.2.6 所示，它是这样一个点，相对于该点力矩的大小不随迎角的变化而变化。对于某一迎角 α_1，升力为 L_1，相对焦点的力矩为 M_{ac}，对于较大的迎角 α_2，升力增大为 L_2，但相对焦点的力矩仍为 M_{ac}。

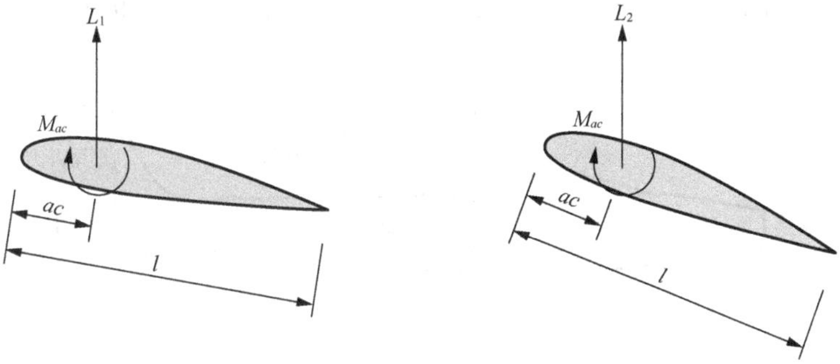

(a) 某迎角下的压力中心　　(b) 迎角增大时，压力中心前移

图 3.2.6　翼型的焦点

由式（3.2.4）和焦点定义，确定焦点位置 x_{ac} 的关系式为

$$\begin{cases} M_{ac}=M_{\text{LE}}+x_{ac}L\cos\alpha \\ \dfrac{\mathrm{d}M_{ac}}{\mathrm{d}\alpha}=0 \end{cases} \tag{3.2.9}$$

对于儒科夫斯基对称翼型（包括平板）为例，其焦点在前缘向后 1/4 弦长的位置。

由于相对焦点的力矩 M_{ac} 与迎角无关，因此迎角小到使升力为 0 时，力矩也是同样大小。升力为 0 时，翼型只受力矩的作用，属于力偶。因此 M_{ac} 也称为零升力矩。对于对称儒科夫斯基翼型，容易验证 $M_{ac}\approx 0$。对于一般翼型，零升力矩一般为负（低头力矩）。对于低速翼型，焦点一般在 1/4 弦长附近。对于薄翼型，后面的薄翼理论证明，焦点正好在 1/4 弦长处。实际问题中，因流动存在黏性或其他作用，焦点位置会有些出入。大多数翼型的焦点都在 0.23~0.24 弦长处，而为了克服湍流所设计的层流翼型的焦点可能在 0.26~0.27 弦长处。实际上到底在什么位置，一定要看具体翼型的试验数据和流动条件（尤其是雷诺数）。

图 3.2.7 给出了一种典型翼型 NACA63210 的焦点力矩系数随迎角的变化曲线。可见在一定范围内，该力矩近似为常数，约为 –0.035，大多数翼型的零升力矩系数接近该值。对于一般低速翼型，1/4 弦长位置的零升力矩系数在 –0.05 附近。

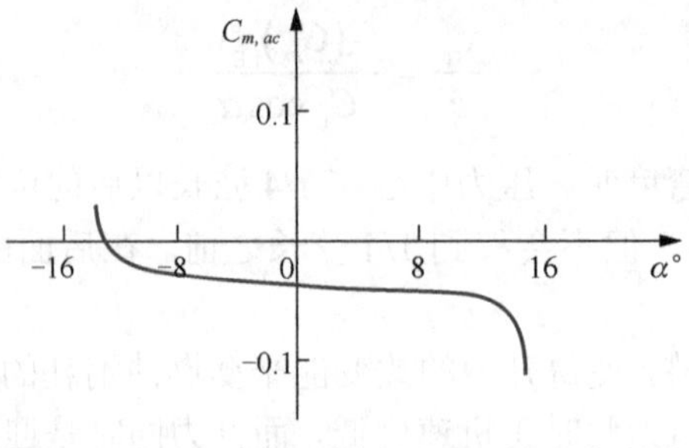

图 3.2.7 NACA63210 翼型的焦点随迎角的变化

下面我们从整架飞机的角度来分析飞机所受的力和力矩。图 3.2.8 给出了一架飞机主要受力示意图，可以看到，飞机除受重力外，还受到发动机推力以克服阻力，以及空气对它产生的升力(这里只标注机翼的升力)。这里将力和力矩的作用点放在焦点(ac)上。尾翼上也产生升力。焦点一般在飞机重心之前。在图示配置情况下，如果零升力矩为 0，那么尾翼上必须产生正的升力，才使得相对于重心的力矩为 0，否则飞机会抬头。

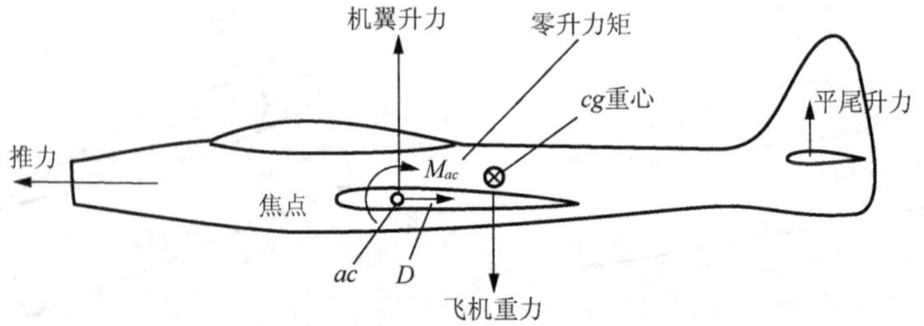

图 3.2.8 飞机的受力示意图

如果零升力矩为负，那么在迎角很小时，平尾需要产生负升力，才能使力矩平衡。平尾的作用主要是用于平衡机翼产生的俯仰力矩，使得合力作用点正好在飞机的重心，从而相对于重心的力矩为 0，这样飞机才能平稳飞行，保持稳定状态。当然，飞机要做俯冲或爬升动作时，也可以改变平尾迎角产生升力来获得这种控制所需要的额外力矩。力矩的平衡涉及飞机的控制，关系到飞机的稳定性和操纵性等性能。

§ 3.3 翼型低速流动的绕流图画

3.3.1 翼型低速流动的绕流图画介绍

1. 基本流动图画

从理论上讲，只有当雷诺数趋于无穷大时，才能把流体看成是无黏的，但对实际问题来说，大雷诺数下绕流线型物体的流动在不脱体的情况下，黏性影响只限于靠近物面的极薄边界层及其尾迹区内(图 3.3.1)，而边界层和尾迹区外的广大主流区，黏性影响很小，可看作无黏流体的流动。此时，按无黏流体理论计算的物面速度分布，压强分布以及作用在物体上的升力，与实际结果很一致。

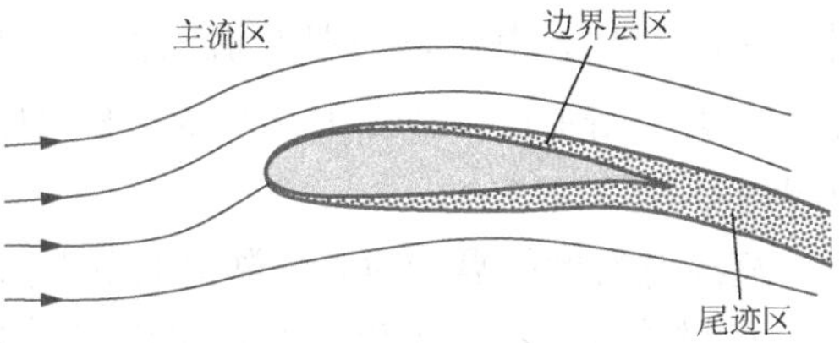

图 3.3.1 对称翼型绕流图画

按无黏气体情况，不考虑流动黏性，流场中也没有边界层。对于低速翼型绕流，当气流以低速和零迎角流向一个对称翼剖面时，流动图画对弦线对称分布，因而翼型上、下表面的速度和压强也是对弦线对称的，故在垂直气流方向合力为 0，如图 3.3.2(a)所示。当迎角 $\alpha>0$ 时，流动图画对弦线是不对称的，上表面前段流管变细。由连续方程可知，流管越细，流速越快，再由伯努利方程可知，流速加快，压强降低；翼型下表面前缘流管变粗，流速减慢，压强增大。这样，翼型上下表面将出现压力差，从而产生了垂直于来流方向的力，这就是升力，如图 3.3.2(b)所示。对比图 3.3.2(a)和图 3.3.2(b)可知，迎角 α 是产生升力的一个重要因素。由此可知，一个相对厚度大的翼型和相对厚度小的翼型，如果都是 $\alpha=0$，那么二者的流态以及速度、压强都是按弦线对称的，因而二者升力都等于零，所以单纯的相对厚度不是产生升力的因素。图 3.3.3 是一个相对弯度 $\overline{f}>0$ 的翼型，迎角 $\alpha=0$ 的绕流图画，由于弯度作用使上翼面流管比下翼面流管细，同样出现上下翼面的压力差，产生升力。比较图 3.3.2(a)及图 3.3.3，可知二者迎角均为 0，而 $\overline{f}=0$ 的翼型(对称翼型) $L=0$。$\overline{f}>0$ 的翼型 $L>0$。所以翼型的相对弯度 $\overline{f}$ 是产生升力的另外一个因素。可见增大翼型的弯度，增大迎角，将增大上下翼面的压力差，即增大升力。

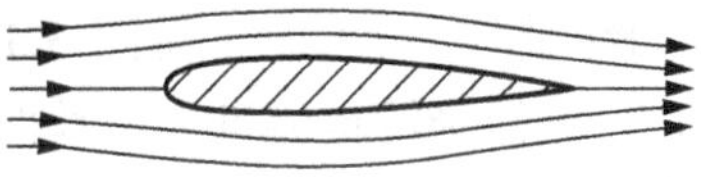

(a) $\alpha=0$

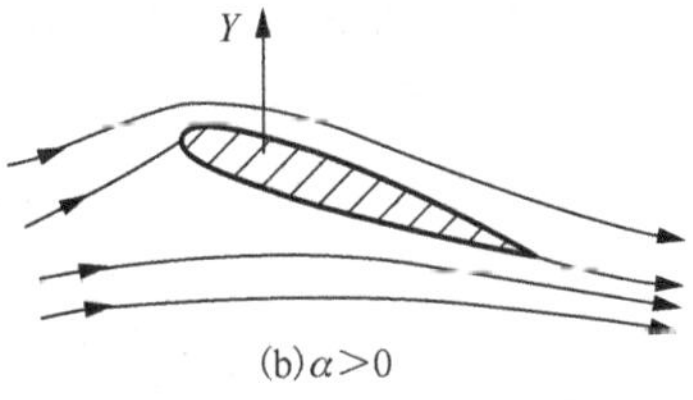

(b) $\alpha>0$

图 3.3.2 对称翼型绕流图画

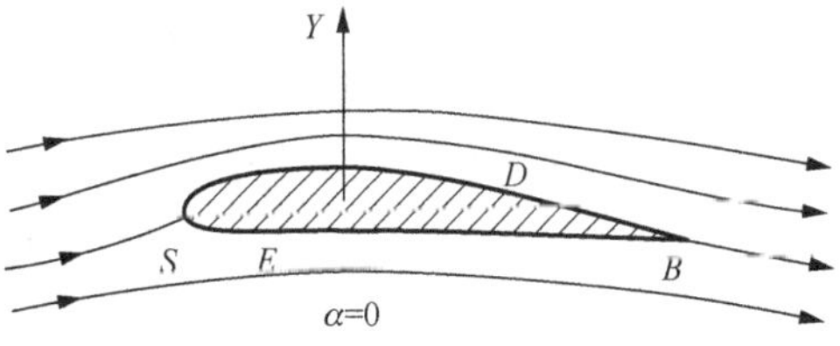

$\alpha=0$

图 3.3.3 非对称翼型绕流图画

由图 3.3.3，我们还注意到有一条流线在翼型前缘某点 S 处分为绕上翼面和绕下翼面的两个分支 SD 及 SE，这两条流线在后缘 B 点又汇合在一起，然后向后流去。我们知道，流线一般是不能相交的，因为流体质点不能同时具有两种速度方向、现在流线在 S 点分为两支，只有 S 点的速度为零才有可能，也就是说 S 点是一驻点，称为前驻点。对于无黏流体而言，后缘 B 点也必是一驻点，称为后驻点。

2. 无黏气体流动绕翼型流动模型与库塔–儒科夫斯基条件

下面我们分析一下无黏流体下翼型升力的产生。如图 3.3.4，采用一周线 K 包围翼型，联系儒科夫斯基升力定理(见第二章 § 2.2.5)，曲线 K 的速度环量 $\Gamma\neq0$。单位翼展上作用

于翼型的总空气动力大小$Y=\rho V_{\infty}^{2}\left|\Gamma\right|$，其中，$\rho$是来流的密度，$V_{\infty}$是来流的速度，$\Gamma$是绕翼型的速度环量，总空气动力方向垂直来流向上。考虑无黏气体时没有黏性的影响，总空气动力只有升力，阻力为零。

由上述分析，可见气流流经有弯度的翼型时，绕翼型上下表面的速度分布相当于旋涡的作用。为便于理论研究，在讨论气流经翼型流动时，可以将翼型用相应的旋涡来代替，如图 3.3.5 所示，这种旋涡称为附着涡。附着涡的强度用绕翼型的环量表示。那么该环量与翼型的几何特性、来流速度和迎角有什么关系，用什么条件来确定呢？

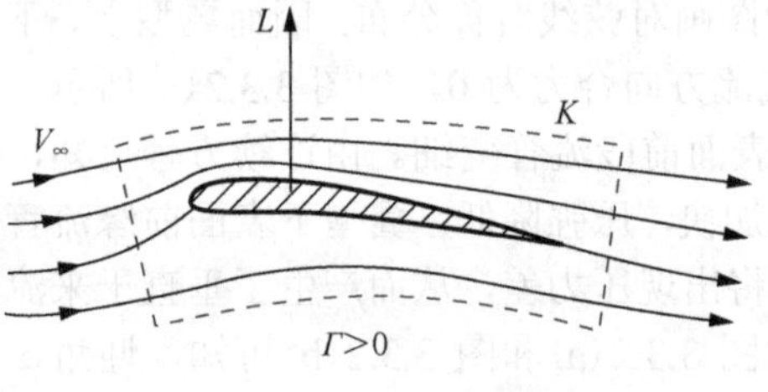

图 3.3.4　无黏流体绕翼型流动分析

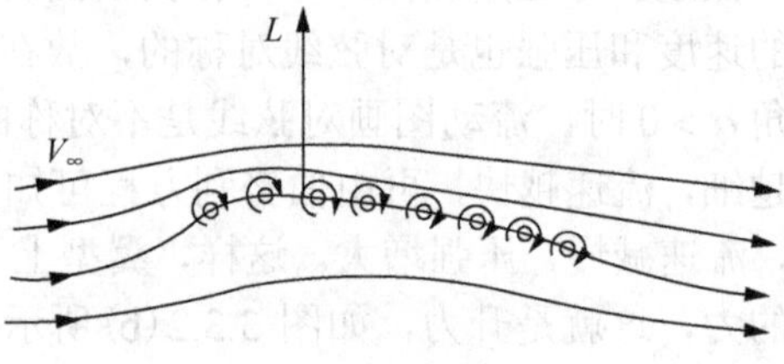

图 3.3.5　附着涡

下面观察气流开始绕翼型流动的过程。翼型在原为静止的气体里突然运动起来，最初短时间内，其流型如图 3.3.6(a)的形式(这是观察者和翼型在一起运动时所看到的情况)。这时，从下翼面流来的气流将绕过翼型的尖锐后缘，然后与从上翼面流来的气流会合，再向后方流去。但是对于这种具有尖锐后缘的翼型，这种流动立刻在后缘产生分离，在后缘和上翼面后驻点之间的气流将立即卷起一个逆时针的旋涡(称为“起动涡”)，见图 3.3.6(b)，设该涡的强度为Γ，该涡会被气流带着向后方流去。根据涡的环量守恒原理，绕翼型同时会产生一个与之大小相等、旋转方向相反的环量($-\Gamma$)的涡，见图 3.3.6(c)，这就是翼型上的环量($-\Gamma$)，使后驻点退到后缘上去，使气流平滑地流过上下翼面，并在后缘处会合，再沿着后缘切线或中弧线的切线方向流走。这就是用以确定环量的所谓库塔-儒可夫斯基条件，也简称为库塔条件。

在定常流动中，绕翼型的流动图画接近于这种方式，见图 3.3.6(d)。显然翼型的这个环量($-\Gamma$)，使上翼面气流加速，下翼面气流减速，使其产生一个垂直气流方向的升力。随着来流速度、迎角及翼型相对弯度$\bar{f}$的增加，升力增大，实质上是绕翼型的环量数值增大。

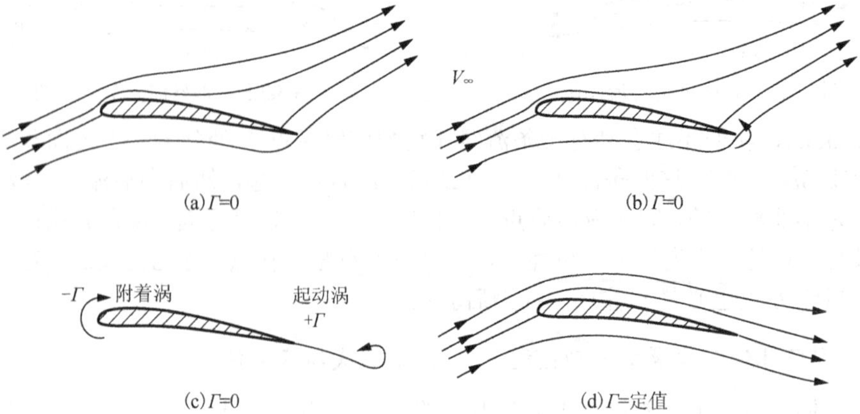

图 3.3.6　气流绕翼型流动过程

为了便于理论研究，常用一个或多个具有相应环量的旋涡布置于机翼，使翼型上下翼面的绕流在后缘处平滑地会合，再沿着后缘切线或中弧线流走，这就是无黏流体绕翼型流动模型，利用该模型可以计算翼型的气动力，在 3.5 节中介绍的翼型低速流动的薄翼理论将会用到该模型。

3.3.2　翼型绕流的分离与失速

第 2 章中已经指出黏性影响及其导致的流动分离是影响飞行器的重要流动现象，图 2.1.6 已经显示出在翼型的后缘，将会发生流动分离，分离区域的大小，对翼型升力影响非常关键，在特殊情况下，甚至造成升力降低，阻力急剧增大，速度急剧减小的现象，这种不正常的飞行现象称为失速现象(也称失举)，它将有可能使飞行器处于危险的境地。产生失速的根本原因在于迎角超过了临界迎角，这里有必要针对翼型的流动分离和失速的产生进行分析。

1. 翼型绕流分离

针对图 3.3.7 所示的翼型绕流进行分析。气流流经翼型上表面时，从头部到 M 点，从此点往后流管逐渐变窄，流速逐渐变大，压强逐渐变小，即 $\partial p/\partial x<0$，称为顺压梯度。自 M 点向后流管逐渐变宽，流速逐渐变小，压强逐渐变大，即压强随 x 的增加而增加，即 $\partial p/\partial x>0$，称为逆压梯度，如图 3.3.7 所示。在顺压强梯度段，边界层边界内外的黏性流及外流都处于加速流动状态。

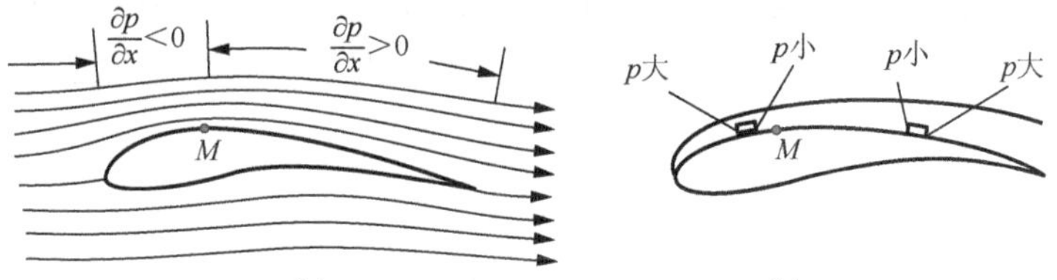

图 3.3.7　翼型形状对 $\partial p/\partial x$ 的影响

如图 3.3.8 所示，从图中各点速度型可见，过 M 点后处于逆压梯度作用下，边界层内外的气流都处于减速流动状态。逆压梯度对边界层内上下流层中流体微团的作用是一样的，但摩擦剪应力却越靠近物面越大，因而减速得越厉害，直到 S 点(在边界层上 $\partial V_x/\partial y=0$)。当边界层内流体速度为零时($S$ 点)，在 S 点后的速度型内上部流体向后流动，而下部却向前，在边界层内造成回流，将边界层外的气流从物面分得更开。分离区的空气速度相对较小，也称作“死水区”，如图 3.3.9 所示。

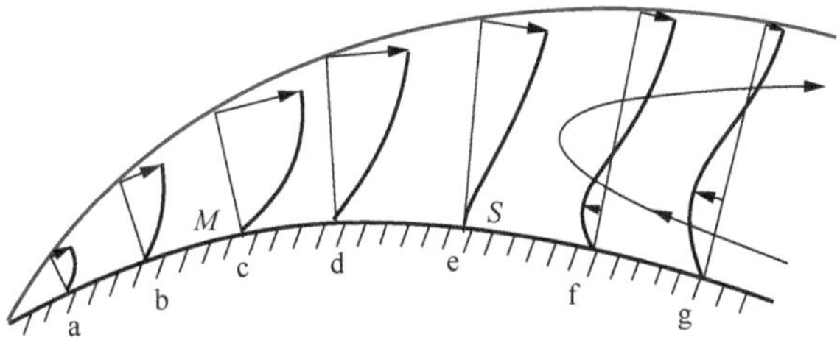

图 3.3.8　逆压梯度大且区域长导致气流分离

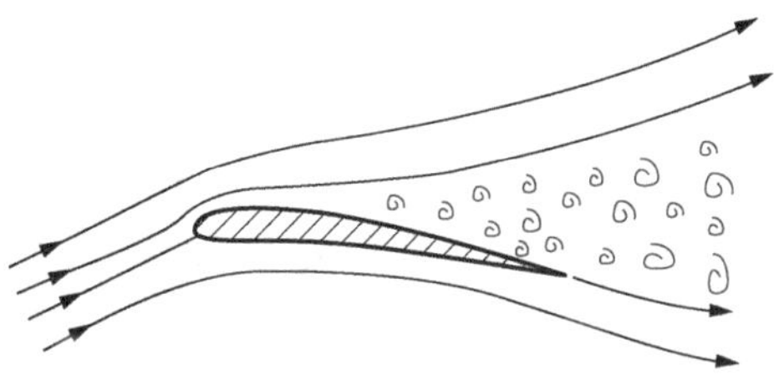

图 3.3.9　气流分离形成“死水区”

在较小迎角α下上翼面气流是不会分离的，只是当α增加到一定值时，气流才会在上翼面上分离。因为α越大，图 3.3.7 中的M点越向前移，于是顺压梯度段越短，而逆压梯度段越长，自然也就越容易分离。所以只有在大迎角情况下气流才会在上翼面出现分离现象。在下翼面上在正迎角情况下一般气流一直处于顺压梯度作用下，不会发生分离。

2. 失速现象

从图 3.3.9 可见一当气流从上翼面后缘开始向前分离到一定程度(一般约为半弦长$0.5c$)时，分离的死水区气体对气流起阻滞作用，以致使分离区以前的气流减速，该减速作用会向上游传递，以致翼型上翼面前部，特别是前缘附近，流速降低，压强增大，死水区压强更为增大，导致升力大减，即所谓失速现象。

当气流开始从后缘分离及分离段较短时，死水区不会对气流造成较大阻滞作用，上翼面压强不会有太大增加。而当α继续增加时，下翼面的压强继续增加，所以翼型的升力还会继续增加。当α增加到某一迎角α_S时，下翼面上压强增加所导致的升力增加和上翼面上后部压强增加所导致的升力减小量正好相等，升力达到最大值，此时对应的升力系数称为最大升力系数C_{Lmax}，这个对应的α_S叫做失速迎角。如图 3.3.10 所示，当$\alpha > \alpha_S$时，迎角增加所导致的下翼面升力的增加量低于由于分离点前移所引起的上翼面升力的减小量，使得升力更呈现下降趋势。一般分离区接近于$0.5c$时，翼型便开始失速。另外，如图 3.3.10 所示，翼型的C_{Lmax}及α_S都随 Re 的增加而增加，Re 增加意味着边界层中惯性力相对增加，黏性力相对减小，以致边界层底层的动能增加，不易消耗殆尽，而不造成分离或失速。所以C_{Lmax}及α_S都因雷诺数 Re 的增加而增加。

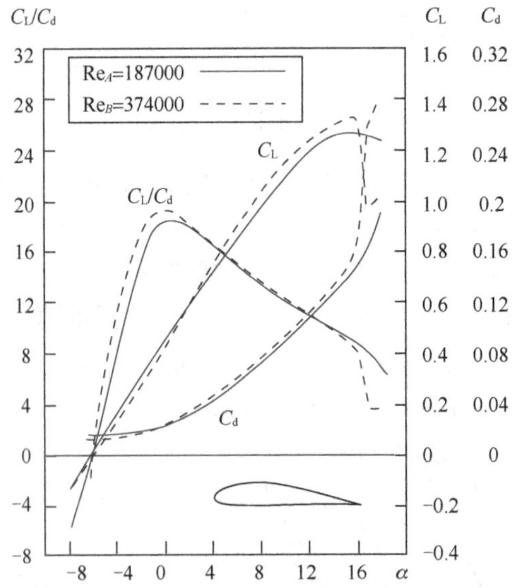

图 3.3.10　某翼型的升力系数、阻力系数及升阻比随迎角的变化

图 3.3.11 给出了典型翼型机翼从负值小迎角到正值大迎角变化条件下，气动力分布的变化情况。可见迎角为 $-6°$ 时，气流对上下表面均产生吸力，结果形成负升力；迎角向正值方向增加到 $12°$ 时，下表面产生压力，上表面形成较大吸力，会形成较大升力；迎角继续增长到 $30°$ 时，气流产生分离导致大量旋涡，上翼面压强增大，升力骤减而阻力剧增，失速产生。

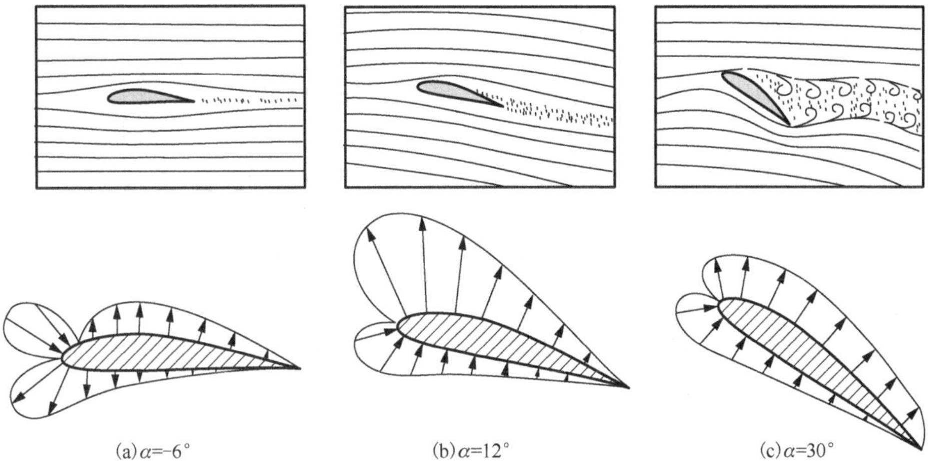

(a) $\alpha=-6°$　　(b) $\alpha=12°$　　(c) $\alpha=30°$

图 3.3.11　机翼在不同迎角下压力系数分布变化

§ 3.4　翼型气动特性

影响翼型气动特性的主要参数是前缘半径、相对厚度、弯度及雷诺数等。在一定迎角下，根据翼型边界层的状态(层流或湍流)、形状和厚度，平滑流动被破坏而出现了气流的表面分离，翼型上的压强分布随分离形式及其发展而变化，这导致改变了阻力、升力、俯仰力矩值。分离的影响，特别是对最大升力系数 $C_{L\max}$ 的影响主要取决于雷诺数 Re。雷诺数 Re 越大，分离迎角越大，但大到一定程度后分离迎角不再增加。一般翼型在雷诺数大到 $Re>6\times10^6$ 后，分离迎角与最大升力系数 $C_{L\max}$ 不再增加。翼型的分离迎角还与马赫数 M 有关。来流马赫数 M_∞ 越大，由于激波边界层干扰的出现，分离迎角就趋于减小。

1. 前缘半径的影响

前缘半径小，则前缘在小迎角时开始分离，再附着形成分离泡。随着迎角增加，分离泡增大，最终导致全翼面分离。前缘半径越小越容易分离，此时最大升力小，但波阻也小。以上主要针对尖前缘翼型。

尖前缘翼型前缘分离，失速迎角小，最大升力系数小，超声速波阻小；钝前缘翼型趋向于后缘分离，失速迎角大，最大升力系数大，超声速波阻大。因此，一般亚声速飞机采用圆前缘翼型，超声速飞机采用较尖的前缘翼型。

2. 翼型相对厚度的影响

翼型相对厚度直接影响飞机的阻力(特别是波阻)、最大升力系数、失速特性和结构重量。

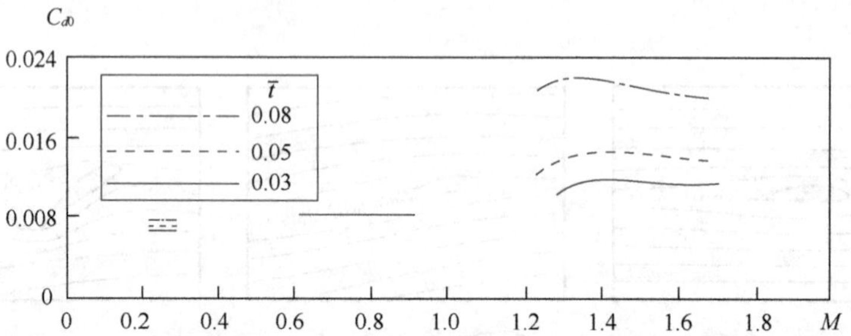

图 3.4.1　翼型相对厚度对阻力的影响

图 3.4.1 给出了不同相对厚度变化对亚声速、超声速阻力的影响曲线。从图中看出，相对厚度变化对于亚声速阻力影响不大，但对超声速阻力影响很大。超声速时，波阻增加约与相对厚度$\overline{t}$的平方成正比。

$$\Delta C_{d,\text{shock}} \propto \overline{t}^2 \tag{3.4.1}$$

对超声速战斗机来说，其相对厚度$\overline{t}$必须小，一般在 4%~6%。太小则影响结构强度及机翼可用容量，相对厚度对机翼结构质量的影响是与相对厚度的平方根成反比。

$$m_{\text{wing}} \propto \frac{1}{\sqrt{\overline{t}}} \tag{3.4.2}$$

另外，最大厚度位置在弦长的 40%~45%，有利于减阻。图 3.4.2 给出初步选择翼型相对厚度的经验曲线以设计马赫数 M_{sj} 为参考参数。

3. 翼型弯度的影响

翼型弯度的确定通常是保证翼型在正常巡航速度飞行时处在设计升力系数状态。设计升力系数指的是具有最小阻力时的升力系数。最大弯度点前移可得到高的最大升力系数。

弯度也存在负面影响。弯度引起翼型有较大的零升低头力矩系数 C_{m0}，而且随着马赫数增大而激增，造成飞机配平载荷和阻力的增加。因此，高速飞机一般不用弯度的翼型。

水平尾翼、垂直尾翼等翼面要在正负迎角、正负侧滑角下工作，因此，这些翼面都采用对称翼型。

有关翼型选择的内容我们将在第 7 章中进行讨论。

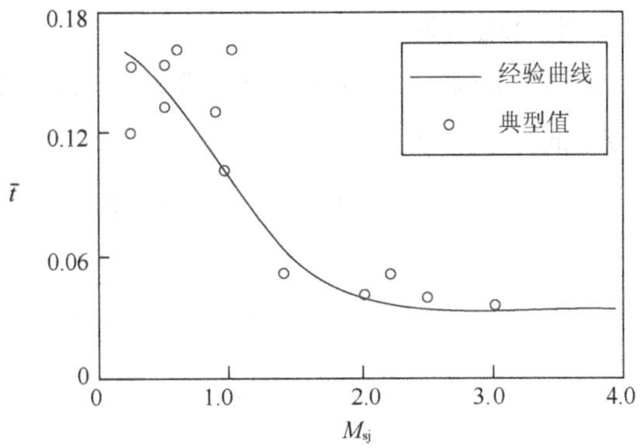

图 3.4.3　相对厚度的经验曲线

§ 3.5　翼型低速流动的薄翼理论

一般低速翼型的弧高只有2%c左右，最大不会超过6%c。其相对厚度$\bar{t}$约为 12%，最大不超过 20%。根据这些实际情况，一般假设$\bar{t}=0$，即以中弧线代替翼型，且$\bar{f}$很小。只有翼型相对厚度的假设与实际情况相差得较多，但所得气动力结论还是比较符合实际的。

为什么要假设$\bar{t}=0$呢？如若不然，在上下弧线的任何点上，弧线的斜率不相等，在满足相切性条件上就有困难。$\bar{f}$很小的假设使计算任何一点上的扰动速度可取代数和，即可用积分来处理。否则是向量相加，无法积分。第三个假设为迎角α很小。若α过大使得气流分离，则当地单位长度上的涡强分布建模会有较大困难。

这些原因导致了薄翼理论的出现。

3.5.1　薄翼理论的思路

低速翼型流动的薄翼理论首先由蒙克在 1922 年提出，之后由波恩巴慕、格劳特、泰奥多森及艾伦等相继做了一些发展完善。

用保角变化计算翼型的气动性能，是将翼型的厚度和弯度一起考虑的，因此没有限制厚度的大小，可以称为厚翼理论。但如果是相对厚度和相对弯度都很小的翼型，我们称之为薄翼型，薄翼型在小迎角时的升力特性和力矩特性，可以用解析方法来确定，并且可以把厚度、弯度和迎角分开处理，然后加在一起。这是一种小扰动理论。

低速翼型的薄翼理论解决问题的思路是，整个流动假设是无黏(无黏流体不能解决有关阻力特性和大迎角的升力特性、力矩特性的问题)，翼型用附着涡面来代替。对于薄翼，则附着涡就布置在中弧线上，然后用翼面必须是一条流线的条件(又称物面边界条件)来决定附着涡强度，有了附着涡强度，根据儒科夫斯基升力定理就可确定翼型升力，并且可以导出一些一般性结论。

3.5.2　薄翼理论的推导

如图 3.5.1 所示，将坐标系的 x 轴线放在翼型的几何弦上，y 轴通过前缘，上下翼面

的 y 坐标分别为 $y_{上}$ 和 $y_{下}$，来流迎角为 α 。

设扰动位函数为 ϕ，它应当满足拉普拉斯方程(2.2.21)，且由于受到边界的制约，流动满足在物面上气流应与物面相切，表达为

$$\left(\frac{\mathrm{d}y}{\mathrm{d}x}\right)_{上，下}=\frac{v}{V_\infty+u}\approx\frac{v}{V_\infty}=\frac{1}{V_\infty}\frac{\partial\phi}{\partial y} \tag{3.5.1}$$

其中，u 和 v 分别是 x 向和 y 向的扰动速度。它们可以分开表示为对称部分和反对称部分：

$$\begin{cases}y_{上}=y_{\mathrm{f}}+y_{\mathrm{t}}\\ y_{下}=y_{\mathrm{f}}-y_{\mathrm{t}}\end{cases} \tag{3.5.2}$$

其中，y_{f} 是翼型中弧线的坐标，y_{t} 是将翼型拉直变成为对称翼型时的厚度坐标。式(3.5.2)可进一步改写为

$$\begin{cases}y_{\mathrm{f}}=\dfrac{1}{2}\left(y_{上}+y_{下}\right)\\ y_{\mathrm{t}}=\dfrac{1}{2}\left(y_{上}-y_{下}\right)\end{cases} \tag{3.5.3}$$

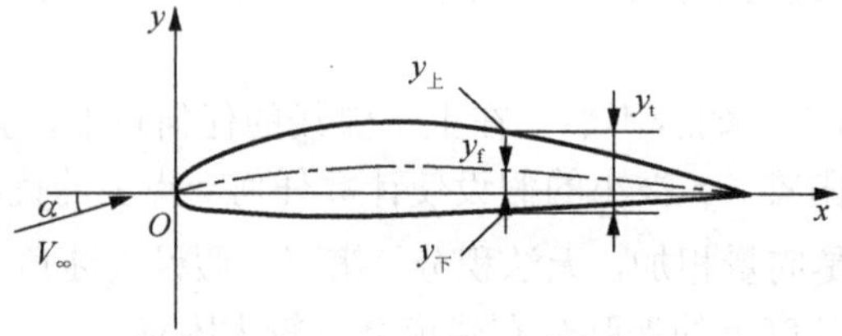

图 3.5.1　翼型上下表面 y 坐标及 y_{f} 、 y_{t} 示意图

基于式(3.5.3)，将式(3.5.1)的左侧改成为

$$\begin{cases}\dfrac{\mathrm{d}y_{上}}{\mathrm{d}x}=\dfrac{\mathrm{d}y_{\mathrm{f}}}{\mathrm{d}x}+\dfrac{\mathrm{d}y_{\mathrm{t}}}{\mathrm{d}x}\\ \dfrac{\mathrm{d}y_{下}}{\mathrm{d}x}=\dfrac{\mathrm{d}y_{\mathrm{f}}}{\mathrm{d}x}-\dfrac{\mathrm{d}y_{\mathrm{t}}}{\mathrm{d}x}\end{cases} \tag{3.5.4}$$

因此可知，若要满足形如式(3.5.3)的边界条件，根据位流可叠加原理，只要找到两种流动，其速度分别满足 $\mathrm{d}y_{\mathrm{f}}/\mathrm{d}x$ 和 $\mathrm{d}y_{\mathrm{t}}/\mathrm{d}x$ 的要求即可。

这样就可以把厚度和弯度分开处理，对于一个薄翼型，对于它的零升迎角、升力线斜率、俯仰力矩、气动中心等有关升力方面的特性而言，只需要按中弧线进行计算就行了，这个理论称为薄翼理论。

如图 3.5.2 所示，将坐标原点置于翼型前缘，x 轴线按翼弦指向。凡产生升力的翼型，它的每一段翼面的两侧流速一般不相等，上翼面流速较下翼面更快。如图 3.5.3 所示，若取一个微段 $\mathrm{d}\xi$ 计算环量，环量值必不为零：

$$V_{上}\mathrm{d}\xi+0-V_{下}\mathrm{d}\xi+0=\left(V_{上}-V_{下}\right)\mathrm{d}\xi \tag{3.5.5}$$

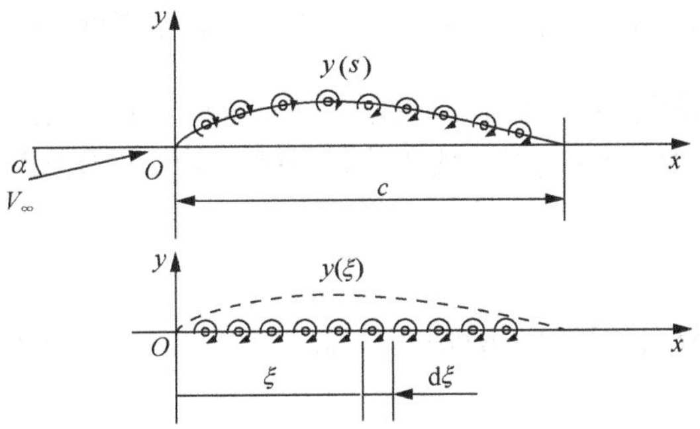

图 3.5.2 用环量代替实际翼型

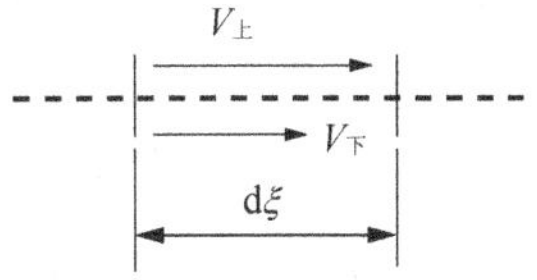

图 3.5.3 速度差产生环量或涡

所以这时可以把中弧线的作用通过连续分布的涡来代替，$\gamma=\gamma(s)$ 是当地单位长度上的涡强，$\mathrm{d}(s)$ 段上的涡强为 $\gamma\mathrm{d}(s)$。当中弧线的弯度很小时，在中弧线布涡可以认为和在弦线上布涡的作用是一样的，即 $\gamma=\gamma(\xi)$，则整个翼型的总环量 $\varGamma$ 是

$$\varGamma=\int_0^c \gamma\mathrm{d}\xi \tag{3.5.6}$$

$\gamma(\xi)$ 是个待定的函数。确定该函数的条件是边界条件，即全部涡对翼型上某一点的诱导速度和来流的合速度恰与该处的中弧线相切。设中弧线的方程是 $y=y(s)$（为简单计，下标先不写）。诱导速度是 v，边界条件就是

$$\alpha+\frac{v}{V_\infty}=\frac{\mathrm{d}y}{\mathrm{d}x} \tag{3.5.7}$$

位于 ξ 处强度为 $\gamma(\xi)\mathrm{d}\xi$ 的一个涡在 x 处所产生的诱导速度是 $\dfrac{\gamma(\xi)\mathrm{d}\xi}{2\pi(\xi-x)}$（图 3.5.2）。

故 x 点处总的诱导速度为

$$v=\int_0^c \frac{\gamma(\xi)\mathrm{d}\xi}{2\pi(\xi-x)} \tag{3.5.8}$$

将式(3.5.8)代入式(3.5.7)，可得到确定 $\gamma(\xi)$ 的一个积分方程

$$\alpha+\frac{1}{V_\infty}\int_0^c \frac{\gamma(\xi)\mathrm{d}\xi}{2\pi(\xi-x)}=\frac{\mathrm{d}y}{\mathrm{d}x} \tag{3.5.9}$$

该式中的 $\mathrm{d}y/\mathrm{d}x$ 是给定的函数，而未知函数仅只 $\gamma(\xi)$ 一个，只需解出这个方程，就有了翼型的所有气动特性。解法如下。

令 $\xi=\dfrac{c}{2}(1-\cos\theta)$，则 $\mathrm{d}\xi=\dfrac{c}{2}\sin\theta\mathrm{d}\theta$，相应的 $x=\dfrac{c}{2}(1-\cos\Theta)$。再设 $\gamma(\xi)$ 可以表为一个傅里叶级数

$$\gamma(\theta)=2V_\infty\left(A_0\cot\frac{\theta}{2}+\sum_{n=1}^{\infty}A_n\sin n\theta\right) \tag{3.5.10}$$

对于这个级数需要说明：首先，第一项设为 $\cot\dfrac{\theta}{2}$ 是为了表达该薄翼型前缘处无限大的负

压(即无限大的流速对应无限大负压)，当$\theta=0$时，$\cot\frac{\theta}{2}$趋于∞。其次，在翼型后缘，$x=1$，$\theta=\pi$，该级数等于零。后缘处载荷应该降为零，这是库塔条件所要求的。现在使用了式(3.5.10)，这样的级数能满足下述要求：涡强直接与升力成正比，涡强为零时升力也为零

将$\cot\frac{\theta}{2}$改写成$\frac{1+\cos\theta}{\sin\theta}$，于是得

$$\gamma \mathrm{d}\xi = cV_\infty\left[A_0(1+\cos\theta)+\sum_1^\infty A_n\sin n\theta\sin\theta\right]\mathrm{d}\theta \tag{3.5.11}$$

将该式代入式(3.5.8)，诱导速度的表达式成为

$$v(\Theta)=\frac{V_\infty}{\pi}\int_0^\pi\left\{\frac{A_0(1+\cos\theta)}{\cos\Theta-\cos\theta}+\frac{\frac{1}{2}\sum_{n=1}^\infty A_n\left[\cos(n-1)\theta-\cos(n+1)\theta\right]}{\cos\Theta-\cos\theta}\right\}\mathrm{d}\theta \tag{3.5.12}$$

该式积分的各项形式一样，进行积分需要用到格劳特公式

$$I_n=\int_0^\pi\frac{\cos n\theta}{\cos\Theta-\cos\theta}\mathrm{d}\theta=\pi\frac{\sin n\Theta}{\sin\Theta} \tag{3.5.13}$$

采用式(3.5.13)对式(3.5.12)中各项进行积分，可得

$$\begin{aligned} v(\Theta)&=V_\infty\left[-A_0+\frac{1}{2}\sum_{n=1}^\infty A_n\frac{\sin(n+1)\theta-\sin(n-1)\theta}{\sin\Theta}\right]\\ &=V_\infty\left[-A_0+\sum_1^\infty A_n\cos n\Theta\right] \end{aligned} \tag{3.5.14}$$

将此式代入式(3.5.7)得

$$\alpha-A_0+\sum_1^\infty A_n\cos n\Theta=\frac{\mathrm{d}y}{\mathrm{d}x} \tag{3.5.15}$$

下一步是按给定的$\mathrm{d}y/\mathrm{d}x$去确定傅里叶级数的系数A_n，即

$$\begin{aligned} \alpha-A_0&=\frac{1}{\pi}\int_0^\pi\left(\frac{\mathrm{d}y}{\mathrm{d}x}\right)\mathrm{d}\Theta\\ A_n&=\frac{2}{\pi}\int_0^\pi\left(\frac{\mathrm{d}y}{\mathrm{d}x}\right)\cos n\Theta\mathrm{d}\Theta \end{aligned} \tag{3.5.16}$$

按给定的中弧线方程，用这些公式把系数确定之后，翼型的各项气动参数都可得出。

3.5.3 薄翼理论的气动特性公式

首先，总环量

$$\begin{aligned} \Gamma&=\int_0^c\gamma(x)\mathrm{d}x\\ &=V_\infty c\int_0^\pi\left[A_0(1+\cos\Theta)+\sum_1^\infty A_n\sin n\Theta\sin\Theta\right]\mathrm{d}\Theta\\ &=\pi V_\infty c\left(A_0+\frac{1}{2}A_1\right) \end{aligned} \tag{3.5.17}$$

则翼型的升力系数

$$C_l = \frac{L}{\frac{1}{2}\rho V_\infty^2 c} = \frac{\rho V_\infty \Gamma}{\frac{1}{2}\rho V_\infty^2 c} = 2\pi\left(A_0 + \frac{1}{2}A_1\right) \tag{3.5.18}$$

对前缘取矩

$$\begin{aligned} M_{\mathrm{LE}} &= \int_0^c \rho V_\infty \gamma(x) x \mathrm{d}x \\ &= \rho V_\infty^2 c \int_0^\pi \left[A_0(1+\cos\Theta) + \sum_{n=1}^{\infty} A_n \sin n\Theta \sin\Theta \right] \frac{c}{2}(1-\cos\Theta)\mathrm{d}\Theta \\ &= \frac{1}{2}\rho V_\infty^2 c^2 \int_0^\pi \left[A_0 \sin^2\Theta + \sum_{n=1}^{\infty} A_n \sin n\Theta \sin\Theta (1-\cos\Theta) \right] \mathrm{d}\Theta \\ &= \frac{1}{2}\rho V_\infty^2 c^2 \left\{ \frac{\pi}{2}A_0 + \frac{\pi}{2}A_1 + \int_0^\pi \left(-\frac{1}{2}\sum_{n=1}^{\infty} A_n \sin n\Theta \sin 2\Theta \right) \mathrm{d}\Theta \right\} \\ &= \frac{1}{2}\rho V_\infty^2 c^2 \left\{ \frac{\pi}{2}A_0 + \frac{\pi}{2}A_1 + \frac{1}{4}\int_0^\pi \sum_{n=1}^{\infty} [A_n \cos(n\Theta + 2\Theta) - \cos(n\Theta - 2\Theta)] \mathrm{d}\Theta \right\} \\ &= -\frac{\pi}{4}\rho V_\infty^2 c^2 \left(A_0 + A_1 - \frac{1}{2}A_2 \right) \end{aligned} \tag{3.5.19}$$

则俯仰力矩系数

$$C_{m\mathrm{LE}} = \frac{M_{\mathrm{LE}}}{\frac{1}{2}\rho V_\infty^2 c^2} = -\frac{\pi}{2}\left(A_0 + A_1 - \frac{1}{2}A_2 \right) = \frac{\pi}{4}(A_2 - A_1) - \frac{1}{4}C_{\mathrm{L}} \tag{3.5.20}$$

如果对 1/4 弦长位置取矩，则

$$C_{m\mathrm{LE}} = \frac{\pi}{4}(A_2 - A_1) \tag{3.5.21}$$

可见它是与升力和迎角无关的常数，只取决于中弧线的形状。

上面几式都是利用傅里叶级数的系数来表达气动特性的，也可以另外引入两个参数 β_0 和 μ_0 来表示，定义

$$\beta_0 = \frac{2}{\pi}\int_0^\pi \frac{y}{c}\frac{\mathrm{d}\Theta}{+\cos\Theta} \tag{3.5.22}$$

$$\mu_0 = \frac{2}{\pi}\int_0^\pi \frac{y}{c}\cos\Theta \mathrm{d}\Theta \tag{3.5.23}$$

式(3.5.22)进行一次分部积分，可得

$$\beta_0 = \frac{2}{\pi}\left(\frac{y}{c}\sqrt{\frac{1-\cos\Theta}{1+\cos\Theta}} \right)\Bigg|_0^\pi - \frac{2}{\pi}\int_0^\pi \frac{1}{c}\frac{\mathrm{d}y}{\mathrm{d}x}\frac{\mathrm{d}x}{\mathrm{d}\Theta}\sqrt{\frac{1-\cos\Theta}{1+\cos\Theta}}\mathrm{d}\Theta \tag{3.5.24}$$

该式的第一项在 $\Theta \to \pi$，其中需要分析的部分只有 $\dfrac{y}{\sqrt{1+\cos\Theta}}$，当 $\Theta \to \pi$ 时，$y \to 0$，分子分母都趋向 0。但根据 $x = \dfrac{c}{2}(1-\cos\Theta)$，$\dfrac{y}{\sqrt{1+\cos\Theta}}$ 可化为 $\dfrac{y}{\sqrt{2\left(1-\dfrac{x}{c}\right)}}$，可见其分子

比分母趋向 0 更快，因此式(3.5.24)的第一项为 0。对于其第二项，其中的$\dfrac{\mathrm{d}x}{\mathrm{d}\Theta}$可写成：

$$\frac{\mathrm{d}x}{\mathrm{d}\Theta}=\frac{\mathrm{d}}{\mathrm{d}\Theta}\left[\frac{c}{2}(1-\cos\Theta)\right]=\frac{c}{2}\sin\Theta=\frac{c}{2}\sqrt{(1+\cos\Theta)(1-\cos\Theta)} \tag{3.5.25}$$

所以可得

$$\beta_0=-\frac{1}{\pi}\int_0^{\pi}\frac{\mathrm{d}y}{\mathrm{d}x}(1-\cos\Theta)\mathrm{d}\Theta \tag{3.5.26}$$

将式(3.5.15)代入式(3.5.26)积分，可得

$$\begin{aligned}\beta_0&=-\frac{1}{\pi}\int_0^{\pi}\left(\alpha-A_0+\sum_1^{\infty}A_n\cos n\Theta\right)(1-\cos\Theta)\mathrm{d}\Theta\\&=A_0-\alpha+\frac{1}{2}A_1\end{aligned} \tag{3.5.27}$$

此外，关于μ_0也可进行分部积分，并代入式(3.5.15)，得

$$\begin{aligned}\mu_0&=\left(\frac{y}{c}\sin\Theta\right)\Bigg|_0^{\pi}-\int_0^{\pi}\frac{1}{c}\frac{\mathrm{d}y}{\mathrm{d}x}\frac{\mathrm{d}x}{\mathrm{d}\Theta}\sin\Theta\mathrm{d}\Theta=-\frac{1}{4}\int_0^{\pi}\frac{\mathrm{d}y}{\mathrm{d}x}(1-\cos2\Theta)\mathrm{d}\Theta\\&=-\frac{1}{4}\int_0^{\pi}\left(\alpha-A_0+\sum_1^{\infty}A_n\cos n\Theta\right)(1-\cos2\Theta)\mathrm{d}\Theta\\&=-\frac{\pi}{4}\left(\alpha-A_0-\frac{1}{2}A_2\right)\end{aligned} \tag{3.5.28}$$

这样，升力系数和力矩系数就都可以用β_0和μ_0来表达了。

将式(3.5.27)代入式(3.5.18)得

$$C_1=2\pi(\alpha+\beta_0) \tag{3.5.29}$$

以及升力线斜率

$$C_{1\alpha}=2\pi \tag{3.5.30}$$

零升迎角

$$\alpha_0=-\beta_0 \tag{3.5.31}$$

将式(3.5.28)代入式(3.5.20)得

$$C_{m\mathrm{LE}}=2\mu_0-\frac{\pi}{2}\beta_0-\frac{1}{4}C_\mathrm{L} \tag{3.5.32}$$

如果对 1/4 弦长位置取矩，则

$$C_{m1/4}=2\mu_0-\frac{\pi}{2}\beta_0 \tag{3.5.33}$$

该力矩不随迎角变化，也说明 1/4 弦长位置是气动中心。

下面分析压力产生的阻力(来流指向)，如图 3.5.2 的下图，翼型的每一个微段$\mathrm{d}\xi$上的法向力(压力)$\rho V_\infty\gamma(\xi)\mathrm{d}\xi$在来流方向的投影(指向下游为正)是$\rho v\gamma(\xi)\mathrm{d}\xi$，将式(3.5.7)代入得$\alpha+\dfrac{v}{V_\infty}=\dfrac{\mathrm{d}y}{\mathrm{d}x}$，该力也可看作速度$v$使涡$\gamma(\xi)$产生的一个库塔-儒可夫斯基力，它的指向与$v$垂直，是把$v$(现在向下)逆环量的方向转 90° 之后的指向。总的阻力是

$$D=\int_0^c \rho v(\xi)\gamma(\xi)\mathrm{d}\xi \tag{3.5.34}$$

根据达朗贝尔佯谬的结论可知，翼型前缘上必有一个与此力大小相等指向相反(指向 $\boldsymbol{V}_\infty$ 的反方向)的吸力，所以前缘吸力系数可以表示为

$$C_{吸}=-\frac{1}{\dfrac{\rho}{2}V_\infty^2 c}\int_0^c \rho v(\xi)\gamma(\xi)\mathrm{d}\xi=-\frac{2}{V_\infty^2 c}\int_0^c v(\xi)\gamma(\xi)\mathrm{d}\xi \tag{3.5.35}$$

下面讨论两个例子。

【例 1】 直匀流以迎角 α 流过平板翼型，根据薄翼理论求其气动参数。

解 对于平板，其本身就是它的几何弦，同时也是中弧线，因此 $y=0$，其斜率 $\mathrm{d}y/\mathrm{d}x=0$。代入式(3.5.22)和式(3.5.23)得

$$\beta_0=0，\quad \mu_0=0$$

零升迎角和对 1/4 弦点的力矩都是零，即

$$\alpha_0=0，\quad C_{m1/4}=0$$

由式(3.5.16)得

$$\alpha-A_0=0，即\ A_0=\alpha$$

其他各系数 A_n 也都为零。将各系数代入式(3.5.10)并化简

$$\gamma(\theta)=2\alpha V_\infty\cot\frac{\theta}{2}=2\alpha V_\infty\frac{1+1-\dfrac{2x}{c}}{\sqrt{1-\left(1-\dfrac{2x}{c}\right)^2}}=2\alpha V_\infty\sqrt{\frac{c-x}{x}}$$

因此总环量为

$$\Gamma=\int_0^c 2\alpha V_\infty\sqrt{\frac{c-x}{x}}\mathrm{d}x=\pi\alpha cV_\infty$$

也可获得单位翼展的机翼升力及其系数

$$L=\pi\alpha c\rho V_\infty^2，\quad C_\mathrm{L}=2\pi\alpha$$

机翼的升力曲线斜率为

$$C_{\mathrm{L}\alpha}=2\pi$$

另外，y 向扰动速度 v 按边界条件有

$$v=-\alpha V_\infty$$

可得前缘吸力系数

$$C_{吸}=-\frac{2}{V_\infty^2 c}\int_0^c v(\xi)\gamma(\xi)\mathrm{d}\xi=\frac{4\alpha^2}{c}\int_0^c\sqrt{\frac{c-x}{x}}\mathrm{d}x=\frac{4\alpha^2}{c}\frac{\pi c}{2}=2\pi\alpha^2$$

所求得的涡分布见图 3.5.4(c)，前缘吸力如图 3.5.4(a)所示。前缘之所以有吸力是因为气流的驻点在下翼面，且气流从驻点绕前缘流到上翼面去时，在前缘处速度无限大，流谱见图 3.5.4(d)。

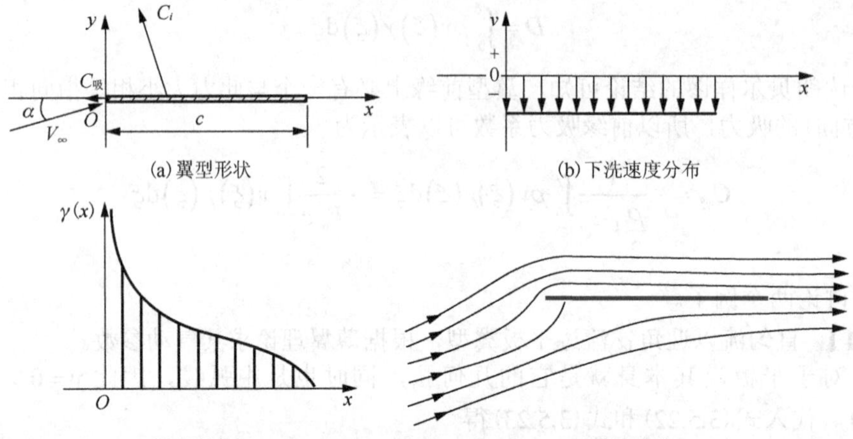

图 3.5.4　平板翼型气动特性求解

对于平板的前缘吸力，严格地说其指向并不是来流方向，而是平板的板面方向。前面已得到，平板在迎角 α 时，其涡分布函数是 $\gamma(x)=2\alpha V_\infty\sqrt{\dfrac{c-x}{x}}$，板面上的 x 向扰动速度是 $\alpha V_\infty\sqrt{\dfrac{c-x}{x}}$。在前缘附近，由于 $x/c<<1$，使 $\sqrt{c-x}\approx\sqrt{c}\sqrt{1-\dfrac{x}{c}+\dfrac{x^2}{4c^2}}=\sqrt{c}\left(1-\dfrac{x}{2x}\right)$，因此在前缘附近的总速度是

$$V_\infty e^{-i\alpha}+\frac{\alpha V_\infty\sqrt{c}}{\sqrt{x}}-\frac{1}{2}\alpha V_\infty\sqrt{\frac{x}{c}}=f(z)+\frac{C}{\sqrt{z}}$$

其中，$C=\alpha V_\infty\sqrt{c}$。函数 $f(z)$ 在 $z\to 0$ 时是有界的。以前缘为圆心作一个小圆，把前缘包含在内，见图 3.5.5，然后用布拉休斯公式计算作用力，该公式是针对低速平面位流，根据动量定律和动量矩定律用复位函数导出来的，可得

$$D-iL=\frac{\rho}{2}i\oint_{(C)}\left[f(z)+\frac{C}{\sqrt{z}}\right]^2\mathrm{d}z$$

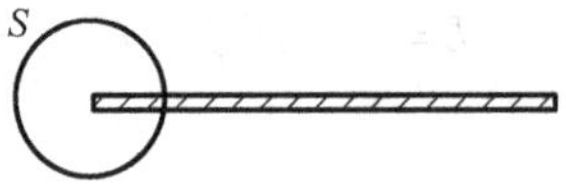

图 3.5.5　弯板翼型气动特性求解

当小圆趋于零时

$$D-iL=\frac{\rho}{2}iC^2\oint_{(C)}\frac{\mathrm{d}z}{z}=-\pi\rho C^2=-\pi\rho\alpha^2V_\infty^2c$$

该力指向负 x 方向，该力在来流方向的投影是 $\pi\rho\alpha^2V_\infty^2c\cos\alpha$，抵消了板面上压力在 x 向的投影。它在升力方向的投影是 $\pi\rho\alpha^3V_\infty^2c$，和升力 $\pi\rho\alpha V_\infty^2c$ 相比较是小量可以略去。

【例 2】 迎角为 0 的直匀流，流过一个抛物线形弯板翼型，如图 3.5.6(a)所示，翼型的相对弯度 $\overline{f}=\dfrac{f}{c}$，根据薄翼理论求该翼型的气动参数。

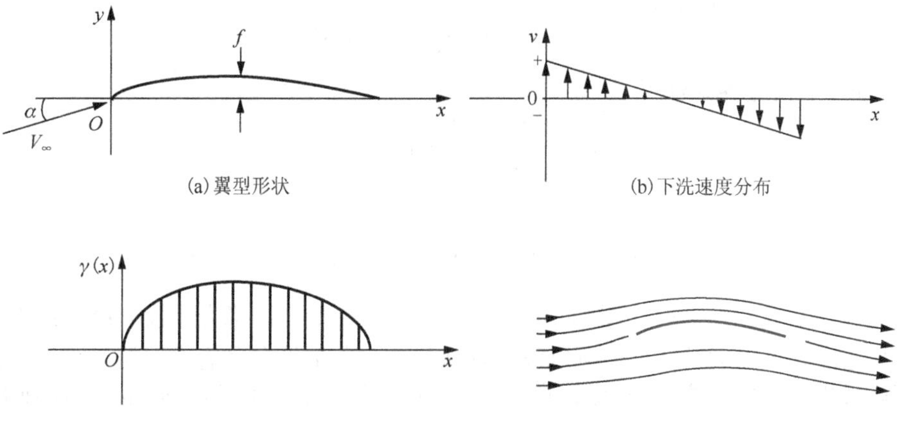

(a)翼型形状　(b)下洗速度分布

(c)环量分布　(d)绕流流谱

图 3.5.6　弯板翼型气动特性求解

解　由于相对弯度是小量，翼型的方程可以写为

$$y = 4f\frac{x}{c}\left(1-\frac{x}{c}\right) \quad 或 \quad \bar{y} = 4\bar{f}\,\bar{x}\left(1-\bar{x}\right)$$

将其代入式(3.5.22)，得

$$\beta_0 = \frac{2}{\pi}\int_0^{\pi}\bar{f}\left(1-\cos\theta\right)\mathrm{d}\theta = 2\bar{f}$$

零升迎角

$$\alpha_0 = -2\bar{f}$$

将 $\bar{y} = \bar{y}\left(\bar{x}\right)$ 的关系式代入式(3.5.23)，得

$$\mu_0 = \frac{2}{\pi}\int_0^{\pi}\bar{f}\ \left(1-\cos^2\theta\right)\cos\theta\mathrm{d}\theta = 0$$

于是

$$C_{m1/4} = 2\mu_0 - \frac{\pi}{2}\beta_0 = -\pi\bar{f}$$

涡分布的级数各项系数

$$A_0 = -\frac{1}{\pi}\int_0^{\pi}\left(\frac{\mathrm{d}y}{\mathrm{d}x}\right)\mathrm{d}\Theta = 0$$

$$A_n = \frac{2}{\pi}\int_0^{\pi}4\bar{f}\cos\theta\cos n\theta\mathrm{d}\theta$$

其中，$A_1 = 4\bar{f}$，$A_n = 0$。

故涡的分布函数是

$$\gamma\left(\bar{x}\right) = 8\bar{f}V_\infty\sin\theta = 16\bar{f}V_\infty\sqrt{\bar{x}\left(1-\bar{x}\right)}$$

这是一种椭圆形的载荷分布，总环量为

$$\Gamma = c\int_0^1\gamma\left(\bar{x}\right)\mathrm{d}\bar{x} = 16c\bar{f}V_\infty\int_0^1\sqrt{\bar{x}\left(1-\bar{x}\right)}\mathrm{d}\bar{x} = 2\pi\bar{f}cV_\infty = 2\pi fV_\infty$$

可得升力和升力系数分别为

$$L = 2\pi\rho V_\infty^2 f, \quad C_l = 4\pi\bar{f}$$

y 向扰动速度 v 按边界条件得

$$v = V_\infty\left(\frac{\mathrm{d}y}{\mathrm{d}x} - \alpha\right) = 4\bar{f}V_\infty\left(1 - 2\bar{x}\right)$$

前缘吸力系数

$$C_{吸} = -2\int_0^1 4\bar{f}V_\infty\left(1 - 2\bar{x}\right) \times 16\bar{f}V_\infty\sqrt{\bar{x}\left(1 - \bar{x}\right)}\mathrm{d}\bar{x} = 0$$

该翼型的 y 向扰动速度如图 3.5.6(b)所示，驻点恰好在前缘上，没有绕前缘的翻转流动，前缘处没有无限大的速度，所以没有前缘吸力。其他迎角都有前缘吸力，这一点从图上也可以看出。前半段翼型(前缘到到 1/2 弦点)的阻力是负的，后半段是正的，乘积 $v\gamma$ 在前半段和后半段对应点上的值都是大小相等、指向相反，是完全抵消的。

需要说明的是，薄翼理论对相对厚度小于 12%的翼型是有效的，但对较厚的翼型则误差较大，需要采用其他更精确的方法，如面涡法等。

复习与思考

1．熟悉翼型的基本几何参数，认识不同类型翼型的差异。
2．熟悉不同位数 NACA 翼型的编号的意义。
3．理解低速翼型绕流图画。
4．说明飞机失速的原因和发生的过程。
5．翼型低速流动的薄翼理论的主要思路和结论分别是什么？如何运用薄翼理论？

第 4 章　机翼低速和亚声速空气动力特性

任何实际绕机翼的流动都是三维的，如果机翼很长，那么在绝大部分展向区域，流动基本可以看成二维的，那么上一章的翼型的气动特性和薄翼理论对于机翼来说是适用的。如果机翼不是那么长，则三维效应不可忽略，三维效应可以看成一种对二维流动的修正。如果这种修正较小，那么可以用升力线理论计算升力；如果修正较大，就需要考虑采用升力面理论。

对于一些实际的翼型和机翼，薄翼理论和升力线理论已经能给出气动力的计算关系，认识这些关系非常有助于理解各种因素对气动力的影响，它们是飞行器气动设计的重要理论基础。本章在对机翼认识的基础上，主要讨论上述内容。

§4.1　机翼及其低速气动模型

4.1.1　机翼的几何参数

飞机机翼是基于二维翼型建立的三维几何体。早期飞机机翼的平面形状多为平直的矩形，这种机翼制造简单，但阻力较大。为了改善这一问题，后来又制造出了梯形翼和椭圆翼。随着飞行速度接近或超过声速，机翼逐渐后掠翼，甚至出现了三角翼。从 20 世纪 50 年代起，又陆续出现了由上述基本平面形状发展或组合而成的复合机翼，如双三角翼、S 形前缘翼、边条翼、变后掠翼、前掠翼等形式。常见的机翼平面形状如图 4.1.1 所示。

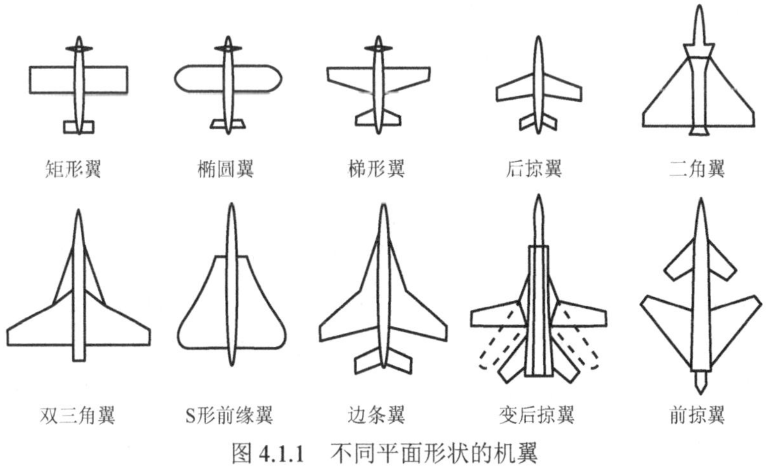

图 4.1.1　不同平面形状的机翼

1. 机翼的平面几何参数

如图 4.1.2 所示，机翼的基本几何形状参数如下。

(1) 机翼面积 S：在襟翼、缝翼(参见 7.4 节内容)全收时，机翼在 xOz 平面上的投影面积。如不加说明，机翼面积一般包括被机身所覆盖的那部分面积。例如，波音 757 飞机的机翼面积为 181.25m^2。

(2) 展长 l：或称为翼展，指机翼左、右翼端(翼尖)之间的距离。例如，波音 757 飞机的翼展为 37.948m。

(3) 根弦长 c_0。

(4) 尖弦长 c_1。

(5) 展弦比 λ：机翼展长与平均弦长(c_a)之比，即 $\lambda=\dfrac{l}{c_a}=\dfrac{l^2}{S}$，表示机翼平面形状长短与宽窄的比例大小，例如波音 757 飞机的展弦比为 7.95。

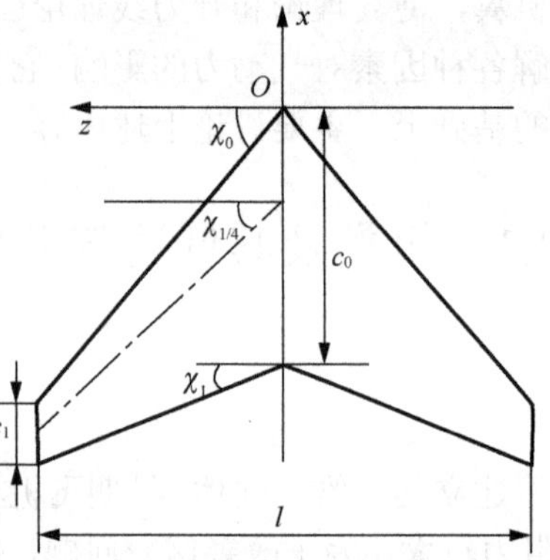

图 4.1.2　机翼平面几何参数

(6) 梢根比 ξ：也称尖根比，指机翼尖弦长与根弦长之比，即 $\xi=\dfrac{c_1}{c_0}$，实际中也常用梢根比的倒数根梢比 η，显然对于矩形翼 $\xi=1$，三角翼 $\xi=0$，现代飞机梢根比一般为 0~0.5，波音 757 飞机的梢根比为 0.237。

2. *机翼的角度参数*

(1) 后掠角 χ：机翼上部分特殊位置线(如前缘线、翼型 1/4 弦线、后缘线等)在 xOz 平面上的投影与 Ox 轴之间的夹角，后掠角的大小表示机翼向后倾斜的程度。图 4.1.2 中，χ_0 称为前缘后掠角，$\chi_{1/4}$ 称为 1/4 弦线后掠角，χ_1 称为后缘后掠角，一般常用 1/4 弦线后掠角作为机翼的后掠角。例如，波音 757 飞机机翼 1/4 弦线的后掠角为 25°。

(2) 安装角 ϕ：机翼翼根弦与机身轴线之间的夹角，如图 4.1.3 所示。

(3) 上/下反角 ψ：翼型 1/4 弦线在 yOz 平面上的投影与 Oz 轴的夹角。1/4 弦线在 Oz 轴的上方为上反角，1/4 弦线在 Oz 轴的下方则为下反角，如图 4.1.3 所示。

(4) 扭转角 θ：机翼任一剖面翼尖弦相对翼根弦的角度。若该剖面的局部迎角大于翼根剖面的迎角，扭转角为正，反之为负，如图 4.1.3 所示。

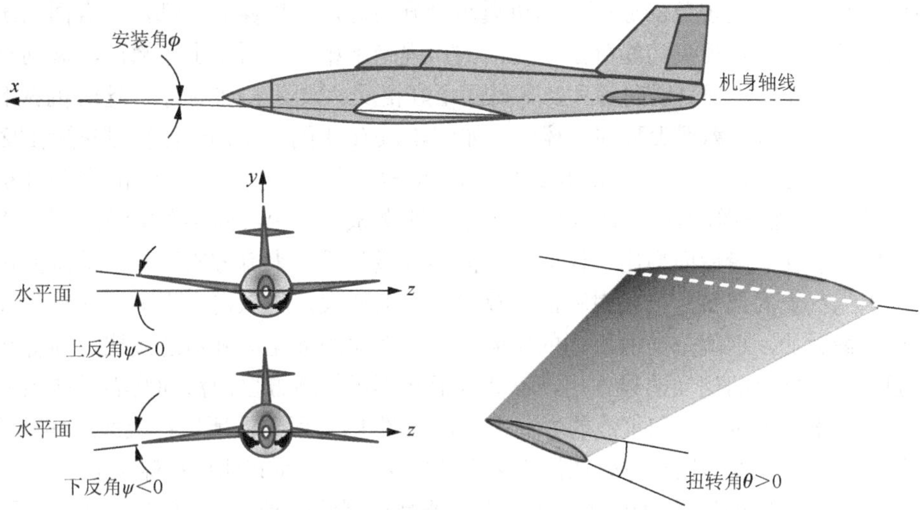

图 4.1.3　机翼的安装角、上/下反角、扭转角

上述的诸多机翼参数中，最重要的三个参数分别是展弦比、梢根比和前缘后掠角。

4.1.2　机翼的低速绕流图画

先看一个试验，在某大展弦比直机翼的后缘上，沿展向均匀地贴上一排丝线，在丝线的末端系着小棉花球，然后将机翼置于低速风洞中，当迎角 α 很小时，可以看到翼尖的两棉花球稍有方向相反的旋转，如图 4.1.4(a) 所示。若 α 增大，翼尖的棉花球旋转速度加快，而且靠里端的棉花球也一样旋转起来，但速度相对较慢，如图 4.1.4(b) 所示。若 α 不变但系棉花球的丝线加长，结果是仍然只有翼尖的棉花球旋转，如图 4.1.4(c) 所示。这些现象说明了紧接机翼后且近似与机翼处于同一平面中的气流是作环行运动的，而稍远处只有翼尖后面的气流作环形运动。

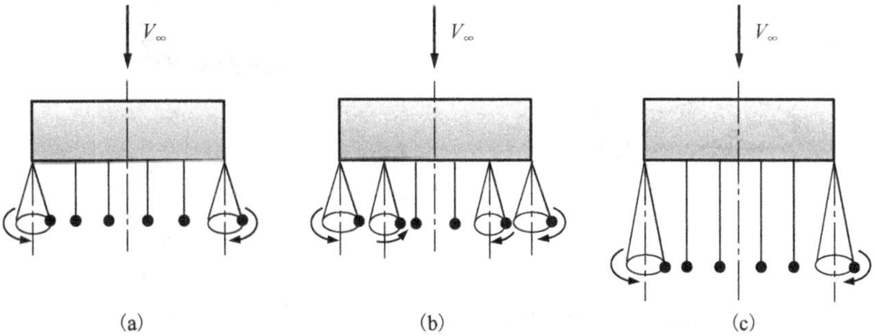

图 4.1.4　低速风洞中直机翼后缘后面气流示意图

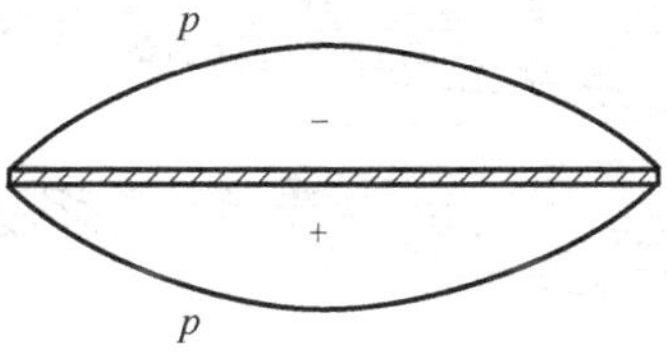

图 4.1.5　机翼上、下翼面压强分布示意图

下面解释发生上述现象的原因。当机翼承受升力时，在机翼的中部，上翼面的压强小于下翼面的压强，但在翼尖边缘处上下翼面的压强趋于相同，所以上下翼面沿展向有压强梯度存在。上翼面的压强沿展向增大，下翼面正好相反，如图 4.1.5 所示。这时机翼下表面压强较高的气流将从机翼翼尖翻向上翼面，如图 4.1.6(c)所示。由于展向压强梯度的存在，上翼面的流线向对称面偏斜如图 4.1.6(a)所示，而下翼面则反之。上下翼面的气流在机翼后缘会合时，尽管压强一样，但展向速度是相反的，因此机翼后缘沿展向存在旋涡，如图 4.1.6(b)所示。这些旋涡在后缘后面拖出了涡面，涡面的轴线几乎与来流方向平行，该涡面称为自由涡面。因为气流的偏斜从机翼对称面到翼尖是逐渐增大，所以自由涡面在两翼尖处的旋涡强度也是最大的，这就是前面所述的试验中在两翼尖的棉花球旋转速度比其他棉花球更快的原因。由于旋涡的相互诱导作用，在离开后缘不远的地方自由涡面将卷成两条方向相反的涡索，涡索的轴线大约和来流的方向平行，如图 4.1.7 所示，所以在上面观察试验中，如丝线较长，只有翼尖的棉花球落在涡索之中才发生旋转，而其他棉花球不会旋转。

该试验所反映出的流动现象对于低速飞行器是典型的流动，我们有时能够通过飞机穿过云雾时对云雾的扰动观察到机翼后旋涡对的存在，如图 4.1.6(d)所示。

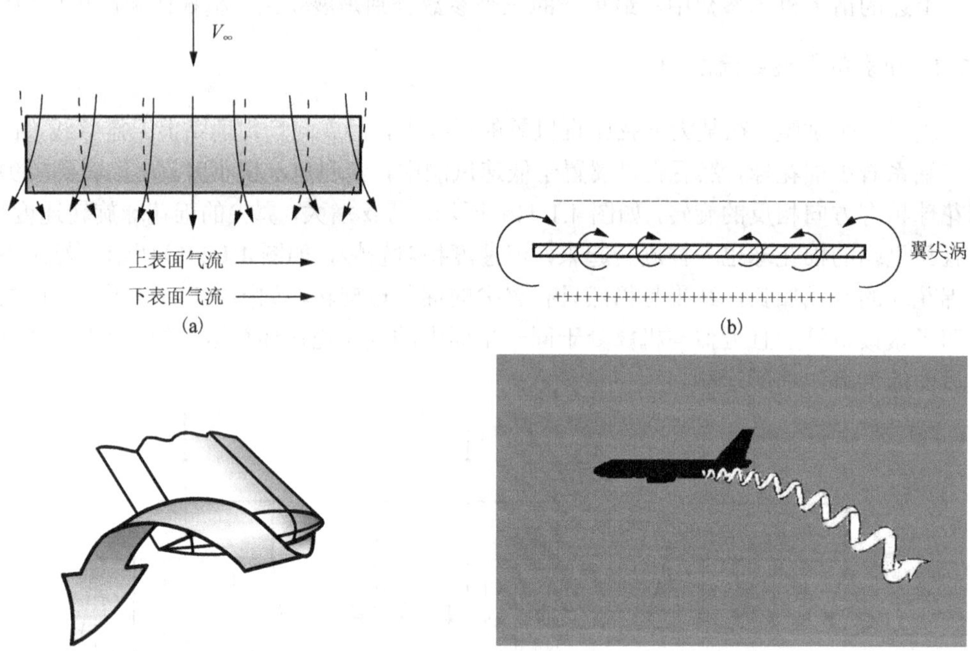

图 4.1.6　有限翼展机翼由于展向载荷分布引起自由涡系

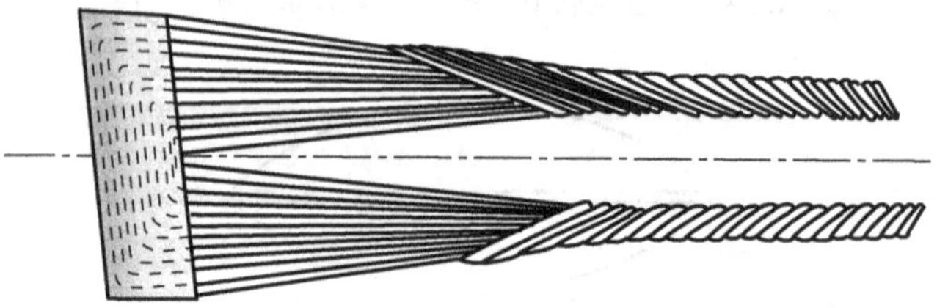

图 4.1.7　机翼后缘下游涡索形成示意图

4.1.3　气动模型

要从理论上分析和估算机翼的气动特性，应根据上述流动特点建立气动模型。对于翼型或无限翼展机翼，可在翼型的中弧面上分布其轴线与展向平行的旋涡来代替机翼的作用，这涡面称为附着涡面，而三维机翼除了附着涡面，还应多一从后缘拖出的自由涡面。为简单起见，假设此自由涡面不卷起，而顺着来流的方向伸向下游无穷远处。因此，有限翼展机翼在直匀流中的绕流模型是直匀流加附着涡面加自由涡面。这也就是下面要讲到的升力面理论所用的气动模型。如果能从理论上求出涡面的强度分布，就可求出机翼所受的力和力矩。

在实际应用中，还可以把上述绕流模型进一步简化。将机翼沿展向分成许多展向宽度很小的微段，并假设在这微段上环量沿展向是个常量，在这些微段上分布离散的马蹄涡系来代替附着涡面和自由涡面，如图 4.1.8(a)所示，考虑到环量沿弦向是变化的，所以每一微段的马蹄涡系是由许多根马蹄涡所组成的，如图 4.1.8(b)所示。每根马蹄涡是由一根等强度的涡线弯折成Π字形而成的，轴线为展向的部分称为附着涡，轴线平行于来流方向伸向下游无穷远的部分称为自由涡，如图 4.1.8(c)所示。机翼展向每一微段马蹄涡系附着涡的强度的总和(也是自由涡的总强度)等于绕该微段机翼的环量 Γ 。由于每一微段马蹄涡系的自由涡都与相邻微段的自由涡重合，它们的方向相反，因此相互抵消了一部分，所以从机翼后缘拖出的自由涡线的强度应是相邻两微段机翼环量之差，如图 4.1.8(d)所示。根据这种气动模型建立起来的理论称为简化升力面理论。

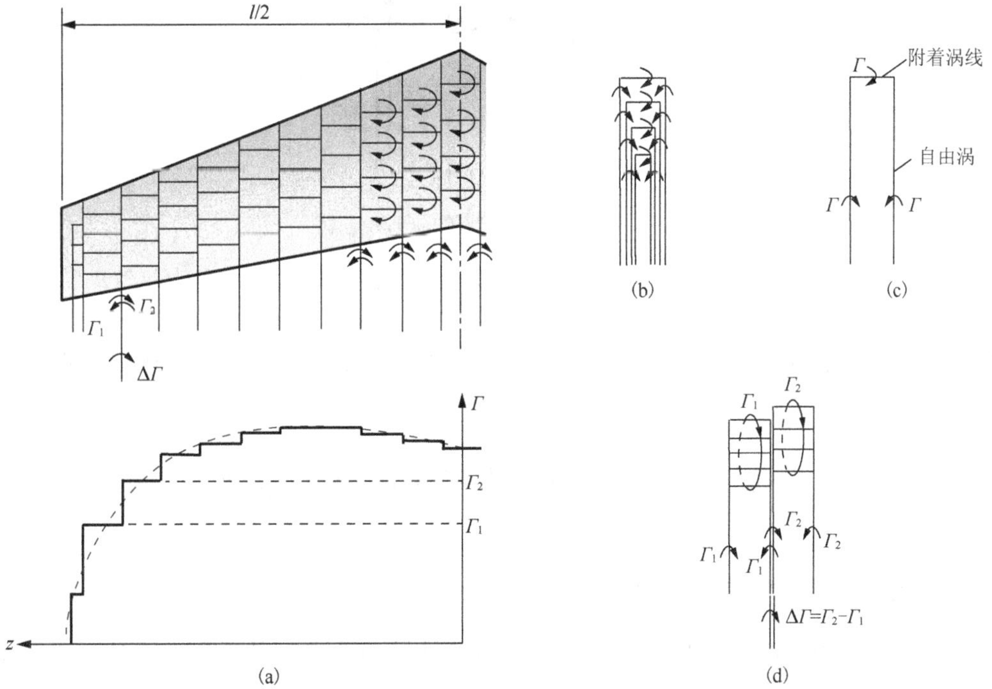

图 4.1.8　机翼绕流的气动模型

对于大展弦比的直机翼，上述的气动模型还可以进一步简化。由于机翼的弦长比展长小得多，而且机翼每一剖面的1/4弦点的连线是一条垂直于来流的直线段，因此可将所有沿弦向分布的附着涡合并成一条，全部附着涡就成为一条变强度的直线涡段，称为升力线。这样简化后的机翼就可用一根位于 1/4 弦线变强度 $\Gamma(z)$ 的直线涡段来代替，附着涡在任一展向 z 处的强度等于机翼在该展向位置的环量。

如图 4.1.9 所示，简化后的气动模型是：直匀流 + 附着直线涡段 + 自由涡系。若附着涡强度分布为 $\Gamma(z)$，则从该展向位置 dz 段所拖出的自由涡强度为 $\frac{\mathrm{d}\Gamma}{\mathrm{d}z}\mathrm{d}z$，这是因为，$z$ 处附着涡强度为 $\Gamma(z)$，则在 $z+\mathrm{d}z$ 处附着涡的强度为 $\Gamma(z)+\frac{\mathrm{d}\Gamma}{\mathrm{d}z}\mathrm{d}z$。可见在 dz 段附着涡的强度变化量为 $\frac{\mathrm{d}\Gamma}{\mathrm{d}z}\mathrm{d}z$，根据旋涡的亥姆霍兹定理，可知从 dz 段拖出自由涡的强度就是 $\frac{\mathrm{d}\Gamma}{\mathrm{d}z}\mathrm{d}z$。基于上述气动模型建立起来的机翼气动理论称为升力线理论。

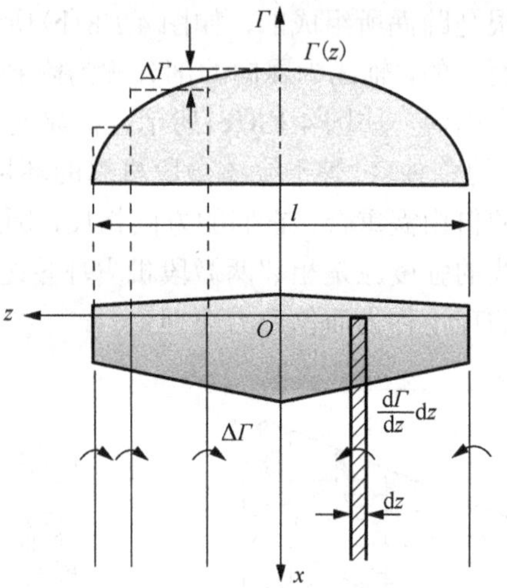

图 4.1.9　机翼绕流的气动模型

气动模型建立后，就可以对它进行理论分析，从而得出机翼的升力等气动特性。升力线理论和升力面理论就是两个重要的用于求解机翼低速气动特性的重要理论，其中升力线理论适用于大展弦比机翼绕流，而升力面理论适用于后掠角较大或展弦比较小的机翼，在下面我们将分别进行介绍和讨论。

§ 4.2　大展弦比直机翼的升力线理论

4.2.1　诱导速度、升力和诱导阻力

前面已经指出，对于大展弦比的直机翼，可用一根位于 1/4 弦线具有变强度 $\Gamma(z)$ 的直的附着涡线和从附着涡向下游拖出的自由涡系来代替，进一步假设自由涡系在机翼所处的 xOz 平面上，由许多根轴线平行于来流(x 轴)伸向下游无穷远处的直涡线所组成，如图 4.2.1 所示。

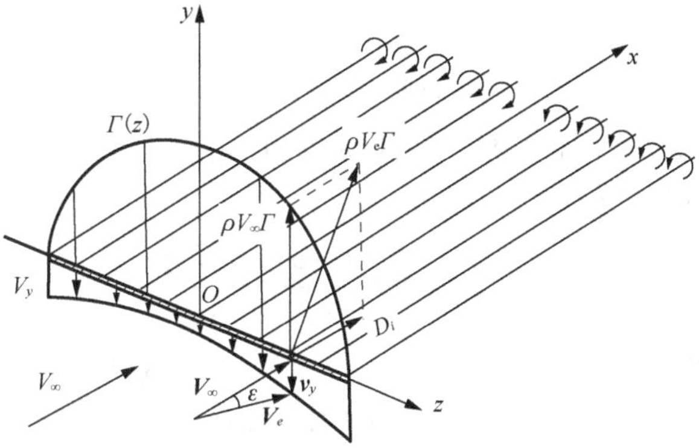

图 4.2.1　自由涡诱导的下洗速度、有效速度和作用于单位翼展上的升力和诱导阻力

大展弦比直机翼任一剖面上的绕流情况与无限翼展机翼绕流的主要差别是从机翼后缘有自由涡系拖出，自由涡系对具剖面上会引起 y 方向的诱导速度 $v_y(z)$，因为诱导速度是向下的，所以称为下洗速度，通常规定指向负，轴方向为正。由于假设机翼是用一根位于 1/4 弦线上的附着涡来代替的，所以自由涡系对机翼的诱导速度可认为与作用在该附着涡上的诱导速度相同。

首先计算自由涡系对附着涡线上任意点 $P(z)$ 诱导的下洗速度 $v_y(z)$。设 $\Gamma(z)$ 为附着涡在 $z=z_c$ 处的强度，则从 dz_c 段拖出自由涡线的强度为 $\frac{d\Gamma}{dz}dz_c$。根据毕奥-萨伐尔公式，从 dz_c 段拖出的半无限长的自由涡线在 $P(z)$ 点的下洗速度 dv_y 为

$$dv_y=\frac{-\frac{d\Gamma}{dz_c}dz_c}{4\pi(z_c-z)} \tag{4.2.1}$$

等号右边加负号是因为规定下洗速度指向负 y 轴为正，如图 4.2.2 所示 $(z_c-z)>0$，$\frac{d\Gamma}{dz}<0$，故应有个负号。全部自由涡对点 $P(z)$ 的诱导下洗速度为

$$V_y(z)=-\frac{1}{4\pi}\int_{-l/2}^{l/2}\frac{1}{z_c-z}\cdot\frac{d\Gamma}{dz_c}dz_c \tag{4.2.2}$$

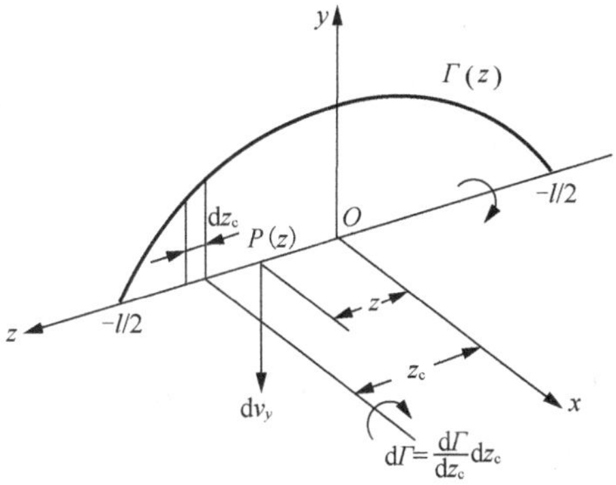

图 4.2.2　自由涡系对附着涡线上诱导的下洗速度

因为有下洗速度，$P(z)$处的来流速度就不再是未受扰动的气流速度$\boldsymbol{V}_\infty$，而是$\boldsymbol{V}_e(z)$，其与$\boldsymbol{V}_\infty$的关系为

$$\boldsymbol{V}_e(z)=\boldsymbol{V}_\infty+\boldsymbol{V}_y(z) \tag{4.2.3}$$

这里的$\boldsymbol{V}_e(z)$称为有效速度，它与$\boldsymbol{V}_\infty$之间的夹角$\varepsilon(z)$称为下洗角（参见图 4.2.1），规定下洗速度为正时的ε为正，$\varepsilon(z)$的值为

$$\varepsilon(z)=\arctan\frac{V_y(z)}{V_\infty}\approx\frac{V_y(z)}{V_\infty} \tag{4.2.4}$$

$\boldsymbol{V}_e(z)$与翼弦的夹角称为有效迎角$\alpha_e(z)$，其与几何迎角$\alpha(z)$的关系为

$$\alpha_e(z)=\alpha(z)-\varepsilon(z) \tag{4.2.5}$$

下面求作用在机翼微段上的升力，我们假设有限翼展机翼各剖面所受的气动力与以厂速度流过形状与剖面形状相同、迎角为α_e的二维翼型所受的气动力相同，它相当于要求流过各剖面的气流都在各剖面各自所在平面内，与二维翼型的差别仅在于用V_e代替V_∞，用α_e代替α（参看图 4.2.3）。因此，作用在$P(z)$点处机翼微段$\mathrm{d}z$上的力$\mathrm{d}R$按儒科夫斯基定理得

$$\mathrm{d}R=\rho V_e(z)\Gamma(z)\mathrm{d}z \tag{4.2.6}$$

力的方向垂直于$\boldsymbol{V}_e$。作用力$\mathrm{d}R$在来流$\boldsymbol{V}_\infty$方向上的分量称为诱导阻力$\mathrm{d}D_i$，其大小为

$$\mathrm{d}D_i=\mathrm{d}R\sin\varepsilon \tag{4.2.7}$$

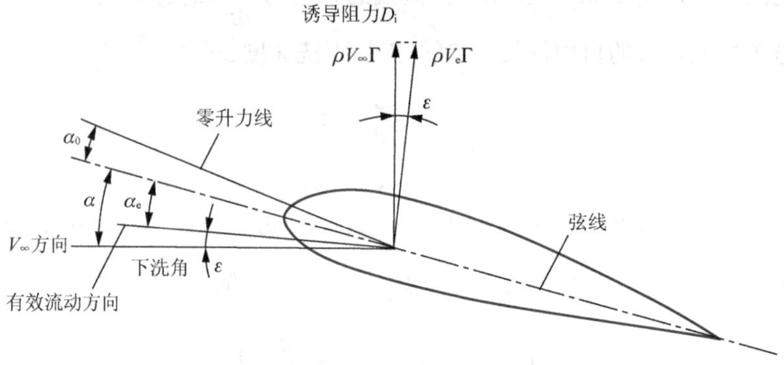

图 4.2.3　自由涡诱导的下洗速度

需要注意，诱导阻力D_i对于理想的二维翼型绕流是不存在的，它的产生源于机翼后面存在的自由涡系，该阻力与下洗作用对应出现，所以才被称为诱导阻力。诱导阻力D_i不是黏性产生的阻力，而是为了产生升力必须付出的阻力代价，实际情况中了维持飞行，飞行器必须提供相应的推力来克服诱导阻力。

下面求作用在整个机翼上的升力L和诱导阻力D_i，按照升力的定义，作用在机翼上垂直于未经扰动速度V_∞的力称为升力，所以作用在机翼微段$\mathrm{d}z$上的升力$\mathrm{d}L$为

$$\mathrm{d}L=\mathrm{d}R\cos\varepsilon=\rho V_e(z)\Gamma(z)\cos\varepsilon\mathrm{d}z=\rho V_\infty\Gamma(z)\mathrm{d}z \tag{4.2.8}$$

而作用在机翼上的总升力L为

$$L=\rho V_\infty\int_{-l/2}^{l/2}\Gamma(z)\mathrm{d}z \tag{4.2.9}$$

作用在机翼微段 dz 上的诱导阻力 $\mathrm{d}D_{\mathrm{i}}$ 为

$$\mathrm{d}D_{\mathrm{i}}=\mathrm{d}R\sin\varepsilon\approx\mathrm{d}L\varepsilon=\rho V_{\infty}\Gamma(z)\mathrm{d}z\frac{v_y(z)}{V_{\infty}}=\rho\Gamma(z)V_y(z)\mathrm{d}z \tag{4.2.10}$$

作用在机翼上的总诱导阻力 D_{i} 为

$$D_{\mathrm{i}}=\rho\int_{-l/2}^{l/2}\Gamma(z)v_y(z)\mathrm{d}z \tag{4.2.11}$$

将式(4.4.2)代入式(4.2.11)，得

$$D_{\mathrm{i}}=-\frac{\rho}{4\pi}\int_{-l/2}^{l/2}\Gamma(z)\left(\int_{-1/2}^{1/2}\frac{\mathrm{d}\Gamma}{\mathrm{d}z_{\mathrm{c}}}\frac{\mathrm{d}z_{\mathrm{c}}}{z_{\mathrm{c}}-z}\right)\mathrm{d}z \tag{4.2.12}$$

从以上各式可见，要想获得机翼的升力和阻力特性，首先要确定机翼上附着涡的展向环量分布 $\Gamma(z)$。

4.2.2　用于确定 Γ (z)的基本积分-微分方程

上面已经看到，若能确定机翼环量沿展向的分布规律 $\Gamma(z)$，则可求出作用在机翼上的升力和诱导阻力等气动特性，下面推导确定 $\Gamma(z)$ 的关系。

从翼型理论可知，作用在微段机翼 dz 上的升力 dL 为

$$\mathrm{d}L=C_{\mathrm{l}}'(z)\frac{1}{2}\rho V_{\infty}^2 c(z)\mathrm{d}z \tag{4.2.13}$$

式中，$c(z)$ 为当地弦长，$C_{\mathrm{l}}'(z)$ 为剖面的升力系数。设在 $C_{\mathrm{l}}-\alpha$ 直线段的升力线斜率为 a_0，则

$$C_{\mathrm{l}}'(z)=a_0\alpha_{\mathrm{a}}(z) \tag{4.2.14}$$

式中，$\alpha_{\mathrm{a}}(z)$ 为从零升力线算起相对于来流的绝对迎角(图 4.3.2)。对于有限翼展机翼，因为有了下洗速度，气流实际上是以有效迎角 $\alpha_{\mathrm{e}}(z)$ 流向该剖面，气流与零升力线的夹角为 $(\alpha_{\mathrm{e}})_{\mathrm{a}}=\alpha_{\mathrm{a}}(z)-\varepsilon(z)$，故剖面的升力系数 $C_{\mathrm{l}}'(z)$ 为

$$C_{\mathrm{l}}'(z)=a_0\left[\alpha_{\mathrm{a}}(z)-\varepsilon(z)\right]=a_0\left[\alpha_{\mathrm{a}}(z)-\frac{v_y(z)}{V_{\infty}}\right] \tag{4.2.15}$$

将式(4.2.15)代入式(4.2.13)，得

$$\mathrm{d}L=\frac{1}{2}\rho V_{\infty}^2 a_0\left[\alpha_{\mathrm{a}}(z)-\frac{v_y(z)}{V_{\infty}}\right]c(z)\mathrm{d}z \tag{4.2.16}$$

将式(4.2.8)代入式(4.2.16)，得

$$\Gamma(z)=\frac{1}{2}a_0 c(z)V_{\infty}\left[\alpha_{\mathrm{a}}(z)-\frac{v_y(z)}{V_{\infty}}\right] \tag{4.2.17}$$

将式(4.2.6)代入式(4.2.17)，得

$$\Gamma(z)-\frac{1}{2}a_0 c(z)V_{\infty}\left[\alpha_{\mathrm{a}}(z)+\frac{1}{4\pi V_{\infty}}\int_{-l/2}^{l/2}\frac{1}{z_{\mathrm{c}}-z}\cdot\frac{\mathrm{d}\Gamma}{\mathrm{d}z_{\mathrm{c}}}\mathrm{d}z_{\mathrm{c}}\right] \tag{4.2.18}$$

式(4.2.18)称为升力线理论的基本方程。在机翼平面形状和来流迎角$\alpha_0(z)$给定后，式中仅含有一个未知数$\varGamma$，故可以把环量分布$\varGamma(z)$解出。因为式(4.2.18)中的未知函数$\varGamma(z)$既在微分号下，又在积分号下，所以该式又称为升力线理论的基本积分-微分方程。该方程只在少数特殊情况下才可以获得精确解析解，其中最重要的一种就是椭圆型环量分布情况。

4.2.3 椭圆形环量分布无扭转机翼的气动特性

设机翼环量沿展向分布$\varGamma(z)$为椭圆形，如图4.2.4所示，即

$$\varGamma(z)=\varGamma_0\sqrt{1-\left(\frac{z}{l/2}\right)^2} \tag{4.2.19}$$

其中，$\varGamma_0$表示机翼对称面($z=0$)处的环量。下面分三个步骤进行讨论，首先是机翼环量沿展向分布为椭圆形的机翼的下洗特性，然后是该类机翼的气动系数，最后是该类机翼的平面形状。

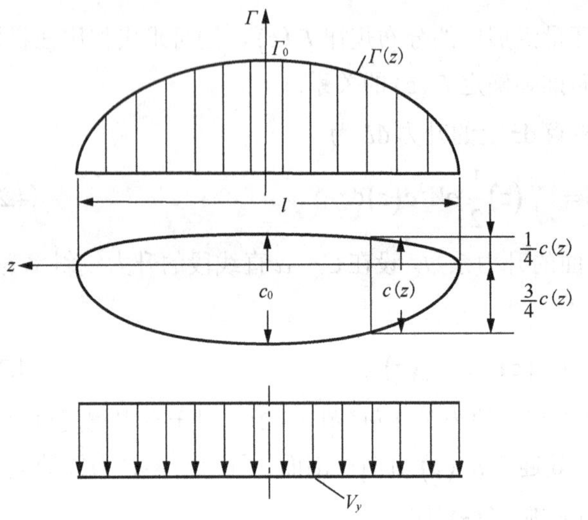

图4.2.4 椭圆形环量分布诱导的下洗速度沿展向为常数

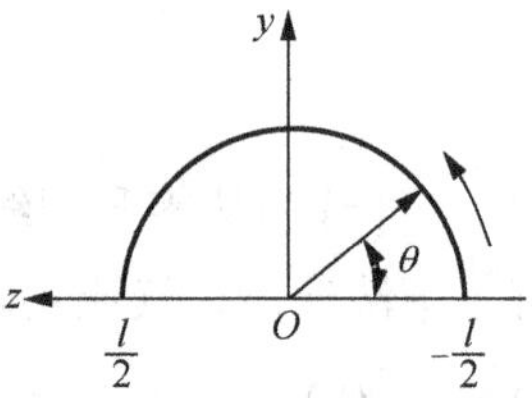

图4.2.5 变量置换图

1. 下洗速度和下洗角

将式(4.2.19)代入式(4.2.9)，可得

$$L=\rho V_\infty\int_{-l/2}^{l/2}\varGamma_0\sqrt{1-\left(\frac{2z}{l}\right)^2}\mathrm{d}z \tag{4.2.20}$$

作图4.2.5，进行变量置换，令

$$z=-\frac{l}{2}\cos\theta \tag{4.2.21}$$

则式(4.2.20)变为

$$L=\frac{l}{2}\rho V_\infty\varGamma_0\int_0^{\pi}\sin^2\theta\mathrm{d}\theta=\frac{\pi}{4}\rho lV_\infty\varGamma_0 \tag{4.2.22}$$

将式(4.2.19)代入式(4.2.2)，得下洗速度$v_y(z)$为

$$
\begin{aligned}
v_y(z) &= -\frac{1}{4\pi}\int_{-l/2}^{l/2}\frac{1}{z_c - z}\cdot\frac{\mathrm{d}\left[\Gamma_0\sqrt{1-\left(\frac{2z_c}{l}\right)^2}\right]}{\mathrm{d}z_c}\mathrm{d}z_c \\
&= \frac{\Gamma_0}{2\pi l}\int_{-l/2}^{l/2}\frac{1}{z_c - z}\cdot\frac{\frac{2z_c}{l}}{\sqrt{1-\left(\frac{2z_c}{l}\right)^2}}\mathrm{d}z_c
\end{aligned}
\tag{4.2.23}
$$

利用式(4.2.21)，式(4.2.23)变为

$$
v_y(z) = \frac{\Gamma_0}{2\pi l}\int_0^{\pi}\frac{\cos\theta_c}{\cos\theta_c - \cos\theta}\mathrm{d}\theta_c \tag{4.2.24}
$$

应用积分公式

$$
\int_0^{\pi}\frac{\cos n\theta_c}{\cos\theta_c - \cos\theta}\mathrm{d}\theta_c = \pi\frac{\sin n\theta}{\sin\theta} \tag{4.2.25}
$$

当$n=1$时，有

$$
\int_0^{\pi}\frac{\cos\theta_c}{\cos\theta_c - \cos\theta}\mathrm{d}\theta_c = \pi \tag{4.2.26}
$$

因此

$$
v_y(z) = \frac{\Gamma_0}{2l} = \text{常量} \tag{4.2.27}
$$

可以看到$\Gamma(z)$为椭圆形时的特殊性。

按定义，机翼升力L为

$$
L = C_L\frac{1}{2}\rho V_\infty^2 S \tag{4.2.28}
$$

其中，S为机翼面积。将式(4.2.28)代入式(4.2.22)中，可得

$$
\Gamma_0 = \frac{2C_L V_\infty S}{\pi l} \tag{4.2.29}
$$

将式(4.2.29)代入式(4.2.27)，得

$$
v_y(z) = \frac{C_L V_\infty}{\pi\lambda} \tag{4.2.30}
$$

其中，λ为机翼的展弦比。将式(4.2.30)代入式(4.2.4)，得到下洗角

$$
\varepsilon(z) = \frac{C_L}{\pi\lambda} \tag{4.2.31}
$$

由式(4.2.27)、式(4.2.30)和式(4.2.31)可知$\varepsilon(z)$也是常量。

从式(4.2.27)和式(4.2.31)可见，椭圆形环量分布的机翼，其下洗速度和下洗角沿展向均为常量，如图 4.2.4 所示。

2. 气动系数

下面我们来求机翼的升力系数C_L和诱导阻力系数C_{Di}。对于无扭转机翼，由于绝对迎角α_a沿展向不变，因此各剖面的升力系数C_l'沿展向也是常量。机翼的升力为

$$L = \rho V_\infty \int_{-l/2}^{l/2} C_l' \frac{1}{2}\rho V_\infty^2 c(z)\,dz = \frac{1}{2}\rho V_\infty^2 C_l' S \tag{4.2.32}$$

比较式(4.2.32)和式(4.2.28)，可得

$$C_l' = C_L \tag{4.2.33}$$

这说明椭圆形机翼的升力系数等于剖面的升力系数。

将式(4.2.15)代入式(4.2.32)，并注意到式(4.2.31)，可得

$$C_L = a_0(\alpha_a - \varepsilon) = a_0\left(\alpha_a - \frac{C_L}{\pi\lambda}\right)$$

或

$$C_L = \frac{a_0}{1+\dfrac{a_0}{\pi\lambda}}\alpha_a \tag{4.2.34}$$

则升力线斜率为

$$C_{L\alpha} = \frac{dC_L}{d\alpha_a} = \frac{a_0}{1+\dfrac{a_0}{\pi\lambda}} < a_0 \tag{4.2.35}$$

另外，将式(4.2.19)和式(4.2.27)代入式(4.2.11)，得

$$D_i = \rho\int_{-l/2}^{l/2} \Gamma_0\sqrt{1-\left(\frac{2z}{l}\right)^2}\,\frac{\Gamma_0}{2l}\,dz = \frac{\rho\Gamma_0^2}{4}\int_0^\pi \sin^2\theta\,d\theta = \frac{\pi}{8}\rho\Gamma_0^2 \tag{4.2.36}$$

应用式(4.2.27)与式(4.2.30)，从式(4.2.36)可导得诱导阻力系数C_{Di}为

$$C_{Di} = \frac{D_i}{\dfrac{1}{2}\rho V_\infty^2 S} = \frac{\dfrac{\pi}{8}\rho\Gamma_0^2}{\dfrac{1}{2}\rho V_\infty^2 S} = \frac{C_L^2}{\pi\lambda} \tag{4.2.37}$$

式(4.2.35)和式(4.2.37)反映了椭圆环量分布的平直机翼在气动特性上与无限翼展机翼的主要差异，即：

(1) $C_{L\alpha} < a_0$，即椭圆环量分布的平直机翼的升力线斜率$C_{L\alpha}$比剖面的升力线斜率a_0要小，也就是小于无限翼展机翼的升力线斜率，且展弦比λ越大，这种差异越小。

(2)有限翼展机翼有诱导阻力产生，其系数C_{Di}与C_L^2成正比，而与λ成反比。这是因为升力越大，下洗角越大，而诱导阻力就越大。对于无限翼展机翼，后缘后面没有自由涡系，当然也不存在诱导阻力，所以展弦比越大，有限翼展的机翼就越接近于无限翼展机翼，诱导阻力变小。

图4.2.6给出展弦比为5的矩形机翼的$C_L \sim C_{Di}$曲线，图中左边的一条曲线是按式(4.2.37)计算的结果，右边一条是试验结果，可见理论计算与试验结果符合较好，图中显示对于同一C_L，C_{Di}的试验值偏大，主要是黏性导致的摩擦影响。

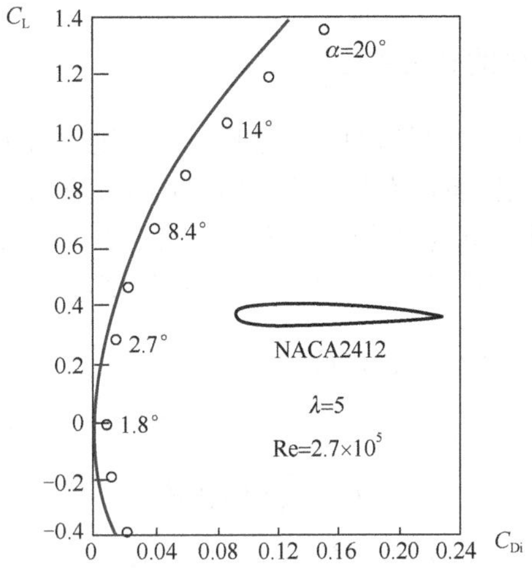

图 4.2.6　展弦比为 5 的矩形机翼的 C_L 与 C_{Di} 的理论计算和试验结果

3. 机翼的平面形状

现在，我们来看看具有椭圆形环量分布的机翼的平面形状。对于无扭转的机翼 $\alpha_a(z)$ 不变化，所以从式(4.2.30)可得

$$\alpha_a(z)-\frac{v_y(z)}{V_\infty}=s \tag{4.2.38}$$

其中，s 是待定常量，把式(4.2.19)和式(4.2.38)代入式(4.2.17)，得

$$\Gamma_0\sqrt{1-\left(\frac{z}{l/2}\right)^2}=\frac{1}{2}a_0 c(z)V_\infty s \tag{4.2.39}$$

由于 $z=0$ 处 $c(0)=c_0$ (根弦)，从式(4.2.39)可得

$$\text{con}=\frac{2\Gamma_0}{a_0 c_0 V_\infty}$$

再代入式(4.2.39)，得

$$c(z)=c_0\sqrt{1-\left(\frac{z}{l/2}\right)^2}$$

上式也可改写成

$$\frac{c^2(z)}{c_0^2}+\left(\frac{z}{l/2}\right)^2=1 \tag{4.2.40}$$

可以看到式(4.2.40)是椭圆方程式的形式，它表明此时机翼的平面形状也应该是椭圆形。但是由于升力线理论假设机翼每个剖面的 1/4 弦点连线是直线，所以得到机翼的平面形状并非前后对称的椭圆形，而是由两个椭圆各一半组成的。如图 4.2.4 所示，两个椭圆的长轴都在二轴上(从 $-l/2$ 到 $l/2$)，但前半个椭圆(前缘)的半短轴长度是 $c_0/4$，而后半个椭圆(后缘)的半短轴的长度是 $3c_0/4$。

4.2.4 一般机翼环量沿展向的分布 $\Gamma(z)$

椭圆形机翼的环量分布是椭圆形的，这是升力线理论中最为简单的情况。虽然根据升力线理论椭圆翼是相同展弦比下具有最佳升阻特性的平面形状，但因结构和工艺上的复杂性，实际中极少使用，目前广泛采用的是矩形翼和梯形翼。在求解给定迎角下这些非椭圆翼的环量 $\Gamma(z)$ 时，在升力线理论中可以使用三角级数法。

1\. 积分–微分方程的三角级数近似解

在式(4.2.18)中用式(4.2.21)作变量置换，式(4.2.18)中的各项需要进行替换，有

$$\mathrm{d}z_{\mathrm{c}}=\frac{l}{2}\sin\theta_{\mathrm{c}}\mathrm{d}\theta_{\mathrm{c}}$$

$$\frac{\mathrm{d}\Gamma}{\mathrm{d}z_{\mathrm{c}}}=\frac{\mathrm{d}\Gamma}{\mathrm{d}\theta_{\mathrm{c}}}\frac{\mathrm{d}\theta_{\mathrm{c}}}{\mathrm{d}z_{\mathrm{c}}}=\frac{\mathrm{d}\Gamma}{\mathrm{d}\theta_{\mathrm{c}}}\frac{2}{l\sin\theta_{\mathrm{c}}}$$

$$z_{\mathrm{c}}-z=\frac{l}{2}\left(\cos\theta-\cos\theta_{\mathrm{c}}\right)$$

把上面三个式子代入后，式(4.2.18)变为

$$\Gamma(\theta)=\frac{1}{2}a_0c(\theta)V_\infty\left[\alpha_{\mathrm{a}}(\theta)+\frac{1}{2\pi V_\infty}\int_0^{\pi}\frac{1}{l\left(\cos\theta-\cos\theta_{\mathrm{c}}\right)}\cdot\frac{\mathrm{d}\Gamma}{\mathrm{d}\theta_{\mathrm{c}}}\mathrm{d}\theta_{\mathrm{c}}\right]$$

将 $\Gamma(\theta)$ 展成三角级数

$$\Gamma(\theta)=2lV_\infty\sum_{n=1}^{\infty}A_n\sin n\theta \tag{4.2.41}$$

因机翼翼尖处环量为零，$\Gamma(0)=\Gamma(\pi)$，所以三角级数式(4.2.41)中仅有正弦项，只要在该式中保留有足够多的项和选取适当的系数，则式(4.2.41)可很好地近似所需的环量分布(图 4.2.7)。

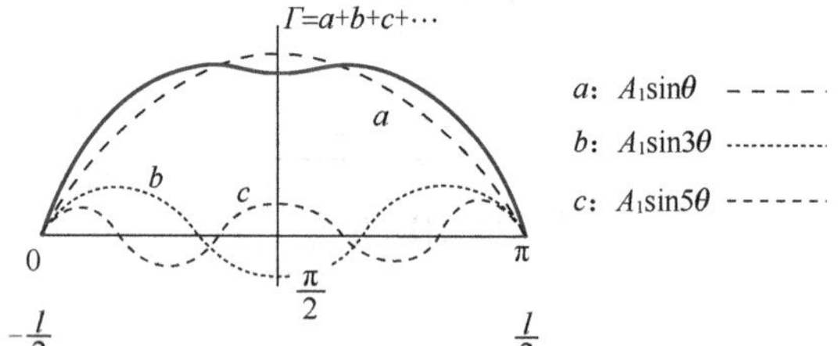

图 4.2.7　用三角级数近似机翼沿展向的环量分布

$$2lV_\infty\sum_{n=1}^{\infty}A_n\sin n\theta=\frac{1}{2}a_0c(\theta)V_\infty\left[\alpha_{\mathrm{a}}(\theta)+\frac{1}{\pi}\int_0^{\pi}\frac{\dfrac{\mathrm{d}}{\mathrm{d}\theta_{\mathrm{c}}}\left(\displaystyle\sum_{n=1}^{\infty}A_n\sin n\theta_{\mathrm{c}}\right)}{\cos\theta-\cos\theta_{\mathrm{c}}}\mathrm{d}\theta_{\mathrm{c}}\right]$$

等号右端最后一项中，交换微分号与求和号的次序，并应用式(4.2.25)的积分关系后，上式变成

$$2lV_{\infty}\sum_{n=1}^{\infty}A_n\sin n\theta=\frac{V_{\infty}}{2}a_0c(\theta)\left[\alpha_{\mathrm{a}}(\theta)-\frac{1}{\sin\theta}\sum_{n=1}^{\infty}nA_n\sin n\theta\right] \tag{4.2.42}$$

或改写成为

$$a_0c(\theta)\sum_{n=1}^{\infty}nA_n\sin n\theta+4l\sin\theta\sum_{n=1}^{\infty}A_n\sin n\theta=a_0c(\theta)\alpha_{\mathrm{a}}(\theta)\sin\theta \tag{4.2.43}$$

当环量分布对机翼对称面对称时，有

$$\Gamma(\theta)=\Gamma(\pi-\theta) \tag{4.2.44}$$

且式(4.2.41)中n为偶数的系数A_n必均为零，将式(4.2.41)代入式(4.2.44)，即

$$\sum_{n=1}^{\infty}A_n\sin n\theta=\sum_{n=1}^{\infty}A_n\sin n(\pi-\theta) \tag{4.2.45}$$

由于n为偶数时，$\sin n(\pi-\theta)=-\sin n\theta$，$n$为奇数时，$\sin n(\pi-\theta)=\sin n\theta$，所以若要式(4.2.45)成立，$n$为偶数的系数$A_n$均应等于零。

下面的问题就变成了如何确定A_1，A_3，A_5，…等系数了。作为环量的近似表示式，在三角级数中可以仅保留前几项，如前四项，可以用待定系数法求出这几个系数：在$\theta=0\sim\pi/2$之间取四个θ值(对应左半机翼上的四个剖面)代入式(4.2.43)，因为a_0、$c(\theta)$和$\alpha_{\mathrm{a}}(\theta)$均为已知，可以得到含有未知数为$A_1$、$A_3$、$A_5$、$A_7$的四个代数方程，解此方程组求得四个未知数，然后代入式(4.2.41)就得到环量分布函数$\Gamma(\theta)$。若要求环量分布函数$\Gamma(\theta)$有更高精度，可在上述计算时使式(4.2.43)中的系数A_n多保留几项。

椭圆形机翼的环量分布表示式(4.2.19)是式(4.2.41)的一个特例。实际上，在式(4.2.41)中仅保留一项时，式(4.2.41)变为

$$\Gamma(\theta)=2lV_{\infty}A_1\sin\theta \tag{4.2.46}$$

通过将变量θ还原成z，以及利用对称面处的关系$A_1=\dfrac{\Gamma_0}{2V_{\infty}l}$(其中，$\Gamma_0$为$z=0$处的环量)，可以将式(4.2.46)其化为如下形式

$$\frac{\Gamma^2}{\Gamma_0^2}+\frac{z^2}{(l/2)^2}=1 \tag{4.2.47}$$

这表明机翼上的环量分布是椭圆形的。

2. 平面形状对机翼展向环量分布的影响

根据式(4.2.43)，当给定来流的迎角α_{a}(从零升力线算起的)和机翼的$c(\theta)$后，就可算出机翼上环量沿展向的分布规律$\Gamma(\theta)$，该式对机翼有无扭转的情况都适用。若机翼无扭转(包括几何扭转和气动扭转)，则$\alpha_{\mathrm{a}}(\theta)$=常量；有扭转时，$\alpha_{\mathrm{a}}(\theta)$沿展向是变量。图 4.2.8 给出了四种常见平面形状无扭转机翼的环量沿展向的分布规律。有了$\Gamma(\theta)$后，就可求出机翼剖面升力系数沿展向的分布规律$C_1'(z)$。

为了建立$C_1'(z)$与$\Gamma(z)$的关系，利用式(4.2.17)，将式(4.2.15)改写成

$$C_1'(z)=\frac{2}{V_{\infty}}\frac{\Gamma(z)}{c(z)} \tag{4.2.48}$$

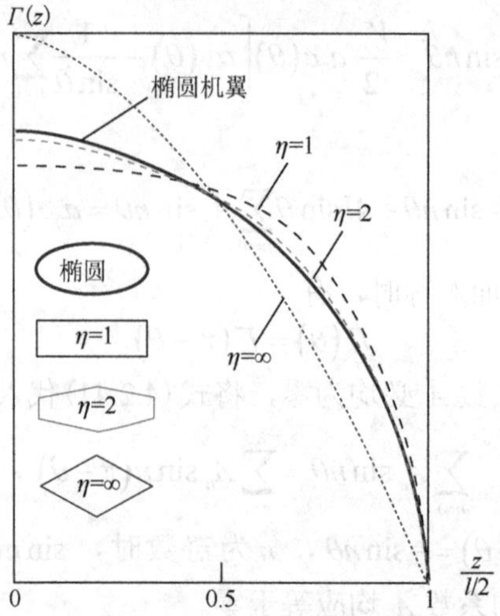

图 4.2.8　各种机翼的环量与剖面升力系数分布

对于椭圆形机翼，因 $\Gamma(z)$ 和 $c(z)$ 均按椭圆形规律变化，所以，$C_l'(z)$ 沿展向为常量，矩形、梯形和菱形机翼的 $C_l'(z)$ 沿展向的变化如图 4.2.9 所示。从图上明显可见，矩形机翼最大 $C_l'(z)$ 发生在根部，根梢比较大（如 $\eta>2$）的梯形机翼的最大 $C_l'(z)$ 则发生在翼尖附近，而且随 $C_l'(z)$ 的增大，最大 $C_l'(z)$ 越靠近翼尖，如图 4.2.10 所示。下面将看到根梢比较大的梯形机翼的分布规律对失速特性是不利的，因此，η 必须选用恰当，否则必须采取适当措施来改善失速特性。

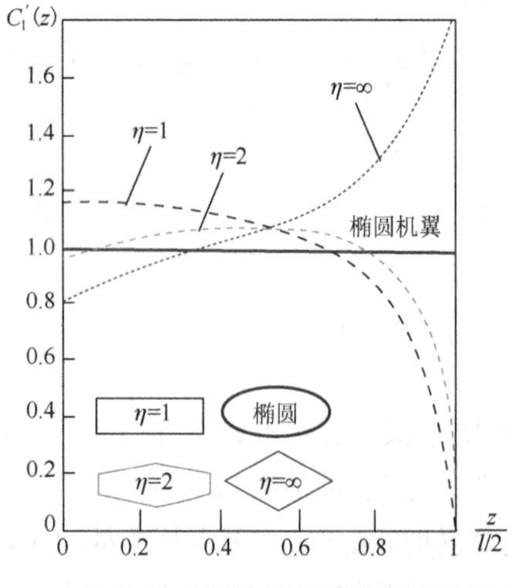

图 4.2.9　机翼平面形状对剖面升力系数沿展向分布的影响

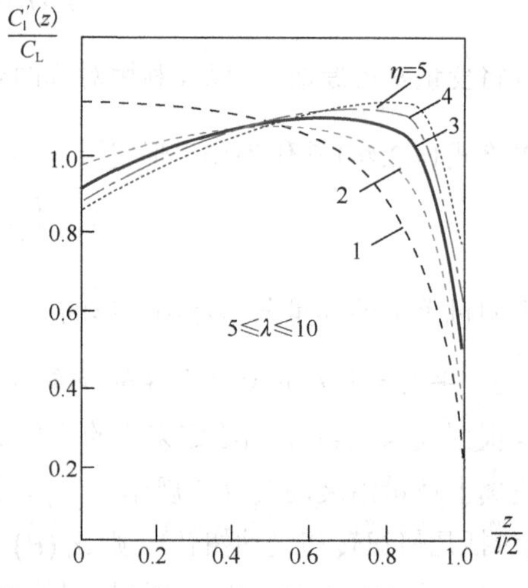

图 4.2.10　根梢比对剖面升力系数分布的影响

4.2.5　一般无扭转直机翼的气动特性

根据前面所述的方法求得机翼上环量沿展向的分布 $\Gamma(z)$ 之后，就可求得机翼的气动特性。

1. 升力和升力系数

设升力为L，升力系数为C_L，则有

$$L=\int_{-l/2}^{l/2}\rho V_\infty \Gamma(z)\mathrm{d}z$$

将式(4.2.21)和式(4.2.41)代入上式，可得

$$L=\rho l^2 V_\infty^2\int_0^\pi\sum_{n=1}^\infty A_n\sin n\theta\sin\theta\mathrm{d}\theta \tag{4.2.49}$$

应用积分公式

$$\int_0^\pi \sin m\theta\sin n\theta\mathrm{d}\theta=\begin{cases}\pi/2, & m=n\\ 0, & m\neq n\end{cases} \tag{4.2.50}$$

则式(4.2.49)可化为

$$L=\frac{1}{2}\pi l^2\rho V_\infty^2 A_1 \tag{4.2.51}$$

或

$$C_L=\frac{L}{\dfrac{1}{2}\rho V_\infty^2 S}=\pi\frac{l^2}{S}A_1=\pi\lambda A_1 \tag{4.2.52}$$

从式(4.2.51)和式(4.2.52)可看到L和C_L仅与表示环量的三角级数展开式中的第一个系数A_1有关，其余的A_2、A_3、A_4等系数并不影响总升力的大小，仅影响环量沿展向的分布规律。

2. 升力线斜率

从式(4.2.15)已知，剖面升力系数$C_l'(z)=a_0(\alpha_a-\varepsilon)$，因为所讨论的机翼没有扭转，所以，$a_0$沿展向为常量，但除椭圆形机翼外，下洗角$\varepsilon$沿展向是变化的，所以升力$L$和升力系数$C_L$分别为

$$L=\int_{-l/2}^{l/2}C_l'(z)\frac{1}{2}\rho V_\infty^2 c(z)\mathrm{d}z=\frac{1}{2}\rho V_\infty^2 a_0\left[\alpha_a S-\int_{-l/2}^{l/2}c(z)\varepsilon(z)\mathrm{d}z\right]$$

$$C_L=a_0\left[\alpha_a-\frac{1}{S}\int_{-l/2}^{l/2}c(z)\varepsilon(z)\mathrm{d}z\right] \tag{4.2.53}$$

从式(4.2.17)到式(4.2.42)的推导过程中可看到，式(4.2.42)右边最后一项就是$\dfrac{V_y(z)}{V_\infty}$，因此从式(4.2.4)可得

$$\varepsilon(\theta)\approx\frac{V_y}{V_\infty}=\frac{\sum\limits_{n=1}^\infty nA_n\sin n\theta}{\sin\theta}=A_1\left[1+\frac{\sum\limits_{n=2}^\infty nA_n\sin n\theta}{A_1\sin\theta}\right] \tag{4.2.54}$$

将式(4.2.54)代入式(4.2.53)，得

$$C_{\mathrm{L}} = a_0\left\{\alpha_{\mathrm{a}} - A_1\left[1 + \frac{l}{2S}\int_0^{\pi}\frac{\sum\limits_{n=2}^{\infty} nA_n \sin n\theta}{A_1}c(\theta)\mathrm{d}\theta\right]\right\}$$

$$= a_0\left[\alpha_{\mathrm{a}} - A_1(1+\tau)\right] \tag{4.2.55}$$

式中

$$\tau = \frac{l}{2S}\int_0^{\pi}\frac{\sum\limits_{n=2}^{\infty} nA_n \sin n\theta}{A_1}c(\theta)\mathrm{d}\theta \tag{4.2.56}$$

它是一个与机翼平面形状有关的正值小量。

由式(4.2.52)将 $A_1 = \dfrac{C_{\mathrm{L}}}{\pi\lambda}$ 代入式(4.2.55)，得

$$C_{\mathrm{L}} = \frac{a_0\alpha_{\mathrm{a}}}{1 + \dfrac{a_0}{\pi\lambda}(1+\tau)} \tag{4.2.57}$$

而升力线斜率为

$$C_{L\alpha} = \frac{a_0}{1 + \dfrac{a_0}{\pi\lambda}(1+\tau)} \tag{4.2.58}$$

对椭圆形机翼，由于 $A_2 = A_3 = A_4 = \cdots = A_n = 0$，因此 $\tau = 0$，则升力线斜率还原成式(4.2.35)，从式(4.2.58)可看到，当 λ 为常量时，非椭圆形机翼的升力线斜率比椭圆形机翼要小。

3. 诱导阻力和诱导阻力系数

设诱导阻力为 D_{i}，从式(4.2.10)有

$$D_{\mathrm{i}} = \int_{-l/2}^{l/2}\mathrm{d}L\varepsilon(z) = \int_{-l/2}^{l/2}\rho V_\infty \Gamma(z)\frac{V_y}{V_\infty}\mathrm{d}z \tag{4.2.59}$$

将式(4.2.54)、式(4.2.21)和式(4.2.41)代入式(4.2.59)，得

$$D_{\mathrm{i}} = \rho V_\infty^2 l^2 \int_0^{\pi}\left(\sum_{n=1}^{\infty} A_n \sin n\theta\right)\left(\sum_{m=1}^{\infty} mA_m \sin m\theta\right)\mathrm{d}\theta \tag{4.2.60}$$

注意在两个无穷级数相乘时，为了避免混淆，式(4.2.60)在推导过程中把式(4.2.54)中的 n 改为 m。应用式(4.2.50)，可得

$$D_{\mathrm{i}} = \rho V_\infty^2 l^2 \int_0^{\pi}\left(\sum_{n=1}^{\infty} A_n^2 n \sin^2 n\theta\right)\mathrm{d}\theta = \frac{\pi}{2}\rho V_\infty^2 l^2 \sum_{n=1}^{\infty} nA_n^2 \tag{4.2.61}$$

由于 A_n^2 总是正数，所以 D_{i} 总是正的，这说明三维机翼只要升力不为零，必然产生诱导阻力。从物理意义上来说，诱导阻力是与机翼和后自由涡系所消耗的能量相关的。诱导阻力系数为

$$C_{\mathrm{Di}}=\frac{D_i}{\frac{1}{2}\rho V_\infty^2 S}=\pi\lambda\sum_{n=1}^{\infty}nA_n^2 \tag{4.2.62}$$

考虑到 $A_1=\frac{C_{\mathrm{L}}}{\pi\lambda}$，式(4.2.62)还可变化形式

$$C_{\mathrm{Di}}=\left(\frac{C_{\mathrm{L}}}{\pi\lambda}\right)^2\pi\lambda\frac{\sum_{n=1}^{\infty}nA_n^2}{A_1^2}=\frac{C_{\mathrm{L}}^2}{\pi\lambda}\frac{\sum_{n=1}nA_n^2}{A_1^2} \tag{4.2.63}$$

或写成

$$C_{\mathrm{Di}}=\frac{C_{\mathrm{L}}^2}{\pi\lambda}(1+\delta) \tag{4.2.64}$$

其中，δ 是与平面形状有关的一个小的正数

$$\delta=\frac{1}{A_1^2}\sum_{n=2}^{\infty}nA_n^2=\frac{1}{A_1^2}\left(2A_2^2+3A_3^2+4A_4^2+5A_5^2+\cdots+nA_n^2\right) \tag{4.2.65}$$

对于椭圆形机翼，$A_2=A_3=\cdots=A_n=0$，则 $\delta=0$，式(4.2.64)就退化成式(4.2.37)。由此可见，各种不同平面形状的机翼在 λ、C_{L} 相同时，以椭圆形机翼的诱导阻力为最小，所以称椭圆形机翼为最佳平面形状机翼，δ 反映了其他平面形状机翼偏离最佳平面形状机翼的程度。有时将 C_{Di} 写成

$$C_{\mathrm{Di}}=\frac{C_{\mathrm{L}}^2}{\pi\lambda_{\mathrm{e}}}=AC_{\mathrm{L}}^2 \tag{4.2.66}$$

其中，$\lambda_{\mathrm{e}}=\frac{\lambda}{1+\delta}$ 称为有效展弦比，$A=\frac{1}{\pi\lambda_{\mathrm{e}}}=\frac{1+\delta}{\pi\lambda}$ 称为诱导阻力因子。

从式(4.2.66)可看出，C_{Di} 与 C_{L} 的平方成正比，而与 λ 成反比。C_{L} 增大时，C_{Di} 将随之迅速增大，成为机翼总阻力的重要部分。机翼平面形状的影响表现在 δ 上，因此为了得到大的升阻比，最好采用大的展弦比 λ，但由于结构上的考虑中等速度飞机采用的展弦比实际中必须限制在 8 或 10 左右，而高速飞机的诱导阻力与其他阻力(主要是波阻)相比是比较小的。为了减小波阻，常采用小的展弦比，甚至小到 λ=1.5 左右。

非椭圆形机翼的 τ 和 δ 被称为对椭圆形机翼气动力的修正值，主要取决于机翼的平面形状和展弦比。表 4.2.1 给出了对应于几种常用平面形状机翼的修正值 τ 和 δ 的平均值。图 4.2.11 给出了矩形机翼的修正值 τ、δ 与 λ 的关系，图 4.2.12 给出了展弦比 $\lambda=2\pi$ 的梯形机翼在不同梢根比 ξ 下的修正值 τ 和 δ。

表 4.2.1　几种常用平面形状机翼的修正值

机翼平面形状	$\frac{1}{\pi}(1+\tau)$	$\frac{1}{\pi}(1+\delta)$	备注
椭圆	0.318	0.318	$\tau=\delta=0$
梯形	0.318	0.318	$\eta=2\sim3$
矩形	0.375	0.335	$\lambda=5\sim8$
菱形	0.363	0.363	

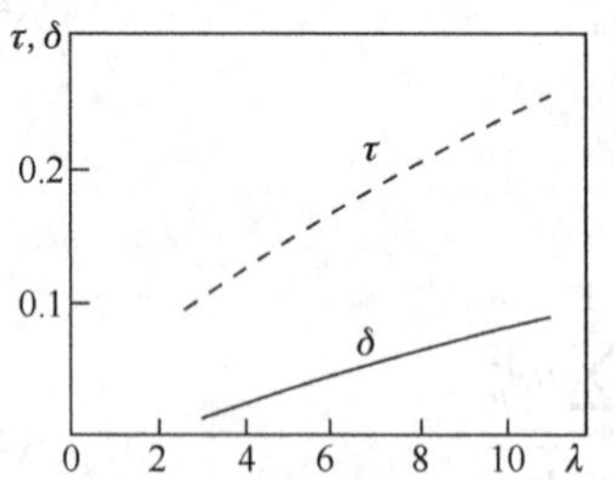

图 4.2.11　矩形机翼的 τ, δ 与 λ 关系曲线

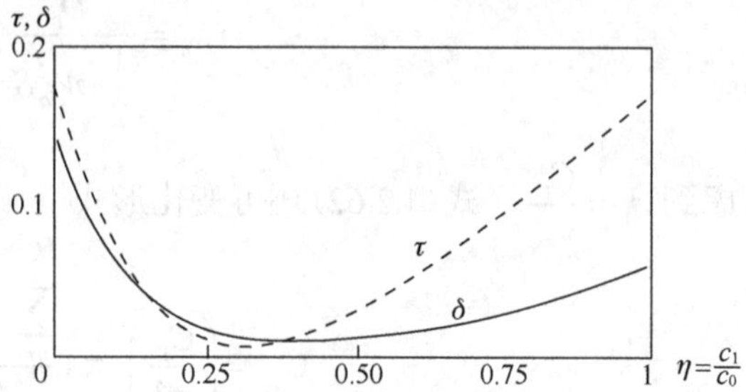

图 4.2.12　$\lambda = 2\pi$ 梯形机翼 τ, δ 与 λ 关系曲线

4. 俯仰力矩系数

对大展弦比直机翼，因基本假设在于沿展向各剖面的流动互相没有影响，因此全机翼的绕通过机翼顶点平行于 z 轴的轴线的俯仰力矩 M_z，等于各剖面绕同一轴线的俯仰力矩的总和。所以有

$$M_z = \int \mathrm{d}M_z = \int_{-l/2}^{l/2} \left[-C_l'(z) q_\infty x_{1/4}(z) \right] \mathrm{d}z + \int_{-l/2}^{l/2} \left[C_{m0}'(z) q_\infty c^2(z) \right] \mathrm{d}z \tag{4.2.67}$$

其中，$x_{1/4}$ 为各剖面 1/4 弦点距离顶点的 x 向距离，q_∞ 为来流动压，$C_{m0}'(z)$ 为翼型绕焦点的零升力矩系数，它可从翼型理论得到，而机翼剖面升力系数 $C_l'(z)$ 在前面已求出，所以可求得全机翼的俯仰力矩和俯仰力矩系数。

采用简单升力线理论不可能求出沿弦向的升力分布，因此也不可能得出翼剖面的焦点的准确位置。实际上焦点的位置并不准确地在 1/4 弦长点上。焦点的准确位置只能用升力面理论求出。图 4.2.13 给出了矩形机翼论计算以及试验得出的焦点位置。只有展弦比 λ 趋于无穷大时，焦点才会逼近 1/4 弦长点。λ 越小，焦点越靠近前缘。

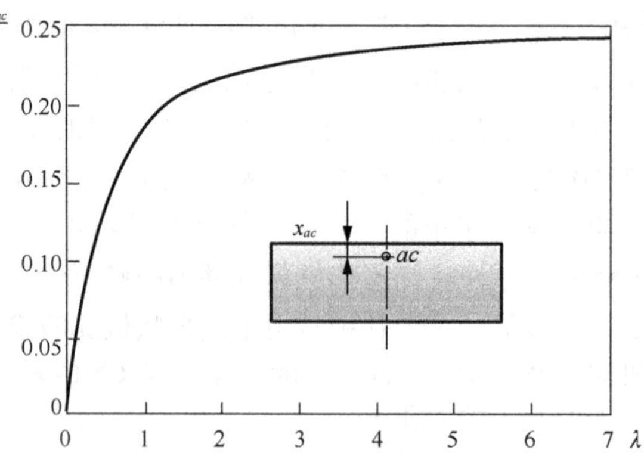

图 4.2.13　矩形机翼的焦点位置

5. 展弦比 λ 对机翼气动特性的影响

由式(4.2.57)可知，在 C_L 给定时，机翼的绝对迎角 α_a 为

$$\alpha_a = \frac{C_L}{a_0} + \frac{C_L}{\pi\lambda}(1+\tau) \tag{4.2.68}$$

其中，$\frac{C_L}{a_0}$ 为无限翼展机翼得到同样升力系数 C_L 值的绝对迎角，所以有

$$\alpha_a = (\alpha_a)_\infty + \frac{C_L}{\pi\lambda}(1+\tau) \tag{4.2.69}$$

根据式(4.2.69)明显可见，为达到同样的 C_L 值，三维机翼所需的绝对迎角要比无限翼展机翼大。即三维机翼的升力线斜率 $C_{L\alpha}$ 要比无限翼展机翼小，而且升力 L 随着展弦比的减小而减小，如图 4.2.14 所示。

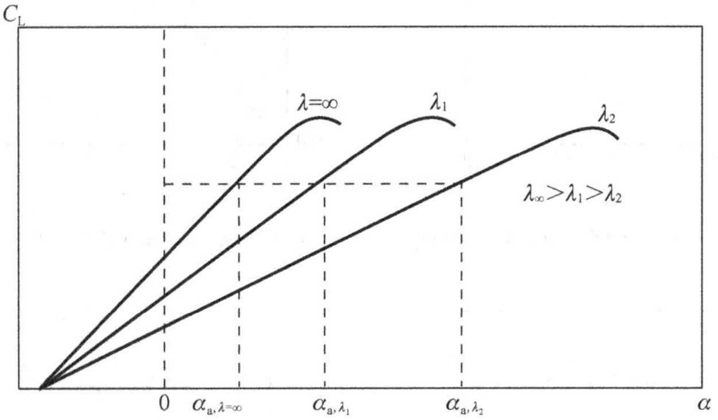

图 4.2.14　展弦比对升力线斜率的影响

应用式(4.2.69)也可将展弦比为 λ_1 的机翼的 $C_L \sim \alpha$ 曲线换算到展弦比为 λ_2 的情况。设有由同一种翼型组成的两个机翼，它们的展弦比分别为 λ_1 和 λ_2，根据式(4.2.69)，要得到同样的 C_L，它们的绝对迎角分别为

$$\alpha_{a,\lambda_1} = (\alpha_a)_\infty + \frac{C_L}{\pi\lambda_1}(1+\tau_1)$$

$$\alpha_{a,\lambda_2} = (\alpha_a)_\infty + \frac{C_L}{\pi\lambda_2}(1+\tau_2)$$

因此两机翼的绝对迎角之间的关系为

$$\alpha_{a,\lambda_2} = \alpha_{a,\lambda_1} + \frac{C_L}{\pi}\left(\frac{1+\tau_2}{\lambda_2} - \frac{1+\tau_1}{\lambda_1}\right) \tag{4.2.70}$$

根据式(4.2.64)，同样可得到这两种情况下诱导阻力系数之间的关系

$$C_{Di,\lambda_2} = C_{Di,\lambda_1} + \frac{C_L^2}{\pi}\left(\frac{1+\delta_2}{\lambda_2} - \frac{1+\delta_1}{\lambda_1}\right) \tag{4.2.71}$$

应用式(4.2.70)和式(4.2.71)，如果已知展弦比为 λ_1 的机翼的升力系数和诱导阻力系数，即可求得展弦比为 λ_2 的机翼的升力系数和诱导阻力系数。

上述换算方法经试验证明，对于较大展弦比机翼的结果是令人满意的。图 4.2.15(a)是 $\lambda=1\sim7$ 的矩形机翼的 $C_L-\alpha$ 试验曲线。图 4.2.15(b)是将图 4.2.15(a)上所有曲线按式(4.2.70)换算到 $\lambda=5$ 的情况，不同 λ 情况下的试验结果与 $\lambda=5$ 的重合性相当好。由图可见当 $\lambda>3$ 时，理论与试验符合得较好，而 $\lambda<3$ 时误差较大，这是可预料到的，因为 $\lambda<3$ 时升力线理论已不适用了。

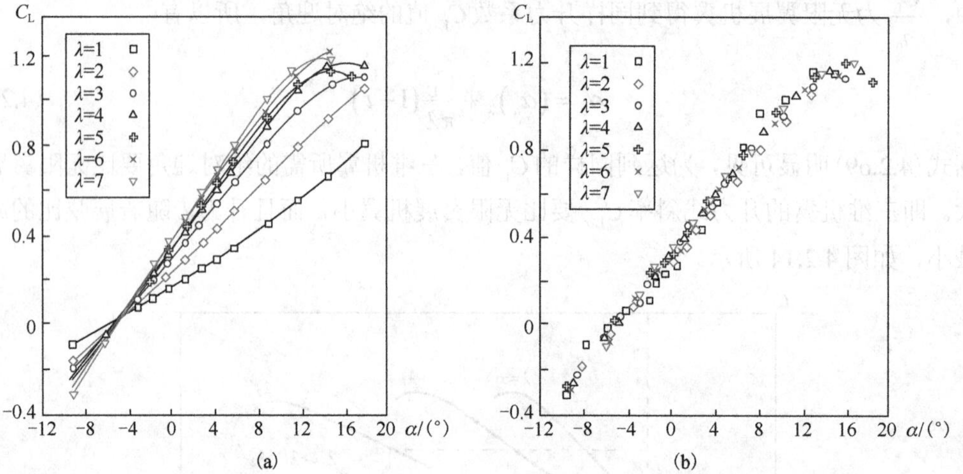

图 4.2.15　$\lambda=1\sim7$ 的 $C_y-\alpha$ 曲线和换算到 $\lambda=5$ 的结果

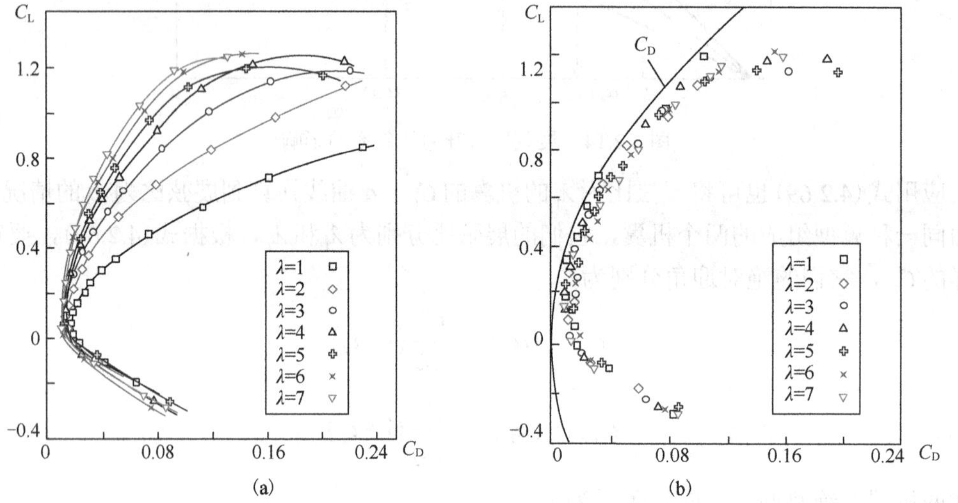

图 4.2.16　$\lambda=1\sim7$ 的极曲线和换算到 $\lambda=5$ 的结果

6. 大展弦比直机翼的失速特性

在 3.3.2 节中我们对翼型的背部分离区进行了简要分析，并讨论了失速现象及其成因。小迎角时机翼的升力系数 C_L 和迎角 α 呈线性关系；当 α 继续增大到一定程度时，由于翼面上后缘附近的边界层开始有局部分离，$C_L-\alpha$ 曲线开始偏离直线关系，但由于分离区域相对较小，所以 α 再继续增大，C_L 仍然会增大；然后随着 α 上升到最大值 $C_{L\max}$ 之后，由于分离区几乎遍及整个翼面，α 再增大，C_L 便要下降，这就是失速。

影响机翼失速特性的因素很多，所采用的翼型、流动雷诺数和机翼平面形状都会对失速产生影响。现在我们从机翼的角度考虑该问题，这里主要针对机翼平面形状的影响进行讨论，考虑无扭转的椭圆形、矩形和梯形机翼这三种情况，图 4.2.17 显示了这三种机翼的失速变化过程。

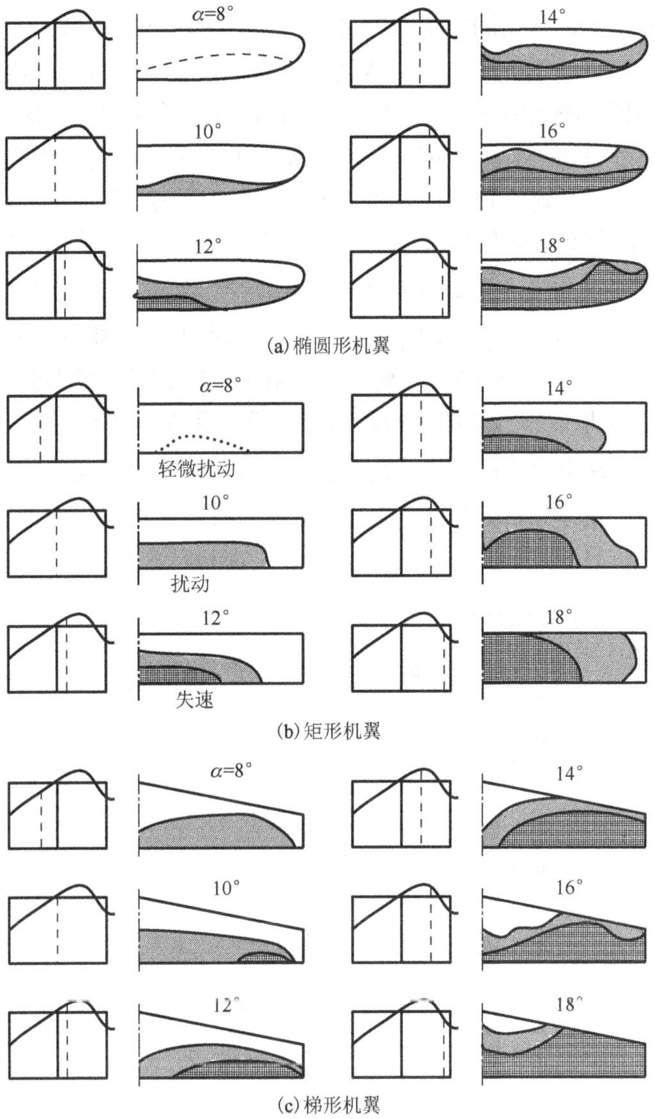

图 4.2.17　不同平面形状直机翼的失速

从升力线理论可知，对于椭圆形的机翼，诱导下洗速度沿翼展是个常量，因而沿展向各翼剖面的有效迎角也是个常量。所以，随着 α 的增大，各翼剖面同时达到 $C_{L\max}$（翼型的最大升力系数），同时发生失速，如图 4.2.17(b)所示。矩形机翼的诱导下洗速度从翼根向翼尖增大，翼根处翼剖面的有效迎角将比翼尖大，所以分离首先发生在翼根部分，如图 4.2.17(a)所示。常用根梢比的梯形机翼，情况正相反，诱导下洗速度从翼根向翼尖方向减小，因此，翼剖面的有效迎角是向着翼尖方向增大，而且随着根梢比的增大，这种趋势越明显。所以分离首先发生在翼尖附近，如图 4.2.17(c)所示。

由图 4.2.18 给出的失速过程显示，上述三种机翼中梯形直机翼的失速特性最差，因为失速首先发生在翼尖，对于保持飞机的横侧向稳定性和操纵性非常不利。但是梯形机翼由于其结构轻、工艺简单的优点，在实际的低速飞机上广泛使用，但是却需要再采取适当的措施来改善其失速特性。常用的方法有：采用负几何扭转(称为“外洗”) $\theta=-3°\sim-4°$，减小翼尖区域的迎角，以避免翼尖过早达到失速状态；也可在机翼外段采用前缘缝翼(参见 7.4 节内容)，使压强较大的气流从下翼面通过前缘缝隙流向上翼面，加速上翼面的气流，从而延缓机翼外段边界层的分离；还可在翼尖附近采用失速迎角较大的翼型等。

升力线理论是一种针对大展弦比直机翼的近似位流理论，其突出优点是可以明确地给出λ、η等机翼平面参数对$\Gamma(x)$、$C_{L\alpha}$、C_{Di}等气动特性参数的影响。实际计算表明，在黏性影响不大的中小迎角下，一般只要$\lambda\geqslant5$，$\chi_{1/4}\leqslant20°$，且a_0取得较准确，升力线理论结果与试验数据符合令人满意。超出该范围，应当考虑采用升力面模型。

图 4.2.18 给出了$\lambda=9$，$\eta=2.5$，翼型为 NACA 65_3−210 的梯形翼，使用升力线理论计算出的$C_L-\alpha$曲线与试验结果的比较，可见计算结果在迎角较小时与试验数据符合较好，但迎角较大时下理论值比试验值要高，主要原因升力线理论所没有考虑黏性影响，但与试验值的变化趋势是一致的，在实际工程中，升力线理论能够应用于大展弦比直机翼的初步气动设计，为机翼参数选择和性能计算提供较好的理论依据。

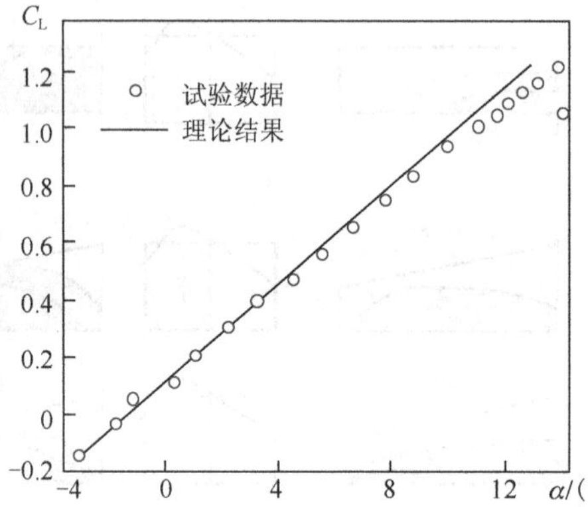

图 4.2.18　升力线理论结果与试验数据的比较

§4.3　升力面理论

升力线理论只能应用于大展弦比直机翼。对后掠角较大或展弦比较小的机翼，升力线理论和剖面假设均已不能正确地表达实际流动情况和计算其气动特性，而必须改用升力面理论来计算。实际上，升力面理论与升力线理论求解过程较为相似。

1. *升力面气动模型*

如图 4.3.1 所示，对于一个微弯薄翼的小迎角绕流，取风轴系 $Oxyz$，机翼上下表面在 xOz 面上的投影即为基本平面。

机翼升力是由一系列连续的翼型剖面贡献的升力组成的，因此也可以采用旋涡来代替。但是区别于升力线模型的，不再采用一条附着涡线来代替机翼附着涡系的假设，而是采用分布与展向平行的旋涡来代替翼型在均匀流中产生的扰动作用，即采用附着涡面，涡密度为面密度$\gamma(\xi,\zeta)$，单位是速度单位。机翼除了附着涡面，还应多出从后缘拖出的自由涡面，根据旋涡原理，自由涡面的环量等于附着涡面的环量。这就是升力面气动模型。升力面模型可以理解为：直匀流+附着涡面+自由涡面。

在升力面理论中，由于讨论的是小迎角下的微弯薄翼，为了计算方便，机翼上的附着涡面和向后拖出的自由涡面均可近似为位于 xOz 平面内。

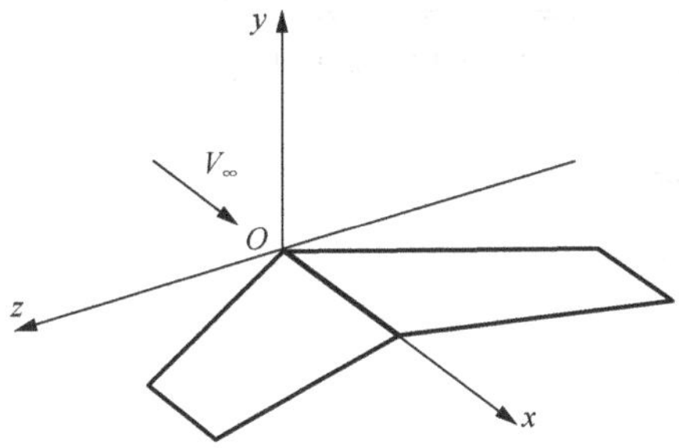

图 4.3.1　机翼基本平面与坐标系

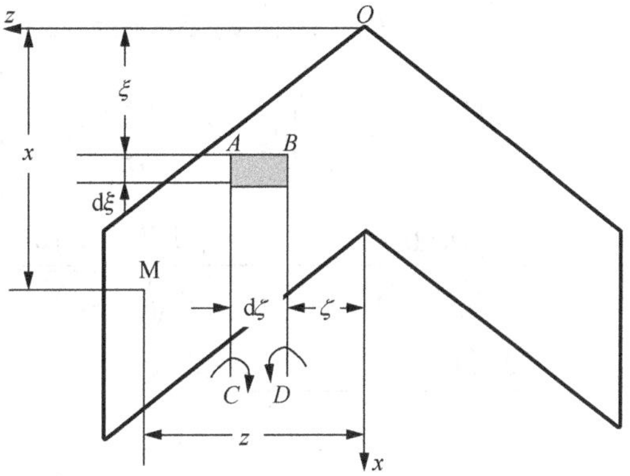

图 4.3.2　布置的附着涡面

2. 建立升力面基本方程

参见图 4.3.2，在机翼的 xOz 投影面上任取微元面积 $\mathrm{d}\xi\mathrm{d}\zeta$，其上附着涡 AB 的强度为 $\gamma\mathrm{d}\xi$，从附着涡 AB 两个角点向下游伸出的自由涡 AC 和 BD，强度亦为 $\gamma\mathrm{d}\xi$，两者方向相反，且顺来流方向拖向无穷远。

在机翼投影面上任取一点 $M(x,z)$，附着涡段 AB 和自由涡 AC 与 BD 在点 M 引起的诱导速度可用毕奥-萨伐尔公式计算，即

$$\begin{aligned}\left(\mathrm{d}v_y\right)_{AB}&=\frac{\gamma\mathrm{d}\xi}{4\pi(x-\xi)}\left[\frac{z-\zeta}{\sqrt{(x-\xi)^2+(z-\zeta)^2}}-\frac{z-\zeta-\mathrm{d}\zeta}{\sqrt{(x-\xi)^2+(z-\zeta-\mathrm{d}\zeta)^2}}\right]\\&=\frac{\gamma\mathrm{d}\xi}{4\pi}\cdot\frac{x-\xi}{\left[(x-\xi)^2+(z-\zeta)^2\right]^{3/2}}\mathrm{d}\zeta\end{aligned}\tag{4.3.1}$$

$$\left(\mathrm{d}v_y\right)_{AC}=\frac{-\gamma\mathrm{d}\xi}{4\pi(z-\zeta-\mathrm{d}\zeta)}\left[1+\frac{x-\xi}{\sqrt{(x-\xi)^2+(z-\zeta-\mathrm{d}\zeta)^2}}\right]\tag{4.3.2}$$

$$\left(\mathrm{d}v_y\right)_{BD}=\frac{\gamma\mathrm{d}\xi}{4\pi(z-\zeta)}\left[1+\frac{x-\xi}{\sqrt{(x-\xi)^2+(z-\zeta)^2}}\right]\tag{4.3.3}$$

将翼面上全部附着涡和自由涡系在 M 点的诱导速度对 S' 积分，即

$$v_y(x,z)=\iint_{S'}\left[\left(\mathrm{d}v_y\right)_{AB}+\left(\mathrm{d}v_y\right)_{AC}+\left(\mathrm{d}v_y\right)_{BD}\right]\tag{4.3.4}$$

式中，S' 是机翼在 xOz 平面上的投影面积，$S' \approx S$，又因为

$$
\begin{aligned}
&\left(\mathrm{d}v_y\right)_{AC} + \left(\mathrm{d}v_y\right)_{BD} = \frac{\gamma \mathrm{d}\xi}{4\pi}\left[\frac{1}{z-\zeta} - \frac{1}{z-\zeta-\mathrm{d}\zeta}\right] + \\
&\frac{\gamma \mathrm{d}\xi\left(x-\xi\right)}{4\pi}\left[\frac{1}{\left(z-\zeta\right)\sqrt{\left(x-\xi\right)^2+\left(z-\zeta\right)^2}} - \frac{1}{\left(z-\zeta-\mathrm{d}\zeta\right)\sqrt{\left(x-\xi\right)^2+\left(z-\zeta-\mathrm{d}\zeta\right)^2}}\right] \\
&= -\frac{\gamma \mathrm{d}\xi}{4\pi}\frac{\partial}{\partial\zeta}\left(\frac{1}{z-\zeta}\right)\mathrm{d}\zeta - \frac{\gamma \mathrm{d}\xi\left(x-\xi\right)}{4\pi}\frac{\partial}{\partial\zeta}\left[\frac{1}{\left(z-\zeta\right)\sqrt{\left(x-\xi\right)^2+\left(z-\zeta\right)^2}}\right]\mathrm{d}\zeta \\
&= -\frac{\gamma \mathrm{d}\xi \mathrm{d}\zeta}{4\pi\left(z-\zeta\right)^2} - \frac{\gamma \mathrm{d}\xi\left(x-\xi\right)\mathrm{d}\zeta}{4\pi\left(z-\zeta\right)^2\sqrt{\left(x-\xi\right)^2+\left(z-\zeta\right)^2}} \\
&- \frac{\gamma \mathrm{d}\xi\left(x-\xi\right)}{4\pi\left(z-\zeta\right)} \cdot \frac{\left(z-\zeta\right)\mathrm{d}\zeta}{\left[\sqrt{\left(x-\xi\right)^2+\left(z-\zeta\right)^2}\right]^{3/2}}
\end{aligned}
$$

最后可得

$$
v_y\left(x,z\right) = \frac{1}{4\pi}\iint_S \frac{\gamma\left(\xi,\zeta\right)}{\left(z-\zeta\right)^2}\left[1 + \frac{x-\xi}{\sqrt{\left(x-\xi\right)^2+\left(z-\zeta\right)}}\right]\mathrm{d}\xi\mathrm{d}\zeta \tag{4.3.5}
$$

下面来考察物面边界条件，如用 $y = y\left(x,z\right)$ 来表示机翼中弧面方程，则位流边界条件可写为

$$
\left(V_n\right)_{\text{面}} = \left(V_x\frac{\partial y}{\partial x} - V_y + V_z\frac{\partial y}{\partial z}\right)_{\text{面}} = 0 \tag{4.3.6}
$$

小迎角下微弯薄翼的绕流是小扰动位流，式(4.3.6)可在小扰动假设下加以线化。在风轴坐标系下，流场内任一点处的速度分量可写为

$$
V_x = V_\infty + v_x,\quad V_y = v_y,\quad V_z = v_z
$$

其中，v_x、v_y、v_z 分别表示扰动速度分量。在小扰动条件下 y、$\frac{\partial y}{\partial x}$、$\frac{\partial y}{\partial z}$、$v_x$、$v_y$、$v_z$ 均可视为一阶小量，并可取机翼边界条件近似在 $y=0$ 平面上满足，即根据泰勒级数表示式有

$$
\left(V_y\right)_{\text{面}} = \left(V_y\right)_{y=0} + \left(\frac{\partial V_y}{\partial y}\right)_{y=0} \cdot y + \cdots \tag{4.3.7}
$$

则式(4.3.6)可线化为

$$
v_y\Big|_{y=0} = V_\infty\frac{\partial y}{\partial x} \tag{4.3.8}
$$

将式(4.3.8)代入式(4.3.5)，最后得

$$
\frac{\partial y}{\partial x} = \frac{1}{4\pi V_\infty}\iint_S \frac{\gamma\left(\xi,\zeta\right)}{\left(z-\zeta\right)^2}\left[1 + \frac{x-\xi}{\sqrt{\left(x-\xi\right)^2+\left(z-\zeta\right)}}\right]\mathrm{d}\xi\mathrm{d}\zeta \tag{4.3.9}
$$

式(4.3.9)称为升力面方程，它就是确定$\gamma(\xi,\zeta)$的积分方程。原则上说，只要能通过数学方法解得$\gamma(\xi,\zeta)$的表达式，即可求得机翼的气动特性。

3. 涡格法介绍

采用升力面理论利用基元涡形成升力面代替机翼后，流场中不再整体考虑机翼。尽管在数学形式上，以上升力面基本方程比小扰动速度势方程简化许多，但是，要得到积分方程的解析解也是较为困难的，因此实际应用中往往采用进一步简化方法，或者用数值方法求解。

涡格法是升力面理论中一种比较实用的数值计算方法。它所采用的计算模型是：不仅沿展向分布离散的马蹄涡，在弦向也分布离散的马蹄涡，整个机翼用有限多个离散马蹄涡系来代替。由于电子计算机的广泛应用，展向和弦向分布的离散马蹄涡可以取很多，形成较为通用的涡格法(Panel method)及其软件，至今依然在飞行器设计中，尤其是总体方案论证过程中布局研究阶段发挥重要作用。

具体做法是把机翼在 xOz 的投影面(即基本平面)先沿展向分成若干平行于 x 轴的列，然后再沿等百分比弦线分成若干行，将整个投影面分成有限个微小面元，称为网格。涡格法示意图如图 4.3.3 所示。

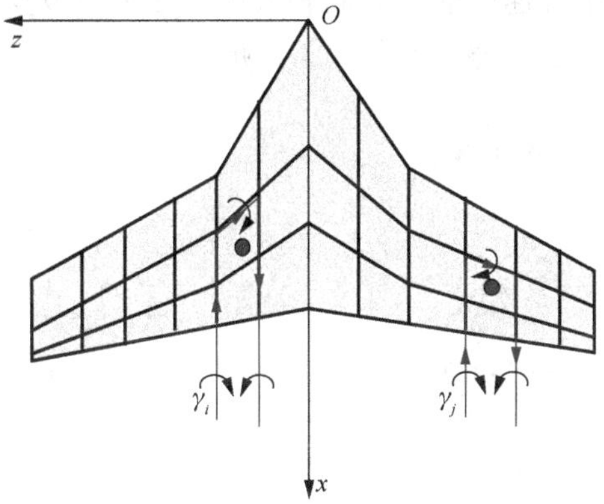

图 4.3.3　涡格法示意图

在每个网格上布置一个马蹄涡，其附着涡线与该网格面元的 1/4 弦线重合，两条自由涡线从 1/4 弦线的两个端点沿 x 轴伸向下游无限远处。每个马蹄涡的强度为常值，但不同网格上的涡强不同，称为涡格，相应的气动模型称为涡格模型。每个涡格 3/4 弦线的中点取为控制点，在这些点上计算全部离散马蹄涡引起的诱导速度，并满足翼面上无穿透速度的边界条件。

§4.4　大展弦比后掠机翼的低速气动特性

区别于平直翼，后掠翼的典型几何特征是其较大的后掠角χ，对于$\chi_{1/4}<20°$的机翼，其气动特性与平直机翼相似，因此一般将$\chi_{1/4}>20°$的机翼称为后掠翼。在第 1 章介绍飞行器的发展历史中，我们已经了解了后掠机翼的产生渊源，本节将针对大展弦比后掠机翼的流动与气动特性进行讨论，4.5 节再讨论后掠程度更大的小展弦比三角翼。

从前面升力线理论建立过程看，不适用于后掠机翼。对于后掠翼的低速气动力特性可以采用前面介绍的升力面理论进行估算；在精度要求不是很高的情况下，也可以采用以上无限翼展斜置翼和翼型之间的关系，对根据升力线理论得到的大展弦比直机翼气动力结果进行修正得到。

1. 气动参数

下面为了说明后掠翼的绕流特点，首先讨论图 4.4.1 示意的无限翼展斜置翼的绕流问题。设无限翼展斜置机翼的后掠角为 χ，可将流场中速度 $\boldsymbol{V}_\infty$ 分解成垂直于前缘的法向速度 V_n 和平行于前缘的切向速度 V_{t} 两个分量；自由来流速度 $\boldsymbol{V}_\infty$ 分解成 $V_n = V_\infty \cos\chi$ 和 $V_{\mathrm{t}} = V_\infty \sin\chi$。

无限翼展斜置机翼沿切向物理量导数为零，自动满足物面边界条件，流线经过机翼过程中，不会改变 $V_{\mathrm{t}} = V_{\infty t}$；上下翼面速度 V_{t} 完全相等，对机翼升力没有贡献；因此，对决定机翼升力的仅仅是法向速度 V_n。但是尽管 V_{t} 是常数，对流动也有作用，使无限翼展斜置机翼绕流不同于使无限长翼展直机翼(即翼型)的绕流。由于在流经机翼过程中，V_n 不断改变，在机翼前缘点附近 V_n 趋向零，其后不断加速，达到最大速度值以后，到后缘之前又连续减速，因此流场中合速度的 V 方向和大小也在不断改变，使得流动绕过无限翼展斜置机翼的物面流线呈反“S”形，如图 4.4.1 所示。

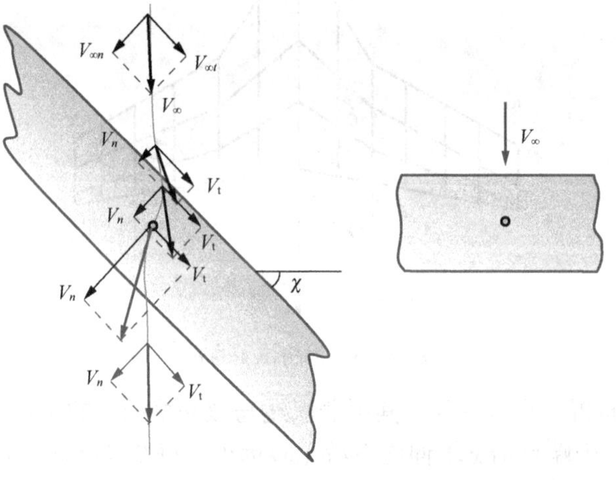

图 4.4.1　无限翼展斜置翼流线与无限翼展直机翼

无限翼展斜置机翼升力仅与法向速度 V_n 有关，即无限翼展斜置机翼所受的气动力等于来流以法向速度 $V_{\infty n}$ 流过该斜置机翼正置后的无限翼展直机翼(翼型)气动力。要注意，由于机翼气动力系数是以机翼的自由来流速度、来流动压和迎角定义的，所以需要把正置后对应翼型气动力系数进行转换为斜置机翼气动力系数。

根据以上分析，如果作用在无限翼展斜置机翼和对应无限长翼展直机翼(翼型)上相同点上的压力相等 $p_n = p$，压力系数之间关系

$$C_{\mathrm{p}} = \frac{p - p_\infty}{\frac{1}{2}\rho V_\infty^2} = \frac{p - p_\infty}{\frac{1}{2}\rho (V_n / \cos\chi)^2} = C_{pn}\cos^2\chi \tag{4.4.1}$$

因此在得到翼型上任意点压力系数C_{pn}，就可以给出斜置角为χ无限翼展斜置机翼对应点的压力系数C_p。

展向单位长度无限翼展斜置机翼和对应翼型上升力系数

$$C_L=\frac{1}{c\cdot 1}\int_0^c [C_{pl}(x)-C_{pu}(x)]dx$$

$$C_{Ln}=\frac{1}{c_n\cdot 1}\int_0^{c_n} [C_{pnl}(x_n)-C_{pnu}(x_n)]dx_n$$

无限翼展斜置机翼和对应翼型之间沿弦向坐标关系$x=x_n/\cos\chi$，即翼型上距前缘点x_n在斜置机翼距前缘点就是x，压力系数$C_{pn}(x_n)$和$C_p(x)$之间关系类似，对C_{Ln}积分变量进行变换$x=x_n\cdot c/c_n$，考虑$c=c_n/\cos\chi$，所以有

$$C_L=C_{Ln}\cdot\cos^2\chi \tag{4.4.2}$$

对于展向单位长度无限翼展斜置机翼和对应翼型上的阻力系数，在建立关系式时要考虑斜置机翼的阻力是对应翼型上的阻力在流向的投影

$$C_D=C_{Dn}\cdot\cos^3\chi \tag{4.4.3}$$

如图 4.4.2 所示，无限翼展斜置机翼迎角和对应翼型迎角之间的关系

$$\alpha_n=\sin\alpha_n=\frac{h}{c_n}=\frac{c\sin\alpha}{c\cos\chi}\approx\frac{\alpha}{\cos\chi} \tag{4.4.4}$$

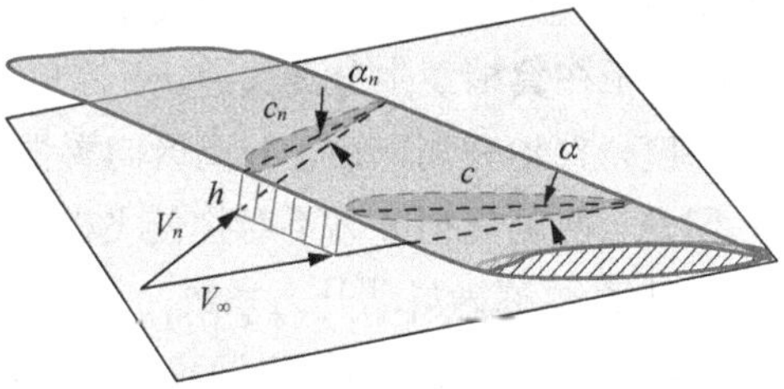

图 4.4.2　无限翼展斜置翼迎角与对应的正置翼之间迎角关系

因此无限翼展斜置机翼升力线斜率和对应翼型升力线斜率之间的关系：

$$C_{L\alpha}=\frac{dC_L}{d\alpha}=\frac{d(C_{Ln}\cdot\cos^2\chi)}{d(\alpha_n\cdot\cos\chi)}=C_{Ln\alpha}\cdot\cos\chi \tag{4.4.5}$$

2. 翼根效应与翼梢效应

在以上无限翼展斜置机翼的基础上讨论后掠机翼。如图 4.4.3 所示，后掠机翼可以认为由两个对称的有限长斜置机翼组成，但是，由于后掠翼有翼根和翼梢的存在，后掠翼的气动特性和无限翼展斜置翼有所不同，会引起“翼根效应”和“翼梢效应”。从图中可以看出，后掠机翼半翼展的中间部分的绕流图画与无限翼展斜置机翼十分接近，展向速度接近$V_{\infty t}=V_\infty\sin\chi$，机翼的物面“$S$”形流线。后掠翼对称剖面内平行于前缘的展向速度$V_t=0$，在翼根上表面的前段，流线偏离对称面，流管扩张变粗，流速减慢，压强升高(吸力变小)；而在后段，流线向内偏斜，流管收缩变细，流速加快，压强降低(吸力增大)。

翼梢部分情况正好相反，在翼剖面前段吸力变大，后段吸力变小。在翼根、半翼展中间和翼梢处沿弦向的压力系数分布规律如图 4.4.3 所示。

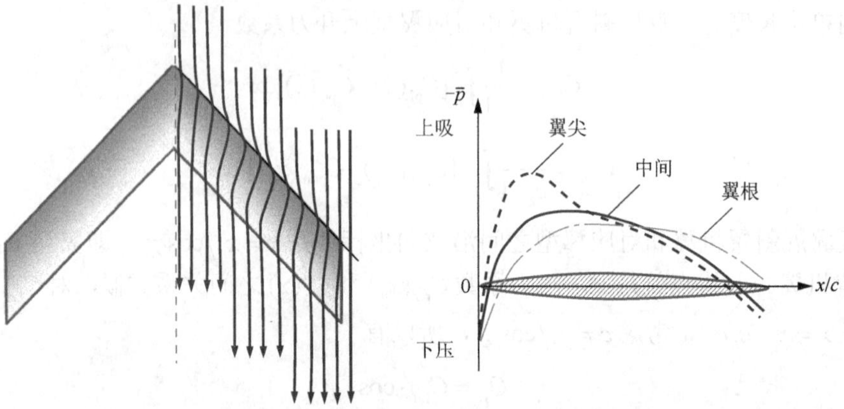

图 4.4.3　后掠翼流动图画、翼根效应与翼梢效应

后掠机翼的“翼根效应”与“翼梢效应”引起翼弦的压强分布发生变化，这种变化在机翼上表面前段较为明显，而且上表面前段对升力贡献较大，所以“翼根效应”使翼根部分的升力系数减少，而“翼梢效应”使翼梢部分的升力系数增大。因此，后掠机翼的剖面升力系数沿展向的分布如图 4.4.4 所示。可以看出后掠角使翼剖面升力系数 $C_L(z)$ 最大值向翼梢方向移动，这是由于“翼根效应”在翼根附近存在正的展向压强梯度，导致流体从翼根向翼梢方向流动，使翼梢附近边界层较大；同时“翼梢效应”在翼梢附近存在负的展向压强梯度，因此后掠机翼更易于在翼梢发生分离失速。后掠角越大，分离失速迎角越小。由于“翼根效应”的正压强梯度，翼梢分离以后，分离区向翼根发展速度较慢，失速引起升力变化比长直机翼平缓；但是，两侧翼梢分离不对称使飞机发生滚转抖动，因此失速迎角称为抖动迎角，其相应的升力系数称为抖动升力系数。

后掠翼翼梢过早失速使得最大升力系数和临界迎角比相同展弦比直机翼的升力系数小，图 4.4.5 为后掠翼与相同展弦比直机翼的升力系数曲线的比较，由图看出，最大升力系数减小约 20%；临界迎角减小约 3°。需进一步指出的是，后掠翼在临界迎角附近升力变化较直机翼缓和，这是由于后掠翼的翼梢刚失速时，翼根部分尚未失速。

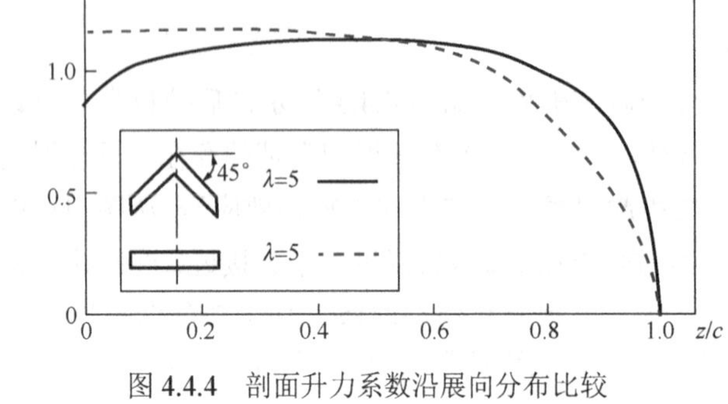

图 4.4.4　剖面升力系数沿展向分布比较

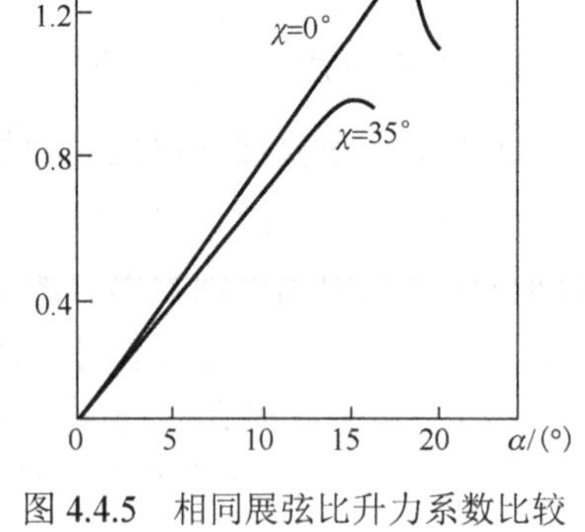

图 4.4.5　相同展弦比升力系数比较

由于后掠机翼存在“翼根效应”和“翼梢效应”，所以后掠角的影响不能简单地采用式(4.4.5)把直机翼升力线斜率中翼型的升力线斜率 a_0 替换为无限翼展斜置机翼升力线斜率 $a_0\cos\chi$ 得到，应用中采用如下经验修正得到后掠机翼升力线斜率

$$C_{L\alpha}=\frac{a_0\cos\chi_e}{1+Ka_0\cos\chi_e(1+\tau)}\tag{4.4.6}$$

其中，χ_e 称为有效后掠角

$$\tan\chi_e=\tan\chi_{1/4}-\frac{\chi_{1/4}}{45\lambda\left(1+\dfrac{1}{\eta}\right)}\tag{4.4.7}$$

式中，K 为展弦比 λ 修正因子，τ 为根梢比 η 修正因子，查图求出，参见图 4.4.6。

后掠机翼的诱导阻力特性依然可以按照长直机翼公式(4.2.64)

$$C_{Di}=\frac{C_L^2}{\pi\lambda}(1+\delta)$$

通过升力特性估算，但是其中 δ 参数不再根据升力线理论确定，而是称为修正因子，查表得到。

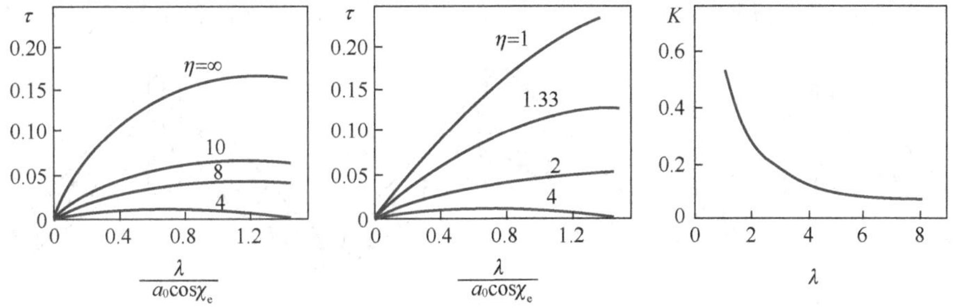

图 4.4.6　后掠机翼升力线斜率经验公式的修正因子

试验表明，在迎角 $\alpha\leqslant 5°$ 情况下，升力线理论预测得到机翼压心位置与试验数据符合较好；当迎角再增大时，试验压心位置比预测值靠后；当 $\alpha>20°$ 以后出现大迎角的非线性特征，曲线影响因素多、变化规律较为复杂，在 $5°<\alpha\leqslant 20°$ 范围内工程上可以近似采用如下修正：

$$\bar{x}_{cp}=(\bar{x}_{cp})_{\alpha=5°}+\frac{\alpha-5}{15}(\Delta\bar{x}_{cp})_{\alpha=20°}\tag{4.4.8}$$

式中，$(\bar{x}_{cp})_{\alpha=20°}$ 为 $\alpha=20°$ 时压心相对后移量，根据试验数据整理给出。

【例 4.4.1】　无扭转等弦长后掠机翼，展弦比 $\lambda=5$，翼型升力线斜率 $a_0=2\pi$，各剖面 $1/4$ 弦线点连线的后掠角 $\chi_{1/4}=45°$，求低速流动迎角 $\alpha=5.0°$ 时的升力系数。

解　根梢比 $\eta=1$，展弦比 $\lambda=5$，代入式(4.4.7)，有

$$\tan\chi_e=1-\frac{45}{45\times5\times2}=0.9$$

得到有效后掠角 $\chi_e\approx42°$，并进一步得到图 4.4.6 中横坐标：

$$\frac{\lambda}{a_0\cos\chi_e}=\frac{5}{2\pi\times0.743}=1.07$$

查图知修正因子 $K=0.08$ 和 $\tau=0.17$，因此，由式(4.4.6)有

$$C_{L\alpha}=\frac{a_0\cdot\cos\chi_e}{1+K\cdot a_0\cdot\cos\chi_e(1+\tau)}=\frac{2\pi\times0.743}{1+0.08\times2\pi\times0.743\times1.17}=3.25$$

得到迎角 $\alpha=5.0°$ 时的升力系数

$$C_L=C_{L\alpha}\cdot\alpha=3.25\times\frac{\pi}{36}=0.283$$

3. 后掠翼的失速特性

后掠翼与根梢比较大的梯形直机翼相似，分离先在翼尖部分发生，然后再往翼根方向扩展。

下面我们通过试验来观察后掠翼翼面上气流分离的发生和发展过程。在后掠翼的上翼面均匀地贴上丝线。然后将此后掠翼置于低速风洞中，观察翼面上的流谱。当 $\alpha=0°$ 时，所有丝线都顺着气流的方向(图 4.4.7(a))；α 增大，就可发现丝线向翼尖方向偏斜(图 4.4.7(b))，这表明翼面边界层内的气流已有展向流动；α 再增大时，展向流动加强，翼尖部分的丝线开始卷起，有不规则的流动(图 4.4.7(c))；继续增大时，翼尖部分的气流开始发生分离(图 4.4.7(d))；α 再继续增大时，分离则往翼根方向扩展，几乎遍及整个翼面(图 4.4.7(e))。

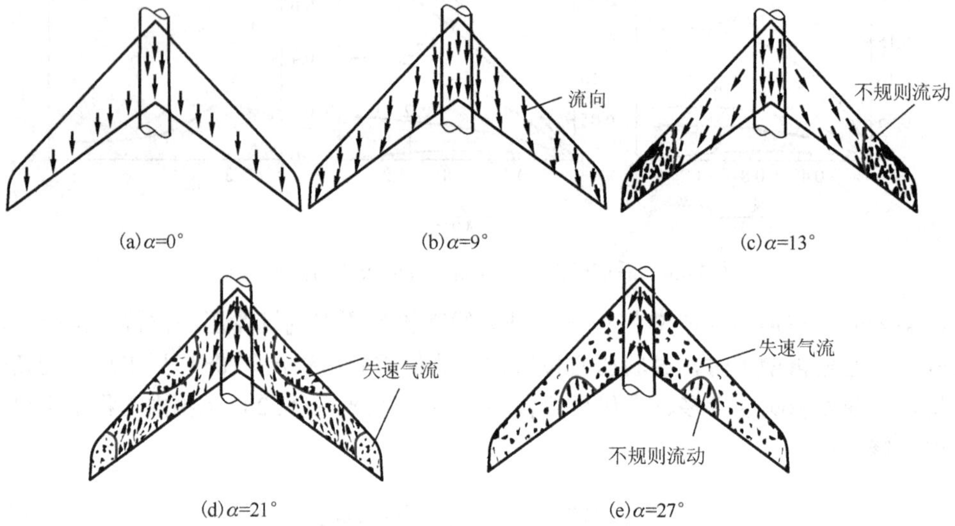

图 4.4.7　不同迎角时后掠翼上翼面气流示意图

上述试验说明，当 α 增大到一定程度时，后掠翼翼面上的气流分离在翼尖附近先发生。这是因为“翼根效应”使翼根部分的压强比机翼中部的压强高，而“翼尖效应”却使翼尖部分的压强比机翼中部的压强低，于是从翼根到翼尖沿展向存在着压强差。其次因后掠机翼展向的各个剖面在来流的方向上是前后错开的，所以也使翼面上产生展向的压强差。这一点可从图 4.4.8 看出，AA 截面上 C 点的压强比 BB 截面上 D 点的压强高(负压小)，上述这两种压强差使翼面上边界层内的气流发生展向流动，即气流从翼根向翼尖流动，从而使翼尖部分的附面层变厚。随着 α 增大，展向流动就增强，促使翼尖的边界层分离，产生旋涡，最后导致翼尖失速，另一方面在前面已看到后掠翼沿展向剖面的升力系数分布的峰值也较靠近翼尖。因此，后掠角越大，分离现象就越容易发生。

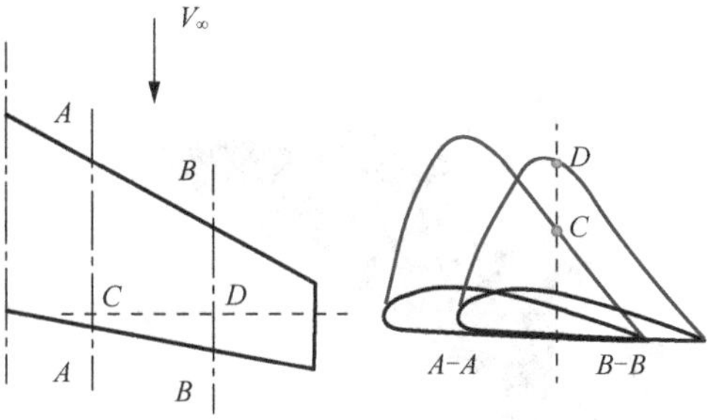

图 4.4.8 后掠翼不同展向位置剖面压强分布

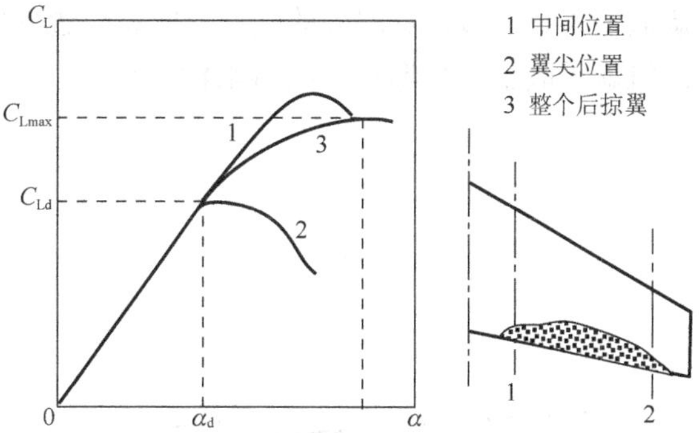

图 4.4.9 后掠翼及翼尖、中间的 $C_L \sim \alpha$ 曲线

后掠翼的翼尖部分失速后，虽然翼尖部分的 C_L 急剧下降(图 4.4.9)，但由于机翼中间部分尚未失速，因此整个机翼的 C_L 仍随着 α 的增大而增大，不过增长的速度比较缓慢，并逐渐失去线性关系。翼尖区域失速后，所产生的分离旋涡打到尾面上，使飞机产生抖动现象，因此翼尖区域开始失速的迎角称为抖动迎角 α_d，其相应的升力系数为抖动升力系数 C_{Ld}。C_{Ld} 是后掠翼的一个重要参数，当 $\alpha > \alpha_d$ 时，阻力系数就要急剧地增长。同时由于翼尖失速使翼尖部分的升力减小，从而产生不稳定的抬头力矩(即 $\dfrac{dm_z}{dC_L} > 0$)，使飞机抬头。为了保证飞机的安全，设计中所采用的升力系数不应超过 C_{Ld}，更不能取 $C_{L\max}$。

为了防止或延缓后掠翼的翼尖失速，可采用的措施如下。

(1)在机翼设计中，适当减小根梢比，降低翼尖附近剖面的升力系数。

(2)采取几何扭转，减小翼尖区域的迎角，以避免过早地达到失速状态。

(3)在翼尖区域采用失速迎角较大的翼型。

(4)在后掠翼的上表面安装翼刀(图 1.1.2 中已标示)。这样可以防止边界层内气流的展向流动，以延缓翼尖失速的发生。

(5)分别在机翼上翼面翼尖区域的前部安装涡流发生器，图 4.4.10 所示为英国“标枪”战机机翼上的涡流发生器。涡流发生器产生的尾涡起掺混的作用，使边界层外具有较高动量的气流质点与边界层内低动量的气流质点相混合，以增大边界层内气流质量的平均动量，从而增强它承受逆压梯度的能力，推迟了气流的分离。

图 4.4.10 英国“标枪”战斗机机翼上的涡流发生器

(6)将机翼前缘制成锯齿或缺口等形状，如图 4.4.11 所示。在锯齿或缺口处所产生的

旋涡使翼尖区域边界层外的气流流向翼面边界层，输入能量，延缓翼尖失速。美国 F-106 战机就采取了这种形式，如图 4.4.12 所示。

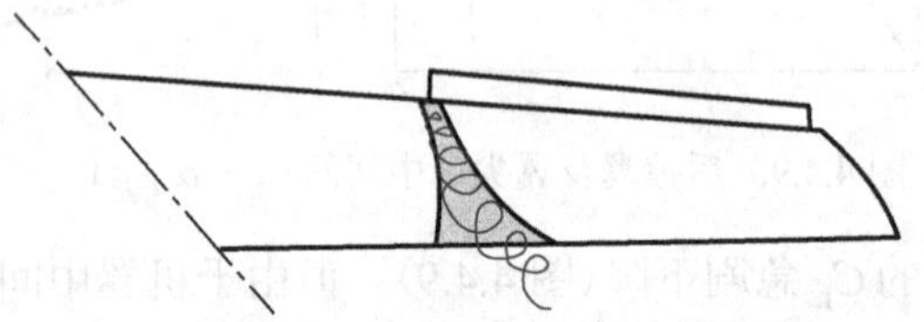

图 4.4.11 使机翼前缘产生旋涡

图 4.4.12 F-106 战机(美国)机翼前缘的缺口

最后应当强调，这里讨论的仅是后掠翼的低速气动特性，后掠翼的许多优点在高速飞行中才能表现出来。

§4.5 小展弦比机翼的低速气动特性

展弦比 $\lambda<3$ 的机翼一般称为小展弦比机翼。在超声速飞行时，小展弦比机翼具有较小的阻力，因此超声速飞机特别是导弹广泛采用小展弦比机翼。小展弦比机翼有不同平面形状，如矩形、三角形、切尖三角形等多种，但通常均为锐缘无弯扭对称薄翼。下面简单介绍这类机翼的低速气动特性。

4.5.1 三角翼流动分析

三角翼是后掠翼的特例，超声速飞行器经常采用前缘后掠角很大的小展弦比三角翼布局，由于大部分飞行器要经历低速阶段才能达到高速，因此分析小展弦比三角翼低速气动力性能是必要的。

1. *流动图画*

我们先进行三角翼典型流动图画分析。

三角翼的几何特点是大后掠角、尖前缘和小展弦比，即使在很小的迎角(如 $\alpha=3°$)下也会产生前缘气流分离。下翼面压强较高的气流从前缘翻向上翼面，在上翼面前缘形成两个旋涡面，这对涡的旋转方向相反，其强度从机翼顶点到机翼后缘逐渐增大，然后从后缘伸向下游。当迎角 α 增大时，上下翼面的压强差增大，这对涡的强度也随之增大，涡心之间的展向距离减小，在后掠角很大或展弦比很小时，对涡甚至会相撞。图 4.5.1 给出了尖前缘三角翼在 $\alpha=15°$ 时翼面上的流动图画，在上翼面除了在前缘卷起一对方向相反的稳定涡面外 $\alpha=15°$，还有很强的展向流动，展向流动将引起翼面上气流的再次分离，形成另外一对小旋涡，其方向与上述主涡方向相反。从试验可观察到上述主涡从后缘伸向下游一定距离后，主涡将发生破裂变成不规则的流动，而且当 α 增大时，主涡开始破裂的地方将向后缘靠近，若 α 继续增大主涡将在后缘处就发生破裂，甚至在机翼的顶点处发生。

基于上面的分析可以看到，绕三角翼的流动有以下三个特点。

(1) 因三角翼前缘后掠角很大，下翼面压强较高的气流通过前缘翻向上翼面，产生较大的展向流动，这种展横向流动的结果，会使上下表面的下力得到一定程度的均衡。

(2) 由于前缘后掠的影响，会使三角翼上翼面的流线，像后掠翼一样呈“S”形(图 4.5.2)，因而在三角翼上也有翼根效应和翼尖效应。

(3) 当迎角稍大时，将形成前缘脱体涡(图 4.5.3)。

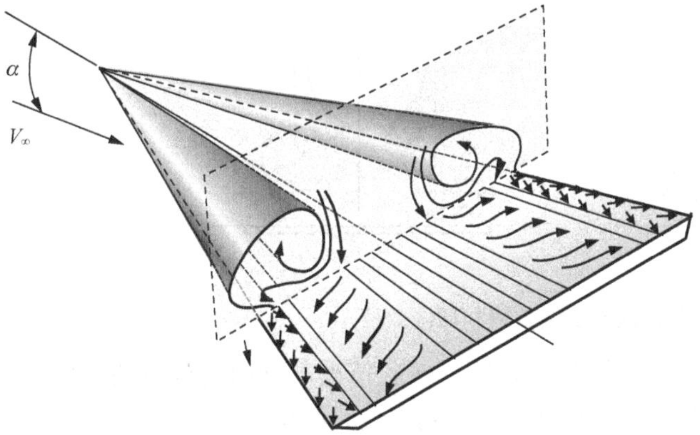

图 4.5.1　三角翼在 15°迎角时翼面上的流动图画

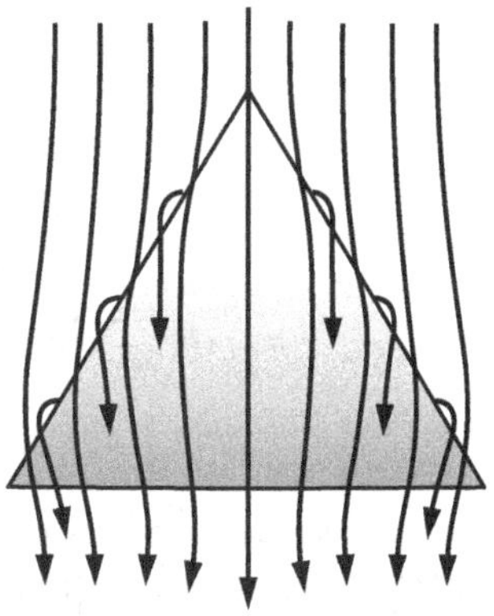

图 4.5.2　绕三角翼流动

由于当迎角增大到一定程度时，机翼大部分处于涡卷的控制之下，从三角翼前缘卷起的涡面的强度沿流向是变化的，在迎角增大到一定程度，还会出现二次分离现象，这时基于无黏假设的线化理论不再适用。图 4.5.4 给出一个小展弦比尖前缘平板三角翼从试验得到的升力曲线，从图上可明显看出 $C_L-\alpha$ 曲线是非线性的，$C_{L\alpha}$ 随着 α 的增大而增大，直到翼面上主涡破裂，然后升力下降发生失速。由于前缘涡的位置难以确定，所以要精确计算出 $C_L-\alpha$ 关系不是很容易。

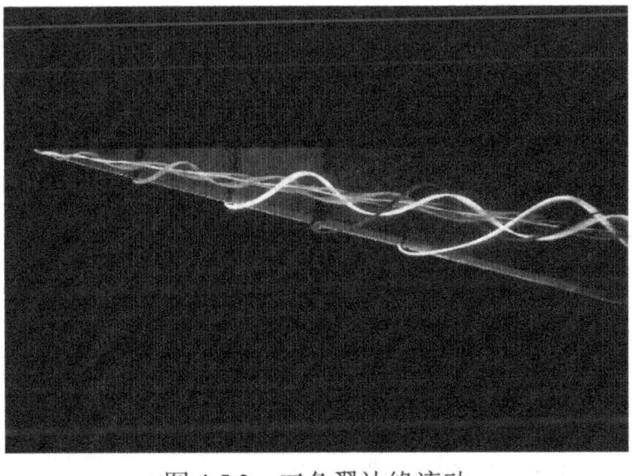

图 4.5.3　三角翼边缘流动

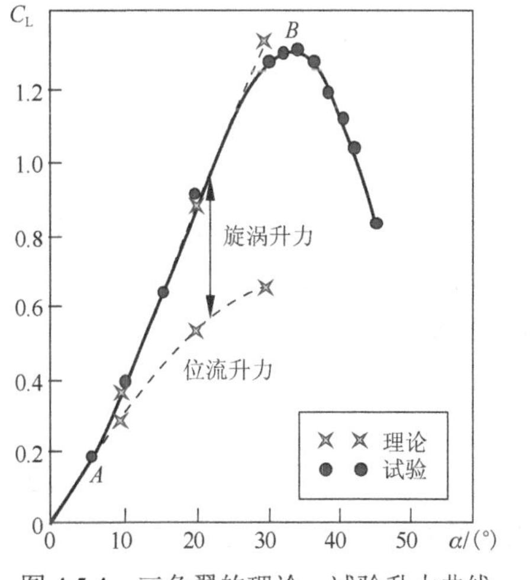

图 4.5.4　三角翼的理论、试验升力曲线

2. 脱体涡增升分析

下面对于脱体涡导致升力增加的流动机理进行简单分析。如图 4.5.5 所示，气流流过具有正迎角的三角翼，前缘脱体涡在其内侧诱起气流下洗，在外侧诱起气流上洗，下洗区的局部迎角减小，升力减小；上洗区的局部迎角增大，升力增大，这种现象称为法洗效应；由于上洗区的翼面面积较小，所以下洗区所造成的升力损失往往大于上洗区的升力增量，即法洗效应是使三角翼升力减小的。脱体涡在翼面上所诱起的切向速度分布，其方向是由翼根指向翼梢，其大小与距涡心的距离有关，离涡心越近，切洗速度越大；反之，则越小。切洗速度使流经机翼表面的主流速度偏斜并增大致使翼面升力增大，这种现象称为切洗效应。

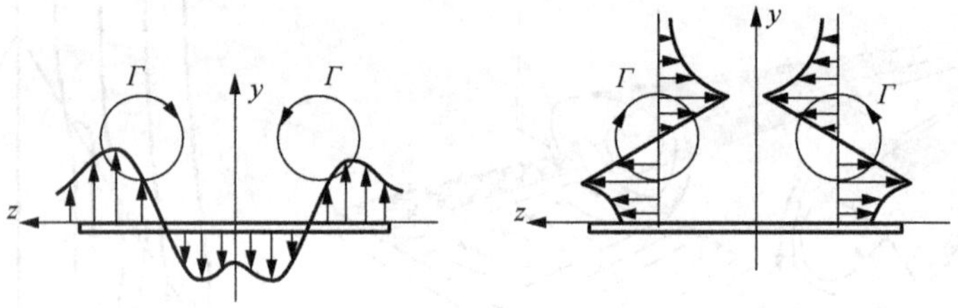

图 4.5.5 脱体涡的法洗效应和切洗效应

与大展弦比机翼相比，在小迎角下，翼根效应和法洗效应使根部剖面的有效迎角减小，三角翼的升力系数较小。随着迎角增大，脱体涡变粗增强，且涡心逐步向翼根移动，由于脱体涡的切洗效应，使机翼上表面产生了附加的吸力，故使升力系数非线性增大；当迎角增大到一定程度以后，由于脱体涡在翼面上“破碎”，切洗效应显著下降，附加吸力减小，故使升力线斜率逐渐减小，整个升力曲线呈“S”形非线性变化。由于横向流动的均压作用使翼面的逆压梯度减小，又因脱体涡控制了相当大部分翼面，不断地给边界层输入能量，所以小展弦比三角翼更难出现失速。只有当迎角很大，脱体涡的破碎点移至机翼前部时，才会出现分离失速。

3. 气动特性

由图 4.5.4 可见，三角翼的升力系数随迎角变化有三个特点。

1) C_L 以及 $C_{L\alpha}$ 较小

与大展弦比机翼相比，在同一迎角下，三角翼的升力系数较小。这是因为，上下翼面均压作用较强，使上下翼面压力差减小；翼根效应使根部剖面上翼面总吸力减小以及法向效应使根部剖面的有效迎角减小，这两者都使根部剖面的升力减小。虽然切洗效应和翼尖效应能使翼尖部分剖面的升力增大，但因根部的翼弦长，面积大，对升力的影响大，故总的升力较小，因而升力系数 C_L 以及对应的 $C_{L\alpha}$ 也就较小。

2) $C_L-\alpha$ 曲线增长段呈“S”形非线性变化

图 4.5.4 中 A 点对应着脱体涡产生前的迎角。随着 α 增大，脱体涡变粗增强，且涡心逐步向翼根移动，由于脱体涡的切洗效应，使机翼上表面产生了附加的吸力，故使 C_L 非线性增大；当迎角增大到 B 点以后，由于脱体涡在翼面上“破碎”，则切洗效应显著下降，附加吸力减小，方使 $C_{L\alpha}$ 也逐渐减小，于是 C_L 呈“S”形非线性变化。

$C_L-\alpha$ 的非线性变化随着后掠角加大而更加明显。这是由于后掠角增大时，脱体涡影响的翼面相对增大，因而非线性变化明显。

前面已经提到，由于前缘涡的位置难以确定，所以要精确计算出 $C_L-\alpha$ 关系是很困难的。后来出现了一种近似解法，它将升力分成两部分，其中一部分称为位流升力，亦即假设在前缘处气流不发生分离时的升力，另一部分称为旋涡升力增量，它是由于翼面上存在着上述旋涡产生负压而引起的升力增量。其估算公式为

$$C_L=(C_L)_{\alpha=0^\circ}\alpha+K\alpha^2 \tag{4.5.1}$$

其中，第一项为线性项，第二项为非线性项，系数 K 反映了脱体涡影响的大小，K 值可表示为

$$K=(C_{L\alpha})_{\alpha=0^\circ}\frac{0.5-\lambda}{56\lambda} \tag{4.5.2}$$

其中，$(C_{L\alpha})_{\alpha=0^\circ}$ 可按下面的经验公式估算

$$(C_{L\alpha})_{\alpha=0^\circ}=\frac{2\pi\lambda}{\bar{s}\lambda+2} \tag{4.5.3}$$

其中，$\bar{s}$ 是机翼的半周线长度与翼展之比。

3) 临界迎角和最大升力系数较大

由于展向流动的均压作用使翼面的逆压梯度减小，又因脱体涡控制了相当大部分翼面，不断地给边界层输入能量，所以三角机翼很难出现失速，只有当迎角很大，脱体涡破碎点移至机翼前部时，才会出现分离失速，因而临界迎角显著增大(可达30°～40°)，其最大升力系数 $C_{L\max}$ 也随之增大。

虽然小三角翼最大升力系数较大，但要充分利用该特性还是相当困难的。例如，飞机起飞和着陆时，迎角过大，不仅会影响飞行员的视界，而且还会造成机身尾部擦地，因此很多飞机起飞着陆时的迎角远远小于它的临界迎角。此外为了获得较大的升力系数，改善飞机的起飞着陆性能，有些超声速飞机采用了机头下折和加高起落架等措施。

4.5.2　小展弦比机翼的流动分析

小展弦比机翼低速绕流图画的一个主要特点是，下翼面压强较高的气流通过翼尖翻向上翼面形成的侧缘涡特别明显。图 4.5.6(a)给出了水洞中观察到的翼尖绕流图示，当翼展较大时，翼尖的侧缘涡只能影响翼尖附近的很小一部分，但对小展弦比的机翼，特别是展弦比小于 1 时，侧缘涡的影响范围对于机翼而言就比较大了。图 4.5.6(b)和图 4.5.6(c)给出了低速气流流过小展弦比直机翼的流动图画，可见即使在迎角不大时，除了后缘的自由涡面，在两翼尖侧缘部形成侧缘涡面，随着迎角的增大或展弦比的减小，翼尖侧缘涡面的影响也越大。机翼的升力仍然是由上下翼面的压力差产生的，但这时上翼面的低压不仅仅是由流线疏密引起的，还有部分是由气流分离和旋涡引起的。

由于绕流图画的不同，小展弦比机翼的升力特性就和大展弦比机翼的升力特性有所不同，$C_L-\alpha$ 不再呈线性关系。图 4.5.7 给出了 $\lambda=0.2, 0.5, 1.0, 5.0$ 的矩形翼按一般升力面理论计算出的结果和试验值对比。从图中可见，小展弦比机翼的 $C_L-\alpha$ 关系和线性理论明显有很大的偏差，其主要原因是对于小展弦比机翼不能像线性理论那样假设自由涡面是

从后缘拖出而且与机翼处在同一平面上，否则得出的升力系数和迎角呈线性关系是不可避免的。

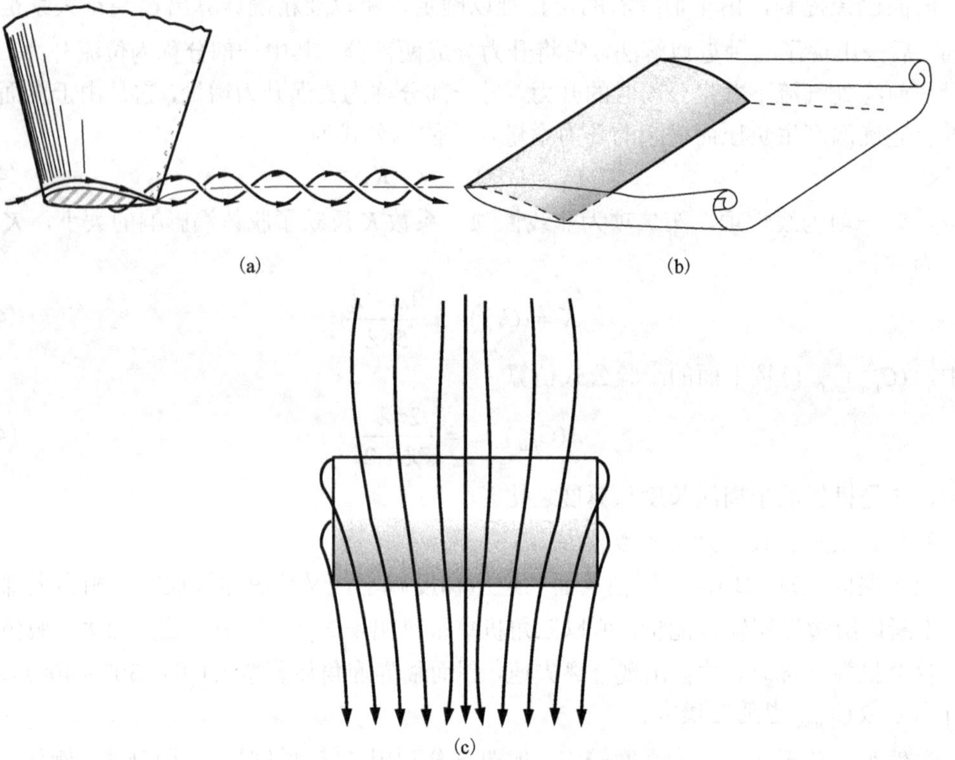

图 4.5.6　小展弦比机翼流动图画

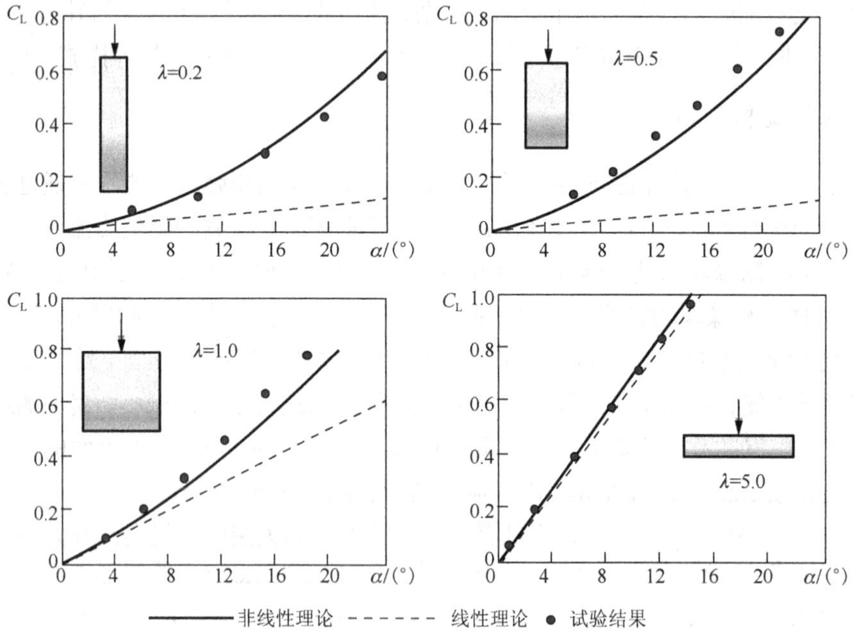

图 4.5.7　不同展弦比机翼升力系数理论与试验结果比较

针对具体的流动形式进行气动建模，图 4.5.8 示出两种非线性理论的气动模型。图 4.5.8(a)的模型中，假设附着涡强度沿展向为常量，但自由涡面与翼面不在一平面上，而是沿侧缘与机翼平面成$\alpha/2$角向下游伸展出。图 4.5.8(b)所示的气动模型对上述模型进行修改，附着涡强度沿展向是变化的。根据这些气动模型算出的$C_L-\alpha$曲线如图 4.5.7 中的实线所示，与试验结果符合得非常好(图中的虚线是线性理论的计算结果)。

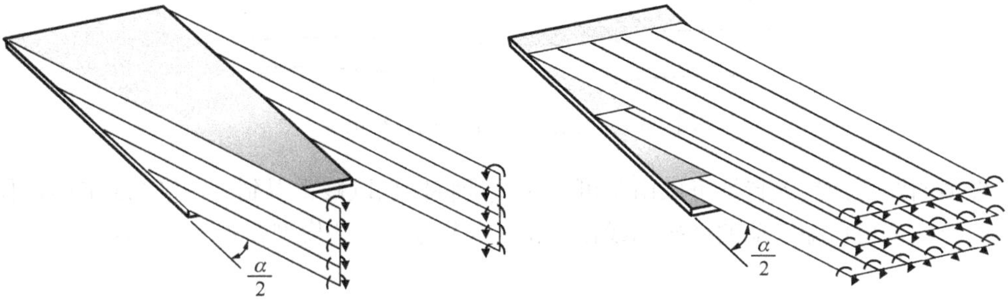

图 4.5.8　小展弦比机翼流动两种非线性理论气动模型

小展弦比直机翼升力系数的主要特点如下。

(1)由图 4.5.7 可看出，因为侧缘绕流的均压作用强，而造成小展弦比直机翼的C_L和$C_{L\alpha}$均较小。

(2)同三角翼类似，由于侧缘脱体涡的切洗效应，使小展弦比直机翼产生非线性升力，因而C_L呈“S”形变化，又因为脱体涡不断地给边界层输入能量，使边界层不易分离，因而$C_{L\max}$临界迎角都相应增大，如图 4.5.9 所示。

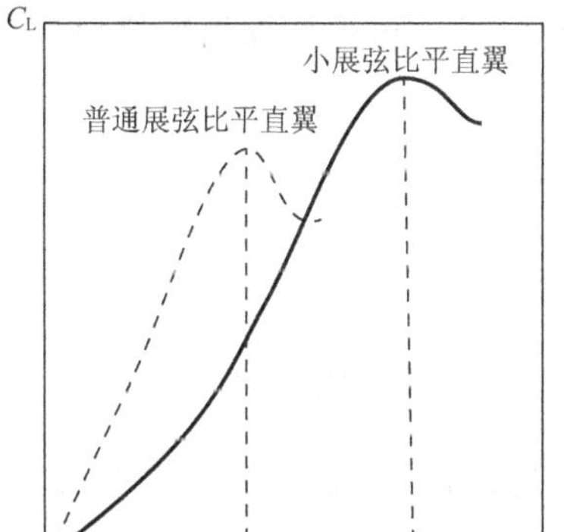

图 4.5.9　小展弦比机翼流动两种非线性理论气动模型

§4.6　亚声速可压流中机翼的气动特性

习惯上把$0.3<M_\infty<0.8$的流动称为亚声速流，如图 4.6.1 所示，亚声速流与不可压缩流流过相同翼型的流场是没有本质区别的，只是在翼型对流场扰动的大小和在翼型上所受的力的大小上有差异。不可压缩气流在减速过程中，密度不变；而可压缩气流在减速过程

中，密度却不断增大。因而沿气流方向，可压缩气流通过单位横截面积的动量比不可压流的大。可压缩气流流至驻点，速度减小到零时，压强更高一些。亚声速时压缩性影响使翼型上下表面压差变大，升力系数增加；且自由来流马赫数越大，压缩性影响越明显。

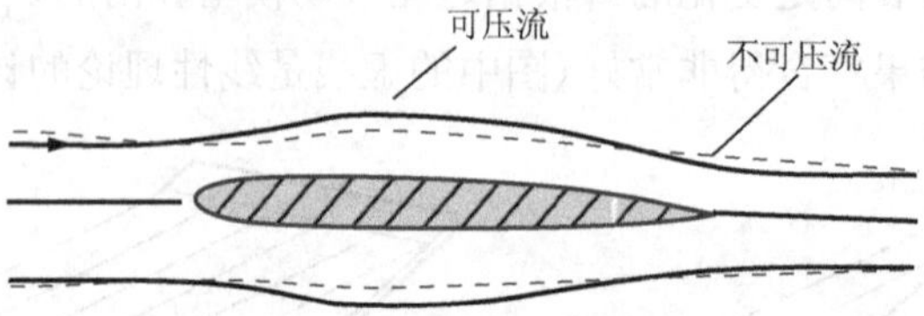

图 4.6.1 对应于不同 C_p 的各种情况

翼型的亚声速气动特性可以由不可压流气动特性加以修正得到。在第 2.3 节中，我们曾简要介绍了可压缩流动的小扰动线化理论，本节基于这些模型，分析亚声速机翼流动的性质。

4.6.1 普朗特–格劳特法则

这里针对机翼绕流，继续讨论可压缩流动变换后的位函数方程(2.3.6)，变换后的流动同原外形下的不可压流动相比，有什么变化呢？

先来看一下对于机翼翼型的变化，有如下关系

$$c' = c,\ f' = \beta f,\ t' = \beta t \tag{4.6.1}$$

$$\frac{f'}{c'} = \beta\frac{f}{c},\ \frac{t'}{c'} = \beta\frac{t}{c} \tag{4.6.2}$$

其中，t、c 和 f 分别表示翼型的厚度、弦长和弯度，上标“ ′ ”表示变换后的相关参数，$\beta = \sqrt{1-M_\infty^2}$ 是普朗特–格劳特因子。可见变换后的比拟机翼的厚度、弯度、相对厚度、相对弯度都要变小。

再看机翼外形的变化

$$\tan\chi' = \frac{x'}{y'} = \frac{x}{\beta y} = \frac{1}{\beta}\tan\chi \tag{4.6.3}$$

$$\lambda' = \frac{l'}{c_a'} = \frac{\beta l}{c_a} = \beta\lambda \tag{4.6.4}$$

其中，χ 为后掠角，λ 为展弦比，l 为展长，c_a 为平均弦长。由于 $0<\beta<1$，易知变换后的机翼后掠角更大，展弦比变小。

针对变换后的外形参数，可以按照不可压流动的方法求解出变换后比拟机翼的气动参数，再换算回原来的流动即可。

真实机翼的扰动速度分量与变换后的扰动速度分量的关系是

$$u = \frac{1}{\beta^2}u',\quad v = \frac{1}{\beta}v' \tag{4.6.5}$$

根据式(2.2.28)，对气动力和气动力系数的影响是

$$C_p = -2\frac{u}{V_\infty} = -2\frac{1}{V_\infty}\frac{\partial\phi}{\partial x} = -2\frac{1}{V_\infty}\frac{1}{\beta^2}\frac{\partial\phi}{\partial x} = \frac{1}{\beta^2}C_p' \tag{4.6.6}$$

同样升力系数 C_L 和力矩系数 C_{mz} 是各点的压力系数沿翼面积分而得到的，因此 C_L、C_{mz} 的关系也是

$$C_L = \frac{1}{\beta^2} C'_L \tag{4.6.7}$$

$$C_{mz} = \frac{1}{\beta^2} C'_{mz} \tag{4.6.8}$$

式(4.6.6)说明，可压流场某点的压力系数等于不可压流场上对应点的压力系数乘以 $\frac{1}{\beta^2}$。

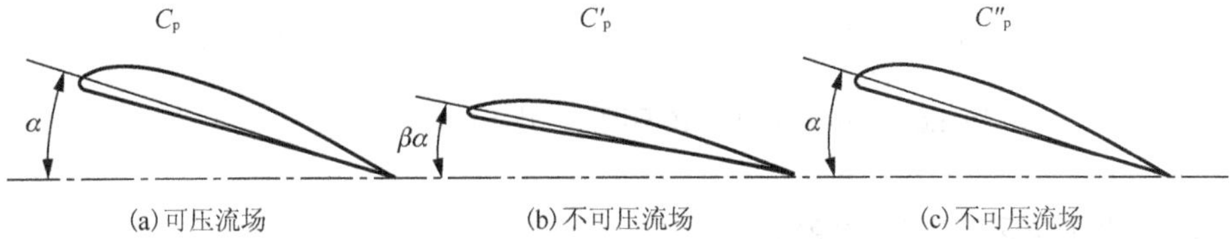

图 4.6.2　对应于不同 C_p 的各种情况

这只是一种换算法，对不可压流而言，在小扰动的范围内，扰动是和迎角成正比的，也和厚度成正比。上述的对应关系，还可以再作变化。在不可压流场中将翼型厚度和迎角放大一下，都乘以 $\frac{1}{\beta}$，把这第二个不可压流的对应点上的压力系数记为 C''_p，如图 4.6.2 所示。那么可得 C''_p 和 C_p 的关系是

$$C_p = \frac{1}{\beta^2} C'_p = \frac{1}{\beta} C''_p \tag{4.6.9}$$

该式说明，不可压流和可压流在完全相同的翼型和迎角条件下，其对应点上的压力系数的关系是，把不可压流的压力系数乘以 $\frac{1}{\beta}$ 就是亚声速可压流的压力系数值。

同样，同一翼型在同一迎角下，亚声速的升力系数 C_L 和力矩系数 C_{mz} 分别等于 $\frac{1}{\beta}$ 乘以不可压流的 C_L 和 C_{mz} 值。这个 β 的取法，已在前面 2.3 节中说明。

换算关系式(4.6.9)称为普朗特-格劳特法则，又称亚声速相似律，是格劳特于 1927 年提出来的，普朗特也在那个年代前后提出这个法则。

图 4.6.3(a)是 NACA 4415 翼型在同一个迎角和 3 个不同来流 M_∞ 数下的 C_p 分布曲线，M_∞ 分别为 0.191、0.512、0.596。这 3 条曲线是试验的结果。按普朗特-格劳特法则，这 3 条曲线可以按 $\frac{1}{\beta}$ 彼此换算。图 4.6.3(b)显示的是将图 4.6.3(a)的三条曲线各自乘以 β 换算回不可压情况下的结果，可见 $M_\infty = 0.191$ 的那条曲线和原来曲线差异较小，因为其 $\beta = 0.9816$，它本身就是不可压流。其他两条曲线和 $M_\infty = 0.191$ 的变化趋势是一致的，但存在细节上的差异，反映出普朗特-格劳特法则修正量不足。另外，图中显示 M_∞ 越大，不足程度就越大。

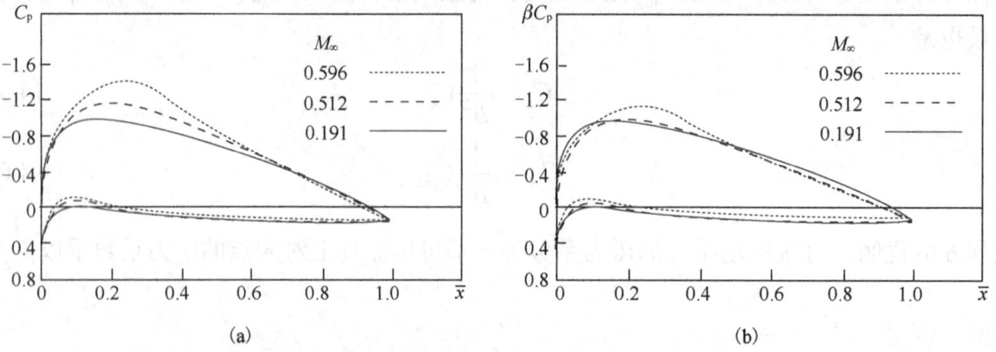

图 4.6.3　NACA 4415 在不同 M_∞ 数下的 C_p 和 βC_p 分布

4.6.2　翼型的亚声速空气动力特性

1. 升力特性

普朗特–格劳特法则已经清晰地反映出翼型在亚声速来流中的升力性质

$$C_L = \frac{1}{\beta} C_L'' \tag{4.6.10}$$

其中，C_L'' 是完全相同的翼型和迎角条件下不可压流动的升力系数。由于普朗特–格劳特因子 $\beta = \sqrt{1 - M_\infty^2} < 1$，翼型的升力系数大于不可压流动对应的升力系数。且随着 M_∞ 增大，压缩性效应越显著，升力系数越大。

将式(4.6.10)两边对迎角求导，得

$$C_{L\alpha} = \frac{1}{\beta} C_{L\alpha}'' \tag{4.6.11}$$

该式说明，在亚声速情况下，$C_{L\alpha}$ 也将受空气压缩性的影响。随着飞行马赫数的增加，$C_{L\alpha}$ 也逐渐增加。

空气压缩性对 $C_{L\max}$ 及 $\alpha_{临}$ 有一定的影响。如图 4.6.4 所示，普通翼型的 $C_{L\max}$ 及 $\alpha_{临}$ 随马赫数的增大而减小，这是因为空气压缩性的影响使翼面 C_p 的绝对值增大，当 $\alpha > 0$ 时，上表面最低压强点附近 C_p 的绝对值增大较多，后缘部分 C_p 的绝对值增大较小，造成翼型上表面后半部的逆压梯度增大。马赫数越大，逆压梯度增大得越多，翼面就越容易产生气流分离，因此 $C_{L\max}$ 和 $\alpha_{临}$ 越来越小。

空气压缩性对零升迎角 α_0 基本上无影响，即在亚声速范围内，零升迎角基本上不随飞行马赫数 M 变化。这是因为压缩性的影响仅使得翼面各点的压力系数 C_p，按同一比例变化(比例系数为 $\frac{1}{\beta}$)，故 α_0 基本不变。

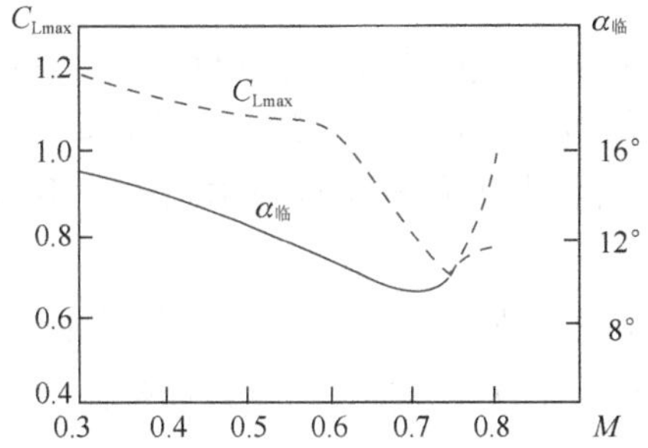

图 4.6.4　某普通翼型的 $C_{L\max}$ 及 $\alpha_临$ 随 M 数的变化

2. 阻力特性

亚声速范围内的阻力仍然是摩擦阻力和压差阻力合成的，随着马赫数 M 的增大，一方面由于边界层内空气密度下降，边界层增厚，使物面处速度梯度 $\left(\dfrac{dV}{dy}\right)_{y=0}$ 减小，从而使摩擦阻力系数减小；另一方面，压力系数 C_p 的绝对值随马赫数 M 增大而增大，故压差阻力系数必有所增加。综合两方面情况看，翼型阻力系数基本不随马赫数 M 变化，也就是，亚声速情况空气压缩性对翼型阻力系数基本上无影响，只有在高亚声速情况下，C_D 才略有增加。

但对于描述阻力特性的最小型阻系数 $C_{D\min}$ 来说，由于其主要成分是摩擦阻力系数，所以亚声速情况空气压缩性将使 $C_{D\min}$ 减小。

3. 力矩特性

由前面得到的 $C_p = \dfrac{1}{\beta} C_p''$ 的关系可见，亚声速情况，空气压缩性对力矩特性(即 $C_{mz} - C_L$ 曲线)的影响主要是影响翼型的焦点位置和零升力矩系数。

依前所述，压缩性的影响是使整个翼型表面的 C_p 都放大了 $\dfrac{1}{\beta}$ 倍，而并不改变翼型表面压强分布的形状。当迎角变化时，C_p 的变化量 ΔC_p 沿弦向基本上也是按同一比例变化，故翼型焦点位置基本不变。但 m_{z0} 却放大了 $\dfrac{1}{\beta}$ 倍。

翼型的这种力矩特性的理论结果与实际情况略有出入。这是因为压缩性使翼面上各点 C_p 的放大倍数并不都等于 $\dfrac{1}{\beta}$，而是与各点 C_p'' 有关。在上翼面前段，因 $\left|C_p''\right|$ 较大，则 C_p'' 放大的倍数较大；而在上翼面后段，C_p'' 放大的倍数较小。当迎角变化，ΔC_p 也按上述规律变化，所以，翼型焦点位置略向前移。显见，m_{z0} 的变化也不是放大了 $\dfrac{1}{\beta}$ 倍。

4.6.3　后掠翼的亚声速空气动力特性

后掠翼的亚声速气动特性主要是指空气压缩性(即马赫数)对升力、阻力的影响。

1. 升力特性

在亚声速阶段，空气压缩性对后掠翼的升力系数、升力系数曲线斜率和最大升力系数的影响与空气压缩性对翼型升力特性影响在趋势上是相同的，即随着马赫数 M 增大，C_L 和 $C_{L\alpha}$ 均增大，而 $C_{L\max}$ 却下降，其变化理由也基本相同，不同的是其变化程度较小，原因可作如下分析。

由式(4.4.2)和式(4.4.5)可知，同一马赫数下，后掠翼的 C_L 和 $C_{L\alpha}$ 均比平直翼小。平直翼飞行马赫数 M 增加 ΔM 对升力系数和升力系数曲线斜率的影响，相当于后掠翼飞行马赫数 M 增加 $\dfrac{\Delta M}{\cos\chi}$ 对 C_L 和 $C_{L\alpha}$ 的影响。可见，同翼型相比，后掠翼的 C_L 和 $C_{L\alpha}$ 随飞行马赫数 M 的变化相对较慢。

2. 阻力特性

在亚声速阶段，空气压缩性对后掠翼阻力系数 C_D 的影响，与马赫数 M 对翼型 C_D 的影响情况及理由基本相同，即开始由于马赫数 M 较小，C_D 基本不随马赫数 M 变化；只有在较大马赫数 M 时，C_D 才略有增加。

复习与思考

1．熟悉机翼的基本外形参数。
2．理解升力线理论的主要思路和运用方法。
3．升力面理论有什么应用条件，它和升力线理论的基本假设有什么不同？
4．低速流动中的机翼后掠会带来哪些影响？
5．低速流动中的三角翼流动图画有什么特点？
6．对于亚声速流动中的机翼，要理解它的气动特性是什么样的？如何计算？

第 5 章　超声速与跨声速翼型和机翼的空气动力特性

本章讨论飞行器在更高速度区域——跨声速区和超声速区的空气动力特性。首先讨论飞行器的超声速流动，主要应用超声速流的线化理论来分析薄翼型和薄机翼在无黏性有位绕流和小扰动假设下的纵向空气动力特性。由于是在无黏的条件下进行的，因此未涉及与黏性相关的摩擦阻力和型阻。然后再讨论更复杂跨声速流动，以认识理解流动图画和气动特性为主。

需要说明，虽然本章超声速流动和跨声速流动是单独讨论的，但本章的讨论主要针对薄翼型和薄机翼的气动特性，这是较为特殊的情况。尽管在实际情况下，亚声速流场中有时包含有局部超声速区，超声速流场中也可能包含有局部亚声速区，同样跨声速流场中往往包含局部激波，要复杂得多，当前在理论和试验技术上都还存在不少需要进一步研究和解决的问题。

§5.1　薄翼型的绕流流动分析

5.1.1　超声速薄翼绕流受力分析

超声速运动的机翼，承受波阻力的作用，这与亚声速运动的情况完全不同，波阻的存在是飞行器的超声速气动特性与亚声速气动特性的主要区别之一。先以薄翼型绕流为例，说明超声速运动的机翼承受有波阻力。这里仍然不考虑气流黏性，并假设翼型运动对流场所产生的扰动是小扰动。

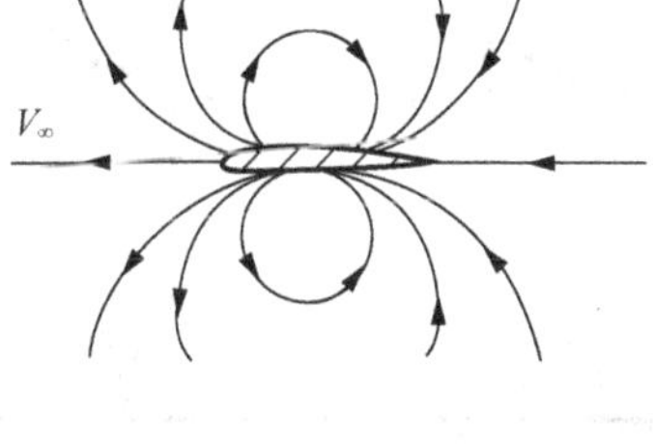

(a) 亚声速运动翼型

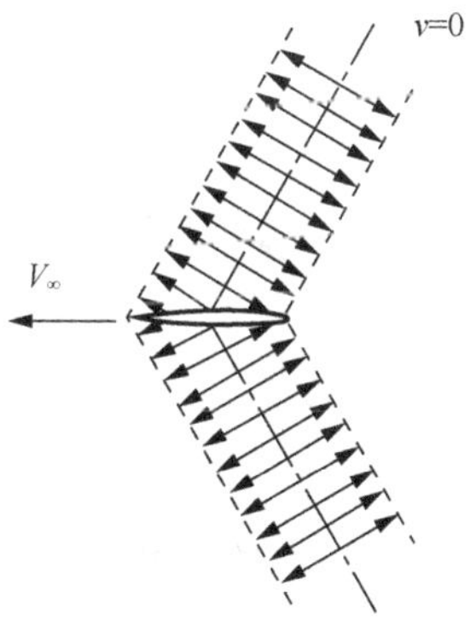

(b) 超声速运动翼型

图 5.1.1　运动翼型对流动的扰动示意图

翼型作亚声速运动时，由于它对流场的扰动能够全场传播，这包括翼型的前方位置，对于翼型前方的气流质点，在翼型还未到达之前，就会产生运动，自动避开，如图 5.1.1(a) 所示。

而对作超声速运动的翼型，以具有尖前缘和尖后缘的对称薄翼型为例，由于它的扰动只限于从翼型前缘所发出的马赫波后的区域，因此，在前缘马赫波前方的气流质点不受翼型运动的影响，在翼型未到达以前，不会自动让开。由于薄翼型前半部对气流起着压缩扰动作用，而后半部对气流则起着膨胀扰动作用，因此，在后缘马赫波后的流场区域，所承受的压缩扰动与膨胀扰动的作用将相互抵消，流体质点仍恢复静止状态。

在前后缘马赫波之间的气流质点，受扰动后的运动方向总是垂直于马赫波的(即沿着波的传播方向)。在前半部分，由于翼型表面各点对静止气流都是起着压缩扰动作用，气流质点的运动方向是与马赫波的传播方向一致；而在后半部，由于翼型表面各点对气流质点都是起着膨胀扰动作用，气流质点的运动方向与马赫波的传播方向是相反的。上述变化形式如图 5.1.1(b)所示，该流动图案是根据小扰动假设得到的，翼型越薄越尖，流动图案越接近于真实情况。

根据图 5.1.1 给出的流动图案，我们在运动翼型的上下方某一距离处，各作一平行于运动方向的控制面，研究受扰动的气流质点进出此控制面的情况。翼型作亚声速和超声速运动时，翼型前、后方受扰动的气流质点在控制面处的运动情况分别如图 5.1.2 所示。

根据动量定理，从控制面朝前流出的气流将带给翼型向后的反作用力，它有一阻力分量；而从控制面朝后流出的气流则给翼型向前的反作用力，它有一拉力分量；同样，朝前流进控制面的气流将给翼型向前的作用力，它有一拉力分量，而朝后流进控制面的气流则将给翼型向后的作用力，它有阻力分量；显然，从控制面垂直进出的流体都不会使翼型承受有拉力或阻力的分量。这样，在无黏性流体中作亚声速运动的翼型沿飞行方向所承受的作用力就如图 5.1.2 左边的两个图所示，由于拉力与阻力相抵消，故翼型不承受阻力，对超声速运动的翼型，则承受阻力作用，如图 5.1.2 的最右图所示。也就是说，无黏性超声速气流绕薄翼型流动时，翼面的压强分布必定使得作用于翼型的总空气动力在来流方向有一阻力分量，这种与马赫波传播有关的阻力称为波阻力。

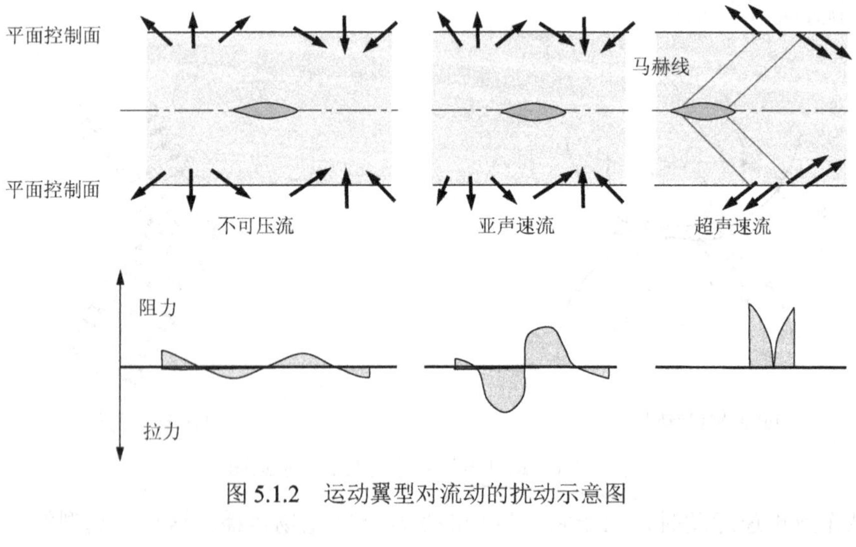

图 5.1.2　运动翼型对流动的扰动示意图

5.1.2　翼型的超声速绕流图画

图 5.1.3 显示了超声速气流以迎角 α 绕双弧形翼型流动的流场结构，分两种情况：迎

角 α 小于翼型前缘半顶角 θ 如图 5.1.3(a)所示，迎角 α 大于翼型前缘半顶角 θ 如图 5.1.3(b)所示。

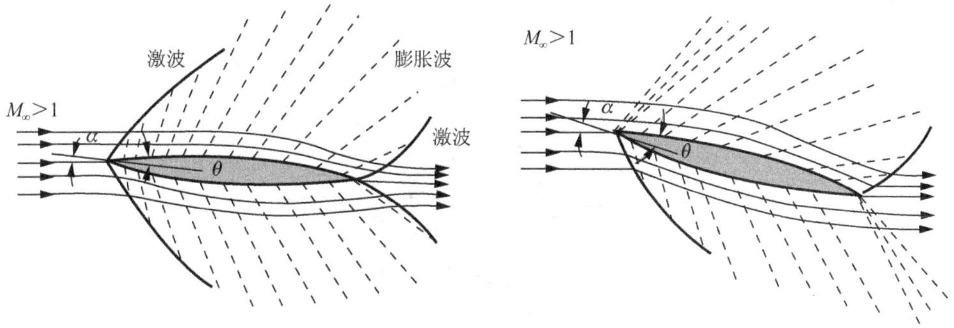

图 5.1.3　双弧形翼型的超声速绕流流场结构

如果翼型的迎角小于翼型前缘的半顶角，即 $\alpha<\theta$，超声速气流流过该翼型时，在前缘处上下面都是流动压缩的状态，在前缘处将产生上下两道附体斜激波。在有迎角时，由于前缘处上下翼面气流相对于来流的偏转角不同，所以上下两道激波强度和倾角亦不相同。靠近翼面的气流通过斜激波后，将偏转到与翼型前缘处翼面的切线方向上，随后，气流沿翼面的流动相当于绕凸曲面的流动，通过一系列膨胀波而连续地膨胀。从翼面前部所产生的膨胀波，将与前缘激波相交并削弱激波，使前缘激波相对于来流倾角随着远离翼型逐渐减小，最后退化为马赫波。

当超声速气流流到翼型的后缘时，上下气流的方向不同，压强也不相等，在后缘上下必产生两道斜激波，使得通过斜激波在后缘会合的气流具有相同的指向和相等的压强。但是后缘激波也要被翼面后段所发出的膨胀波所削弱，使后缘激波随着远离翼型逐渐减弱，最后退化为马赫波。翼面压强在前缘激波后最大，之后沿翼面经一系列膨胀波而逐渐下降直到后缘，由于翼面前半段压强高于后半段压强，因而翼面上压强分布的合力在来流方向将有一分力，也就是上面提到的波阻。如图 5.1.3 所示的情况，当翼型的迎角为正迎角时，由于上翼面的前缘激波较下翼面为弱，所以上翼面压强将小于下翼面，因此，压力的合力在与来流相垂直的方向将有一向上的分力，即升力。

如果翼型的迎角大于翼型前缘的半顶角，即 $\alpha>\theta$，则气流绕上翼面前缘的流动，就相当于绕凸角流动，上翼面前缘将产生一组膨胀波，下面仍为激波；同时在后缘的上表面形成斜激波，而下表面则为膨胀波。

§5.2　薄翼型超声速绕流的线化理论

超声速飞机的机翼的翼型厚度是一般比较薄的，这样波阻较小，翼型弯度也很小甚至为零，而且飞行时迎角较小，因此机翼产生的激波，其强度也较弱。作为一级近似，可将激波近似为马赫波，同时，膨胀波在一级近似下也取为马赫波，并近似认为所有马赫波互相平行，且与来流的夹角均为$\arctan\dfrac{1}{\sqrt{M_\infty^2-1}}$，如图 5.2.1 所示。因此，对超声速气流绕翼型的小扰动近似，可以导出翼型上任一点的压力系数关系。

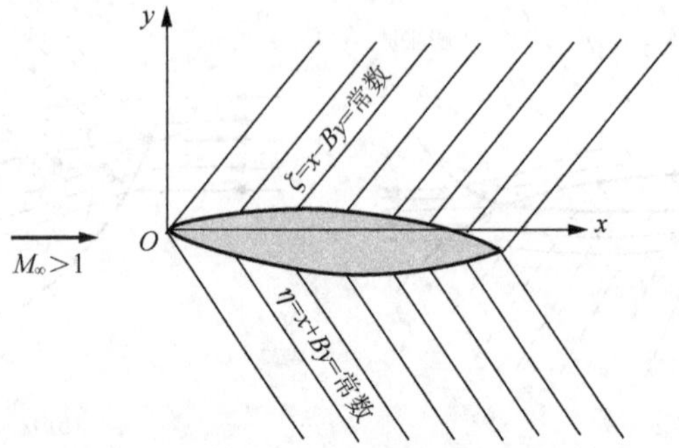

图 5.2.1　一级近似下的翼型流动线化与波系的线化

特别需要注意，这里所说的一级近似，并不是对气体动力学方程而言的一级近似，而是指“将激波和膨胀波近似为马赫波”的近似方法。此外，还有二级近似方法，也不是针对气体动力学方程的二级近似，而是一种“激波-膨胀波方法”的近似方法，该方法在压力系数表达式中保留二次项，其结果较为精确，对于这种二阶近似方法，本节中并不讨论。

下面对超声速薄翼型流动的线化理论主要过程进行介绍。

5.2.1　线化理论

从流动的位函数方程出发，可导出超声速翼型小扰动速度位的线化方程，二维情况下式(2.3.2)可变成

$$B^2\frac{\partial^2\phi}{\partial x^2}-\frac{\partial^2\phi}{\partial y^2}=0 \tag{5.2.1}$$

其中，$B^2=M_\infty^2-1$，ϕ是扰动位函数。

该方程是波动方程，是二阶线性双曲型偏微分方程。引入变换

$$\begin{cases}\xi=x-By\\ \eta=x+By\end{cases} \tag{5.2.2}$$

可写出方程的通解形式为

$$\phi(x,y)=f_1(\zeta)+f_2(\eta)=f_1(x-By)+f_2(x+By) \tag{5.2.3}$$

其中，f_1和f_2是任意函数，具体函数形式由边界条件及线化流动图来确定。

如图 5.2.1 所示，对函数f_1，$\zeta=x-By=$常数，描述的直线上所有点$f_1=$常数；对函数f_2，$\eta=x+By=$常数，描述的直线上所有点$f_2=$常数。现在需要求任意点$P(x,y)$的扰动速度位，只要知道经过这一点的这两条直线上任意点函数值就可以。而这两条直线正好是马赫数为M_∞超声速均匀来流中$P(x,y)$点的特征线。

根据超声速扰动传播特点，在前缘点上游是未扰动区$\phi=0$，从前缘点到后缘点的翼

型扰动上下表面相互不影响，且扰动也不会穿过翼型传播，在后缘点下游的扰动区对翼型不产生扰动；因此在上半平面，扰动速度位就是函数 f_1，在下半平面，扰动速度位就是函数

$$\phi(x,y)=\begin{cases} f_1(x-By) & , \quad y>0 \\ f_2(x+By) & , \quad y<0 \end{cases} \tag{5.2.4}$$

从理论上说，可用边界条件确定 f_1 和 f_2 以后就可以得到 ϕ，但实际上关心的是气动力，求 ϕ 只是一种途径，下面介绍利用 ϕ 函数表示式，直接通过物面方程，确定表面压力系数。

翼型上表面，根据 ϕ 函数推出翼型上表面扰动速度

$$\begin{cases} v_x=\dfrac{\partial\phi}{\partial x}=f_1'(\xi)\cdot\xi_x=f_1'(\xi) \\ v_y=\dfrac{\partial\phi}{\partial y}=f_1'(\xi)\cdot\xi_y=-B\cdot f_1'(\xi)=-Bv_x \end{cases} \tag{5.2.5}$$

则上表面线化压力系数可写为

$$C_{\mathrm{pu}}=\left(-2\frac{v_x}{V_\infty}\right)_{y=0+}=\left(\frac{2}{B}\frac{v_y}{V_\infty}\right)_{y=0+}=\frac{2}{B}\frac{\mathrm{d}y_{\mathrm{u}}}{\mathrm{d}x} \tag{5.2.6}$$

其中，下标 $y=0_+$ 表示 $y=0$ 平面的上表面，用以近似翼型的上表面。根据翼型上表面线化绕流边界条件式(2.2.20)可知

$$\left(v_y\right)_{y=0_+}=V_\infty\frac{\mathrm{d}y_u}{\mathrm{d}x} \tag{5.2.7}$$

代入式(5.2.6)可得

$$C_{\mathrm{pu}}=\frac{2}{B}\frac{\mathrm{d}y_{\mathrm{u}}}{\mathrm{d}x} \tag{5.2.8}$$

同样下表面线化压力系数可写为

$$C_{\mathrm{pl}}=-\frac{2}{B}\frac{\mathrm{d}y_{\mathrm{l}}}{\mathrm{d}x} \tag{5.2.9}$$

式(5.2.8)、式(5.2.9)实际反映的关系就是

$$C_{\mathrm{p}}=\pm\frac{2\theta}{\sqrt{M_\infty^2-1}} \tag{5.2.10}$$

其中，θ 为翼型上某点的切线与来流方向的夹角，上式右侧“+”适用于上表面，“−”适用于下表面。

5.2.2　一级近似理论结果

由式(5.2.8)、式(5.2.9)可见，根据线化理论，翼型表面上任一点的压力系数是与该点翼面斜率成正比的。看一个例子，对相对厚度 $\bar{t}=0.1$ 的双弧形翼型，在来流马赫数 $M_\infty=2.13$ 和 $\alpha=-10°$ 时，计算得到的上下翼面压强分布如图 5.2.2 所示，图中也同精确

解、试验数据和二阶近似方法结果进行对比，其中精确解是按激波–膨胀波方法计算的。该例子中翼型的厚度很大，负迎角也很大，相比于一般情况下的超声速翼型，这属于比较极端的例子。

从图 5.2.2 可见，翼型下翼面前半段到 $\bar{x}=\dfrac{x}{c}=40\%$，一级近似结果与试验结果较一致，因为下翼面前缘的实际迎角只有 $1^\circ 20'$，是非常微小的压缩，一直到 $\bar{x}=40\%$ 的中部，其膨胀也很微弱，一级近似结果自然比较准确。另外，下翼面后半段表现出与试验结果和精确解较大的差异，压力系数偏低，越接近后缘偏差越大，显示出“膨胀有余”。这个现象经分析有两个原因，第一由于一级近似假设中膨胀波膨胀过多，导致实际的压强比理论计算的偏大；另一方面是由于通过后缘激波所增大的压强要沿边界层内的亚声速流区域往上游传播，这些因素都没有考虑，引起了较大的偏差。

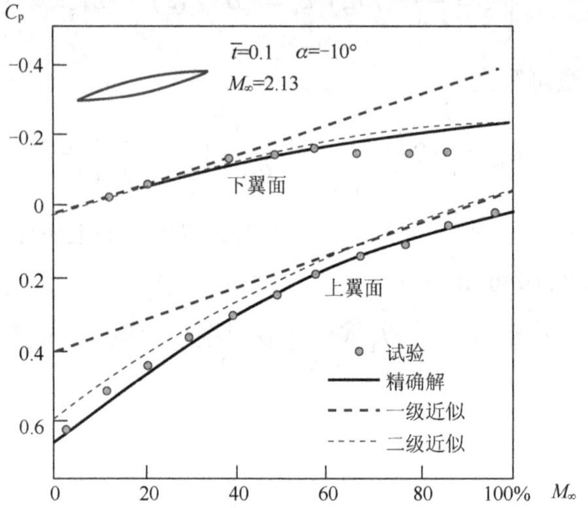

图 5.2.2　双弧形翼型表面压力系数的理论结果与试验值对比

再来看上翼面的结果比较，上翼面的情况与下翼面刚好相反，从上翼型前缘到 $\bar{x}=60\%$ 的中部，一级近似结果比试验结果和精确解小，显示出“压缩不足”，而从 $\bar{x}=60\%$ 到翼型后缘，符合得较好。可以这样理解，上翼面前缘的实际迎角很大，对来流气体的压缩作用很强，此处采用马赫波进行建模，不能反映出实际激波的影响，压缩不够，导致得到的压力系数偏小；而到了后缘，气流压力系数接近零，没有强的尾激波形成，所以一级近似将和试验值符合较好。

5.2.3　压力系数的叠加法

1. 叠加法的表述

由于线化理论给出翼面压力系数是与翼面斜率成正比的结果，因此，翼型表面的压力系数可认为是由如下三部分绕流所产生的压力系数叠加而得的(图 5.2.3)。

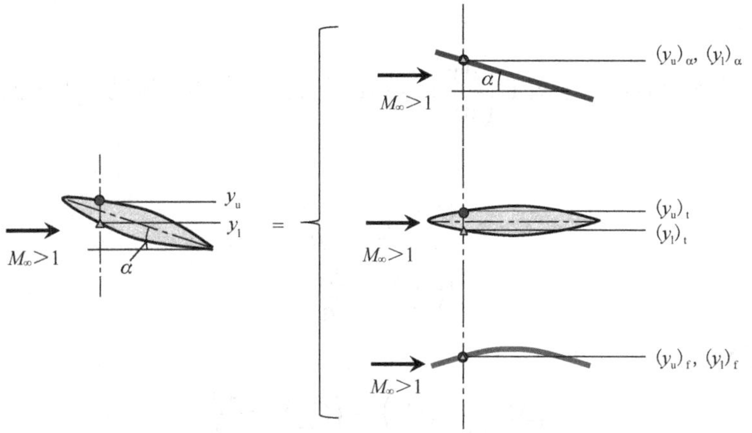

图 5.2.3　线化理论条件下薄翼型的分解

(1) 迎角为 α 的平板绕流，简称为迎角效应，用下标“ α ”表示。

(2) 迎角为零的对称翼型绕流，该对称翼型即原翼型的厚度部分，简称为厚度效应，用下标“ t ”表示。

(3) 迎角为零的中弧线绕流，该中弧线即原翼型的中弧线，简称为弯度效应，用下标“ f ”表示。

则式 (5.2.8)、式 (5.2.9) 可写成

$$\begin{cases} C_{pu}=\dfrac{2}{B}\left[\left(\dfrac{dy_u}{dx}\right)_\alpha+\left(\dfrac{dy_u}{dx}\right)_t+\left(\dfrac{dy_u}{dx}\right)_f\right] \\ C_{pl}=-\dfrac{2}{B}\left[\left(\dfrac{dy_l}{dx}\right)_\alpha+\left(\dfrac{dy_l}{dx}\right)_t+\left(\dfrac{dy_l}{dx}\right)_f\right] \end{cases} \tag{5.2.11}$$

但要注意，分解后的翼型表面 y_u 和 y_l 是有变化的，如图 5.2.3 所示，$(y_u)_\alpha$ 和 $(y_l)_\alpha$ 等于原翼型弦线坐标，$(y_u)_f$ 和 $(y_l)_f$ 等于原翼型中弧线坐标，而 $(y_u)_t$ 和 $(y_l)_t$ 满足如下关系

$$\begin{cases} (y_u)_t=\dfrac{1}{2}(y_u-y_l) \\ (y_l)_t=-\dfrac{1}{2}(y_u-y_l) \end{cases} \tag{5.2.12}$$

式 (5.2.11) 也可以统一写成如下形式

$$\begin{cases} C_{pu}=(C_{pu})_\alpha+(C_{pu})_t+(C_{pu})_f \\ C_{pl}=(C_{pl})_\alpha+(C_{pl})_t+(C_{pl})_f \end{cases} \tag{5.2.13}$$

其中，下标中的 α、t 和 f 分别对应于迎角效应、厚度效应和弯度效应，可以分别予以得出，最后合成总的压力系数。

2. 迎角效应

只考虑迎角效应时，上下翼面$\left(\frac{\mathrm{d}y}{\mathrm{d}x}\right)_\alpha=-\alpha$。上表面为膨胀流动，下表面为压缩流动。可得

$$\begin{cases}\left(C_{\mathrm{pu}}\right)_\alpha=\dfrac{-2\alpha}{B}\\\left(C_{\mathrm{pl}}\right)_\alpha=\dfrac{2\alpha}{B}\end{cases}\tag{5.2.14}$$

对应的荷载系数

$$\left(\Delta C_{\mathrm{p}}\right)_\alpha=\left(C_{\mathrm{pl}}\right)_\alpha-\left(C_{\mathrm{pu}}\right)_\alpha=\frac{4\alpha}{B}\tag{5.2.15}$$

3. 厚度效应

在只考虑厚度效应时，上表面在$\left(\frac{\mathrm{d}y_{\mathrm{u}}}{\mathrm{d}x}\right)_{\mathrm{t}}>0$时为压缩流动，$\left(\frac{\mathrm{d}y_{\mathrm{u}}}{\mathrm{d}x}\right)_{\mathrm{t}}<0$时为膨胀流动。下表面在$\left(\frac{\mathrm{d}y_{\mathrm{l}}}{\mathrm{d}x}\right)_{\mathrm{t}}>0$时为膨胀流动，$\left(\frac{\mathrm{d}y_{\mathrm{l}}}{\mathrm{d}x}\right)_{\mathrm{t}}<0$时为压缩流动。上下表面对应点的斜率大小相等、方向相反，有

$$\begin{cases}\left(C_{\mathrm{pu}}\right)_{\mathrm{t}}=\dfrac{2}{B}\left(\dfrac{\mathrm{d}y_{\mathrm{u}}}{\mathrm{d}x}\right)_{\mathrm{t}}\\\left(C_{\mathrm{pl}}\right)_{\mathrm{t}}=-\dfrac{2}{B}\left(\dfrac{\mathrm{d}y_{\mathrm{l}}}{\mathrm{d}x}\right)_{\mathrm{t}}=\left(C_{\mathrm{pu}}\right)_{\mathrm{t}}\end{cases}\tag{5.2.16}$$

对应的荷载系数

$$\left(\Delta C_{\mathrm{p}}\right)_{\mathrm{t}}=\left(C_{\mathrm{pl}}\right)_{\mathrm{t}}-\left(C_{\mathrm{pu}}\right)_{\mathrm{t}}=0\tag{5.2.17}$$

4. 弯度效应

在只考虑弯度效应时，上下表面斜率相同，即$\frac{\mathrm{d}y_{\mathrm{u}}}{\mathrm{d}x}=\frac{\mathrm{d}y_{\mathrm{l}}}{\mathrm{d}x}$。$\frac{\mathrm{d}y}{\mathrm{d}x}>0$时，上表面为压缩流动，下表面为膨胀流动；$\frac{\mathrm{d}y}{\mathrm{d}x}<0$时，上表面为膨胀流动，下表面为压缩流动。

$$\begin{cases}\left(C_{\mathrm{pu}}\right)_{\mathrm{f}}=\dfrac{2}{B}\left(\dfrac{\mathrm{d}y_{\mathrm{u}}}{\mathrm{d}x}\right)_{\mathrm{f}}\\\left(C_{\mathrm{pl}}\right)_{\mathrm{f}}=-\dfrac{2}{B}\left(\dfrac{\mathrm{d}y_{\mathrm{l}}}{\mathrm{d}x}\right)_{\mathrm{f}}=-\left(C_{\mathrm{pu}}\right)_{\mathrm{f}}\end{cases}\tag{5.2.18}$$

对应的荷载系数

$$\left(\Delta C_{\mathrm{p}}\right)_{\mathrm{f}}=\left(C_{\mathrm{pl}}\right)_{\mathrm{f}}-\left(C_{\mathrm{pu}}\right)_{\mathrm{f}}=-\frac{4}{B}\left(\frac{\mathrm{d}y}{\mathrm{d}x}\right)_{\mathrm{f}}\tag{5.2.19}$$

5. 总压力系数

将式(5.2.14)、式(5.2.16)和式(5.2.18)代入式(5.2.13)可得总的压力

$$\begin{cases} C_{\mathrm{pu}} = \dfrac{2}{B}\left[-\alpha + \left(\dfrac{\mathrm{d}y_{\mathrm{u}}}{\mathrm{d}x}\right)_{\mathrm{t}} + \left(\dfrac{\mathrm{d}y_{\mathrm{u}}}{\mathrm{d}x}\right)_{\mathrm{f}}\right] \\ C_{\mathrm{pl}} = \dfrac{2}{B}\left[\alpha - \left(\dfrac{\mathrm{d}y_{\mathrm{l}}}{\mathrm{d}x}\right)_{\mathrm{t}} - \left(\dfrac{\mathrm{d}y_{\mathrm{l}}}{\mathrm{d}x}\right)_{\mathrm{f}}\right] \end{cases} \tag{5.2.20}$$

对应的总的荷载系数

$$(\Delta C_{\mathrm{p}}) = \left(\Delta C_{\mathrm{p}}\right)_{\alpha} + \left(\Delta C_{\mathrm{p}}\right)_{\mathrm{t}} + \left(\Delta C_{\mathrm{p}}\right)_{\mathrm{f}} = \frac{4}{B}\alpha - \frac{4}{B}\left(\frac{\mathrm{d}y}{\mathrm{d}x}\right)_{\mathrm{f}} \tag{5.2.21}$$

图 5.2.4 给出按式(5.2.20)对翼型的迎角效应、弯度效应和厚度效应各部分所计算得的压力系数分布图。图中还给出平板翼型亚声速绕流时的载荷分布，从而可见到翼型亚声速绕流和超声速绕流时载荷系数分布的典型区别。

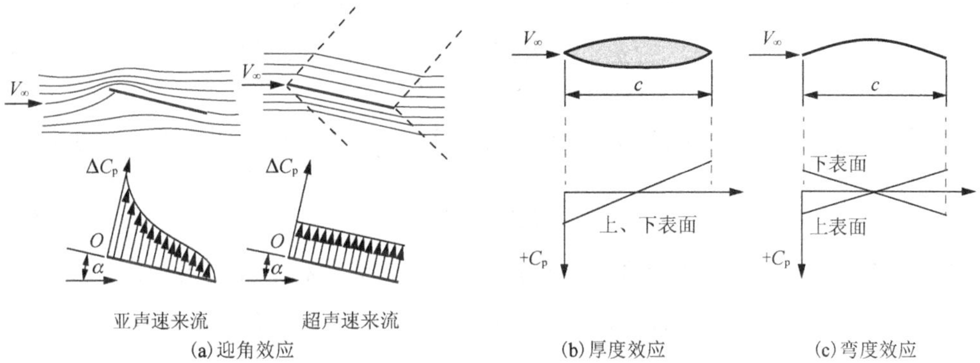

图 5.2.4　各效应部分所计算得的压力系数分布

5.2.4　线化理论薄翼型的空气动力特性

基于线化理论获得的薄翼型升力系数、波阻系数和对前缘的俯仰力矩系数，与压力系数一样，也是由迎角效应、厚度效应和弯度效应三部分所贡献的，下面分别进行讨论。

1. 升力系数

设翼型弦长为c，则由此翼型所组成的二维机翼的单位翼展长度的升力系数

$$C_{\mathrm{L}} = \frac{L}{q_\infty S} = \frac{L}{q_\infty c \cdot 1} = \frac{L}{q_\infty c} \tag{5.2.22}$$

其中，L为单位翼展长度二维机翼的升力，$q_\infty = \dfrac{1}{2}\rho_\infty V_\infty^2$为来流动压，$\rho_\infty$为来流密度，$V_\infty$为来流速度。

首先考虑迎角效应，迎角为α的平板受力如图 5.2.5(a)所示，平板所受法向力

$$N_\alpha = \left(\Delta C_{\mathrm{p}}\right)_\alpha q_\infty c \tag{5.2.23}$$

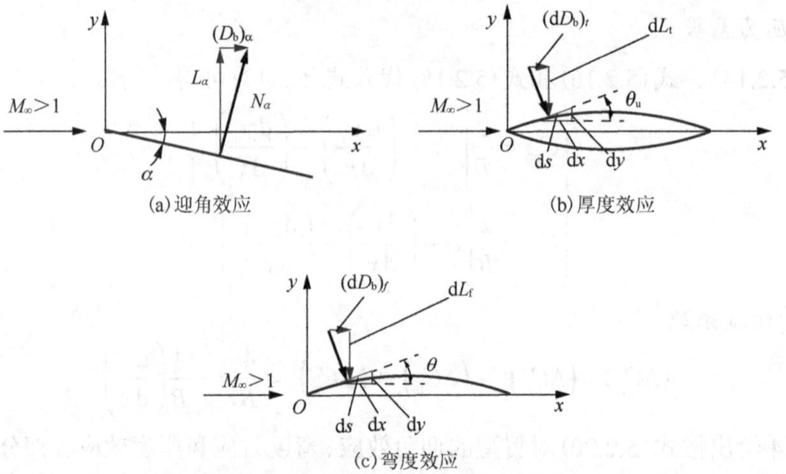

图 5.2.5 各效应作用在翼型上的力的分解

再根据式(5.2.22)和式(5.2.15)，则该效应产生的升力系数贡献

$$\left(C_{\mathrm{L}}\right)_{\alpha}=\frac{L_{\alpha}}{q_{\infty}c}=\frac{N_{\alpha}\cos\alpha}{q_{\infty}c}\approx\frac{N_{\alpha}}{q_{\infty}c}=\left(\Delta C_{\mathrm{p}}\right)_{\alpha}=\frac{4\alpha}{B} \tag{5.2.24}$$

然后考虑厚度效应，参照图 5.2.5(b)，上下翼面对应点处微元面积所产生的升力相互抵消，所以

$$\left(C_{\mathrm{L}}\right)_{\mathrm{t}}=0 \tag{5.2.25}$$

最后考虑弯度效应，如图 5.2.5(c)所示，作用于微元面积 ds 上的升力为

$$\mathrm{d}L_{\mathrm{f}}=\left(\Delta C_{\mathrm{p}}\right)_{\mathrm{f}}q_{\infty}\cos\theta\mathrm{d}s=\left(\Delta C_{\mathrm{p}}\right)_{\mathrm{f}}q_{\infty}\cos\theta\mathrm{d}\left(\frac{x}{\cos\theta}\right)=\left(\Delta C_{\mathrm{p}}\right)_{\mathrm{f}}q_{\infty}\mathrm{d}x$$

根据式(5.2.19)，有

$$\begin{aligned}L_{\mathrm{f}}&=\int_{0}^{c}\left[-\frac{4}{B}\left(\frac{\mathrm{d}y}{\mathrm{d}x}\right)_{\mathrm{f}}\right]q_{\infty}\mathrm{d}x=-\frac{4q_{\infty}}{B}\int_{0}^{c}\left(\frac{\mathrm{d}y}{\mathrm{d}x}\right)_{\mathrm{f}}\mathrm{d}x\\&=-\frac{4q_{\infty}}{B}\int_{x=0}^{x=c}\mathrm{d}y_{\mathrm{f}}=-\frac{4q_{\infty}}{B}\left[\left(y_{\mathrm{f}}\right)_{x=c}-\left(y_{\mathrm{f}}\right)_{x=0}\right]=0\end{aligned} \tag{5.2.26}$$

因此则该效应产生的升力系数贡献

$$\left(C_{\mathrm{L}}\right)_{\mathrm{f}}=0 \tag{5.2.27}$$

综上，总的升力系数 C_{L} 为

$$C_{\mathrm{L}}=\left(C_{\mathrm{L}}\right)_{\alpha}+\left(C_{\mathrm{L}}\right)_{\mathrm{t}}+\left(C_{\mathrm{L}}\right)_{\mathrm{f}}=\frac{4\alpha}{B} \tag{5.2.28}$$

它只和迎角效应有关，且易知升力线斜率为 $\dfrac{4}{B}$。

2. 波阻系数

波阻系数定义如下

$$C_{\mathrm{Db}}=\frac{D_{\mathrm{b}}}{q_{\infty}S}=\frac{D_{\mathrm{b}}}{q_{\infty}c} \tag{5.2.29}$$

其中，D_{b} 为作用于翼型的波阻力。

同样首先考虑迎角效应，如图 5.2.5(a)所示，由式(5.2.22)平板所受法向力，可得则该效应产生的波阻系数贡献为

$$\left(C_{\mathrm{Db}}\right)_{\alpha}=\frac{\left(D_{\mathrm{b}}\right)_{\alpha}}{q_{\infty}c}=\frac{N_{\alpha}\sin\alpha}{q_{\infty}c}\approx\frac{N_{\alpha}\alpha}{q_{\infty}c}=\left(\Delta C_{\mathrm{p}}\right)_{\alpha}\alpha=\frac{4\alpha^{2}}{B} \tag{5.2.30}$$

然后考虑厚度效应，参照图 5.2.5(b)可见，上下表面对波阻的贡献是一样的，作用于微元面积 ds 上的波阻力为

$$\begin{aligned}\mathrm{d}\left(D_{\mathrm{b}}\right)_{\mathrm{t}}&=2\times\frac{2}{B}\left(\frac{\mathrm{d}y_{\mathrm{u}}}{\mathrm{d}x}\right)_{\mathrm{t}}q_{\infty}\sin\theta\mathrm{d}s=\frac{4}{B}q_{\infty}\left(\frac{\mathrm{d}y_{\mathrm{u}}}{\mathrm{d}x}\right)_{\mathrm{t}}\sin\theta\mathrm{d}\left(\frac{x}{\cos\theta}\right)\\&=\frac{4}{B}q_{\infty}\left(\frac{\mathrm{d}y_{\mathrm{u}}}{\mathrm{d}x}\right)_{\mathrm{t}}^{2}\mathrm{d}x\end{aligned} \tag{5.2.31}$$

则该效应产生的波阻系数贡献为

$$\left(C_{\mathrm{Db}}\right)_{\alpha}=\frac{\left(D_{\mathrm{b}}\right)_{\mathrm{t}}}{q_{\infty}c}=\frac{4}{Bc}\int_{0}^{c}\left[\left(\frac{\mathrm{d}y_{\mathrm{u}}}{\mathrm{d}x}\right)_{\mathrm{t}}^{2}\right]\mathrm{d}x \tag{5.2.32}$$

最后考虑弯度效应，如图 5.2.5(c)所示，作用于微元面积 ds 上的波阻力为即为法向力在 x 向的分量

$$\begin{aligned}\mathrm{d}\left(D_{\mathrm{b}}\right)_{\mathrm{f}}&=-\left(\Delta C_{\mathrm{p}}\right)_{\mathrm{f}}q_{\infty}\sin\theta\mathrm{d}s=-\left(\Delta C_{\mathrm{p}}\right)_{\mathrm{f}}q_{\infty}\tan\theta\mathrm{d}x\\&=\frac{4}{B}\left(\frac{\mathrm{d}y}{\mathrm{d}x}\right)_{\mathrm{f}}q_{\infty}\tan\theta\mathrm{d}x=\frac{4q_{\infty}}{B}\left(\frac{\mathrm{d}y}{\mathrm{d}x}\right)_{\mathrm{f}}^{2}\mathrm{d}x\end{aligned} \tag{5.2.33}$$

则该效应产生的波阻系数贡献为

$$\left(C_{\mathrm{Db}}\right)_{\mathrm{f}}=\frac{\left(D_{\mathrm{b}}\right)_{\mathrm{f}}}{q_{\infty}c}=\frac{4}{Bc}\int_{0}^{c}\left[\left(\frac{\mathrm{d}y}{\mathrm{d}x}\right)_{\mathrm{f}}^{2}\right]\mathrm{d}x \tag{5.2.34}$$

综上，总的波阻系数 C_{Db} 为

$$\begin{aligned}C_{\mathrm{Db}}&=\left(C_{\mathrm{Db}}\right)_{\alpha}+\left(C_{\mathrm{Db}}\right)_{\mathrm{t}}+\left(C_{\mathrm{Db}}\right)_{\mathrm{f}}\\&=\frac{4}{B}\left\{\alpha^{2}+\frac{1}{c}\int_{0}^{c}\left[\left(\frac{\mathrm{d}y_{u}}{\mathrm{d}x}\right)_{\mathrm{t}}^{2}+\left(\frac{\mathrm{d}y}{\mathrm{d}x}\right)_{\mathrm{f}}^{2}\right]\mathrm{d}x\right\}\end{aligned} \tag{5.2.35}$$

该式很清晰地表明，薄翼型的波阻系数由两部分组成：一部分与升力有关，为 $\dfrac{4\alpha^{2}}{B}$，另一部分仅与薄翼型的厚度和弯度有关(引入薄翼的几何外形就可确定)，可用零升波阻系数 C_{D0} 表示

$$C_{\mathrm{D0}}=\frac{4}{Bc}\int_{0}^{c}\left[\left(\frac{\mathrm{d}y_{\mathrm{u}}}{\mathrm{d}x}\right)_{\mathrm{t}}^{2}+\left(\frac{\mathrm{d}y}{\mathrm{d}x}\right)_{\mathrm{f}}^{2}\right]\mathrm{d}x \tag{5.2.36}$$

表 5.2.1 给出几种超声速对称翼型在同一相对厚度 $\overline{t}$ 情况下，零升波阻系数 C_{D0} 与菱形翼型的零升波阻系数的比值 K。可见菱形翼型的零升波阻系数是最小的。

表 5.2.1　不同翼型零升波阻力系数与菱形翼型的零升波阻力系数比值

翼型	简图	K
四角形	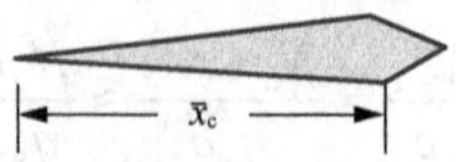	$1/\left[4\bar{x}_c\left(1-\bar{x}_c\right)\right]$
六角形	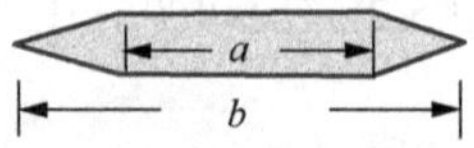	$1/\left(1-\frac{a}{b}\right)$
菱形	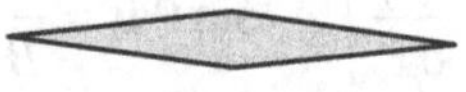	1
双弧形	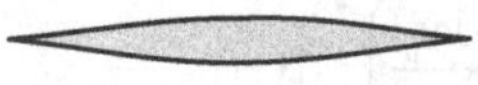	4/3
亚声速翼型		2.5 ~ 4

3. 俯仰力矩系数

对前缘的俯仰力矩系数定义为

$$C_{mz}=\frac{M_z}{q_\infty c^2} \tag{5.2.37}$$

式中，M_z 为绕通过翼型前缘的 Oz 轴的俯仰力矩，使翼型后缘上翘的力矩定为负值。

迎角效应部分，由于压强沿平板分布系常量，故升力作用于平板翼型的中点，因此该效应对俯仰力矩系数的贡献为

$$\left(C_{mz}\right)_\alpha=\frac{\left(M_z\right)_\alpha}{q_\infty c^2}=\frac{-\left(C_L\right)_\alpha q_\infty c\cdot\frac{c}{2}}{q_\infty c^2}=-\frac{1}{2}\left(C_L\right)_\alpha \tag{5.2.38}$$

厚度效应部分，上下翼面对应的微元上对前缘的力矩互相抵消，则

$$\left(C_{mz}\right)_t=0 \tag{5.2.39}$$

弯度效应部分，图 5.2.5(c) 中微元面积距离前缘的距离为 x，则对前缘产生力矩

$$\left(dC_{mz}\right)_f=-dL_f x=-\left[-\frac{4}{B}\left(\frac{dy}{dx}\right)_f\right]q_\infty x dx=\frac{4}{B}\left(\frac{dy}{dx}\right)_f q_\infty x dx \tag{5.2.40}$$

因此对前缘的俯仰力矩系数贡献为

$$\begin{aligned}\left(C_{mz}\right)_f&=\frac{\left(M_z\right)_f}{q_\infty c^2}=\frac{\int_0^c\frac{4}{B}\left(\frac{dy}{dx}\right)_f q_\infty x dx}{q_\infty c^2}=\frac{4}{Bc^2}\int_0^c x dy_f\\&=\frac{4}{Bc^2}\left[xy_f\Big|_0^c-\int_0^c y_f dx\right]=-\frac{4}{Bc^2}\int_0^c y_f dx\end{aligned} \tag{5.2.41}$$

当翼型弯度的中弧线方程 $y=y_f\left(x\right)$ 已知时，由式(5.2.27)积分可得 $\left(C_{mz}\right)_f$。按一级近似理论，翼型弯度部分不产生升力，故又称为翼型的零升力矩系数，一般用 C_{mz0} 表示。

综上，总的俯仰力矩系数 C_{mz} 为

$$\begin{aligned}C_{\mathrm{mz}}&=\left(C_{\mathrm{mz}}\right)_{\alpha}+\left(C_{\mathrm{mz}}\right)_{\mathrm{t}}+\left(C_{\mathrm{mz}}\right)_{\mathrm{f}}\\&=-\frac{1}{2}\left(C_{\mathrm{L}}\right)_{\alpha}-\frac{4}{Bc^2}\int_0^c y_{\mathrm{f}}\mathrm{d}x\end{aligned}\tag{5.2.42}$$

同时可得翼型压心距前缘的相对位置

$$\overline{x}_{\mathrm{cp}}=\frac{x_{\mathrm{cp}}}{c}=-\frac{C_{\mathrm{mz}}}{C_{\mathrm{L}}}=\frac{\frac{1}{2}\left(C_{\mathrm{L}}\right)_{\alpha}+\frac{4}{Bc^2}\int_0^c y_{\mathrm{f}}\mathrm{d}x}{C_{\mathrm{L}}}=\frac{1}{2}+\frac{1}{\alpha c^2}\int_0^c y_{\mathrm{f}}\mathrm{d}x\tag{5.2.43}$$

以及翼型焦点相对位置为

$$\overline{x}_{\mathrm{ac}}=\frac{\partial C_{\mathrm{mz}}}{\partial C_{\mathrm{L}}}=\frac{1}{2}\tag{5.2.44}$$

容易理解，翼型焦点是由迎角所产生升力增量的作用点，超声速薄翼型一级近似理论反映出，随迎角的变化，它的升力增量作用点始终在翼弦中点处，这和低速翼型时 $\overline{x}_{\mathrm{ac}}=\dfrac{1}{4}$ 有较大差异，可见，从低速到超声速，焦点是后移的。

【例 5.2.1】 有一双凸面的翼型，上下表面方程为

$$y_{\mathrm{u}}=0.24\left(x-\frac{x^2}{c}\right),\quad y_{\mathrm{l}}=-0.12\left(x-\frac{x^2}{c}\right)$$

试用超声速线化理论计算该翼型在 $M_{\infty}=1.72$ 时气动力随迎角变化特性。

解 首先确定厚度翼型和弯度翼型的 y 坐标分别为

$$\left(y_{\mathrm{u}}\right)_{\mathrm{t}}=0.18\left(x-\frac{x^2}{c}\right)$$

$$\left(y_{\mathrm{l}}\right)_{\mathrm{t}}=-0.18\left(x-\frac{x^2}{c}\right)$$

$$\left(y_{\mathrm{u}}\right)_{\mathrm{f}}=\left(y_{\mathrm{l}}\right)_{\mathrm{f}}=0.06\left(x-\frac{x^2}{c}\right)$$

升力系数仅与迎角有关，由式(5.2.26)，有

$$C_{\mathrm{L}}=\frac{4\alpha}{\sqrt{M_{\infty}^2-1}}=2.86\alpha$$

零升阻力系数与迎角无关，由式(5.2.35)，有

$$\begin{aligned}C_{\mathrm{D0}}&=\frac{4}{\sqrt{M_{\infty}^2-1}}\cdot\frac{1}{c}\int_0^c\left[\left(\frac{\mathrm{d}y_{\mathrm{u}}}{\mathrm{d}x}\right)_{\mathrm{t}}^2+\left(\frac{\mathrm{d}y}{\mathrm{d}x}\right)_{\mathrm{f}}^2\right]\mathrm{d}x\\&=\frac{4}{\sqrt{1.72^2-1}}\cdot\frac{1}{c}\int_0^c\left\{\left[0.18\left(1-\frac{2x}{c}\right)\right]^2+\left[0.06\left(1-\frac{2x}{c}\right)\right]^2\right\}\mathrm{d}x\\&=0.2287\end{aligned}$$

总阻力系数

$$C_{\mathrm{D}}=\frac{4\alpha^2}{\sqrt{M_\infty^2-1}}+(C_{\mathrm{D}})_0=2.858\alpha^2+0.2287$$

由式(5.2.41)，对前缘点的力矩系数

$$C_{\mathrm{mz}}=-\frac{2\alpha}{B}-\frac{4}{c^2\sqrt{M_\infty^2-1}}\int_0^c y_{\mathrm{f}}\mathrm{d}x=-\frac{2\alpha}{B}-\frac{4}{c^2\sqrt{M_\infty^2-1}}\int_0^c\left[0.06\left(x-\frac{x^2}{c}\right)\right]\mathrm{d}x$$
$$=-1.43\alpha-0.0286$$

相对压心

$$X_{\mathrm{p}}=-\frac{C_{\mathrm{mz}}}{C_{\mathrm{L}}}=0.5+\frac{0.01}{\alpha}$$

气动焦点

$$X_{\mathrm{F}}=-\frac{\partial C_{\mathrm{mz}}}{\partial C_{\mathrm{L}}}=0.5$$

4. 计算效果

某双弧形薄翼型的线化理论所得的气动力与试验值的比较见图 5.2.6 和图 5.2.7。从图 5.2.6 可见，线化理论所给出的升力线斜率大约要较试验值高 2.5%，理论结果所以偏高，原因在前面提到过，主要是因为线化理论没有考虑上表面后缘附近边界层与后缘激波的相互作用，使上表面后缘附近的压强升高，升力降低。图 5.2.6 还给出了按线化理论所计算得的波阻力系数 C_{Db} 与试验值的比较，可见在整个迎角范围内，两者之差几乎为常数，大约等于理论所没有计及的黏性所产生的摩擦阻力系数和型阻力系数之和。从图 5.2.7 可见，线化理论所计算得的 C_{mz} 值与试验值偏差较大，主要因为上翼面后缘附近的实际压强要比理论值高，而该处力臂又较大，从而使试验 C_{mz} 比理论值更大。

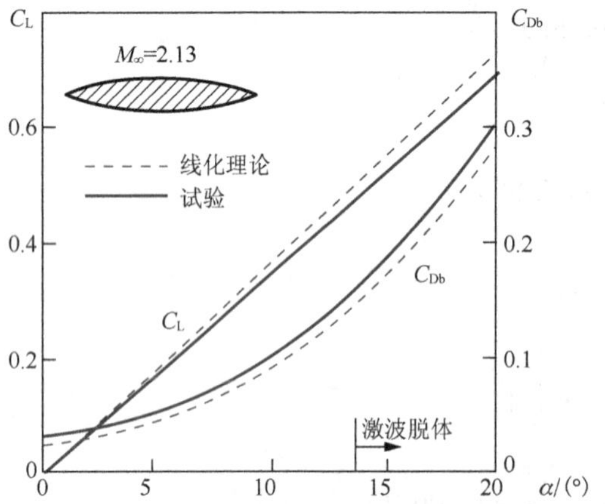

图 5.2.6 线化理论所得气动力与试验值比较

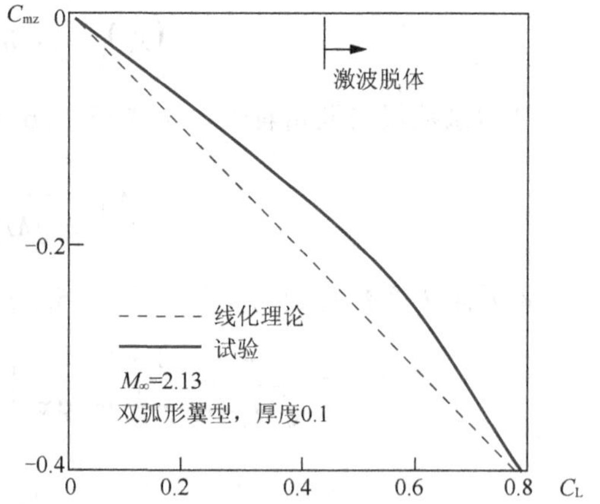

图 5.2.7 线化理论所得 C_{mz} 与试验值比较

§5.3　机翼的超声速空气动力特性

早期的低速飞机曾普遍采用大展弦比直机翼，随着飞机飞行速度接近声速或更高，人们发现 $\chi=35°\sim65°$ 的后掠角可延缓波阻的出现或减弱激波的强度，并减小波阻，故高速飞机广泛采用后掠翼。

在对薄翼型超声速气动特性理解的基础上，本节要进一步分析和理解薄机翼在超声速流动中的气动特性。仍然和前面分析低速和亚声速的情况一样，分两步走，首先讨论无限翼展斜置翼的超声速空气动力特性，再扩展到一般的有限翼展薄机翼的超声速空气动力特性分析。

5.3.1　超声速三维流场的基本概念

1. 前马赫锥与后马赫锥

由扰动的传播规律可知，任何点 P 的微弱扰动只能在以该扰动源(如一点 P)为顶点，以 $\mu=\arcsin\left(1/M\right)$ 为半顶角的马赫锥之内传播。它是无法传播到马赫锥以外去的。此马赫锥是 P 点扰动的传播区或影响区，该锥称为后马赫锥。如图 5.3.1 右侧部分所示。那么超声速三维流场上任一点 P 能受到哪些点所发出扰动的影响呢?根据后马赫锥扰动传播概念可知以 P 点为顶点，以 μ 为半顶角的反向置的马赫锥(或称前马赫锥)内的点，如 Q 点，所发出的扰动能传播或影响到 P 点，因而前马赫锥内各点是其顶点 P 的扰动依赖区。

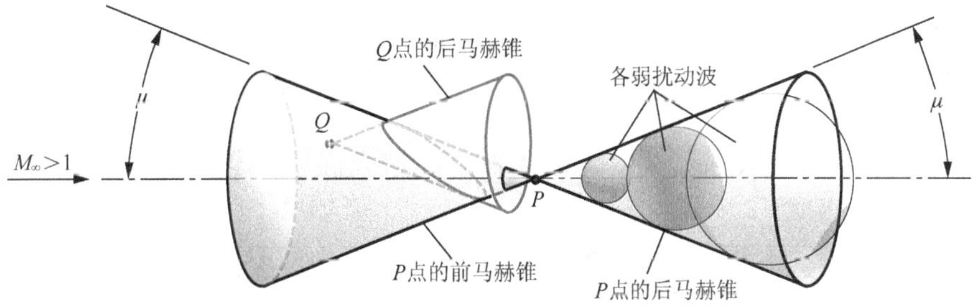

图 5.3.1　超声速流场中一点的前马赫锥和后马赫锥

2. 机翼的前缘、后缘和侧缘

在前、后马赫锥概念的基础上，可以明确超声速三维薄机翼的前缘、后缘和侧缘，用于后面超声速三维机翼上的二、三维流区分析。

若来流矢量是进入该边界的，则称为前缘，对于简单的薄机翼，前缘能够通过后马赫锥影响机翼其他区域(部分或全部)，但前缘不受其他位置影响。

若来流矢量是从该边界出来的，则称为后缘，对于简单的薄机翼，后缘受到机翼上其他区域(部分或全部)的影响，但后缘本身不能影响其他位置。

机翼上与来流方向平行的机翼边界，则称为侧缘。

图 5.3.2 标出了几种典型薄机翼的前缘、后缘和侧缘。对同样形状的机翼，它的边界是机翼前缘还是机翼后缘，或是机翼侧缘，也不是固定不变的，要根据来流方向而定。

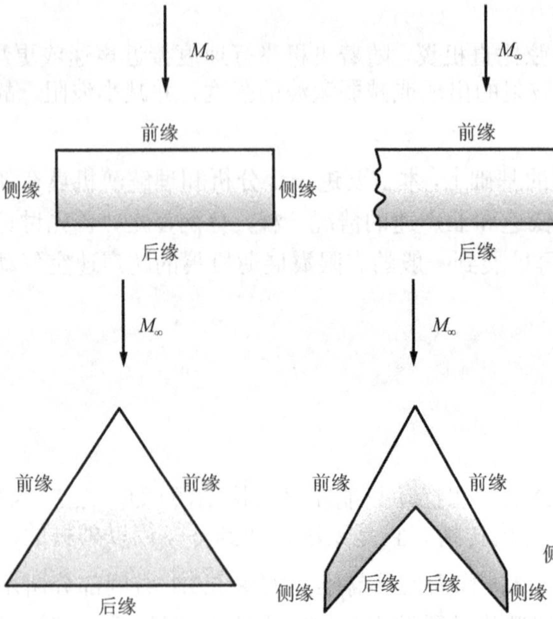

图 5.3.2　典型三维薄机翼的前缘、后缘和侧缘

前缘和后缘对机翼的流场有重要的影响。如果前方来流相对于机翼前(后)缘的法向分速度大于来流声速，即 $M_{\infty n}>1$，则该前(后)缘称为超声速前(后)缘，如图 5.3.3(a)所示；反之，当来流相对于机翼前(后)缘法向分速度小于来流的声速，即 $M_{\infty n}<1$，则该前(后)缘称为亚声速前(后)缘，如图 5.3.3(b)所示；当前方来流相对于机翼前后缘的法向分速度等于来流中的声速，即 $M_{\infty n}=1$，则称为声速前(后)缘。

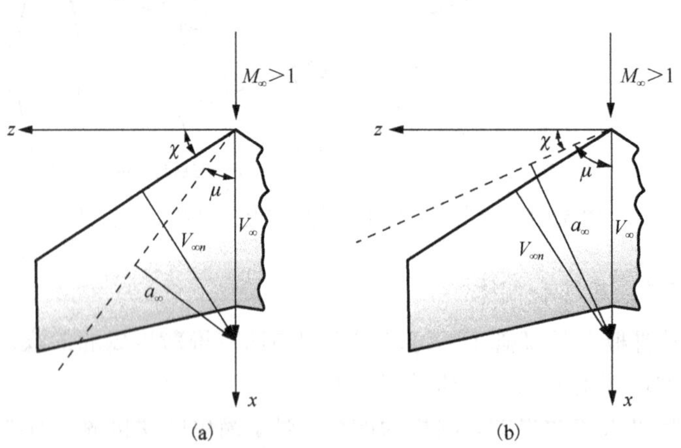

图 5.3.3　机翼边缘的性质

也可直接根据来流条件和机翼外形来确定前(后)缘的性质，通过对图 5.3.3 中马赫线的几何关系，可引用参数

$$m=\frac{\tan\left(\dfrac{\pi}{2}-\chi\right)}{\tan\mu}=\frac{\sqrt{M_{\infty}^{2}-1}}{\tan\chi} \tag{5.3.1}$$

当$m>1$时为超声速前(后)缘，当$m<1$时为亚声速前(后)缘，当$m=1$时为声速前(后)缘。

3. 超声速三维机翼上的二、三维流区

对于低速机翼，上、下翼面压强沟通所引起的三维流动可以影响整个三维翼。而对于超声速三维机翼，情况就有所不同，翼尖侧缘上、下翼面的压强差相互沟通的扰动只能在马赫锥之内传播，从机翼侧缘每点扰动源所划出的马赫锥，如图 5.3.4(a) 中虚线所示。马赫锥覆盖区域就是整个受扰动区，即图 5.3.4(b) 中 ABE 区及 CDF 区，称为三维流区(III 表示)，该区域中机翼上每一点的依赖区只包含两个或更多个前缘；三维翼上其他扰动未波及的区域，称为二维流区(II 表示)，如图 5.3.4 中 AEFD 区，该区域中机翼上每一点的依赖区只包含一个前缘。

一个无限翼展机翼没有侧缘，因此不可能有三维流区。而且所有超声速机翼只要前缘是平直的、而无转折角度，那么在上翼面上及下翼面上都各自不可能在前缘各点处有压强差，以致形成扰动及三维流区。而且超声速机翼前后缘的扰动只能在马赫锥内传播，所以前缘上、下翼面的压强差无法通过马赫线而从前缘处彼此沟通而形成三维流动。所以无限翼展机翼上均为二维流区，如图 5.3.4(c) 所示。

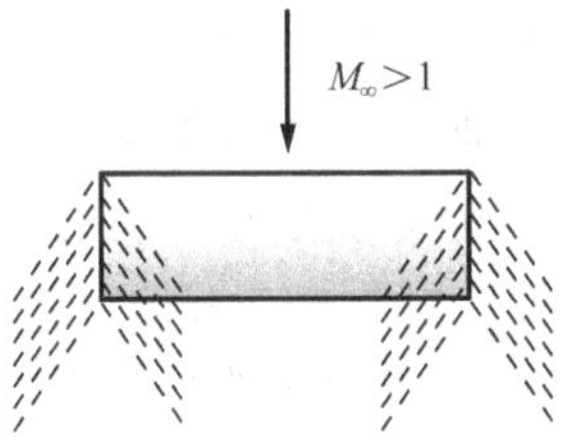

图 5.3.4　三维机翼的侧缘影响和二维、三维流区的划分

如果一个有限翼展矩形翼斜置于流场中，侧缘上各点的上、下翼面的压强差在马赫锥内有沟通将形成三维流区，同时在翼尖马赫锥之外的区域无压强沟通，而为二维流区。对于一般的超声速机翼，只要前缘有转折，在转折处剖面上的压强与其相邻处有差异，均为扰动源，因而形成马赫锥。马赫维内外分别为二维、三维流区，典型形状机翼的流动分区如图 5.3.5 所示。

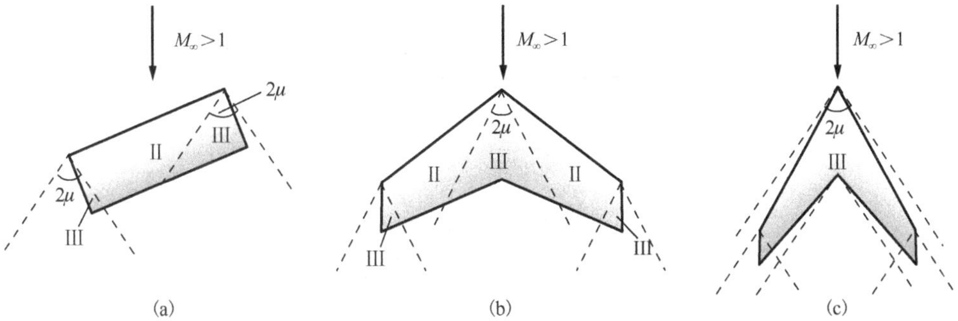

图 5.3.5　典型平面外形三维机翼的二维、三维流区

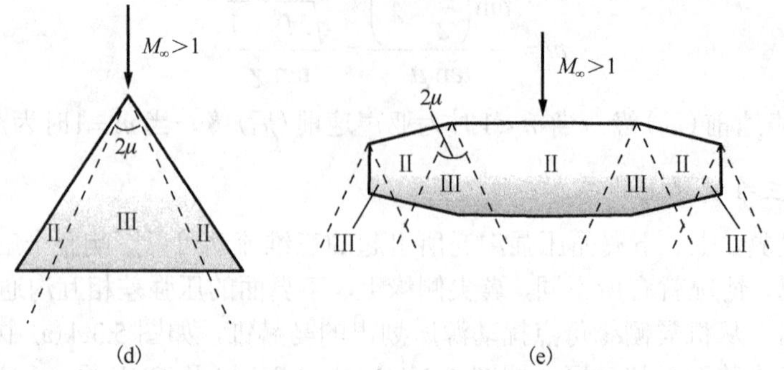

图 5.3.5　典型平面外形三维机翼的二维、三维流区（续）

有限翼展薄机翼表面，三维流区占重要地位。我们首先分析三维流区对机翼气动特性的影响，它跟二维流区相比有明显的不同，先以平板有限翼展矩形翼为例进行说明。当迎角 $\alpha>0$ 时，二维流区的压强分布与翼型流动的情况一致，即上翼面的压强 $p_u<p_\infty$，下翼面的压强 $p_l>p_\infty$，其压强差会导致机翼升力及迎角波阻较大；而在三维流区，上、下翼面通过侧缘相通，且都在马赫锥内，会导致流动从压强较大的下翼面经过侧缘流向上翼面，如图 5.3.6(a)所示。这会导致上翼面的压强有所增大，下翼面的压强有所减小，因而对于整个机翼的气动力而言，三维流区的升力贡献、波阻贡献均会变小一些。

再看另一个例子，菱形翼型矩形翼。当来流迎角 $\alpha=0$ 时，菱形翼型矩形翼的表面流动分区如图 5.3.6(b)所示，在厚度一样的前提下，它和平板有限翼展矩形翼的分区形式是完全一样的。但是其三维流区内的流动形式却不一样。三维流区内最大厚度线之前 $p_u>p_\infty$，$p_l>p_\infty$，最大厚度线之后 $p_u<p_\infty$，$p_l<p_\infty$，在三维流区的马赫锥内均与侧缘的 p_∞ 相沟通，这将使得最大厚度线之前压强有所减小，最大厚度线之后压强有所增大，导致机翼的厚度波阻减小。

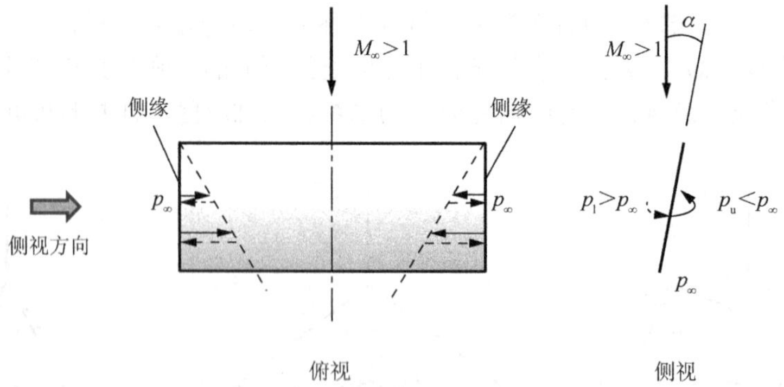

(a) 有迎角的平板有限翼展矩形翼

图 5.3.6　典型薄机翼的三维流区分析

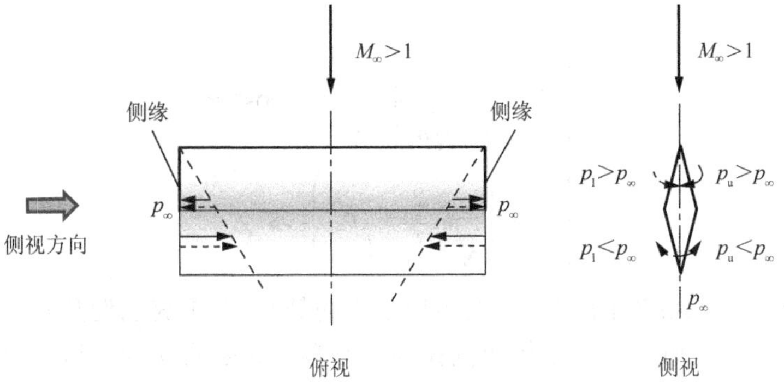

(b) 无迎角菱形翼

图 5.3.6　典型薄机翼的三维流区分析(续)

综合来看，翼尖马赫锥的三维流区将促使升力、升力系数和升力线梯度的降低，同时也促成迎角波阻系数和厚度波阻系数的降低。

5.3.2　无限翼展斜置翼的超声速空气动力特性

小迎角情况下，对于斜置角为 χ 的无限翼展斜置翼，按照图 5.3.7，来流速度 V_∞ 可分解成一个垂直于斜置翼前缘的法向分量 $V_{\infty n}=V_\infty\cos\chi$ 和一个与斜置翼前缘平行的切向分量 $V_{\infty t}=V_\infty\cdot\sin\chi$。若不考虑气流黏性，切向分量 $V_{\infty t}$ 对机翼的气动特性没有影响，无限翼展斜置翼的气动特性主要取决于来流马赫数的法向分量 $M_{\infty n}$；因此，如前面章节所述那样，可以借助于以来流马赫数为 $M_{\infty n}$ 绕过由斜置翼的法向翼型所组成的正置机翼(二维翼型)的流动来计算绕无限翼展斜置翼的气动力。由此可见，当 $M_{\infty n}<1$ 时，即使来流是超声速的，但是依然可以按照亚声速的方法处理，具体可见 4.6 节中普朗特–格劳特法则，这里不再讨论；当 $M_{\infty n}>1$ 时无限翼展斜置翼的绕流才具有超声速特性，这里讨论 $V_{\infty n}$ 也是超声速时的情况。

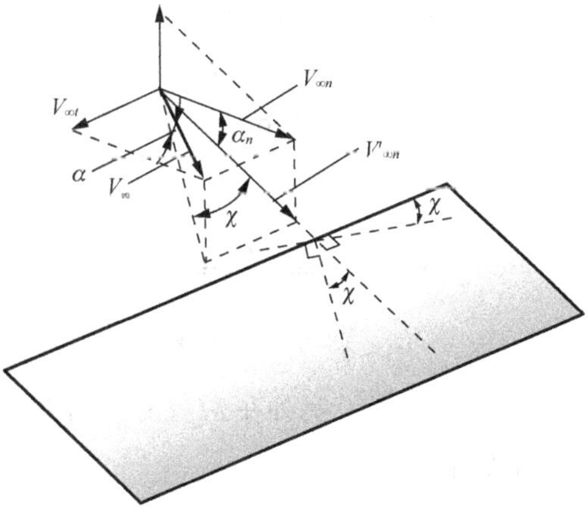

图 5.3.7　无限翼展斜置翼的来流速度分解

1. 压力系数

根据式(5.2.20)和式(4.4.1)，对于该无限翼展斜置翼，写出其中二维流区上下表面的

压力系数为

$$\begin{cases} C_{\mathrm{pu}} = \left(-\dfrac{2}{\sqrt{M_{\infty n}^2 - 1}}\alpha_n\right)\cos^2\chi \\ C_{\mathrm{pl}} = \left(\dfrac{2}{\sqrt{M_{\infty n}^2 - 1}}\alpha_n\right)\cos^2\chi \end{cases} \tag{5.3.2}$$

这里的$M_{\infty n}$对应于图 5.3.7 中的$V_{\infty n}$，迎角也采用的是$V_{\infty n}$对机翼的迎角α_n。

$M_{\infty n}$和α_n对于已知的流动参数和机翼外形参数来说是隐含的，这里要用现有的参数M_∞和α将它们表示出来。首先式(4.4.4)已经已给出

$$\alpha_n \approx \frac{\alpha}{\cos\chi}$$

同时又有

$$V_{\infty n} \approx V_\infty \cos\chi \tag{5.3.3}$$

将上两式代入式(5.3.2)中可得

$$\begin{cases} C_{\mathrm{pu}} = -\dfrac{2\alpha\cos\chi}{\sqrt{M_\infty^2\cos^2\chi - 1}} \\ C_{\mathrm{pl}} = \dfrac{2\alpha\cos\chi}{\sqrt{M_\infty^2\cos^2\chi - 1}} \end{cases} \tag{5.3.4}$$

需要说明，$\alpha_n \approx \dfrac{\alpha}{\cos\chi}$，$V_{\infty n} \approx V_\infty\cos\chi$是在小迎角情况下的近似式，在不满足小迎角的情况下，应当基于图 5.3.7 重新建立精确关系式。

2. 升力系数

根据式(5.3.4)可以得出单位长度无限翼展斜置机翼的升力系数

$$C_{\mathrm{L}} = \frac{4\alpha\cos\chi}{\sqrt{M_\infty^2\cos^2\chi - 1}} \tag{5.3.5}$$

将其形式变化

$$C_{\mathrm{L}} = \frac{4\alpha}{\sqrt{M_\infty^2 - \dfrac{1}{\cos^2\chi}}}$$

可见随着机翼后掠角增大，C_{L}是增大的。另外在$M_\infty\cos\chi \approx 1$附近，后掠角非常敏感，其小的变化会引起升力线斜率剧烈增加。

3. 波阻系数

根据单位长度无限翼展斜置机翼和对应正置翼型上的波阻系数关系式(4.4.3)

$$C_{\mathrm{Db}} = C_{\mathrm{D}n\mathrm{b}}\cos^3\chi$$

其中，正置翼型的波阻系数 C_{Dnb} 由式(5.2.35)可知

$$C_{\mathrm{Dnb}}=\frac{4\alpha_n^2}{B_n}+C_{\mathrm{D0}n} \tag{5.3.6}$$

其中，$\dfrac{4\alpha_n^2}{B_n}$ 是与升力相关的波阻系数部分，$C_{\mathrm{D0}n}$ 是仅与薄翼型的厚度和弯度有关的零升波阻系数(通过薄翼的几何外形就可确定)。与升力相关的波阻系数部分可写成

$$\frac{4\alpha_n^2}{B_n}=\frac{4\dfrac{\alpha^2}{\cos^2\chi}}{\sqrt{M_\infty^2\cos^2\chi-1}} \tag{5.3.7}$$

零升波阻系数根据式(5.2.36)可写出

$$C_{D0n}=\frac{4}{c\sqrt{M_\infty^2\cos^2\chi-1}}\int_0^c\left[\left(\frac{\mathrm{d}y_{\mathrm{u}}}{\mathrm{d}x}\right)_{\mathrm{t}}^2+\left(\frac{\mathrm{d}y}{\mathrm{d}x}\right)_{\mathrm{f}}^2\right]\mathrm{d}x \tag{5.3.8}$$

则总的波阻系数为

$$\begin{aligned}C_{\mathrm{Db}}&=\left(\frac{4\alpha_n^2}{B_n}+C_{D0n}\right)\cos^3\chi=\\&\frac{4\alpha^2\cos\chi}{\sqrt{M_\infty^2\cos^2\chi-1}}+\frac{4\cos^3\chi}{c\sqrt{M_\infty^2\cos^2\chi-1}}\int_0^c\left[\left(\frac{\mathrm{d}y_{\mathrm{u}}}{\mathrm{d}x}\right)_{\mathrm{t}}^2+\left(\frac{\mathrm{d}y}{\mathrm{d}x}\right)_{\mathrm{f}}^2\right]\mathrm{d}x\end{aligned} \tag{5.3.9}$$

可见随着机翼后掠角增大，迎角影响部分是增大的，零升波阻力部分大致按照 $\cos^2\chi$ 的关系减小。在 $M_\infty\cos\chi\approx1$ 附近，阻力系数对后掠角很敏感，其小的变化会引起阻力剧烈增加。

图 5.3.8 和图 5.3.9 分别给出了在不同来流马赫数时，无限翼展斜置翼升力线斜率和零升波阻系数随后掠角 χ 变化的理论曲线。从该图可见，与斜置翼的亚声速绕流相反，增加后掠角 χ 可提高机翼的升力线斜率 $C_{\mathrm{L\alpha}}$。同时，在一定的后掠角范围内增加 χ 将减小机翼的零升波阻系数。

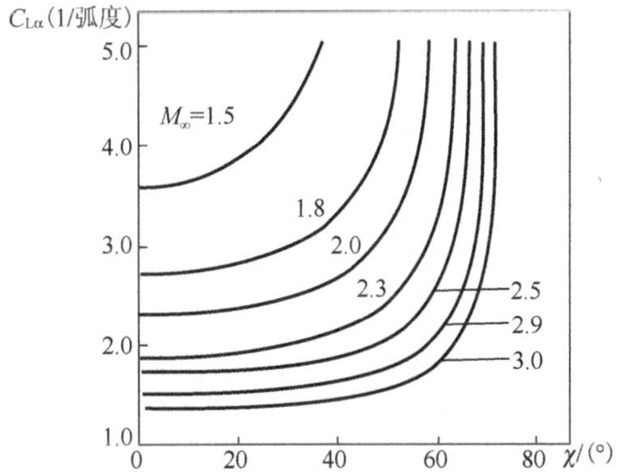

图 5.3.8　无限翼展斜置翼的升力线斜率随 χ 的变化

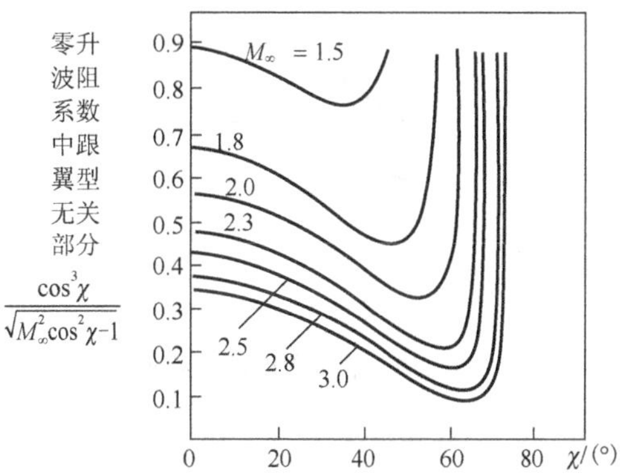

图 5.3.9　无限翼展斜置翼零升波阻系数

5.3.3 有限翼展薄机翼的超声速绕流

有限翼展薄机翼的超声速绕流图画与机翼的前后缘性质有很大关系，对前(后)缘后掠的机翼，随着来流马赫数M_∞的不同，一般可能是亚声速前(后)缘或亚声速前缘超声速后缘，也可能是超声速前(后)缘，分别如图 5.3.10(a)、(b)、(c)所示。

以平板后掠翼为例进行分析，如果是亚声速前缘，则上下翼面的扰流要通过前缘产生相互影响，结果垂直于前缘的截面在前缘附近的绕流图画显示出亚声速的绕流特性，如图 5.3.11(a)所示。如果是亚声速后缘，则垂直于后缘的截面在后缘附近的绕流图画也显示出亚声速绕流的特性(气流沿平板后缘光滑地流离机翼以满足后缘条件)，如图 5.3.11(b)所示。亚声速前(后)缘机翼的弦向压强分布，如图 5.3.12(a)所示，从该图可见，与亚声速绕流情况相似，在前缘处压力系数C_p趋向于无限大，而在后缘处C_p则趋向于零。

现在来讨论超声速前后缘情况，这时垂直于前缘和后缘的截面在附近的绕流图画，以及沿弦向的压强分布均与超声速二维平板机翼的绕流相似，分别如图 5.3.11(c)、图 5.3.11(d)和图 5.3.12(c)所示。这时，在机翼上下表面前后缘处的压力系数均为有限值。图 5.3.12(b)还绘出了亚声速前缘和超声速后缘机翼的沿弦向压强分布。在亚声速前缘处，压力系数趋向无限大，而在超声速后缘处压力系数则为有限值。

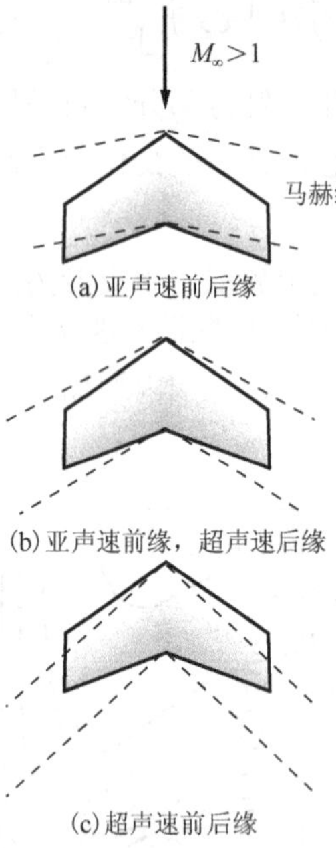

图 5.3.10 后掠翼的前后缘性质

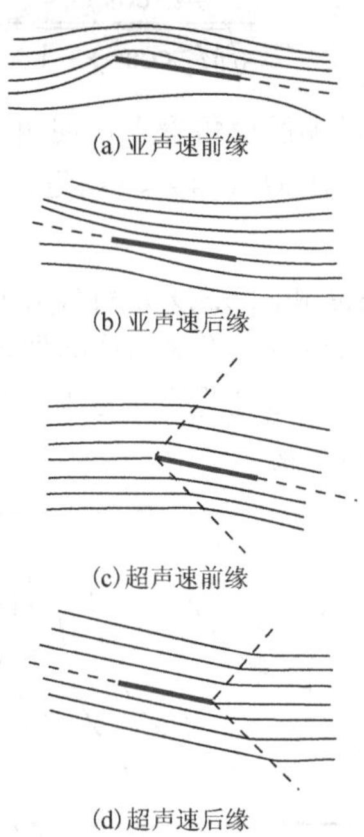

图 5.3.11 薄翼绕流图画

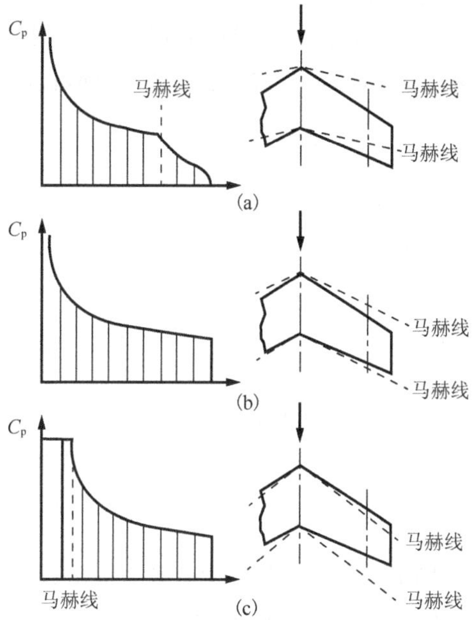

图 5.3.12　压力系数沿弦向分布情况

§5.4　跨声速流动与临界参数

从这一节我们开始讨论飞行器跨声速流动。在前面的内容中可以看到，在小扰动假设下，亚声速和超声速压力系数分别满足

$$C_{p亚} \propto \frac{1}{\sqrt{1-M_\infty^2}}, \quad C_{p超} \propto \frac{1}{\sqrt{M_\infty^2-1}} \tag{5.4.1}$$

很自然想到，可否直接利用亚声速或超声速流动的解，取马赫数接近 1 时的值以获得跨声速流动对应的解。由式(5.4.1)可以看出，分母在马赫数接近 1 时趋于 0，因此压力系数会变得非常大。以翼型阻力为例，在超声速情况下，阻力系数满足

$$C_d \propto \frac{1}{\sqrt{M_\infty^2-1}} \tag{5.4.2}$$

按式(5.4.2)，在马赫数接近 1 时，阻力似乎会变得非常大。但是实际中阻力没有这么大，否则任何飞行器都无法逾越声障。图 5.4.1 是某翼型上某点全马赫数范围内的压力系数变化示意图。可见在马赫数 1 附近，压力系数显然是有限值，不能看成超声速和亚声速流动的极限。因此，飞行器的跨声速气动特性是需要专门考虑的。

1. 临界压力系数与临界马赫数

当气流流过机翼表面时，上表面凸起的地方，由于流管收缩，局部流速必然加快，引起当地温度降低、声速减小，这样，随着来流速度的增大，该点的流速和声速逐渐接近。当来流速度增大到某一速度时，机翼表面最低压力点处的气流速度等于该点的声速，此时

的来流速度称为临界速度，用V_{cr}表示，此时的来流马赫数称为临界马赫数，用M_{cr}表示。参数M_{cr}的大小，可用来说明机翼上表面出现局部超声速气流时机的早晚，也可作为机翼空气动力特性即将发生显著变化的标志。M_{cr}与机翼平面形状、翼型剖面和来流迎角等参数有关。

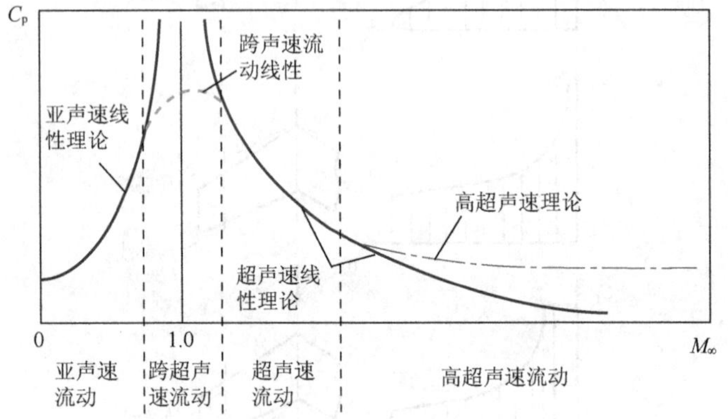

图 5.4.1　全马赫数范围内的压力系数变化

达到M_{cr}时机翼表面最低压力点称为临界压强，用p_{cr}表示，相对应的压力系数称为临界压力系数C_{pcr}。根据等熵流动临界马赫数M_{cr}和临界压力p_{cr}之间的关系

$$\frac{p_{cr}}{p_\infty}=\left(\frac{1+\frac{\gamma-1}{2}M_{cr}^2}{\frac{\gamma+1}{2}}\right)^{\frac{\gamma}{\gamma-1}} \tag{5.4.3}$$

可以建立临界压力系数与临界马赫数的关系

$$C_{pcr}=\frac{2}{\gamma M_{cr}^2}\left(\frac{p_{cr}}{p_\infty}-1\right)=\frac{2}{\gamma M_{cr}^2}\left[\left(\frac{2}{\gamma+1}+\frac{\gamma-1}{\gamma+1}M_{cr}^2\right)^{\frac{\gamma}{\gamma-1}}-1\right] \tag{5.4.4}$$

对于给定翼型，如果已知不可压流动中最小压力系数$\left(C_p\right)_0$，可以根据普朗特–葛劳渥法则得到临界压力系数

$$C_{pcr}=\frac{\left(C_p\right)_0}{\beta}=\frac{\left(C_p\right)_0}{\sqrt{1-M_\infty^2}} \tag{5.4.5}$$

将式(5.4.5)代入式(5.4.4)，可以求出临界马赫数M_{cr}。

普朗特–葛劳渥法则在低亚声速下还较准确，到高亚声速区域与试验数据的差别就比较大了。1939年钱学森提出了一个新的压缩性修正关系，这就是著名的卡门–钱学森公式，简称卡–钱公式

$$C_{pcr}=\frac{\left(C_p\right)_0}{\beta+0.5(1-\beta)\left(C_p\right)_0} \tag{5.4.6}$$

将式(5.4.6)代入式(5.4.4)，也可以求出临界马赫数M_{cr}，这个过程有时可用图线方法来实现，如图5.4.2所示。

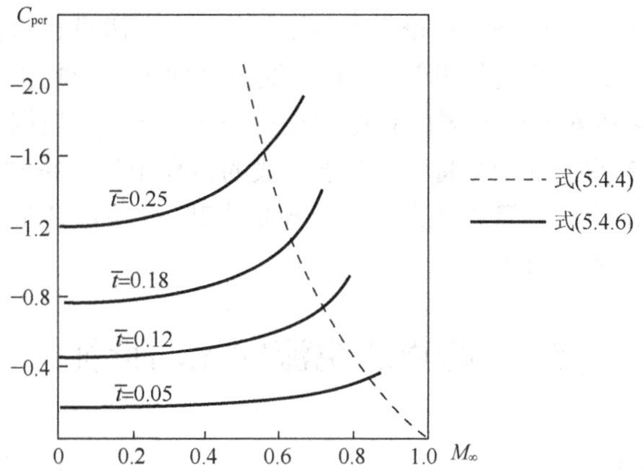

图 5.4.2　翼型跨声速绕流和局部激波的产生

由图 5.4.2 可知，随着相对厚度$\bar{t}$减小，翼型的临界马赫数M_{cr}增大。也就是说，在来流马赫数确定的情况下，翼型越厚，越容易出现局部超声速区。在设计中，总是希望提高临界马赫数，使得在高来流马赫数情况下，全场尽量保持亚声速，减弱产生强激波的超声速区。

2. 机翼后掠的影响

根据前面章节分析，在线化理论成立的条件下，无限翼展斜置机翼与前缘平行的切向速度对气动力特性没有影响，采用在翼面上出现与前缘垂直的法向马赫数$M_n = 1$所对应的来流马赫数M_∞来定义无限翼展斜置机翼临界马赫数。实际上是按照垂直于前缘的法向马赫数$M_{\infty n}$流过翼型来求马赫数临界M_{cr}。由于压力系数采用V_∞来定义，因此无限翼展斜置机翼临界压力系数与临界马赫数的关系：

$$C_{pcr} = \frac{2}{\gamma M_{cr}^2}\left\{\left(\frac{2}{\gamma+1}+\frac{\gamma-1}{\gamma+1}M_{cr}^2\cos^2\chi\right)^{\frac{\gamma}{\gamma-1}}-1\right\} \tag{5.4.7}$$

可以看出，如果临界压力系数确定以后，增大机翼后掠角，可以提高临界马赫数M_{cr}，这是现代军机多采用后掠翼布局的一个重要原因。

3. 跨声速流动的求解

在无黏、定常、等熵、无旋、小扰动，$|v_x|,|v_y|,|v_z| << u_\infty$的假设条件下，跨声速小扰动速度位方程可写成

$$\left(1-M_\infty^2\right)\frac{\partial^2\phi}{\partial x^2}+\frac{\partial^2\phi}{\partial y^2}+\frac{\partial^2\phi}{\partial z^2}=M_\infty^2(\gamma+1)\frac{v_x}{V_\infty}\frac{\partial^2\phi}{\partial x^2} \tag{5.4.8}$$

其中，ϕ为位函数，v_x为x向扰动速度。

跨声速流动中流场中的马赫数在 1 附近变化，可能既有亚声速区又有超声速区流场，对于小扰动速度位方程看，亚声速小扰动速度位方程是椭圆型的，超声速小扰动速度位方程是双曲型的，但二者都是线性方程。跨声速流动小扰动速度位方程是非线性混合型的，而且与气体常数相关，从而使方程求解相当困难。这类问题至今仍是数学家们的一个有兴趣而又困难的课题。此外，跨声速流场即使在小迎角飞行条件下也存在局部激波，激波和边界层的相互干扰也常常使黏性的影响相当显著，这更加大了问题的难度。

对于翼型和薄翼的跨声速绕流理论上有相似率，在一定假设和简化下不必根据薄翼的边界条件直接对非线性方程式进行求解，而有可能定性地了解影响机翼跨声速空气动力特性的主要参数；并且可以对某一薄翼所获得的气动力试验数据，根据相仿律推算出与该机翼形状相似的其他薄翼的空气动力特性。对于一般的机翼中没有特别好的理论方法，在工程中的很多结果要靠试验和计算流体力学数值模拟来获得。下面两节主要讨论跨声速翼型和机翼气动力特性及其流动机理。

§5.5 跨声速绕流的流动特征

5.5.1 翼型的跨声速绕流

如图 5.5.1 示意是二维翼型跨声速绕流，在上翼面达到临界马赫数以后，继续增大自由来流的马赫数，在声速点下游，由于翼型表面的连续外凸，流管扩张，空气膨胀加速，出现超声速区；在超声速区，继续加速膨胀，压力系数进一步下降；在翼型后缘处，如果下翼面是亚声速流动，基本上恢复到自由来流的压力系数比上翼面经过超声速膨胀的压力系数大，如果下翼面也是超声速流动，在后缘处产生激波，也比上游的压力大；当超声速气流由低压区冲入高压区时，就会产生激波，并稳定在气流速度等于激波传播速度的位置上，气流通过局部激波后，即变为亚声速气流向后流去。由于该激波是局部超声速气流引起的，故名局部激波。此时，翼型周围既有亚声速气流，又有超声速气流，还有局部激波，是一种复杂的混合流场。

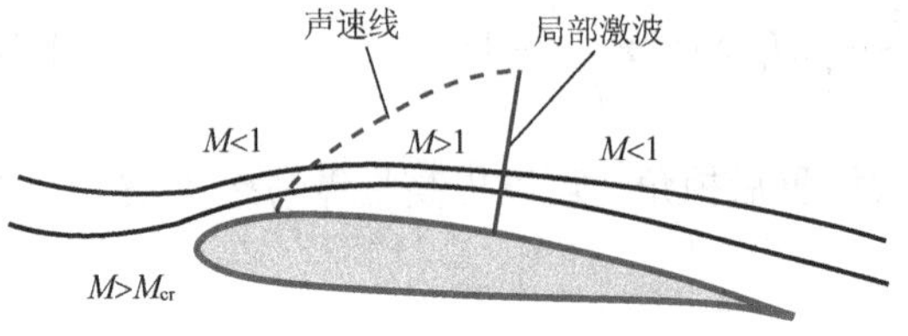

图 5.5.1 翼型跨声速绕流和局部激波的产生

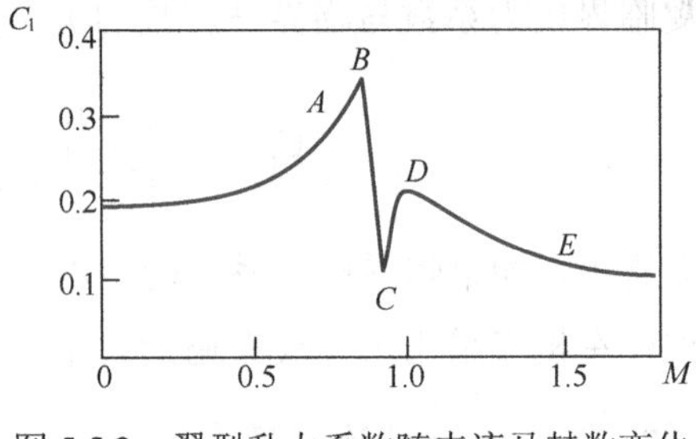

图 5.5.2 翼型升力系数随来流马赫数变化

图 5.5.2 是对称翼型、迎角 $\alpha = 2°$ 、层流情况下的升力系数随来流马赫数变化曲线，在跨声速流动速度范围存在所谓的“二起二落”变化特征，下面结合翼型绕流图 5.5.3 解释其流动机理。

根据普朗特−葛劳渥法则可知，随着来流马赫数 M_∞ 增加，升力系数按照 $1/\beta$ 的比例关系逐步增加。当增大到临界马赫数 $M_{cr} \approx 0.75$ 时，只在上表面有很小的超声速区，尚未形成明显的局部激波(图 5.5.3(a))；如果继续增大 M_∞ 就形成局部激波，而且随着 M_∞ 进一步增大，上下表面各点的气流速度加快，声速点前移，局部激波后移，超声速区域面积扩大、区域内速度增大，当局部激波移到某一位置时，局部气流速度等于激波的传播速度，则激波又稳定在此位置上(图 5.5.3(b))；这一过程中，正迎角使得翼型上表面与下表面相比，局部超声速区出现早、区域面积大、压力系数小，导致升力系数迅速增加，见图 5.5.2 从 A 点到 B 点过程。

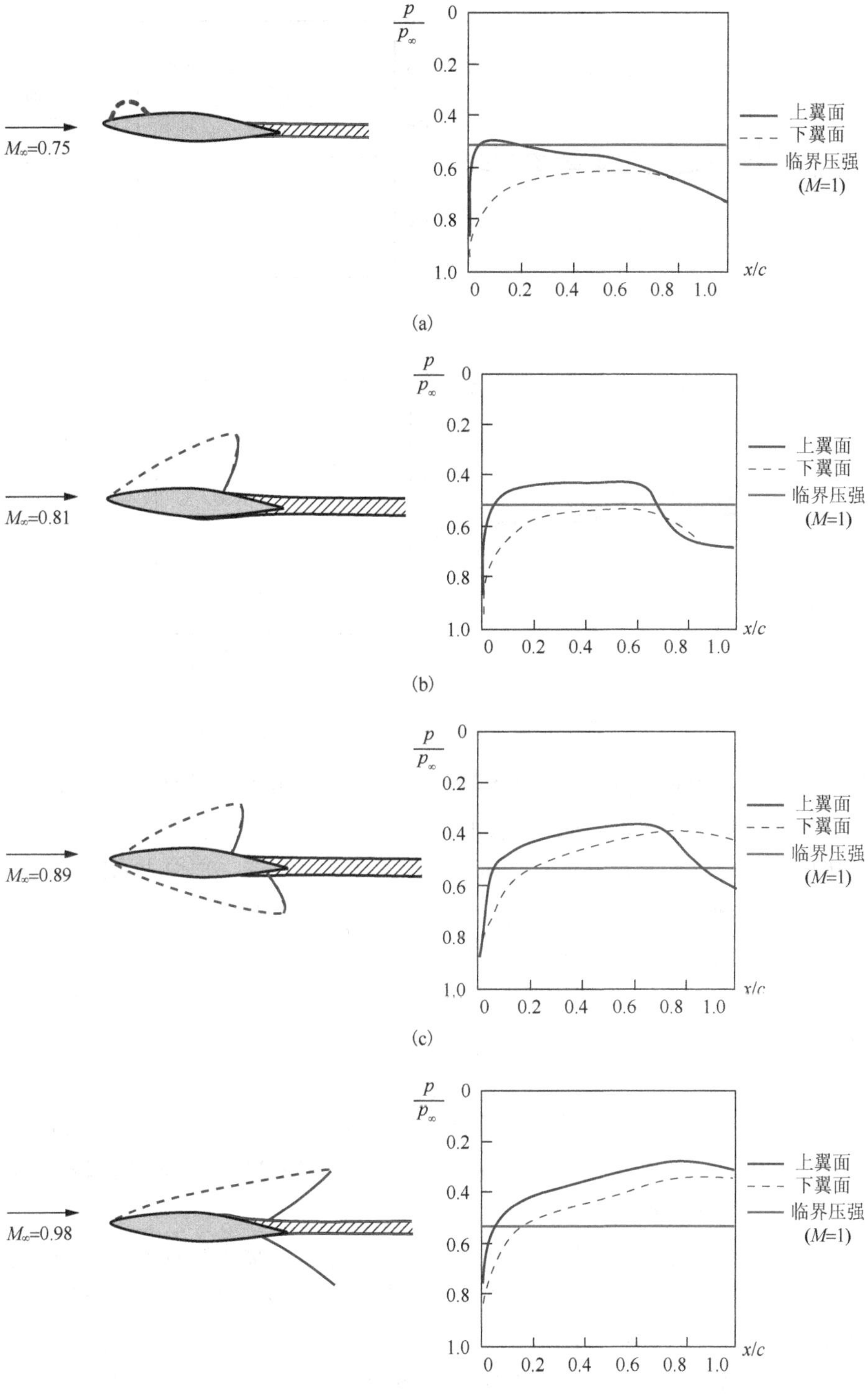

图 5.5.3　翼型跨声速绕流随来流马赫数变化特征

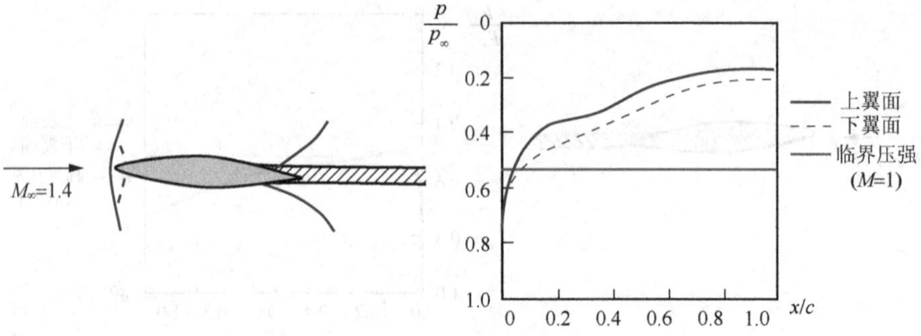

(e)

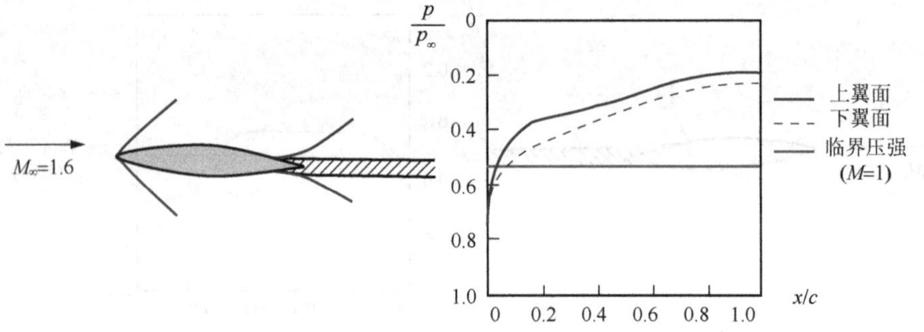

(f)

图 5.5.3　翼型跨声速绕流随来流马赫数变化特征(续)

M_∞由 0.81 增至 0.89 过程中(图 5.5.3(c)),因为正迎角对称翼型的下表面最低压力点较靠后、下表面流管变化较小、气流膨胀加速较上表面平缓,下表面的局部激波产生以后,随M_∞变化更敏感,在翼型的下表面的局部激波迅速移至后缘,使得下表面超声速区迅速增大,向下的吸力增强;同时上表面边界层分离以后形成激波失速,使尾部上翼面压力较高,综合效果导致升力系数迅速减小(从 B 点到 C 点)。

M_∞继续增大至 0.98 以后(图 5.5.3(d)),翼前缘出现头部脱体正激波,随着进一步增大,脱体正激波逐步变为斜激波,强度减弱,波后气体为亚声速流动,导致升力系数有所恢复(从 C 点至 D 点)。

$M_\infty>1$以后继续增大,头部脱体激波再次附体,机翼上下表面全部是超声速流动,跨声速范围到此结束(图 5.5.3(e)),导致升力系数变化规律按照超声速流动特性,按照$1/B$的比例关系逐步减小(从 D 点到 E 点)。

翼型阻力系数随来流马赫数变化如下图 5.5.4 示意。在临界马赫数以前亚声速阶段,阻力系数受压缩性的影响较小,直到接近M_{cr}时,随M_∞变化很小;来流M_∞超过M_{cr}以后,翼型表面产生局部激波,出现波阻,最初激波并不是很强,而且激波导致的分离不是很严重,阻力系数缓慢增加(图中曲线 AB 段所示);随后来流M_∞增加到一定程度,激波强度增大,激波诱导分离,波阻便急剧增大(图中曲线 BC 段)。当$M_\infty>1$以后,激波附体,随M_∞增大,动压增大,致使上下表面压力系数均下降,导致阻力系数下降(图中曲线 CD 段)。

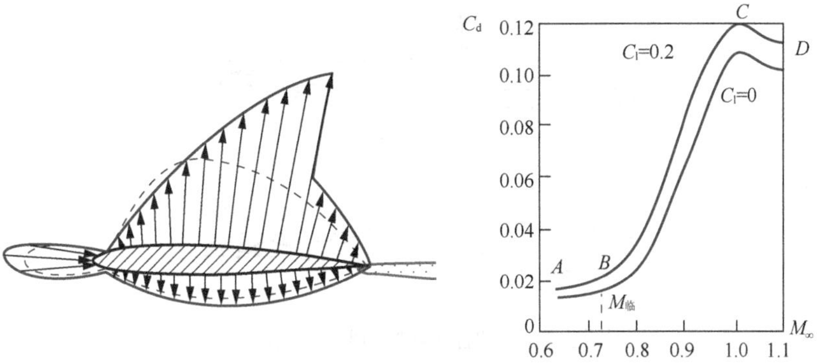

图 5.5.4　翼型跨声速压力系数分布和阻力系数随来流马赫数变化

在亚声速流中，压力中心几乎不随 M_∞ 的变大而变化；进入跨声速后，由于上翼面出现局部超声速区和激波并向后发展，翼型后半部产生附加升力，压力中心向后移动；之后又由于下翼面也出现超声速区和激波，并以更快的速度扩展到整个下翼面，使压力中心迅速前移；最后又因为上翼面激波也移动到后缘处，超声速区扩展到整个上翼面，压力中心又向后移动，如图 5.5.5 所示。

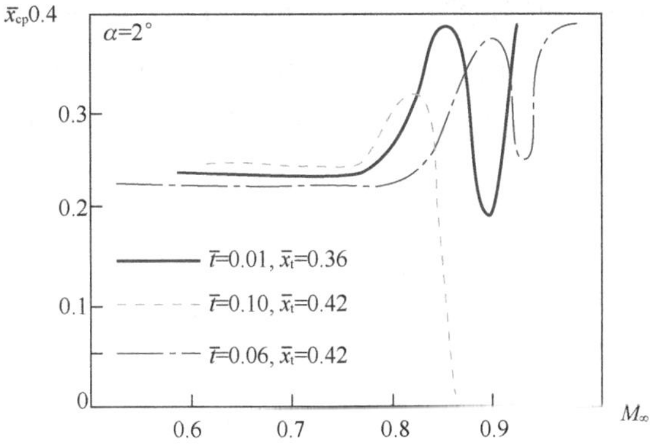

图 5.5.5　不同翼型相对压心随来流马赫数变化

5.5.2　超临界翼型

为了提高翼型的临界马赫数，特别是翼型的阻力发散马赫数，以便推迟翼型的跨声速气动特性的剧烈变化，20 世纪 70 年代发展了一种所谓超临界翼型，如图 5.5.6(b)所示，由于其上表面曲率较小，比较平坦，使来流马赫数超过临界马赫数后，大约从距前缘 1/2 弦长处翼型上表面的流动，为无加速度的均匀超声速流。这样，结尾激波前的超声速气流的马赫数较低，激波伸展范围不大，强度较弱，激波处逆压梯度较小，边界层不易分离，从而延缓了阻力发散现象。而传统翼型激波前的超声速气流一直加速到激波处，激波强度较强且位置较靠前，诱导较早的边界层分离。

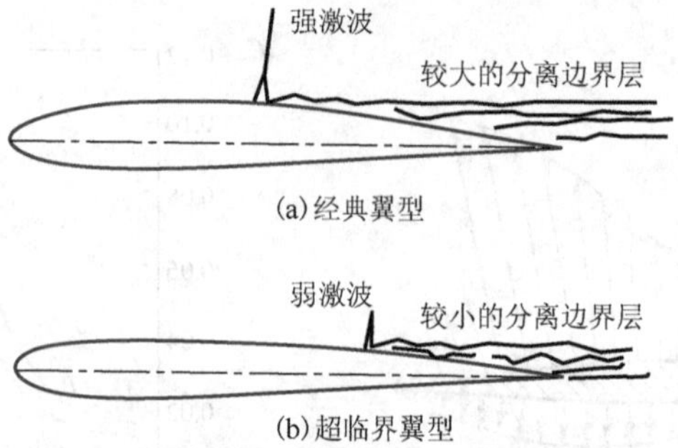

图 5.5.6　超临界翼型和普通翼型比较

由图 5.5.6 可见，由于超临界翼型上表面比较平坦，曲率较小，使翼型中段所产生的升力减小，为了弥补超临界翼型中段升力不足，一般将后缘附近的下表面设计成内凹形以增大翼型后段弯度，使后段上下表面压差增大，以增加升力。

图 5.5.7 中显示，NASA 超临界翼型和 $NACA64_1-212$ 翼型的厚度分布几乎相同，且这两个翼型的容积是差不多的。当设计升力系数 $C_l = 0.6$ 时，相对厚度 $\overline{t} = 0.11$ 的 NASA 超临界翼型和 NACA 64_1-212 翼型，二者的阻力系数随来流 M_∞ 的变化，其试验结果如图 5.5.8 所示。当 NASA 超临界翼型在 $M_\infty = 0.7$ 时，阻力系数只有微小的增加，到 $M_\infty = 0.8$ 时，阻力系数才开始剧增；而层流翼型 NACA 64_1-212 在 $M_\infty = 0.69$ 时阻力系数就开始剧增。因此，NASA 超临界翼型的阻力发散马赫数，较 NACA 64_1-212 翼型增大了差不多 0.11。由此可见，超临界翼型在提高阻力发散马赫数、改善跨声速流动特性方面，不失为一种很有发展前途的翼型。

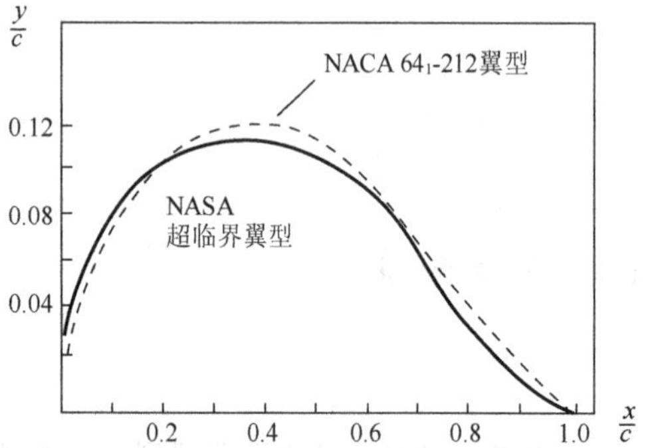

图 5.5.7　翼型厚度分布比较

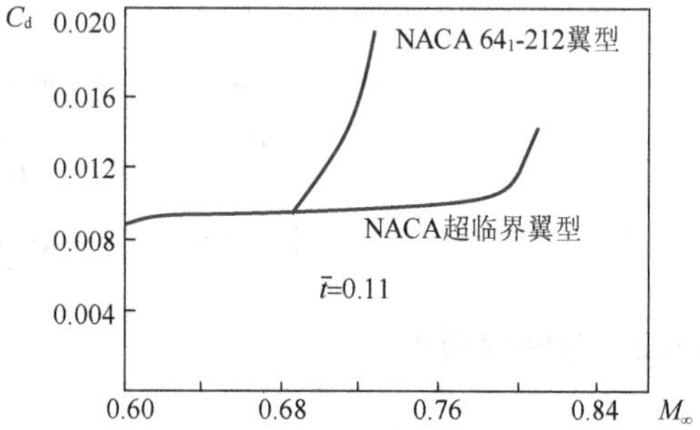

图 5.5.8　翼型阻力系数比较

5.5.3　翼型主要几何参数对气动特性的影响

由于在小升力系数下，增大翼型相对厚度 $\overline{t}$ 和相对弯度 $\overline{f}$，以及在给定翼型下增大迎角，都将使翼型的最小压力系数的绝对值增大。因此根据§5.4 中临界压力系数与临界马赫数的关系，翼型的临界马赫数将随翼型的相对厚度和相对弯度的增大而降低。如图 5.5.9 所示。

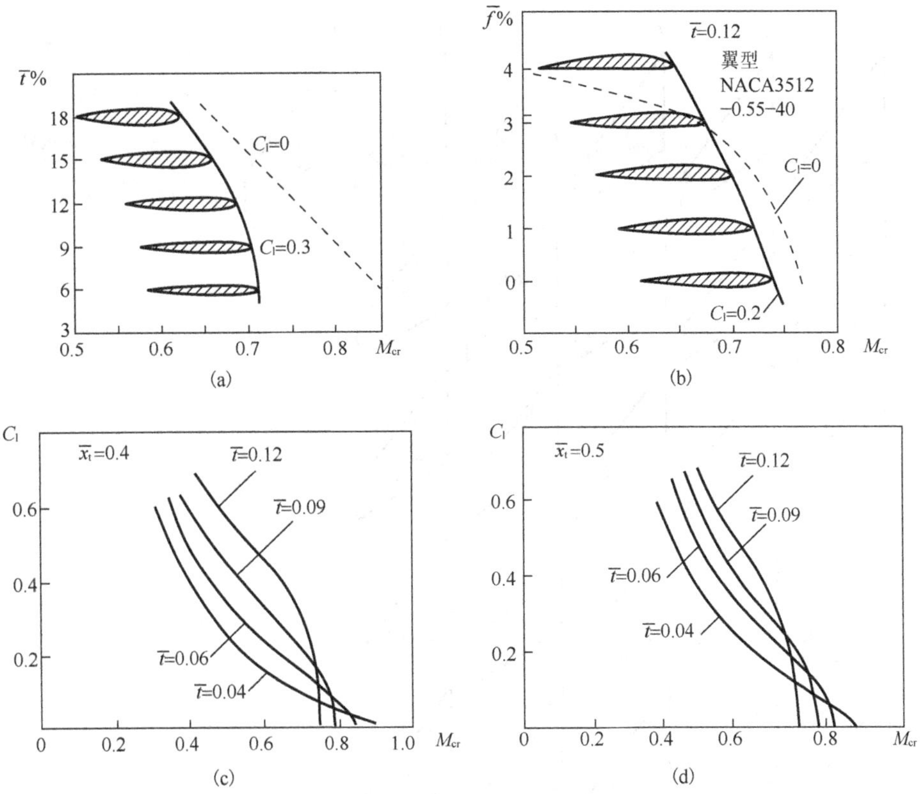

图 5.5.9　不同厚度、弯度和升力系数翼型的临界马赫数

§5.6　跨声速机翼的空气动力特征

机翼的跨声速流动因包含前缘涡以及激波的存现而呈现较大的复杂性，其跨声速气动特性除与翼型的几何参数和迎角有关外，还与机翼的平面几何参数，主要是展弦比 λ 和后掠角 χ 有关。首先来分析小展弦比后掠翼的跨声速流动特性。

1. 小展弦比后掠翼的跨声速流动特性

低速情况一样，展弦比较小的后掠翼，在不太大的迎角下，容易产生前缘涡。在跨声速时，这些前缘涡与翼面激波相互作用，将扩大翼面气流的分离区，使机翼的抖动升力系数降低，并对机翼的气动特性产生不良影响。为了充分发挥后掠翼的效能，必须了解后掠翼的前缘涡和各种型式翼面激波的发生和发展情况，以便在跨声速机翼的翼型和平面形状设计时采取必要的措施。图 5.6.1 给出了展弦比 $\lambda = 2.828$，前后缘后掠角分别为 $\chi_0 = 53.5°$、$\chi_1 = 32.9°$ 的后掠翼的前缘涡位置以及翼面激波随来流 M_∞ 数和迎角的变化情况。

如图 5.6.1 所示，在来流 $M_\infty < 0.85$ 时，翼面上无激波出现，但前缘涡在迎角 $\alpha = 3°$ 后就开始出现。该前缘涡随着迎角增大而逐渐内移，并在迎角较大时（$\alpha = 12°$）使翼尖气流分离。当 $M_\infty = 0.95$ 时，翼尖剖面的临界马赫数较低，局部声速首先在翼尖剖面达到而出现翼尖激波。翼尖激波几乎与来流方向垂直，随着迎角增大，翼尖激波内移。

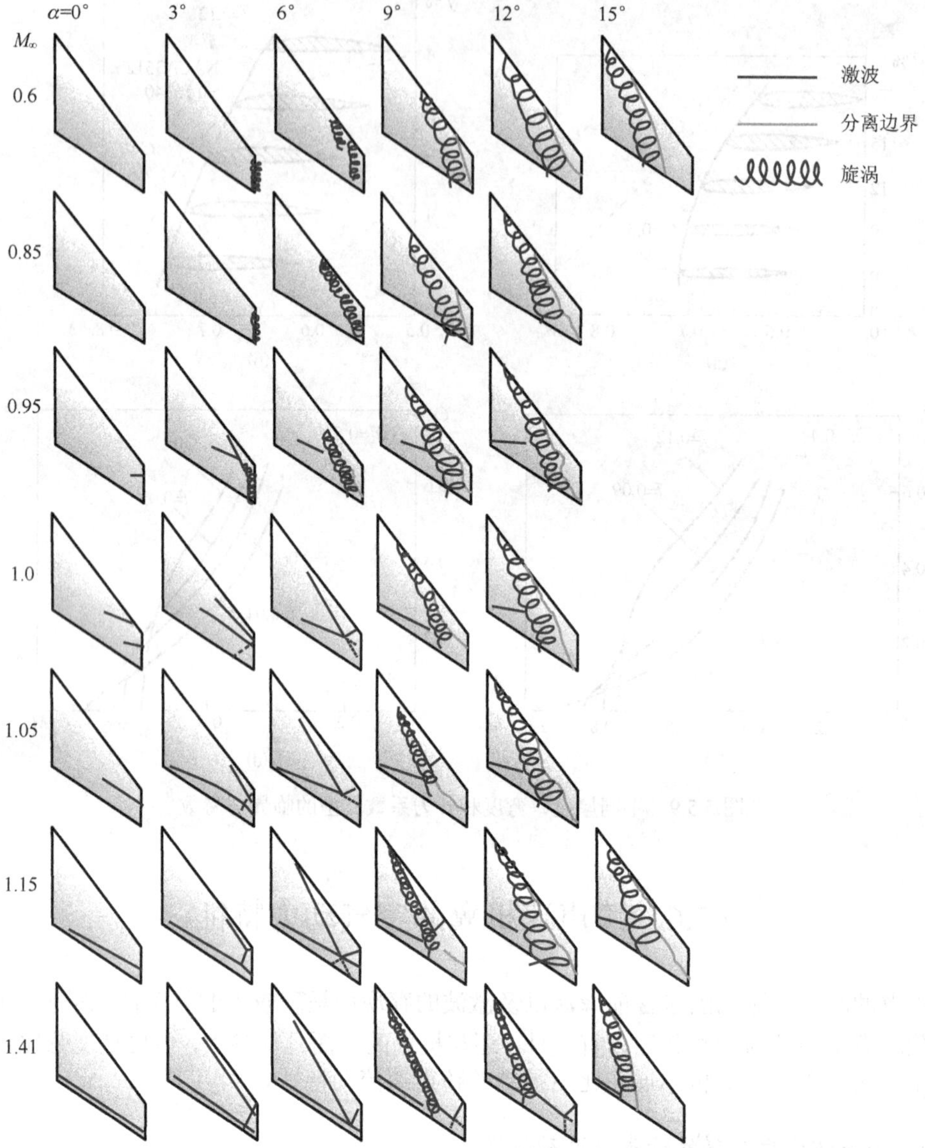

翼型 RAE102， $\bar{t}=0.06$ ， $\lambda=2.828$ ， $\eta=3$ ， $\chi_0=53.5°$ ， $\chi_1=32.9°$

图 5.6.1　后掠翼的前缘涡位置以及翼面激波随来流马赫数和迎角的变化

迎角不变时，以 $\alpha=0°$ 为例，随着 M_∞ 增大，翼尖激波向着翼根方向移动。翼尖激波形成的同时，翼面上还出现所谓“背激波”，背激波的产生与机翼翼根附近气流的流动形式有关。由于机翼的垂直对称面是一流面，可视为壁面，当气流流线流经壁面时，翼面上流动方向从前缘到后缘是以“S”形逐渐偏向固壁的(在第 4 章§4.4 节中已讨论过类似的形式)。因此，当翼根附近出现超声速气流后，翼根剖面对局部超声速气流就成为压缩边界，出现一系列压缩波，如图 5.6.2 所示，由于剖面后部的流动是减速的，波角是逐渐增大的，这就使压缩波能够在机翼展向某处汇集成一个具有一定强度的“背激波”。$M_\infty=1$时，背激波在翼尖激波之前，随着 M_∞ 增大，背激波要比翼尖激波往后缘移动得更快。因此在

$M_\infty=1.05$时，背激波就要超过翼尖激波，并与翼尖激波合并。合并后背激波还要向翼根扩展。并且随着M_∞的增大，背激波的强度是增大的，同时也向后缘靠近。

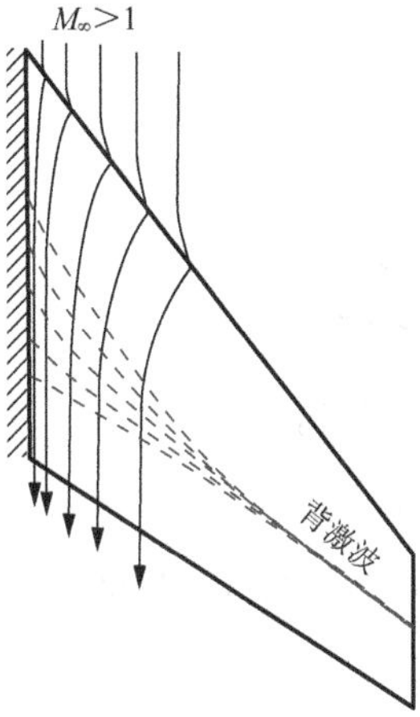

图 5.6.2　跨声速流动中机翼背激波的形成

在来流M_∞超过后掠翼的临界马赫数后，随着迎角增大，机翼各剖面，从翼尖往翼根，相继产生局部超声速区，与翼型一样，超声速区以激波结尾，在机翼前缘附近形成“前激波”。随着M_∞的增加，由于翼面超声速区扩大，前激波还逐渐向机翼内侧和后缘移动、并且最终与背激波相交，在交点外侧形成一强度很强的外激波，在外激波作用下，外激波后的翼尖区域要发生严重的气流分离，使机翼产生上仰现象。前缘涡与激波相遇时前缘涡要发生破碎，翼面分离的气流和前缘涡破碎后的气流都是非定常流，将使机翼在跨声速区出现抖动现象。对前缘后掠角大于 50°的机翼，由于前缘涡在较小迎角下就出现并与激波相交，因此抖动升力系数将明显降低。

综上所述，后掠翼的激波系主要是前激波、背激波与外激波。前激波的产生与翼型的临界马赫数有关，因此，在给定翼型情况下，必须精心设计后掠翼的后掠角，使在给定来流M_∞下，翼面不出现激波或强激波。背激波和外激波的产生主要是由于后掠翼翼根效应和翼尖效应所引起，为了消除这些激波，后掠翼在翼根和翼尖区域的外形也必须精心设计。当然，提高翼型的阻力发散马赫数是消除和减弱这些激波的最根本措施，因此，选用高阻力发散马赫数的超临界翼型是很必要的。

2. 展弦比对气动特性的影响

展弦比λ越小，机翼上下表面气流的相互影响就越大。因此，展弦比越小，机翼各翼剖面的最大速度增量要较展弦比较大机翼相应之值为小，这就会使得机翼的临界马赫数越高。

不同展弦比的阻力特性曲线如图 5.6.3 所示。在亚声速情况下，机翼的展弦比越大，阻力越小。然而在跨声速范围内，阻力中波阻力占的比例大，为减小总阻力，宜采用小展弦比机翼。由于机翼的展弦比越小，翼端所产生三维效应越强，机翼对气流的扰动越小，这样就延缓了压缩性效应，因此小展弦比机翼的阻力发散马赫数就比大展弦比机翼的大，如图 5.6.4 所示。且可见小展弦比机翼的阻力随M_∞的变化比大展弦比机翼要和缓得多。

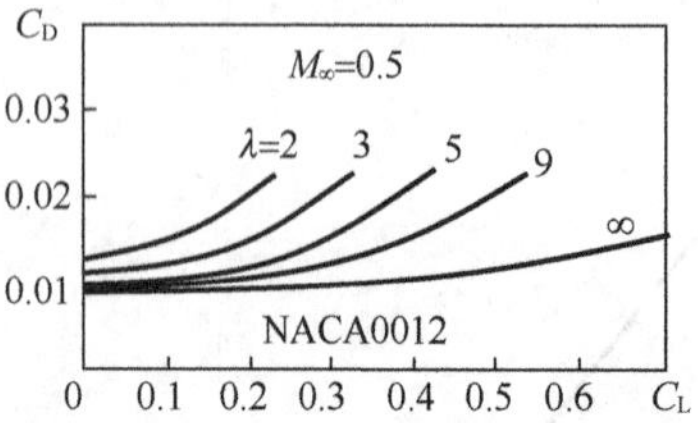

(a) 低亚声速马赫数

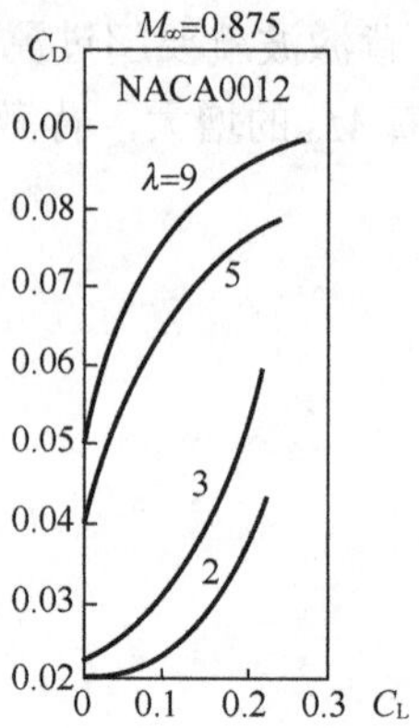

(b) 高亚声速马赫数

图 5.6.3　展弦比对升阻极曲线的影响

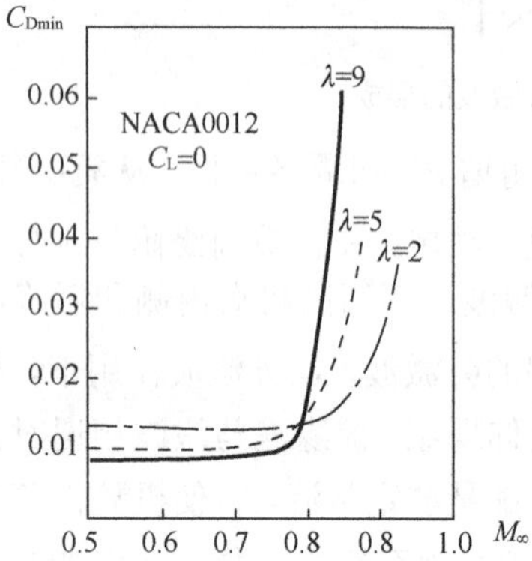

图 5.6.4　展弦比对于低马赫数下的最小阻力的影响

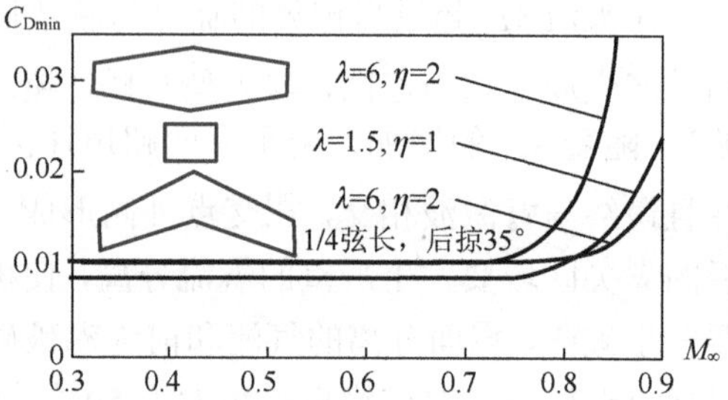

图 5.6.5　机翼阻力系数随平面形状和 M_∞的变化 (NACA 0012, $\mathrm{Re}=4.3\times10^5$, $\alpha=5°$)

3. 后掠角对气动特性的影响

前面的章节已经讨论过，可以将绕过斜置翼的流动，分解成沿机翼的展向流动和垂直于机翼前缘的法向流动两部分。前者不影响压强分布，只影响附层面；而后者决定了该机翼的压强分布(不考虑黏性作用)。因此，斜置翼的斜置角增大将提高临界马赫数与阻力发散马赫数，并延缓阻力发散现象，这个效应对后掠翼来说趋势也是一样的，如图 5.6.4~图 5.6.5 所示。

机翼后掠角 χ 越大，在同一来流马赫数 M_∞ 下，机翼的法向马赫数分量 $M_\infty\cos\chi$ 就越小，因此机翼的临界马赫数就越高。即使来流 M_∞ 高到超过后掠翼的临界马赫数，使 $M_\infty\cos\chi>1$，这时翼面附近虽也要出现局部超声速区和激波，但该激波强度也要比直机翼或后掠角较小的机翼在相同来流 M_∞ 数时的激波强度要小，这是因为后掠翼的激波强度仅与机翼的法向马赫数分量 $M_\infty\cos\chi$ 有关(后掠角越大 $M_\infty\cos\chi$ 值越小)。

图 5.6.6 和图 5.6.7 还表明，后掠机翼的升力线斜率和压力中心位置随 M_∞变化比较缓和，升力线斜率和压力中心位置开始出现不利变化的马赫数比直机翼的明显要高。从气动力观点来看，高速飞行器采用小展弦比后掠机翼是有利的。

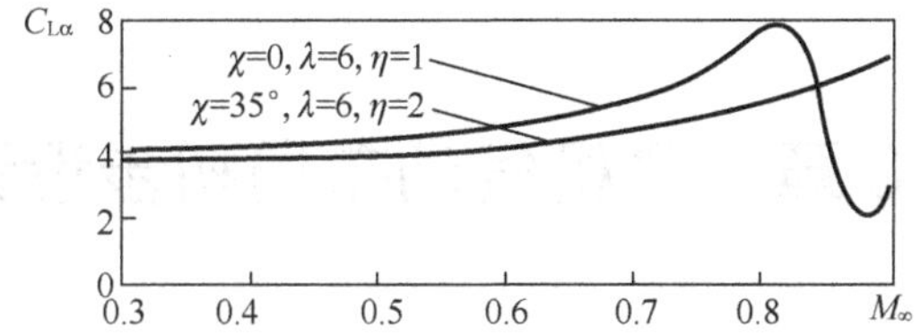

（翼型剖面 NACA 0012， $M_\infty = 0.8$ ， $Re = 4.3\times10^5$ ）

图 5.6.6　矩形翼与后掠翼的升力线斜率随 M_∞的变化

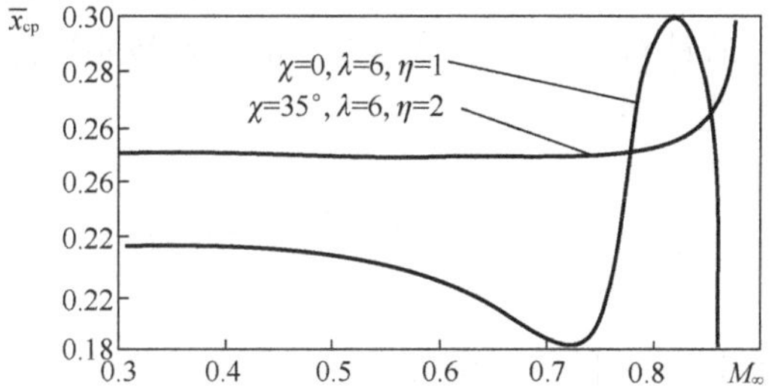

（翼型剖面 NACA 0012， $M_\infty = 0.8$ ， $Re = 4.3\times10^5$ ）

图 5.6.7　矩形翼与后掠翼的压力中心随 M_∞的变化

复习与思考

1．理解超声速流场中飞行器的升力和阻力产生的特点，与低速和亚声速时有什么不同？

2．理解超声速流动中机翼的线化理论的原理和运用方法。

3．理解临界压力系数与临界马赫数的意义。

4．跨声速翼型绕流流场有什么特征？对于固定的翼型，来流从低速增大到超声速，试将流场变化统一起来。

5．总结一下跨声速机翼气动特性。

6．查阅超声速飞机相关图文资料，分析其外形和流场形式。

第6章　飞机气动布局初步设计

从第1章中飞行器的发展历程中不难看出，气动力技术、发动机技术及结构材料技术是推动航空技术进步发展的三大基本要素，气动设计不仅自身很重要，而且对飞行器其他系统也有较大影响。本章主要从飞机的技术指标分析开始，介绍概念设计与方案论证中的总体与气动相关内容，然后针对飞机主要总体参数的选择按步骤进行讨论，最后介绍飞机气动布局并说明选择需要考虑的因素。

§6.1　飞机技术指标分析

飞机的技术指标分析以飞机任务需求分析的结果为出发点，以使用单位提出的各项指标要求为初步目标，通过飞机总体设计部门各专业间协同开展的概念设计与方案论证来实现。性能指标分析主要包括典型任务剖面分析，概念设计与方案论证中的技术要求分析，以及技术指标分析后的有关文件编制等任务。本节主要讨论典型任务剖面分析，以及概念设计与方案论证中的技术要求分析，偏重与飞机外形和气动设计相关的环节内容。其中将会引出后面的飞行器主要总体参数的选择、飞机气动布局的选择等重要内容。

6.1.1　典型任务剖面

飞机的典型任务剖面根据其运载任务或作战需求而定，是飞机总体方案概念设计及技术要求分析的重要依据之一，任务剖面分析需要在总体参数选择前完成。

飞机的任务剖面一般由若干种任务段构成，对于军机和民机而言差异较大，下面首先以战斗机为例，说明各阶段的名称及简要定义，然后再介绍民机的任务剖面。

1. 战斗机任务剖面

(1) 起飞段：包括地面滑跑及加速至上升速度。

(2) 上升段：原则上采用以能达到最大任务航程的最佳发动机工作状态和速度程序沿预定航向上升到巡航高度。为计算方便，通常采用等表速、等马赫数等上升方式。

(3) 巡航段：原则上以最大航程的速度和高度向预定目标区域飞行。为满足不同任务的需要，可指定合理的高度和速度；无论出航或返航，均可有多个巡航段；对于现代先进战斗机，巡航过程中可进行空中加油，且可兼有亚声速巡航段和超声速巡航段。

(4) 过渡段：当先后任务所设定的高度、速度与巡航高度、速度不同时，或分段巡航时前后两段的高度、速度不同时，飞机需要变速上升或下降过渡。

(5) 巡逻待机段：时间按需设定，忽略高度、速度和飞行距离的变化，仅以设定的高度、速度和相应的发动机巡航状态计算燃油消耗量。

(6) 作战段：时间按需要设定或按完成规定机动飞行动作，以估算作战时间和耗油。

时间设定时，一般忽略高度、速度和飞行距离的变化，仅以设定的高度、速度和相应的发动机工作状态计算燃油消耗和武器弹药的消耗。

(7) 返航下降段：在战斗机完成作战任务后返回基地前，可计算从巡航高度下降到基地上空的返航下降段。对最佳巡航速度为亚声速的战斗机，任务剖面中可忽略下降段的计算。

将以上各种任务段组合，即可得到满足不同任务要求的任务剖面。下面给出战斗机常用的两种典型任务剖面作为示例，包括最短时间截击空空作战剖面、超声速巡航截击作战剖面，此外还有其他不同的任务剖面，这里不再详述。

1) 最短时间截击空空作战剖面(图 6.1.1)

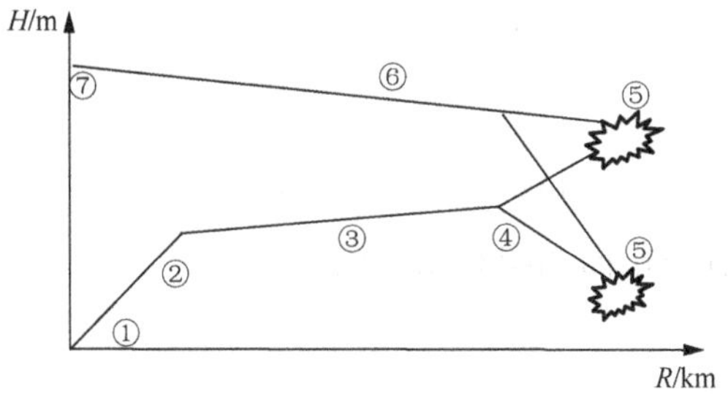

图 6.1.1　空空作战任务剖面示意图

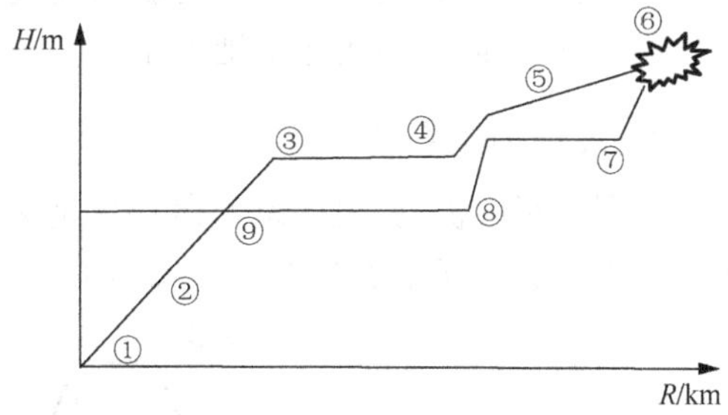

图 6.1.2　超声速巡航截击作战剖面示意图

执行该任务的前提是作战对象为处于中距离来袭的敌战斗机或轰炸机。为快速接近敌机，我机通常不带外挂副油箱，仅带近距格斗导弹和中程拦射导弹。对照剖面示意图，任务基本规则如下。

(1) 以发动机处于“加力”或“最大”状态起飞并加速到上升速度(这里并未区分“最大加力”“最小加力”还是“部分加力”)。

(2) 以“加力”或“最大”状态，按最短时间的上升程序上升到巡航高度。

(3) 在飞机最有效的加速高度(通常 9~11 km)，以最大可机动平飞速度巡航(通常在 $M = 0.8 \sim 0.9$)。

(4) 改为按作战要求所需的发动机工作状态，过渡到作战高度和作战速度。

(5) 攻击敌机，消耗弹药，作战时间按统计规律取值(一般取 5 分钟，其中 1 分钟“加力”，4 分钟“最大”)或按完成规定机动飞行动作进行估算(例如，先以“加力”状态从亚声速 $M = 0.8 \sim 0.9$ 加速至超声速 $M = 1.4 \sim 1.6$，保持此 M 作过载为 4~5 的盘旋一圈，然后收油门至“最大”并减速到 $M = 0.9$，再接通“加力”以 $M = 0.9$ 作过载为 5~6 的盘旋两圈)。

(6) 以最大续航的速度和发动机工作状态巡航返回。

(7) 携带着陆余油到达基地上空。

2) 超声速巡航截击作战剖面(图 6.1.2)

此剖面可用于打击远距离来犯的敌战斗机或轰炸机）也可用于打击敌预警机或加油机。任务基本规则如下。

(1) 起飞并加速到上升速度。

(2)沿预定航向，以能达到最大任务航程的最佳发动机工作状态和速度程序上升到巡航高度。

(3)以最大航程的速度和高度巡航到离目标一定距离处(根据需要选定，大致可取200~500 km)。

(4)加速并上升到超声速巡航的高度和速度(一般高度为10~14km，速度为M=1.4~1.6)。

(5)以超声速巡航预定距离(如步骤(3)所述为200~500 km)。

(6)利用中、远距制导武器攻击目标，作战时间一般不大于2min。

(7)以超声速或亚声速巡航退出战斗返航，飞行预定距离。

(8)改变高度、速度至有利巡航的高度及速度。

(9)携带着陆余油到达基地上空。

2. 民用机任务剖面

区别于军用机，民机的巡航段特性是关注的重点。民机的设计不仅需要满足设计指标，还需要满足适航规则的要求。民机典型的飞行任务剖面如图6.1.3所示。

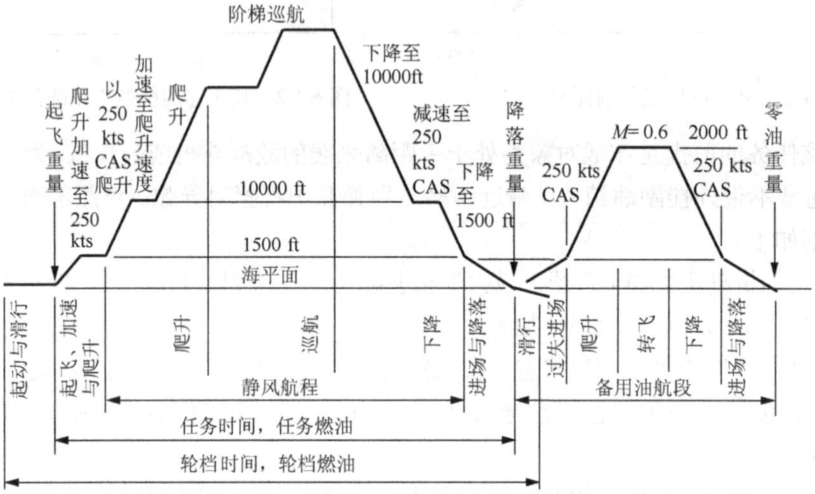

图6.1.3 典型的民机飞行任务剖面图

可见民机飞行任务剖面通常分为两个部分：正常任务段和转飞段。每一段可以进一步细分为几个小部分，例如，起动与滑行、起飞、爬升、巡航、下降、进场与着陆、滑行、过失进场和转飞等，在时间、航程和燃油消耗的计算上随飞机的类别而有所不同，同时还受到机场条件、进场规则等因素的影响，在最初设计阶段，一般采用一组基于统计的基准值，以方便不同方案间的对比。

6.1.2 概念设计与方案论证中的技术要求分析

1. 总体参数选择

飞机总体参数的选择是概念设计与方案论证中重要的部分，这里先简要介绍其要点，本章6.3节将进行详细讨论。

1) 翼载及推重比

飞机的翼载及推重比因其使命任务的不同而有所差异，基本规律如表 6.1.1 所示。

表 6.1.1　飞机的翼载及推重比规律

飞机	强调性能	特点
空中优势飞机	高机动性	翼载偏低，推重比较大
对地攻击飞机	低空巡航，抗突风能力	翼载偏大，推重比可较小
近距支援飞机	短距起落	翼载低，推重比小
多用途飞机	兼备对空对地攻击能力	翼载适中，推重比适中

根据以上规律和趋势，在概念设计初期可确定出总体方案翼载及推重比的大致范围。具体可参见本章 § 6.3.4 和 § 6.3.5。

2) 飞机重量与尺寸

飞机重量与尺寸的选择根据其使命任务有以下技术要求：对于远程、自主作战能力要求高的飞机，其重量与尺寸应大一些，以便安装天线口径较大的雷达和装载较多的燃油；对于近距支援飞机或高、低档搭配中的低档飞机，其重量与尺寸可选得小些，以降低单机价格。

3) 机翼的展弦比和后掠角

飞机机翼的展弦比、平均相对厚度及前缘后掠角对飞机的重量特性、气动特性有着明显而又十分复杂的影响，最后归结为对飞行性能的影响。其大致影响规律如表 6.1.2 所示。

表 6.1.2　机翼几何参数变化对飞机性能的影响规律

机翼几何参数变化	对飞机性能的影响
展弦比减小	升限下降；最大 M 增加；亚声速爬升率减小；超声速爬升率增大；盘旋过载下降；起降速度增加；航程减少
前缘后掠角增加	升限下降；最大 M 增加；亚声速爬升率减小；超声速爬升率增大；盘旋过载下降；起降速度增加
平均相对厚度增加	升限下降；最大 M 减小；超声速爬升率下降；盘旋过载增加；起降速度下降

此外，机翼的尖梢比、后缘后掠角等参数对飞机特性都构成不同的影响，设计者需要根据飞机的使命任务进行综合权衡选定。

2. 动力装置选择的技术要求分析

根据战术技术要求，选择尽可能满足使用需要的动力装置，主要原则如下。

(1) 发动机的台数及推力量级应满足飞机推重比的要求。由于战斗机的发动机必须满足宽广的高度和速度范围、好的高度和速度特性以及尺寸必须控制在能装于机内等技术要求，其单台推力量级受制造、试验的技术难度和成本的制约，故对于较大的重型战斗机，只能采用双发；对于较小的轻型战斗机，一般可采用单发；对于中型机，可按飞机方案设计的需要选定。其总的选择依据是在满足飞机起飞推重比要求的基础上，有利于总体布置和气动布局设计，同时应注意到单发飞机的维修性好于双发飞机，双发飞机的生存力优于单发飞机等一般性特点。

(2) 计及飞机进气道对发动机特性的影响后，发动机最大功率(推力)应满足飞机最大飞行速度的要求。

(3) 与飞机进气道相匹配，其工作稳定性应满足飞机最小飞行速度的要求。

(4) 对于发动机本身的推重比，在其他条件允许的情况下，应尽可能选择高推重比。对于第三代、第四代先进战斗机来说，推重比可达 8~12。

(5) 为了满足作战使命任务的需要，应尽可能选择最大功率(推力)值较高、动力装置本身的推重比较高、巡航耗油率较低、工作稳定性好、抗畸变能力强、维修性好的较成熟的发动机。

一旦初选定后，发动机的长度、直径、安装节等基本参数将对总体参数的选择和总体布置工作的开展起到制约作用。

3. 气动布局及气动特性的技术要求分析

气动布局要求结合飞机总体参数的选择一起进行分析和确定，最终以气动特性满足飞机的飞行性能要求为主要标准并兼顾外形隐身的需要。这里先简要介绍其要点，本章 6.3 节和第七章将进行详细讨论。

关于气动特性的技术要求主要考虑以下几个方面。

(1) 结合飞控系统的设计满足飞机操纵性和稳定性的要求。

气动设计的主要目的是寻求优化升阻特性满足性能要求的外形，因此必须重点关注水平尾翼、垂直尾翼和操纵面。这些部件的尺寸、性能要求操纵面应尽可能小，而飞行操纵要求操纵面应足够大，所以需要在二者之间寻求一种平衡，通常需要进行优化。例如，图 6.1.4 显示了民机的平尾面积与机翼面积之比 S_H/S 和重心弦向位置 $(x/c)_{cg}$ 之间的关系，左侧边界是操纵性边界，右侧边界是稳定性边界。

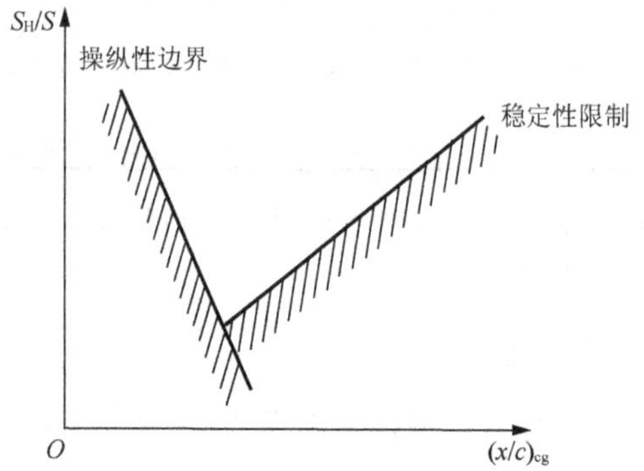

图 6.1.4　操纵性和稳定性限制

(2) 低速特性应满足飞机起降性能的要求和最小平飞速度的要求。

对于起降性能，由于飞机气动力的低速特性中气动阻力相对于飞机起飞时的推力和着陆时的刹车阻力、减速伞阻力来说是一阶小量，故对起降离(接)地速度及起降距离起决定作用的是飞机的升力特性。在有关总体参数，如飞机的翼载(W/S)及起降过程中可用离(接)地迎角 α (取决于擦尾角)基本选定的条件下，可由式

$$\frac{W}{S}=\frac{1}{2}\rho V^2 C_{L\alpha}\alpha=\frac{1}{2}\rho V^2 C_L \tag{6.1.1}$$

得出飞机低速升力特性 $C_{L\alpha}$（中小迎角时的升力线斜率）与飞机起降速度要求之间初步的相互关系（式中，ρ 为大气密度，V 为离/接地速度）。为了提高飞机的 $C_{L\alpha}$ 值，常采用双三角、前后机身边条、鸭式布局方式，以及前后缘偏转襟翼、放宽静稳定度、动力装置喷口转向等措施。同理，由式(6.1.1)也可得出对应于最小平飞速度指标 V_{min} 的最大升力系数 $C_{L\max}$ 的要求。

对于民用运输类飞机的一个要求，就是在地面滑跑过程中的关键时刻，如果单发失效，飞机必须能够继续起飞。在这种情况下，必须满足爬升要求。因此，飞机上必须至少安装两台发动机。在单发失效后，双发飞机必须能够依靠一台发动机，或 50%的装机动力继续起飞。对这种构型所要求的最小爬升梯度为 2.4%。类似地，三发飞机必须能够依靠两台发动机(67%装机动力)继续起飞，最小爬升梯度 2.7%；四发飞机必须能够依靠三台发动机(75%装机动力)继续起飞，最小爬升梯度 3.2%。综上所述可以得出结论，就日常爬升性能而言，双发飞机大大优于四发飞机。

(3) 高速气动力特性应满足飞机其他飞行性能的要求，主要从以下几方面进行分析。

① 最大平飞速度、爬升性能和加减速性能的要求。最大平飞速度、爬升性能和加减速性能又称为飞行性能的纵向特性，可归结为由单位剩余功率 P_S 值来衡量。利用式

$$P_S = V\left(T\cos\alpha - D\right)/W \tag{6.1.2}$$

并注意到对于战斗机来说，以跨、超声速作爬升或加减速水平飞行时，其需用迎角很小，$\cos\alpha \approx 1$，故由式(6.1.2)可解得

$$C_D = D\bigg/\left(\frac{1}{2}\rho V^2 S\right) = \left(T - \frac{WP_S}{V}\right)\bigg/\left(\frac{1}{2}\rho V^2 S\right) \tag{6.1.3}$$

当飞机的重量特性 W、机翼参考面积 S 及推力特性 T 基本选定时，可由式(6.1.3)解得飞机阻力系数 C_D。与给定高度、速度下给定 P_S 值要求的相互关系。如前述，由于此时的需用迎角较小，阻力系数 C_D 中升致阻力很小，故由式(6.1.3)解得的 C_D 值实际上是对飞机零升阻力系数 C_{D0} 的初步要求。关于飞机的水平减速性能，则主要涉及飞机总体设计中减速装置(如减速板)的设置。

② 盘旋性能的要求。盘旋性能也称为飞行性能的横向特性，可分为定常盘旋性能和瞬时转弯性能。对于性能指标中给定高度、速度下的最大定常盘旋过载 n_{ZS} 要求，可由简化的联立方程

$$L + T\sin\alpha = Wgn_{ZS} \tag{6.1.4}$$

$$D = T\cos\alpha \tag{6.1.5}$$

解得

$$K = \frac{L}{D} = \frac{Wn_{ZS} - T\sin\alpha}{T\cos\alpha} \tag{6.1.6}$$

一般地，由于空战格斗的典型高度、速度为中空跨声速，故战术技术指标中定常盘旋最大过载要求常在高度 $H = 5\ \text{km}$，$M = 0.9$ 的条件下提出，此时的迎角使用值对于大部分战斗机来说在 $8° \sim 12°$。

此外，对于瞬时转弯性能，战术技术指标中往往提出给定高度下的瞬时盘旋最大角速度 ω_m 要求。由于最大过载使用值 $n_{z\max}$ 在指标中已有规定，由式

$$\omega_{\mathrm{m}}=57.3g\frac{\sqrt{n_{\mathrm{zmax}}^{2}-1}}{V_{c}} \tag{6.1.7}$$

可得到对应于给定ω_{m}指标的角点速度V_{c}。再由

$$n_{\mathrm{zmax}}W=\frac{1}{2}\rho V_{\mathrm{g}}^{2}SC_{\mathrm{L}} \tag{6.1.8}$$

解出对应于此角点速度的升力系数C_{L}需用值。当飞机在此速度下的最大升力系数大于此需用值时，即能满足瞬时盘旋最大角速度指标要求。

③ 航程和作战半径的要求。航程和作战半径统称为任务性能，可分为基本航程、转场航程、作战半径和最大续航时间等指标。在对气动力特性进行分析时，仅选择基本航程即可。

在巡航段分析中常用到布雷盖方程

$$R\approx H\eta_{\mathrm{p}}\cdot L/D\cdot\frac{W_{\mathrm{F}}(t)}{W} \tag{6.1.9}$$

其中，R是航程，H是燃料的热值，η_{p}是推进效率，L/D为升阻比，$W_{\mathrm{F}}(t)$是到t时刻消耗掉的燃料重量，W是飞机总重量。应用布雷盖方程进行分析有时相当便利，其推导过程可参见附录B。

4. 目标特征控制(隐身)的技术要求分析

随着探测技术的飞速发展，战斗机的自身目标特征控制–降低可探测性隐身技术，在有效地保存自己、攻击敌人，进而提高作战效能方面体现出越来越重要的作用。通过选择特殊外形、关键部位采用或涂以吸波材料、武器内置或保形外挂、倾斜配置双垂尾、进气道遮挡或 S 形弯曲等设计和制造技术，可显著降低战斗机的雷达散射截面积 RCS。对于以中远程制空作战为主的中、高档战斗机，应力求将 RCS 值控制在 0.1 以下；对于以近距对地支援、制空作战为主的低档飞机、无人驾驶战斗机，可考虑控制 RCS 值在 0.1~1.0。此外，还应采取对发动机热部件进行屏蔽、使喷流降温等降低飞机红外特征的措施，以及在飞机表面涂保护色以减小可见光信号的方法，使飞机的目标特征得到有效的控制。在进行隐身设计时，应兼顾飞机的空气动力特性。关于隐身设计，我们将主要在第 7 章 7.9 节讨论。

5. 飞行性能指标的技术要求分析

飞机的飞行性能，是飞机总体布置设计、气动力布局设计、发动机选择及进气道与发动机匹配设计、重量与重心控制设计、强度与刚度设计，以及飞控、燃油等其他系统设计多方面工作的综合效果。根据飞机飞行性能的有关计算方法，表 6.1.3 给出了飞行性能及其主要影响因素关系。表中前 12 项是常规性能，战术技术指标中有明确要求；最后一项“敏捷性”是国外航空先进国家在 20 世纪末率先提出的衡量战斗机作战使用中操纵熟练程度的一个新概念，目前尚未有公认的定义和指标。其主要目的是综合评价包括飞机常规机动性和发动机油门响应特性、飞控系统操纵特性等过渡阶段敏捷性在内的飞机机动能力，也可以包括利用推力转向、直接力控制等新技术完成各种非常规机动飞行。因此，影响飞机敏捷性的因素涉及飞机设计的各个方面。

表 6.1.3　飞机飞行性能及其主要影响因素关系表

因素 性能	飞机推重比	翼载	载油系数	发动机耗油率	零升阻力系数	最大升力系数	最大升阻比	中等迎角升阻比	低速升力特性	最大过载限制	减速装置效能	推力转向	操稳特性	动力响应特性
最大平飞速度	√	√			√									
最小平飞速度	√	√				√								
升限	√	√				√								
最大爬升率	√	√			√									
水平加速性	√	√			√									
水平减速性											√			
定常盘旋最大过载	√	√						√						
瞬时盘旋最大角速度		√				√				√				
航程与作战半径		√	√	√			√							
起降离/接地速度		√							√					
起飞滑跑距离	√	√							√					
着陆滑跑距离		√							√		√			
敏捷性	√	√			√	√	√	√		√	√	√	√	√

对战斗机的飞行性能进行技术要求分析时，一般通过先初选方案，再进行性能计算的方法来进行。根据作战使命任务，以空中优势为主要任务的战斗机，为了满足高机动的要求，应选择推重比较高、翼载适中或较低、升阻特性好、最大过载限制值较高的方案；以对地攻击为主的飞机，应选择翼载较高、最大过载限制值较低的方案，以便在低空突防时有较好的突防响应特性并适当降低造价；多用途飞机则应兼顾两方面的要求。当性能估算结果不能满足指标要求时，应适时调整布局参数。某些性能指标具有相关性，如最大飞行速度、最大爬升率及水平加速性能的改善都依赖于提高飞机推重比、采用中等偏大的翼载和降低高亚声速至超声速的零升阻力系数来实现。当某一方案的估算结果已能达到其中的两项，而与另一项指标有明显差异时，可对另一项指标的合理性进行分析。如能提供有说服力的理由，则可向使用单位提出修改建议。

在对性能指标进行分析，还包括对已选定的典型任务剖面进行计算和充实，检查任务半径和续航能力是否满足指标的要求。

6. 刚度和强度的技术要求分析

战斗机的刚度和强度按规范和标准的要求开展设计。对于飞机基本飞行设计重量(即对应于飞机最大设计过载的飞行重量)的确定，应根据作战使用要求合理取值。鉴于飞机只有在与敌机作近距格斗或进行预定训练科目时才会使用最大设计过载，此时不可能外挂副油箱和武器，故该设计重量可取为飞机带基本外挂武器加上机内 50%～80%余油所对应的重量。

对于最大飞行马赫数 $M>2$ 的飞机，应考虑气动加热对材料特性的影响，按作战使用中的有关热环境要求及使用技术要求进行选材和开展强度和刚度设计。

在进行飞机疲劳强度设计时，为了满足飞机寿命指标的要求，应编制恰当的疲劳载荷谱。其主要依据是在参考使用部门意见的基础上对典型作战剖面使用频率进行恰当的预计和组合。

7. 燃油系统的技术要求分析

燃油系统在整个飞行包线范围内，应能可靠地向发动机和其他以燃油为运动介质的部件供油。飞机燃油箱的设置(含外挂油箱)，应满足飞机典型任务剖面所需的油量以及给定短时间内零过载和负过载时机动飞行的供油要求。燃油消耗引起飞机重心的变化不应超过规定的范围。当燃油同时还作为某些附件或其他介质的冷却源时，应保证循环返回的受热燃油的温度得到适当的控制，重点应对长航时、小流量的任务剖面进行考核。

8. 作战效能分析

当概念设计得到初步结果后，开展方案的作战效能评估。根据评估结果考查飞机方案是否达到优于战术技术指标中要求的作战对象或具有与之抗衡的能力，如有差距，则应调整方案参数。

除了上述系统，在飞机总体概念设计与方案论证中，技术要求分析的对象还包括飞控系统及飞行品质、航空电子及武器系统、液压系统、环控系统、电气系统、防护救生系统、飞机的可靠性/维修性/保障性等多个方面，由于与气动设计关联性相对较弱，本书不在此讨论相关内容。

§6.2 飞机气动布局介绍与选择

在进行具体的飞机气动设计之前，我们应熟悉飞机的基本布局形式。飞机的气动布局通常是指其不同的气动力承力面的安排形式。全机气动特性取决于各承力面之间的相互位置以及相对尺寸和形状。机翼是主承力面，它是产生升力的主要部件，前翼、平尾、立尾等是辅助承力面，主要用于保证飞机的安定性和操纵性。包括基本布局参数在内的飞机的主要总体参数是气动设计的依据。

飞机的基本布局主要指气动力承力面的安排形式。现代作战飞机的气动布局有很多种，根据各辅助翼面以及其相对位置和辅助面的多少，可以分为常规布局、无尾布局、鸭式布局、三翼面布局和飞翼布局等。

实际中在选择飞机的气动布局时需要考虑，在相同设计要求的条件下，哪种布局好一些？它们各有什么优缺点？单纯比较这些布局形式的气动性能是不能回答这些问题的，必须在真实飞机设计的条件下，除了比较它们的飞行性能，还要对这两种布局形式的稳定性、操纵性、飞机重量、制造复杂性、成本和全寿命费用进行综合比较，才能全面了解这些布局的优缺点。最后根据飞机设计要求才可能做出适合该具体飞机的最佳布局选择。

6.2.1　常规布局

飞机设计师通常将飞机的水平尾翼和垂直尾翼都放在飞机机翼后面的飞机尾部，这种布局也是现代飞机最常采用的气动布局，因此称为“常规布局”。正常式布局被用于多数战斗机和民航机，它特别适合于初期的螺旋桨飞机、因为发动机、螺旋桨和驾驶员都在飞机的前部，平尾可以得到很大的力臂。另外平尾处于机翼的下洗场和螺旋桨的滑流中，对平尾的平衡能力和操纵效率起到有利的作用。

现代战斗机更强调中、低空机动性，要求飞机具有良好的大迎角特性。多年前，研究人员发现，如果在机翼前沿根部靠近机身两侧处增加一片大后掠角圆弧形的机翼面积，就可以较大地改善飞机大迎角状态的升力。这增加的部分叫做“边条”。在中到大迎角范围，边条产生的脱体涡除本身具有高的涡升力增量外，还控制和改善了基本机翼的外翼分离流动，从而提高了基本机翼对升力的贡献。边条翼在大迎角时使升力增加，诱导阻力减小，跨声速时延缓波阻的增加，减小超声速的波阻(相对厚度减小)，但容易使俯仰力矩发生上仰。随着主动控制技术的发展，采用放宽静安定度设计很容易解决纵向力矩局部不安定问题。飞机采用了边条的设计可增强近距离格斗性能，适合大迎角、大过载机动飞行。关于边条翼，在7.1.4节中也有部分讨论。

由于边条翼具有这样的优点，许多常规布局的第三代战斗机，如图6.2.1所示的F−16、F/A−18、米格−29、苏−27、苏−30MK和苏−37都采用常规式边条翼布局，其机动性能尤为突出。当前美国最先进的第四代战斗机F−22也采用了常规布局，如图6.2.1所示。

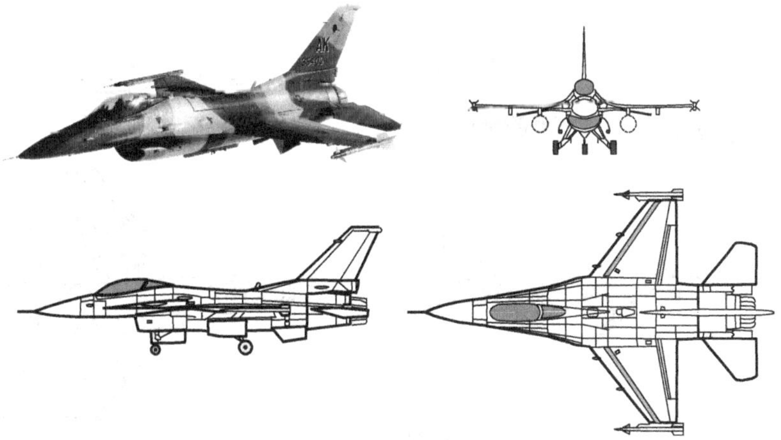

(a) F−16(美国)

图6.2.1　常规布局典型机种及其三面图

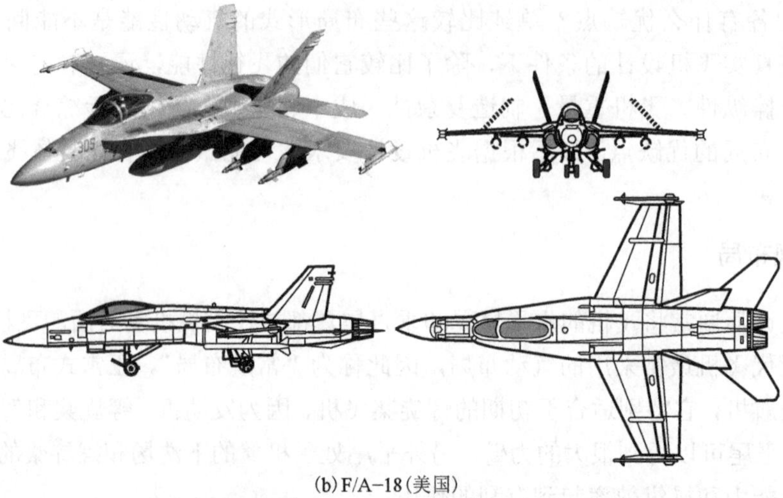

(b) F/A-18(美国)

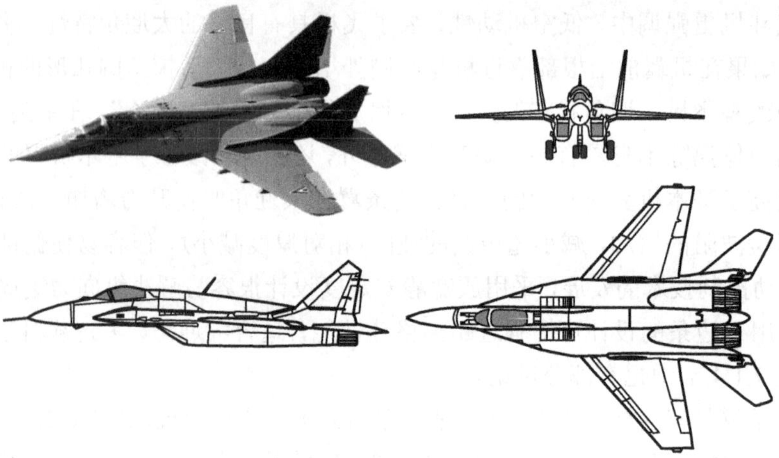

(c) 米格-29(俄罗斯)

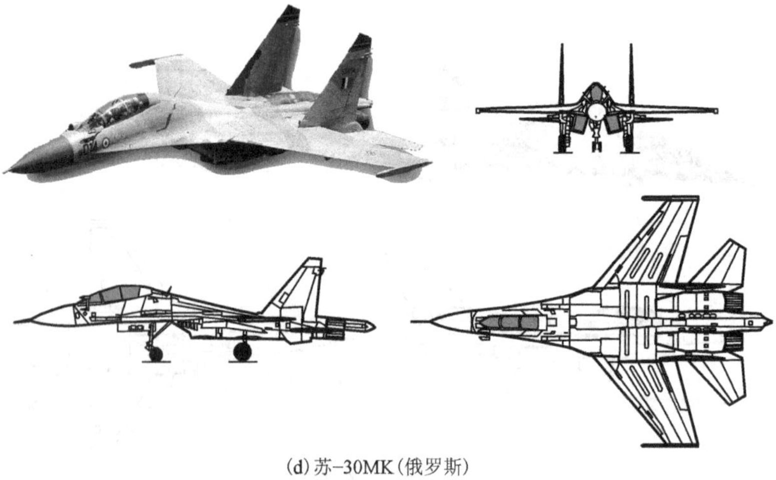

(d) 苏-30MK(俄罗斯)

图 6.2.1　常规布局典型机种及其三面图(续)

(e) 苏–37(俄罗斯)

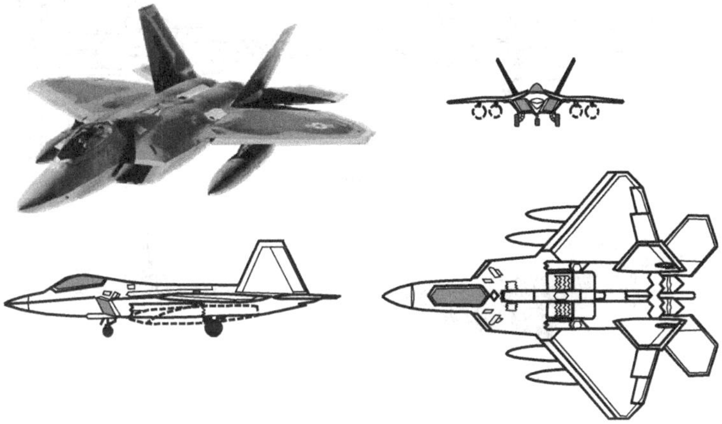

(f) F–22(美国)

图 6.2.1　常规布局典型机种及其三面图(续)

6.2.2　无尾布局

“无尾布局”是指无水平尾翼的一种常用气动布局，其垂直尾翼还是有的。它不但在战斗机中得到广泛的应用，而且在轰炸机和民用飞机中也得到应用。

比较有名的是两大无尾军用飞机系列， 是法国的“幻影”无尾飞机系列，如图 6.2.2 所示。幻影III是 20 世纪 50 年代中期研制的马赫 2 级战斗机，不但在法国空军而且也为许多国家的空军所采用。70 年代末期，法国又研制了更为先进的幻影 2000 战斗机。到 80 年代后期，在幻影 2000 的基础上又发展了“阵风”(Rafale)战斗机，该战机增加了小的前翼，主要操纵面仍然是机翼后缘的升降副翼，前翼起辅助配平作用，基本上算是无尾布局类型(也可归入鸭式布局)。除了战斗机，法国还在幻影III的基础上发展了马赫 2 级的超声速轰炸机幻影IV。

另外一组是美国的无尾军用飞机系列。美国于 20 世纪 40 年代末期研制了试验型的无尾战斗机 XF–92A。根据 XF–92A 的经验，在 50 年代初期美国研制了无尾布局的跨声速战斗机 F–102，后来在其基础上美国研制了马赫 2 级全天候超声速截击机 F–106，同时还发展了马赫 2 级的无尾布局的轰炸机 B−58。美国的马赫 3 级超声速高空侦察机 SR−71 也是无尾布局，最新的隐身轰炸机 B−2 是全无尾布局(无平尾和无垂尾)。

此外，采用无尾布局的还有瑞典的 SAAB35 战斗机，英国的“火神”(Vulcan)轰炸机。世界上曾投入运行的马赫 2 级超声速民用机也是无尾布局，它们是英法联合研制的“协和”(Concorde)和苏联的图−144。上述飞机如图 6.2.2 和图 6.2.3 所示。

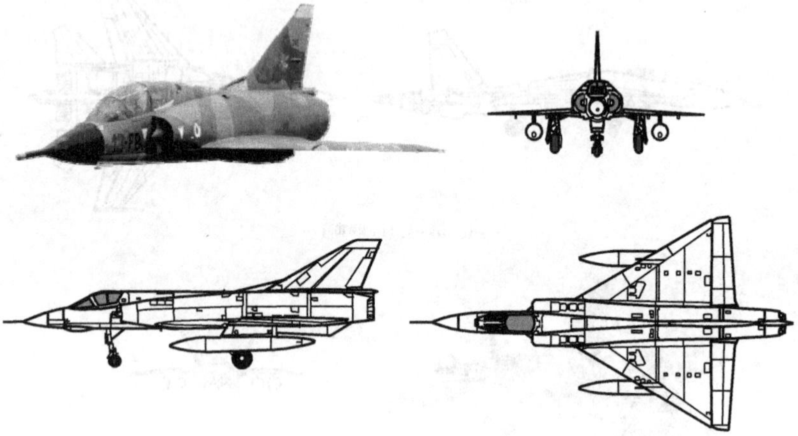

(a) 幻影III(法国)

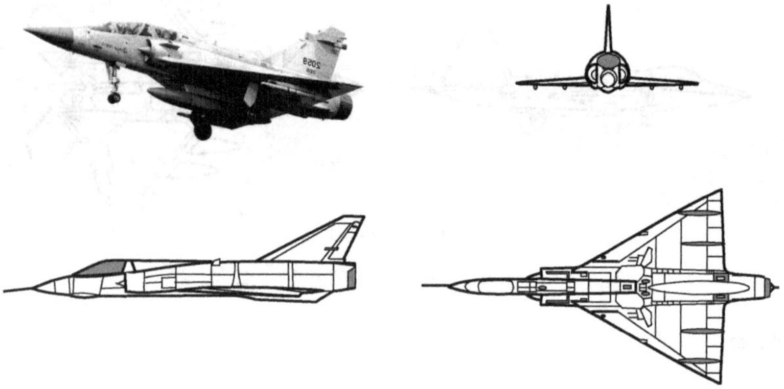

(b) 幻影 2000(法国)

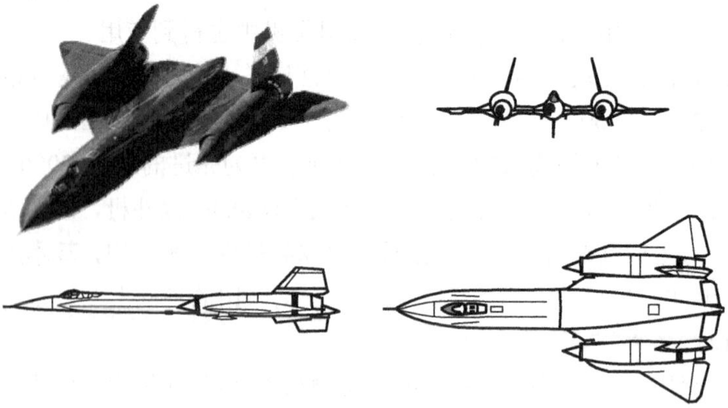

(c) “黑鸟” SR-71(美国)

图 6.2.2　典型无尾布局飞机及其三面图

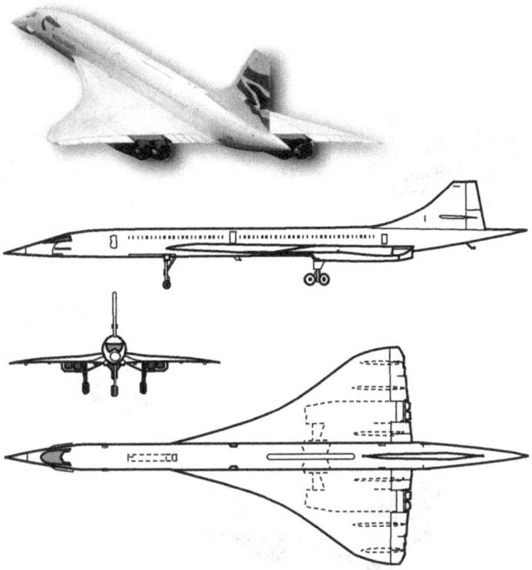

(d) Concorde（协和号）（英国，法国）

图 6.2.2　典型无尾布局飞机及其三面图（续）

(a) 幻影 IV（法国）

(b) 幻影 5（法国）

(c) XF-92A（美国）

(d) B-58（美国）

(e) F-102（美国）

(f) F-106（美国）

图 6.2.3　其他无尾布局飞机

(g) SAAB35(瑞典)

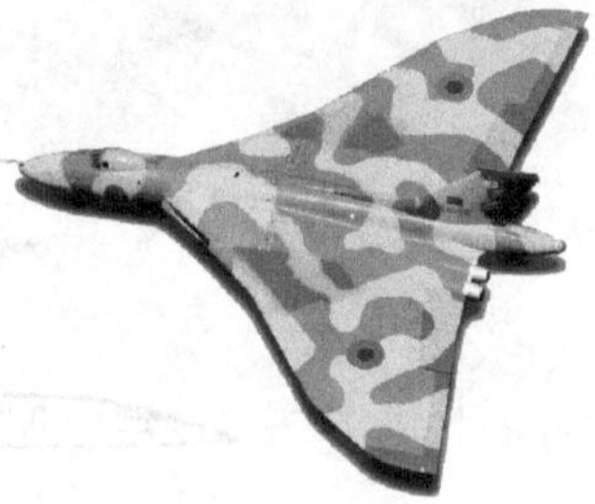

(h) “火神”(Vulcan)(英国)

(i) 图-144(俄罗斯)

图 6.2.3　其他无尾布局飞机(续)

下面从几个方面说明无尾布局的性能特点。

1. 重量性能

有几方面原因：

(1)无尾布局省去了水平尾翼及附属机构，可以减少飞机的重量。

(2)无尾布局机翼后掠程度大，若采用双后掠三角机翼等形式，则结构强度和刚度特性好，可减轻结构重量。

(3)由于不受重心后限调整的限制，无尾布局的机身长度比常规布局短，相当于增大了飞机的推重比。这几个方面都反映出无尾布局在重量上具有优势。

2. 气动力性能

无尾布局的飞机，副翼兼顾了水平尾翼的作用。省去了水平尾翼，可以减少飞机的阻力，使之容易跨过声速阻力突增区，因此其主要优点是超声速阻力小，高空高速性能好，适合用作截击机。

无尾布局的缺点主要是低空低速机动性低于常规布局，起飞着陆性能较差，因为无尾飞机不但在起降时不能利用襟翼增升，而且为配平飞机升降舵需要向上偏转，更是降低了起飞着陆时的机翼升力。无尾布局有逐渐被鸭式布局所取代的趋势。

3. 操纵性能

由于采用无尾布局的飞机没有前翼和平尾，飞机的纵向操纵和配平仅靠机翼后缘的升降舵来实现，首先尾臂较短，效率不高；其次在飞机起降时，增加升力需下偏较大角度，由此带来低头力矩，为配平又需上偏，造成操纵困难和配平阻力增加。因而限制了飞机的气动性能，现在飞机比较少用，有了电传操纵系统后，可放宽静安定度，纵向操纵及配平问题得以解决，但大迎角气动特性不好，因此，一般的第三代高机动战斗机较少采用，现在进一步发展无立尾的飞机如美国的演示验证机 X−36(图 6.2.4)。

4. 其他性能

从隐身的角度考虑，由于没有平尾，无尾布局也是有利因素。

6.2.3 鸭式布局

如果将常规布局中的水平尾翼移到主机翼之前的机头两侧，就可以用较小的翼面来达到同样的操纵效能，而且前翼和机翼可以同时产生升力，而不像水平尾翼那样，平衡俯仰力矩多数情况下会产生负升力，这就是“鸭式布局”。早期的鸭式布局飞起来很像一只鸭子并由此得名。它是一种十分适合于超声速空战的气动布局。

采用鸭式布局的飞机的前翼也称为“鸭翼”或“鸭面”。战机的前翼有两种，一种是固定不能操纵的另一种是全动式的，其功能是当飞机处在大迎角状态时加强主翼的前缘涡流，改善飞机大迎角状态的性能，也有利于飞机的短距起降。

1903 年莱特兄弟发明的第一架飞机就是将纵向操纵面放在机翼之前，也就是现在所说的鸭式布局。那时对空气动力学还缺乏基本的研究，也不了解稳定性的要求。莱特兄弟选用鸭式布局是根据他们的直觉，以为将纵向操纵面放在机翼之前可以得到良好的操纵性。后来的研究表明，这架飞机在纵向和侧向均是不稳定的。但由于前翼一般失速在机翼之前，有较好的失速保护能力。

随着飞机进入超声速飞行，机翼采用大后掠角引起气动中心后移，同时发动机功率加大引起发动机重量增加，而大多数军用飞机的发动机都安装在机身后部。这些因素使飞机的重心越来越靠后，平尾的力臂不断减小，这就需要加大平尾面积，因而导致重心后移和增加平尾面积的恶性循环。此时鸭式布局又重新引起人们的重视，特别是对于军用飞机。例如，美国在 20 世纪 60 年代研制的 $M=3$ 的试验轰炸机 XB−70 上就是采用了鸭式布局。

真正有可操纵前翼的战机目前有欧洲的 EF−2000、法国的“阵风”、俄罗斯的米格 I−42、瑞典的 JAS−39 等。上述的鸭式布局飞机如图 6.2.4 和图 6.2.5 所示。

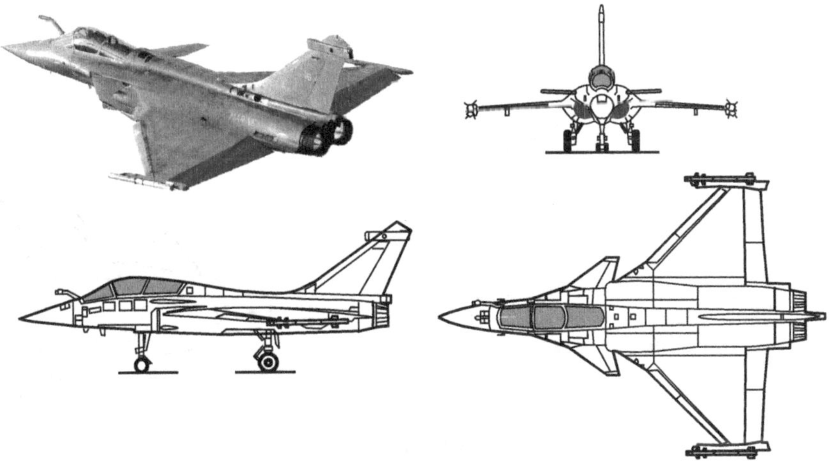

(a) 阵风(法国)

图 6.2.4　典型鸭式布局飞机及其三面图

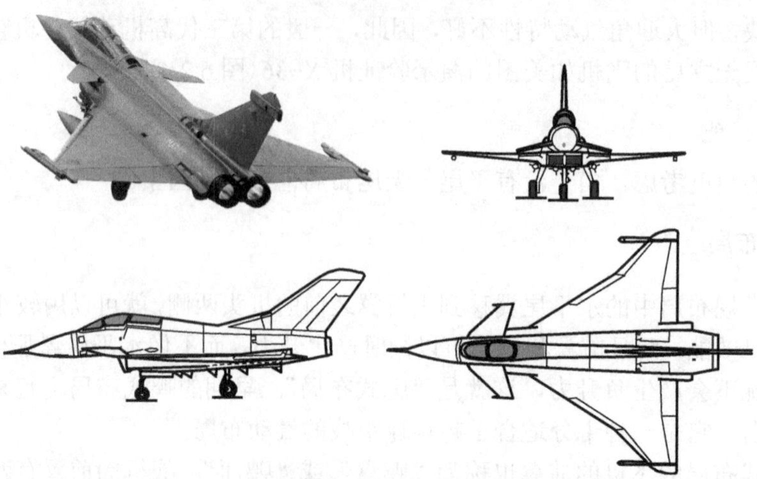

(b) EF-2000“台风”(欧洲)

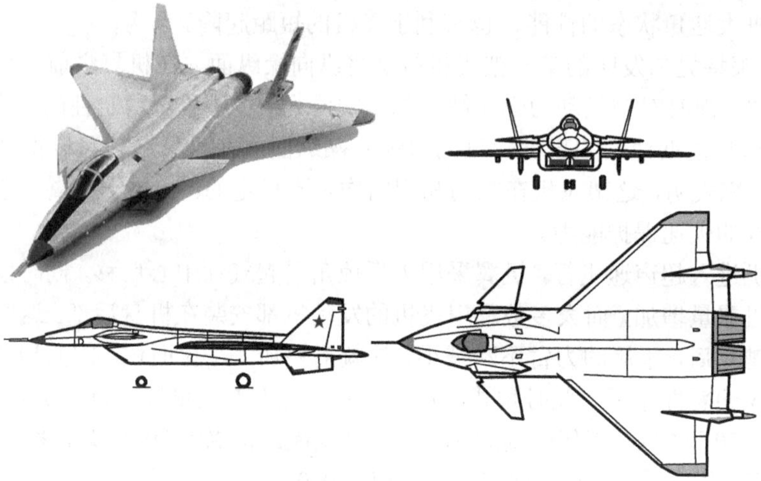

(c) 米格 I-42(俄罗斯)

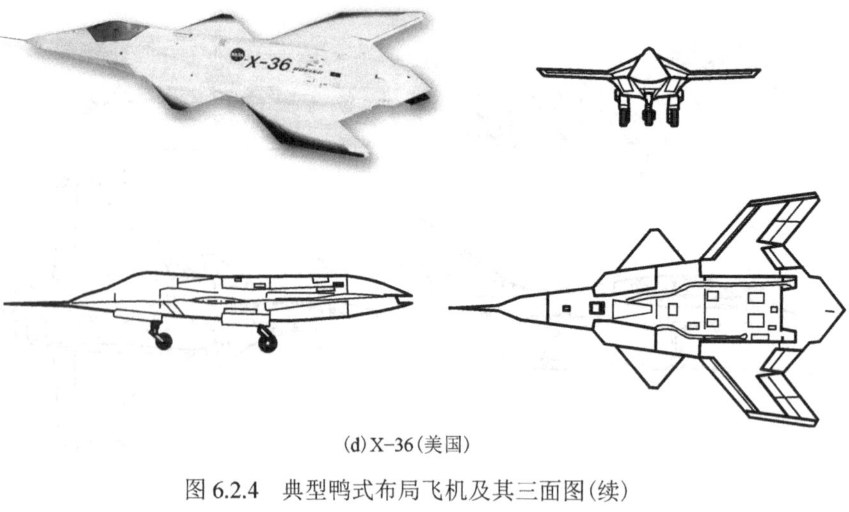

(d) X-36(美国)

图 6.2.4　典型鸭式布局飞机及其三面图(续)

(a) JAS-39 (瑞典)

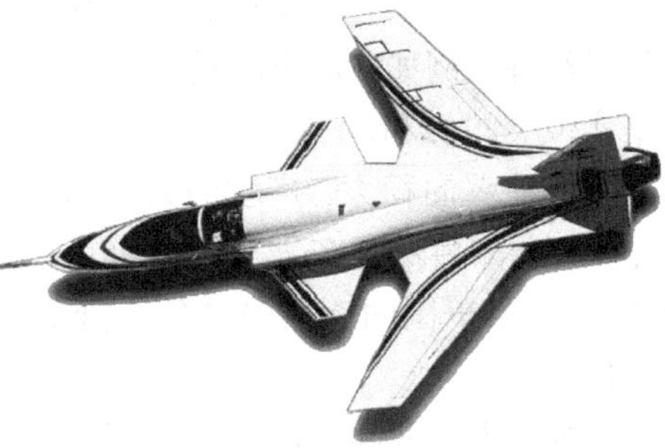

(b) X-29 (美国)

(c) X-31 (美国)

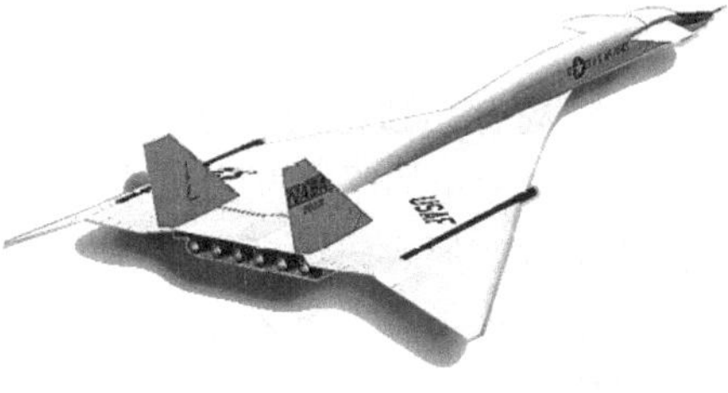

(d) XB-70 (美国)

图 6.2.5　其他鸭式布局飞机

下面说明鸭式布局的性能特点。

1. 气动力性能

鸭式布局在升力性能上具有明显优势。对于静稳定的常规布局飞机，重心在气动中心之前，平尾的平衡方向朝上，对全机来说起到了降低升力的作用。而鸭式布局飞机则相反，前翼平衡力向上，提高了全机的升力。

此外，随着主动控制技术的发展，电传操纵技术的成熟，把前翼设计得比较大(相对面积 8%到 15%) 并靠近机翼构成所谓“近耦合式”鸭式布局已成为现实。在中、大迎角时，前翼和机翼前缘同时产生脱体涡，两者相互干扰，使涡系更稳定而产生很高的涡升力。前翼与边条翼的不同之处在于机翼主翼(基本机翼后掠角也很大)也产生脱体涡，两个脱体涡产生强有力干扰；而边条翼只有边条产生脱体涡，基本机翼仍是分离流。因此鸭式布局设计的重点之一在于前翼位置的选择。

在阻力性能上，有利的方面在于，飞机前翼的使用可减少配平阻力、有利于超声速空战；此外，在降落时前翼还可偏转一个很大的负角，起减速板的作用。不利的方面在于，对于静稳定性飞机，前翼产生升力，但也付出诱导阻力的代价。超声速时，气动中心后移，前翼载荷进一步加大，带来更大的阻力代价和存在能力限制的问题。采用主动控制技术和静不稳定的布局设计给鸭式布局带来更大的好处，使其优点更为突出。采用主动控制技术，鸭式布局飞机还可以比较容易实现直接升力和直接侧力控制。

2. 操纵性能

对于鸭式布局，由于前翼布置在大后掠机翼的前面，可以得到较长的力臂，因而有较好的操纵性。例如，前翼距重心较远，对于低空突防的军用飞机，可以比较方便地利用前翼来实现突防缓和。

因为前翼面积大，产生的大升力在气动中心之前，俯仰力矩在大迎角时上仰严重，由于无平尾，如何保证在大迎角具有足够的机头操纵力成为难题。有的鸭式布局飞机在后机身加边条(如美国的 X–29)或放宽静稳定度。当推力矢量技术成熟后，该问题应当比较容易解决。

此外，为了在配平的条件下保证飞机的纵向静稳定度，设计中需要考虑满足“纵向 V 法则”的要求，即任何由两个串列翼面组成的空气动力系统，在配平的前提下，为了保证其纵向静稳定度，前翼面的迎角必须大于后翼面的迎角。对于鸭式布局飞机，此规则相当于要求前翼迎角大于机翼迎角；对于常规布局飞机，此规则相当于要求机翼迎角大于平尾迎角。

鸭式布局有其独特的优点，但也存在一些问题。前翼失速可能会给鸭式布局飞机的起飞、着陆和大迎角的平衡能力带来严重问题，对于静稳定的飞机，鸭式布局飞机的平衡阻力可能比常规布局大，对超声速更为明显。大迎角时，前翼前缘涡的破裂与机翼分离流的干扰可能引起很大纵向静不稳定。而前翼尾流对垂尾和机翼的干扰，又可能带来大迎角的横侧不稳定现象。

6.2.4 三翼面布局

将前翼加到正常布局飞机上，是否还能保持鸭式布局的优点呢？将前翼和平尾结合形成三翼面布局，是否能综合这两种布局的优点，成为一种新的有希望的布局形式呢？这些都是飞机设计者感兴趣的问题。

美国曾在“飞机精确控制技术”(PACT)项目中，对 F–4 飞机加装前翼的方案进行过研究，并且进行了飞行试验。结果表明，前翼与机翼的有利干扰在三翼面布局的飞机上仍然保持，而且它不需要依赖大的静不稳定度即可得到机动能力很大的提高。

在常规布局的飞机主翼前机身两侧增加一对前翼的布局称为“三翼面布局”。俄罗斯的米格-35、苏–30MKI、苏–33、苏–35 和苏–37 都采用这种布局，如图 6.2.6 所示。

(a) 米格–35(俄罗斯)　　(b) 苏–33(俄罗斯)

图 6.2.6　典型三翼面布局飞机

(c)苏-35(俄罗斯)

(d)苏-37(俄罗斯)

图 6.2.6　典型三翼面布局飞机(续)

下面说明三翼面布局的性能特点。

1. 重量性能

三翼面布局由于增加了前翼，电传操纵系统也会复杂一些，将导致飞机重量增大。但另一方面由于三翼面布局飞机在载荷分配上也更合理，在进行同样过载的机动时，三翼面的机翼载荷更小，全机载荷分配更为均匀合理，因而导致结构重量减小。

2. 气动力性能

三翼面布局的前翼所起的作用与鸭式布局的相同，使飞机跨声速和超声速飞行时的机动性较好。由于增加了前翼，零升阻力自然也会增大；但另一方面，前翼能够减小平尾的配平偏度，降低配平阻力。

3. 操纵性能

三翼面布局有一个重要的潜在优势，那就是它可以比较容易地实现直接升力控制，从而达到对飞行轨迹的精确控制。例如，当前翼、机翼后缘和平尾一同进行操作时，就能实现直接升力控制，进行机身俯仰指向和垂直位移机动。如前翼差动和方向舵结合操作，就能实现直接侧力控制，进行机身方位指向和横向位移的移动。这就将现代战斗机的机动能力扩展到一个新的领域。无论在空空格斗或空地攻击中，都能创造出前所未有的机会，显著提高作战效能和生存率。

对于操纵性能，三翼面布局表现为：

(1)增大飞机的静不稳定度，提高主动控制系统的效能。

(2)对于加装有矢量推力喷管发动机，三翼面可以解决矢量推力控制的配平问题和降低配平阻力。

(3)能够提高大迎角时的机动性和操纵性。

6.2.5　飞翼布局

飞翼布局是一类比较特殊的气动布局，没有水平尾翼，连垂直尾翼都没有，机身与机翼高度融合。20 世纪中叶美国 Northrop 公司曾设计了多种飞翼布局的飞机，如图 6.2.7 所示。目前采用飞翼布局的最新式飞机，就是大名鼎鼎的美国 B–2 隐形轰炸机，如图 6.2.8 所示。

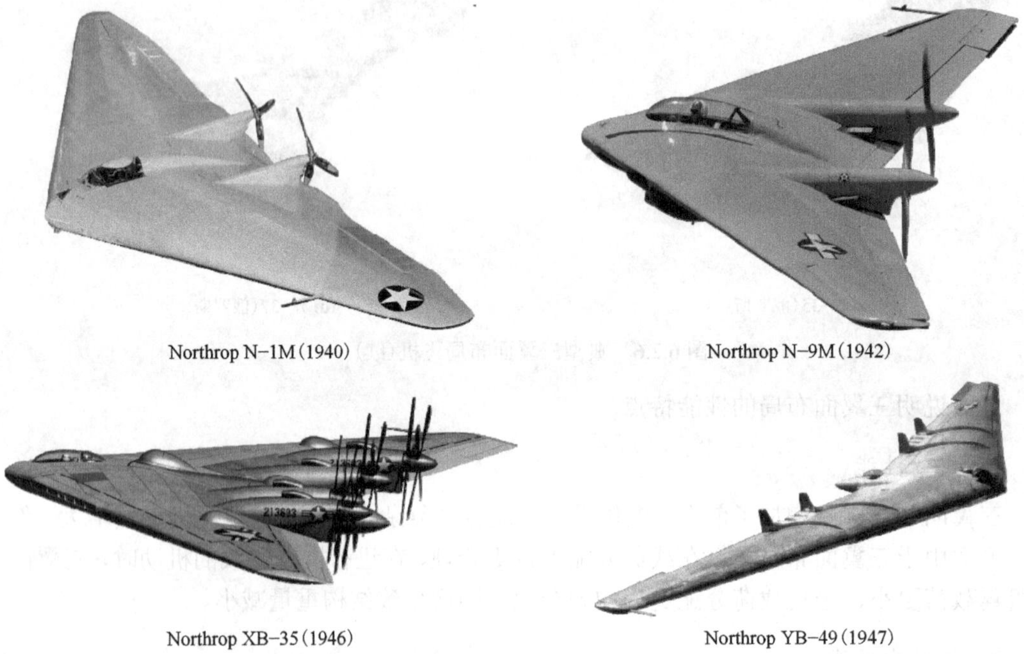

图 6.2.7　20 世纪中叶的飞翼式布局飞行器(美国)

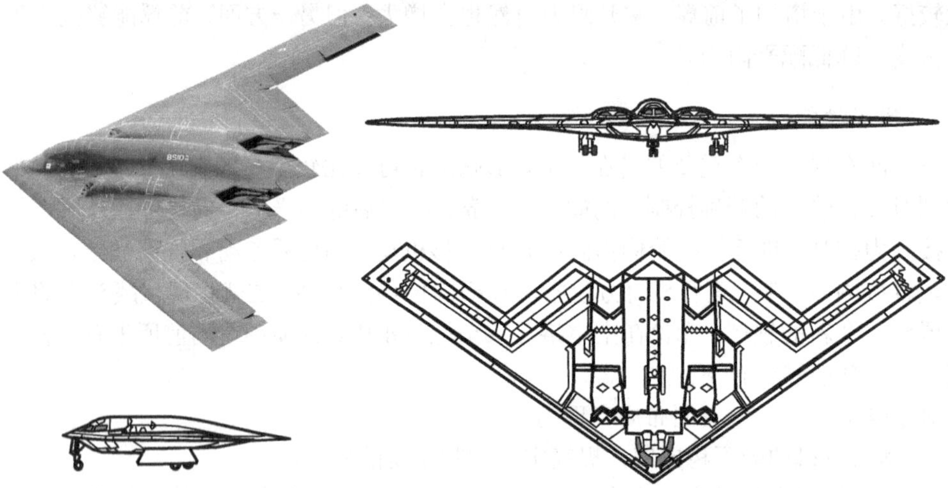

图 6.2.8　飞翼布局典型机型及其三面图(B–2 轰炸机(美国))

类似 B–2 这样的飞翼布局，其空气动力效率高、升阻比大、隐身性能好，但机动性差、操纵效能低，所以这种布局目前只适用于轰炸机。由于过去飞机没有电传操纵系统，也没有计算机帮助飞行员操纵飞机，因此，飞翼式飞机的飞行控制问题一直难以解决。现代化的 B–2 飞机采用一套新式的副翼系统来进行方向操纵。飞翼式布局外形相对简洁，其雷达反射波很弱，有利于飞机的隐身。

6.2.6　典型类型飞机的气动布局

上面对五类主要气动布局类型分别进行了说明，下面通过列表形式对现有主要类型飞机的气动布局形式作简要说明，读者在设计选择布局时可以参考，如表 6.2.1 所示。

表 6.2.1　主要类型飞机的气动布局形式特点

飞机类型	机翼	尾翼	推进	其他
单发螺旋桨式飞机	下单翼、上单翼、外撑式机翼或悬臂式	水平尾翼少数为 T 形尾翼，多数安装在垂直尾翼的根部；垂直尾翼一般带后掠	多数布局的推进装置为拉进式	
双发螺旋桨式飞机	上单翼、下单翼	有些的平尾直接安装在螺旋桨的滑流中；有的增加平尾几何安装角，为解决飞机漂摆状态下的操纵性	纯推进式布局很少，也有牵引/推进混合式的，要使发动机推力在飞机中心线上	有些的背鳍边缘很尖，有助于增加航向稳定性；许多的吊舱后部设有行李舱
农用飞机	多数为下单翼(悬臂)，少数为双翼机(外撑)	平尾多为外撑式	多数为螺旋桨牵引式，个别为喷气式	除了喷气式外，座舱都被抬高，视野更好；有防鸟撞风挡
商用喷气式飞机	绝大部分为下单翼；有些机翼几乎不带后掠；有选择超临界机翼；有的使用翼尖小翼	有些采用了 T 形尾翼	多数是双发，也有三发和四发，绝大多数安装在后机身的短舱内	
支线涡轮螺旋桨式飞机	有上单翼和下单翼，少数为外撑式机翼，其他的为悬臂式机翼	有些采用了 T 形尾翼布局，也有双垂尾布局，多数是常规平尾与垂尾；平尾与螺旋桨滑流的相对位置很重要		都有机翼短舱
喷气运输机	除个别外，都为下单翼；多为机翼根部后缘转折	有些采用 T 形尾翼布局，大多数平尾是下单翼布置	发动机都安装在后机身短舱内或吊挂在机翼下	相当一部分采用机翼上安装扰流片来减速
军用教练机	有采用上单翼，也有采用下单翼	个别采用 T 形尾翼，大多数平尾是下单翼	螺旋桨式的一般为初级教练机，喷气式的一般为高级教练机；发动机都安装在机身内部	大多数教练机都使用背鳍和腹鳍；应考虑防止机身内脱落零件被吸入发动机进气道
战斗机	大多数采用常规布局，也有采用三角翼无尾布局，也有采用前翼/三角翼布局；个别为可变后掠翼		大多数采用单发或双发喷气发动机	一些使用了双垂尾布局，用于在大迎角下获得足够的航向稳定性
军用巡逻机、轰炸机	远程轰炸机采用上单翼，机翼安装角较大；空中加油/运输机和巡逻机都是下单翼；都是常规布局；机翼都有后掠角	有些采用了复合材料的尾翼		垂尾数目有限制
水陆两用飞机	大都有一个较大的流线形的机体；基本都是常规布局		一般推力作用线在飞机重心的上方	
超声速巡航飞机	都有很大的后掠角		发动机多布置在机翼下很靠后的位置	机头下弯改善飞行员视野，需考虑如何避免音爆

§ 6.3　飞机初始总体参数的选择

飞机的主要参数是指对飞机性能起决定性影响，并且在飞机设计初期概念设计与方案论证必须确定的重要参数。“确定初始总体参数”则是设计最初阶段的任务，其设计结果和成本对之后的阶段影响很大，如果初始设计结果可以满足预定的设计要求，则可进入下一步飞机的详细设计，如果初始设计的结果中存在某种技术上的不足，或缺乏数据支撑，那么就要进一步地改进初始方案，解决相关问题，直到问题解决，完成最终设计任务书，再进入下一步设计研制。如果研制表明在可接受的周期和费用内不能解决这些问题，该设计项目则将被取消。初始总体参数大都与飞机气动性能参数直接或间接相关，因此也是气动设计中必须考虑的环节，下面进行简要介绍。

6.3.1　飞机的主要总体参数

飞机的主要总体参数是气动设计的基本依据。为保证飞机的飞行性能达到预期的设计要求，设计开始阶段要从飞机的基本运动方程进行判定。

1. 飞机巡航飞行的必要条件

在巡航阶段，根据飞机的受力关系，所受升力 L 与其重力 W 平衡，所受阻力 D 与发动机推力 T 平衡，有

$$L = W \tag{6.3.1}$$

$$D = T \tag{6.3.2}$$

此外升力、阻力和发动机推力可分别表示为

$$L = C_{\mathrm{L}} q_{\infty} S \tag{6.3.3}$$

$$D = C_{\mathrm{D}} q_{\infty} S \tag{6.3.4}$$

$$T = \frac{q_{\mathrm{h}}}{C_{\mathrm{e}}} \tag{6.3.5}$$

另有

$$C_{\mathrm{D}} = C_{\mathrm{D0}} + AC_{\mathrm{L}}^2 \tag{6.3.6}$$

其中，C_{L} 为升力系数；C_{D} 为阻力系数；q_{∞} 为动压，$q_{\infty} = \dfrac{1}{2}\rho_{\infty}V_{\infty}^2$，$\rho$ 为飞行高度处的空气密度，V 为飞行速度；S 为机翼面积，$\mathrm{m^2}$；A 为诱导阻力因子；q_{h} 为小时耗油量，$\mathrm{kg/h}$；C_{e} 为发动机耗油率，$\mathrm{kg/(N \cdot h)}$。

按受力平衡关系，可推导飞机巡航所需要的发动机推力 T 与飞机重力和气动效率之间的关系，即

$$T = D = C_{\mathrm{D}} \cdot q_{\infty} \cdot S = \frac{1}{C_{\mathrm{L}}/C_{\mathrm{D}}} \cdot C_L \cdot q_{\infty} \cdot S = \frac{1}{K} \cdot L = \frac{W}{K} \tag{6.3.7}$$

其中，$K = C_{\mathrm{L}}/C_{\mathrm{D}}$ 为飞机升阻比，该式为飞机巡航飞行的必要条件。

2. 飞机过载同各力之间的关系

当飞机作机动飞行时，其法向过载若为 n_z，升力和阻力又可分别写成

$$L = n_z W \tag{6.3.8}$$

$$D = \frac{n_z W}{K} \tag{6.3.9}$$

法向过载 n_z 可表示为

$$n_z = \frac{L}{W} = \frac{C_L q_\infty S}{W} = \frac{C_L q_\infty}{W/S} \tag{6.3.10}$$

式中，W/S 称为翼载，是一个重要的设计参数。

当飞机作加速飞行时，其切向过载 n_x 为

$$n_x = \frac{T-D}{W} \tag{6.3.11}$$

当飞机作爬升运动时，又可用爬升率 V_y^* 表示：

$$V_y^* = \frac{T-D}{W}V = \left(\frac{T}{W} - \frac{D}{W}\right)V = \left(\frac{T}{W} - \frac{n_z}{K}\right)V = \left[\frac{T}{W} - \frac{C_L q}{W/S}\frac{1}{K}\right]V \tag{6.3.12}$$

式中，$\dfrac{T}{W}$ 称为推重比，它同翼载一样，后面将会看到，它们都是飞机设计中的重要参数。

3. 总体参数与设计流程

在飞机任务要求已知的前提下，任务书中定义的典型指标参数主要有：装载和装载类型，航程或待机要求，起飞着陆场长，爬升要求，机动要求，鉴定基准(如试验、航标或军用标准)。综合式(6.3.1)～式(6.3.12)的分析过程，方案设计的任务主要是根据这些指标参数，确定如下飞机总体参数：

(1) 起飞总重 W_0。

(2) 最大升力系数 $C_{L\max}$。

(3) 零升阻力系数 C_{D0}。

(4) 推重比 T/W_0。

(5) 翼载 W_0/S。

根据式(6.3.10)～式(6.3.12)不难看出，应当先从飞机重量出发，确定飞机起飞重量，选定好具有足够推力的发动机，就可确定飞机的推重比。然后选定翼载，再选定飞机的气动特性 C_L 和 C_D。但由于上述过程并不相互独立，因为飞机的重量、发动机、部件尺寸和气动特性之间存在相互影响关系，设计过程必须从某个给定的初始设计点出发，通过不断迭代调整，获得最终的设计方案。常用的方法是按四步一个循环实施迭代的方式。

第一步，首先定出飞机起飞重量 W_0。

第二步，根据对性能指标要求，参照同类飞机定出起飞推重比 T_0/W_0，根据推重比选择发动机。

第三步，再参照已有类似布局形式飞机的统计资料选择翼载 W_0/S。

第四步，进而根据指标估算各气动特性参数 C_L、C_D 及 K 值。

根据这一轮的参数进行飞机性能和机动性估算，与设计目标相比，校核能否达到设计要求。如达不到，则需调整布局，再按第一至第四步重新设计这四步参数。在概念研究和方案论证阶段，一般都需要进行多次的迭代，直到大致能满足主要战术技术性能要求。

在选定初步总体设计参数后，再进一步对飞机总体布局作细化设计，以便使粗估的重量、发动机特性和飞机气动特性能够进一步准确，然后再修正原有总体设计参数，再进一步校核设计要求指标，直至满足要求。至此完成总体设计，可以冻结设计方案进行详细设计，发出生产图，进行原型机研制。上述流程如图 6.3.1 所示。6.3.2 节开始将分别对四步参数选择进行详细介绍。

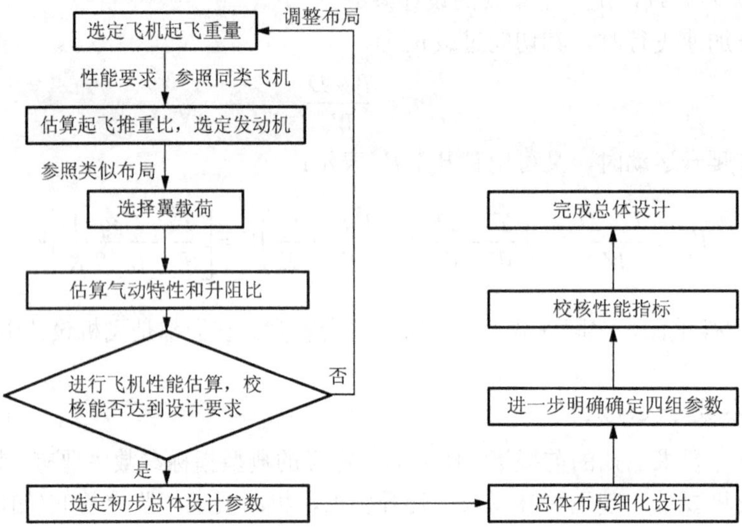

图 6.3.1　飞机总体参数的选择及设计流程

6.3.2　初步重量估算

这里给出的初步重量估计方法，适用于等运动螺旋桨飞机、单发螺旋桨飞机、双发螺旋桨飞机、农业飞机、公务机、涡轮螺旋桨支线飞机、喷气运输机、军用教练机、战斗机、军用巡逻机、轰炸机和运输机、水陆两用飞机、超声速巡航飞机等 13 类飞机。

在气动布局草图完成后，可以开始估算飞机的起飞重量 W_0，有

$$W_0 = W_P + W_F + W_{OE} \tag{6.3.13}$$

其中，W_P 为有效装载重量(包括旅客重量)，W_F 为燃油重量，W_{OE} 为飞机使用空重。W_{OE} 通常记为

$$W_{OE} = W_E + W_d + W_{crew} \tag{6.3.14}$$

其中，W_E 为空重，W_d 为死油重，W_{crew} 为机组人员重量。

1. 计算步骤

由于飞机空重是起飞总重 W_0 的函数，因此估算起飞总重 W_0 一般需要采取逐次迭代的方法，多次迭代后结果趋于收敛即可。具体的步骤如下。

(1) 确定有效装载重量 W_P。

(2) 猜测一个起飞重量值 W_0'。

(3) 确定任务燃油重量 W_F。

(4) 求飞机使用空重 W_{OE} 的推测值 $W_{OE}' = W_0' - W_F - W_P$。

(5) 求飞机空机重量 W_E 的推测值 $W_E' = W_{OE}' - W_d - W_{crew}$，其中，$W_s$ 约为 W_0 的 0.5% 或更多，通常可以忽略不计。

(6) 求飞机空机重量 W_E 的许可值。

(7) 比较第 (5) 步得到的 W_E' 值和第 (6) 步得到的 W_E 值，改变 W_0'，重复 (3)~(6) 步，直到 W_E' 和 W_E 的差异小于指定的误差，误差值通常取 0.5%。

下面分别对各类不同重量的确定方法进行说明。

2. 有效装载重量 W_P

有效装载重量的构成和乘员数量通常在任务要求中已经给出，包括乘员、行李、货物，以及弹药、武器、特种设备和各种外挂物。每位旅客重量可按 75×9.8N 计算，对于短程客机，每人携带行李按 10×9.8N 计；对远程飞行每人携带行李 15×9.8 N。

对于对军机而言，对于现代歼击机，一般执行任务需要的装载质量 (2~4) ×9.8kN；对于轰炸机，质量 300 t 的重型轰炸机，装载质量可达 (50~60) ×9.8kN。

3. 机组人员重量 W_{crew}

机组人员重量也包括人员及行李两部分。对于旅客机，包括驾驶人员和乘务人员，其数目取决于旅客数目，机组人员每人重量按 90×9.8N 计，每人行李按 10×9.8N 计。对于军用飞机，考虑到人员携带的附加设备，重量更大一些，可取每人 100×9.8N。

4. 起飞重量的估计值 W_0'

起飞重量初始值通常是按具有类似任务的同类型飞机重量类比而来的，也根据上一循环的估计结果进行调整。

5. 飞机燃油重量 W_F

燃油的重量 W_F 需要按照两部分来考虑

$$W_F = W_{F\,used} + W_{F\,res} \tag{6.3.15}$$

其中，$W_{F\,used}$ 是任务中消耗的燃油重量，$W_{F\,res}$ 是飞机必需的余油重量。

余油作为可消耗燃料的一部分，一般根据使飞机达到另一机场的附加航程，或者满足待机时间的需要来确定。

而对于消耗燃油重量 $W_{F\,used}$，通常采用燃油系数法。每一段的油耗按简单计算公式或由经验确定。前面图 6.1.1~图 6.1.3 所示的飞机飞行任务剖面图中，可见任务剖面被划分成很多任务段。下面以图 6.3.2 为例进行说明，对每一段进行编号并给出每段的燃油系数(即段末重量与本段开始重量之比)，并给每个任务段的燃油系数指定一个值，如表 6.3.1 所示。

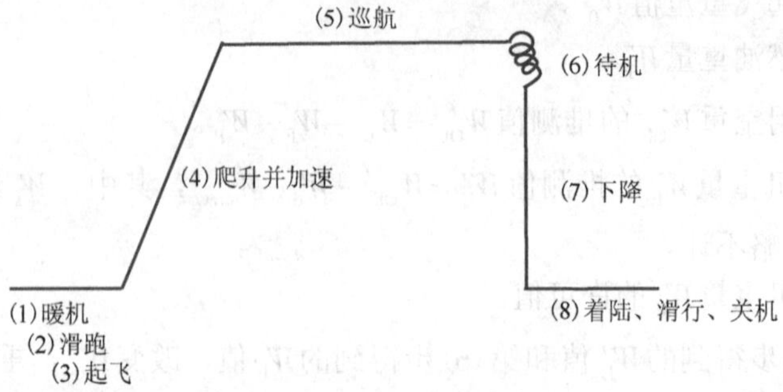

图 6.3.2 飞机任务剖面

表 6.3.1 各类飞机燃油系数的范围

编号	飞机任务阶段	起始重量	终止重量	燃油系数	燃油系数参考值
(1)	发动机启动和暖机	W_0	W_1	W_1/W_0	0.99~0.998
(2)	滑跑	W_1	W_2	W_2/W_1	0.99~0.998
(3)	起飞	W_2	W_3	W_3/W_2	0.99~0.998
(4)	爬升并加速	W_3	W_4	W_4/W_3	0.98~0.995
(5)	巡航	W_4	W_5	W_5/W_4	0.863~0.99
(6)	待机	W_5	W_6	W_6/W_5	0.99~0.995
(7)	下降	W_6	W_7	W_7/W_6	0.985~0.995
(8)	着陆、滑行、关机	W_7	W_8	W_8/W_7	0.99~0.998

然后就可以得到任务的燃油系数

$$m_{\mathrm{ff}} = \left(W_1/W_0\right)\prod_{i=1,7}\left(W_{i+1}/W_i\right) \tag{6.3.16}$$

式中，W_i 和 W_{i+1} 分别为飞行剖面中每一个任务段的起始和终止重量。任务中使用的燃油 $\left(1-m_{\mathrm{ff}}\right)W_0$，因此任务燃油重量最终为

$$W_{\mathrm{F}} = \left(1-m_{\mathrm{ff}}\right)W_0 + W_{\mathrm{F\ res}} \tag{6.3.17}$$

6. 飞机空重 W_{E}

飞机空重，对应的空重系数 $\overline{m}_{\mathrm{E}} = W_{\mathrm{E}}/W_0$，飞机空重是指飞机在未载乘员、无任务装载及无燃油时的飞机重量，主要包括飞机的结构、动力装置及机载固定装置的重量。$\overline{m}_{\mathrm{E}}$ 的数值范围为 $0.3\sim0.7$。

按照已有大量飞机的统计规律，飞机空重系数 $\overline{m}_{\mathrm{E}}$ 约是飞机总重 W_0 的指数函数。原则上飞机空重 W_{E} 也是随飞机尺寸而变化的，同时需要考虑到不同类型和用途的飞机类型，图 6.3.3 给出了飞机空重系数与飞机总重的关系，可见 $\overline{m}_{\mathrm{E}}$ 随飞机起飞总重的增加而减小，$\overline{m}_{\mathrm{E}}-\log W_0$ 关系接近直线，但对于不同类型飞机其斜率不同。

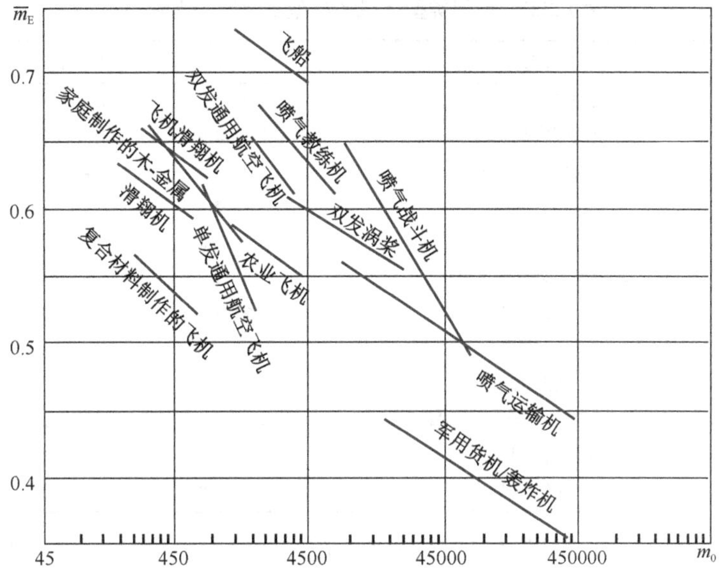

图 6.3.3　空机重量系数 $\overline{m}_E$ 与飞机起飞总重 W_0 的关系

确定飞机的总重是设计初期总体参数选择的重要一步，需要全面查阅相关的飞机技术资料，以及丰富的实际设计经验。

6.3.3　飞机的气动特性估算

这里所述的飞机气动特性主要指飞机的升阻特性，在初步方案设计阶段，主要需要确定飞机的最大升力系数、零升阻力系数和升阻比等参数，这些参数可先统计给出，且在后面步骤中的翼载和推重比的确定中也需要用到，再进入循现修改下面依次展开说明。

1. 确定最大升力系数

最大升力系数是飞机升力特性的主要参数，影响因素很多，它主要取决于翼型、机翼的几何形状、襟翼几何形状、前缘缝翼几何形状，也取决于雷诺数 Re、飞机表面粗糙度和飞机其他部件的影响。例如，机身、发动机短舱或挂架的干扰；平尾提供的配平力的影响；还有发动机工作条件螺旋桨洗流或喷气洗流对机翼或襟翼的冲击的影响。这些因素也可能会对最大升力产生重要影响。

大多数飞机在起飞和着陆时，襟翼状态是不同的。在着陆过程中，襟翼偏转到最大位置，以提供最大的升力和阻力。但是飞机起飞时不会希望有太大的阻力，因此一般不会使用最大襟翼偏转角，而是使其达到最大襟翼偏转角的一半左右；飞机着陆时，出于减速的目的，对于阻力不会限制太多，其襟翼偏转角比起飞时要大。一般地，起飞最大升力系数 $C_{L\max 0}$ 是着陆最大升力系数 $C_{L\max L}$ 的 80%左右。表 6.3.2 给出了不同类型飞机的几种典型最大升力系数值。

表 6.3.2　不同类型飞机的典型最大升力系数值

序号	飞机类型	$C_{L\max}$	$C_{L\max 0}$	$C_{L\max L}$
1	运动螺旋桨飞机	1.2 ~ 1.8	1.2 ~ 1.8	1.2 ~ 2.0
2	单发螺旋桨飞机	1.3 ~ 1.9	1.3 ~ 1.9	1.6 ~ 2.3
3	双发螺旋桨飞机	1.2 ~ 1.8	1.4 ~ 2.0	1.6 ~ 2.5
4	农业飞机	1.3 ~ 1.9	1.3 ~ 1.9	1.3 ~ 1.9
5	公务机	1.4 ~ 1.8	1.6 ~ 2.2	1.6 ~ 2.6
6	涡轮螺旋桨支线飞机	1.5 ~ 1.9	1.7 ~ 2.1	1.9 ~ 3.3
7	喷气运输机	1.2 ~ 1.8	1.6 ~ 2.2	1.8 ~ 2.8
8	军用教练机	1.2 ~ 1.8	1.4 ~ 2.0	1.6 ~ 2.2
9	战斗机	1.2 ~ 1.8	1.4 ~ 2.0	1.6 ~ 2.6
10	军用巡逻机、轰炸机和运输机	1.2 ~ 1.8	1.6 ~ 2.2	1.8 ~ 3.0
11	水陆两用飞机	1.2 ~ 1.8	1.6 ~ 2.2	1.8 ~ 3.4
12	超声速巡航飞机	1.2 ~ 1.8	1.6 ~ 2.0	1.8 ~ 2.2

$C_{\mathrm{L}\max}$ 的详细求解方法可以查阅相关资料，在初始设计阶段，表 6.3.2 所列值已足以选择满足任务要求和与襟翼参数对应的 $C_{\mathrm{L}\max}$。为了获得较好的最大升力系数的初始估算值，需要求助于试验结果和经验数据。图 6.3.4 给出了几类飞机最大升力系数随后掠角的变化曲线(关于襟翼和缝翼，参见 7.4 节内容)。

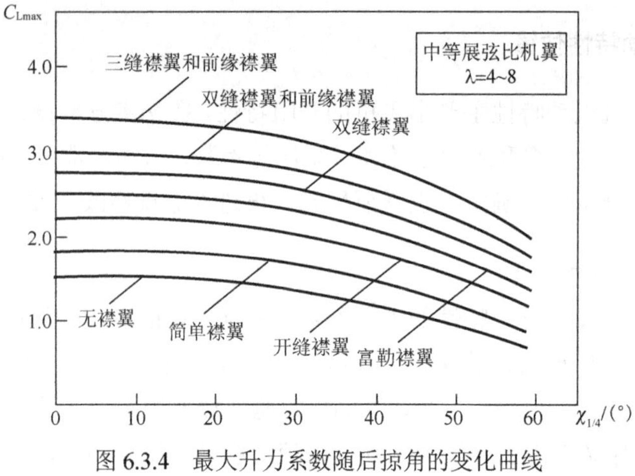

图 6.3.4　最大升力系数随后掠角的变化曲线

2. 确定零升阻力系数

在前面关于机翼气动特性的章节中我们已经了解，机翼上的阻力可分为多种类型，根据阻力的起因以及是否与升力有关，可以把阻力分为零升阻力(与升力无紧密联系的阻力)和诱导阻力(与升力密切相关的阻力)。其中零升阻力包括摩擦阻力和压差阻力两部分。对于一般飞机，在亚声速巡航时占零升阻力大部分的是蒙皮摩擦阻力，小部分为分离导致的压差阻力。从统计数据来看，不同类型飞机的分离压差阻力都占蒙皮摩擦阻力一定的百分比，由此而引出了“当量蒙皮摩擦阻力系数” C_{le}，可以利用它来估算零升阻力，其公式为

$$C_{D0}=C_{le}\frac{S_{浸润}}{S_{参考}} \tag{6.3.18}$$

其中，$S_{浸润}$为飞机浸润面积，$S_{参考}$为飞机参考面积，当量蒙皮摩擦阻力系数C_{le}的取值如表 6.3.3 所示。

表 6.3.3　当量蒙皮摩擦阻力系数 C_{le}（亚声速）

飞机类型	C_{le}	飞机类型	C_{le}
轰炸机或民用运输机	0.0030	轻型飞机(单发)	0.0055
军用货机	0.0035	轻型飞机(双发)	0.0045
空军战斗机	0.0035	螺旋桨水上飞机	0.0065
海军战斗机	0.0040	喷气式水上飞机	0.0040
超声速巡航飞机	0.0025		

这里所谓的浸润面积，即飞机总的外露表面积，与气流直接接触，可以理解为把飞机浸入水中打湿的那部分表面积。浸润面积对摩擦阻力影响最大，估算阻力必须先计算浸润面积。机身的浸润面积可以根据飞机的俯视图和侧视图来估算。对于一般飞机，式(6.3.19)给出了合理的近似

$$S_{浸润}=3.4\left[\left(S_{侧}+S_{俯}\right)/2\right] \tag{6.3.19}$$

其中，$S_{侧}$为侧视图中飞机的平面面积，$S_{俯}$为俯视图中飞机的平面面积。机翼和尾翼的浸润面积可根据其平面形状估算，如图 6.3.5 所示，浸润面积由实际视图外露平面形状面积（$S_{外露}$）乘以一个基于机翼和尾翼相对厚度确定的因子得到。

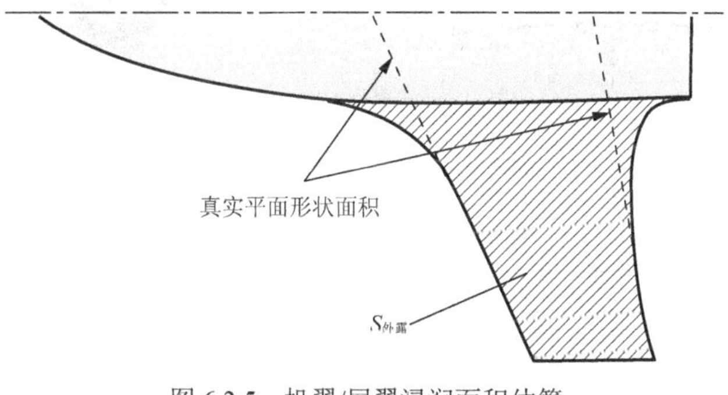

图 6.3.5　机翼/尾翼浸润面积估算

图 6.3.5 中所示阴影部分就是外露平面形状面积，虚线所示为机翼/尾翼真实平面形状面积。如果机翼或尾翼像没有厚度，则浸润面积将精确地等于实际平面形状面积的 2 倍(即上、下表面)。有限厚度使得浸润面积增大，可近似由式(6.3.20)估算。特别要注意，实际外露平面形状面积是大于投影(俯视)面积的，需要用投影(俯视)面积除以上反角的余弦值。

$$S_{浸润}=\begin{cases}2.003S_{外露}, & \dfrac{t}{c}<0.05\\ S_{外露}\left(1.977+0.52\dfrac{t}{c}\right), & \dfrac{t}{c}>0.05\end{cases} \tag{6.3.20}$$

对于外形设计不很简洁的飞机，浸润面积 $S_{浸润}$ 往往是机翼面积的很多倍。如图 6.3.6 和表 6.3.4 所示，B-47 和“火神”是两种不同的飞机，B-47 外形相对复杂，浸润面积与机翼面积之比高达 7.9，而“火神”采用飞翼式布局，浸润面积与机翼面积之比只有 2.8；虽然 B-47 的展弦比高达 9.4，火神仅为 3.0，但最终的升阻比二者却基本相同。可以看到浸润面积对飞机阻力的影响很大，浸润面积也需要控制，不能过大。

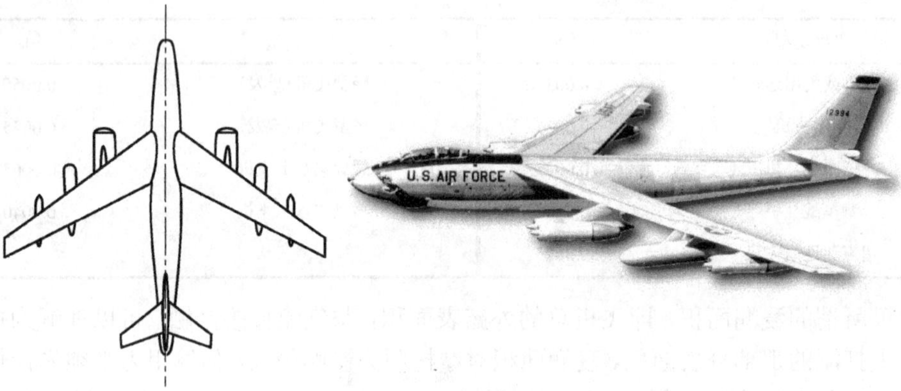

(a) B-47

(b) “火神”

图 6.3.6　B—47 与“火神”

表 6.3.4　浸润面积作用比较

飞机类型	B—47	“火神”
机翼面积/ S	132.85 m^2	320 m^2
浸润面积/ $S_{浸润}$	1049.8 m^2	891.9 m^2
翼展 l	35.36 m	27.43m
$S_{浸润}/S$	7.9	2.8
展弦比 λ	9.4	3.0
最大升阻比 $C_{L\max}$	17.2	17.0

表 6.3.5　ΔC_{D0} 的典型值

襟翼、起落架形式	ΔC_{D0}
干净状态	0
起飞放下襟翼	0.010~0.020
着陆放下襟翼	0.055~0.075
放下起落架	0.015~0.025

另外对于起飞与着陆阶段，襟翼与起落架的存在对零升阻力有直接的影响，必须考虑进行附加的零升阻力修正。襟翼与起落架产生的附加零升阻力的值主要同它们的尺寸和状态有关，可以参照表 6.3.5 选取适当的修正值。对于修正值的大小还可以作稍微细致的考虑，例如，开裂式襟翼阻力大于富勒襟翼；全翼展襟翼阻力大于部分翼展襟翼；装在机翼上的起落架阻力大；上单翼飞机阻力大于下单翼等。

3. 确定升阻比

亚声速时，极曲线接近抛物线，因此设其为抛物线分布，则飞机的阻力系数为

$$C_{\mathrm{D}}=C_{\mathrm{D0}}+\frac{C_{\mathrm{L}}^{2}}{\pi\lambda e}=C_{\mathrm{D0}}+AC_{\mathrm{L}}^{2} \tag{6.3.21}$$

其中，$A=\dfrac{1}{\pi\lambda e}$为诱导阻力因子，$\lambda$是机翼的展弦比，$e$为 Oswald 因子，典型的 Oswald 因子可用一下关系估算

$$e=\begin{cases}1.78\left(1-0.045\lambda^{0.68}\right)-0.46, & \text{直机翼飞机}\\ 4.61\left(1-0.045\lambda^{0.68}\right)\left(\cos\chi_{0}\right)^{0.15}-3.1, & \text{后掠翼飞机}\end{cases} \tag{6.3.22}$$

其中，χ_0为机翼的前缘后掠角。

升阻比L/D是所设计方案总气动效率重要的量度指标。亚声速状态下，升阻比L/D直接取决于两个设计因素：机翼翼展和浸润面积。下面的式(6.3.23)可用于估算最大升阻比

$$\left(L/D\right)_{\max}=\frac{1}{2}\sqrt{\frac{\pi\lambda e}{C_{\mathrm{D0}}}} \tag{6.3.23}$$

零升阻力系数C_{D0}可以按前面的式(6.3.18)求取。

图 6.3.7、图 6.3.8 及图 6.3.9 给出了亚声速飞机、超声速飞机的极曲线及C_{D0}随M变化的实例。

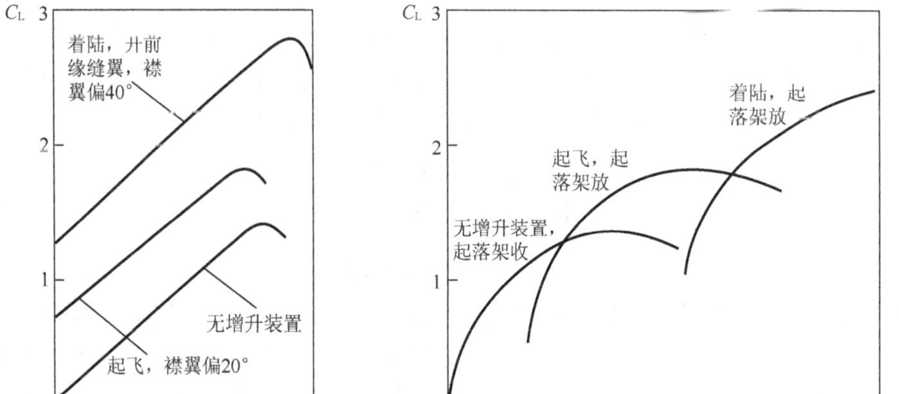

$S=32\mathrm{m}^2$，$\lambda=9$，$\chi_{1/4}=20°$，$(t/c)_t=0.14$，$(t/c)_r=0.1$，前缘缝翼及双缝富勒襟翼

图 6.3.7　装两台涡轮风扇发动机的亚声速飞机的升力特性曲线和极曲线

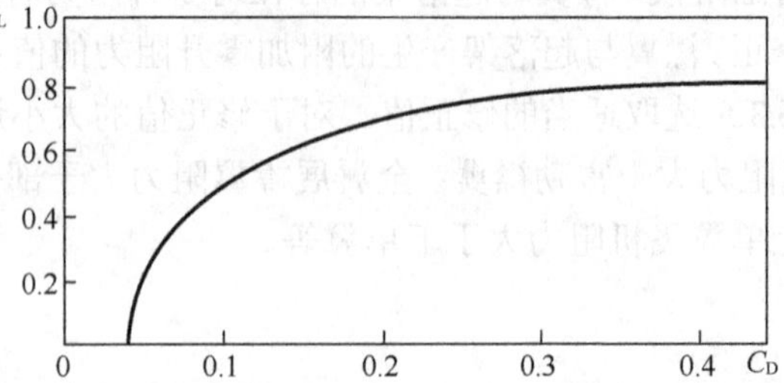

图 6.3.8 超声速飞机的极曲线形式

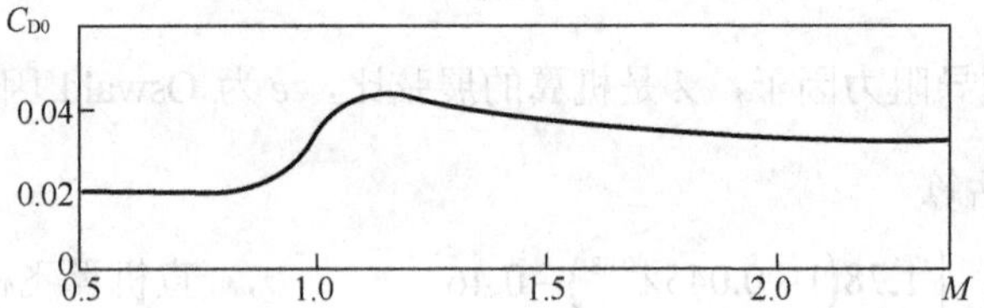

图 6.3.9 超声速飞机零升阻力系数随飞行马赫数变化的曲线

6.3.4 确定飞机推重比，选择发动机

前面已经提到，推重比 T/W 和翼载 W/S 是影响飞机性能的两个最重要的参数。这里我们先说明推重比如何确定。

推重比直接影响飞机的性能。飞机的推重比越高，加速越快，爬升越迅速，达到的最大速度越大，转弯角速度也越大。同时，若发动机越大，执行全部任务的油耗也越多，会导致飞机的起飞总重增加。

1. 推重比的换算

实际中推力 T 和重量 W 会受到油耗、高度、速度的影响，因此推重比是个变化值。设计中提到的推重比一般是指在海平面静止空气中，在一个标准大气压下，在起飞重量和最大油门状态下的推重比，还有其他特殊条件下的推重比。因此，在设计中要特别注意不要混淆，必要的时候要进行从特殊状态(如巡航)到起飞状态的换算。

$$\frac{T_0}{W_0}=\left(\frac{T}{W}\right)_c\left(\frac{W_c}{W_0}\right)\left(\frac{T_0}{T_c}\right) \tag{6.3.24}$$

其中，下标“0”表示起飞状态，下标“c”表示巡航状态。

从式(6.3.24)可见，将巡航状态的推重比换算成起飞状态的推重比需要考虑两个因素：发动机的推力变化和飞机的重量变化。发动机在巡航高度的推力一般小于在海平面的推力，同时民机巡航状态时的发动机一般处于油耗最优的状态，为达到油耗最优，发动机的推力一般只有最大、连续、非加力状态推力的 70% ~ 100%，因此巡航状态的推重比小于用于发动机选择的起飞推重比。对亚声速、大涵道比的涡扇发动机而言，巡航推重比只有起飞时推重比的 20% ~ 25%；小涵道比、具有加力燃烧室的涡扇或涡喷发动机，则可达到

40%～70%。飞机巡航起点的重量与起飞重量间的区别可以通过考虑在起飞和爬升段燃油的消耗来分析，这两段通常的重量比值为 0.97 和 0.985。

2. 推重比的统计值

由于同种类型飞机的推重比数据表现较小的变化，因而可以根据相似机型的数据来首先估算推重比。图 6.3.10 给出了不同年代的超声速飞机起飞推重比 T_0/W_0 的分布，表 6.3.6 给出了不同类型飞机的推重比的典型值，都是在海平面、零速度状态和最大功率条件下。对于推重比超过 1 的情况，即 $T_0/W_0>1$，表示飞机有可能转入垂直上升的能力，这是 20 世纪 80 年代以后的现代战斗机具有的特点；各种非机动喷气运输机、客机，其推重比大体在 0.2~0.4；一般起飞重量较小的飞机，起飞质量为 20～30t，其推重比 T_0/W_0 高一些，大约为 0.4；总质量大于 300t 的大型客机其推重比接近下限 0.2。

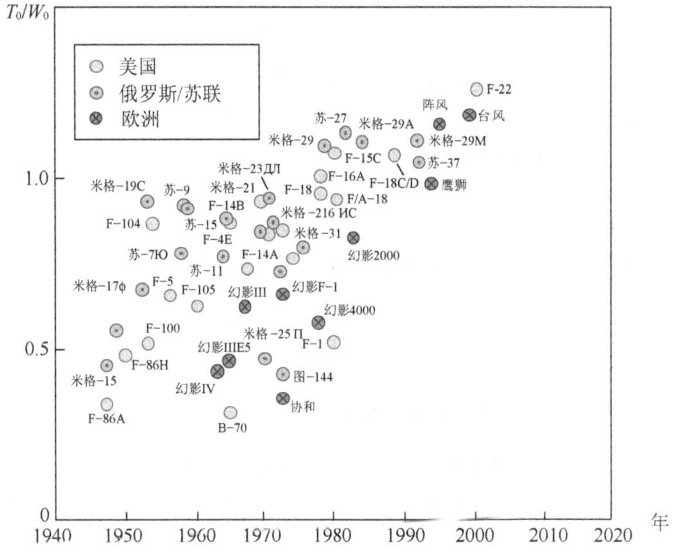

图 6.3.10 超声速飞机起飞推重比 T_0/W_0 随年代的变化

表 6.3.6 推重比的统计值

飞机类型	典型飞机推重比
喷气教练机	0.4
新一代歼击机	1~1.25
其他战斗机	0.6
军用运输/轰炸机	0.25
民用喷气客机/运输机	0.25~0.4

推重比与最大速度密切相关，在方案设计阶段可以使用 Raymer 导出的关系式进行估算

$$T_0/W_0=aM_{\max}^C \tag{6.3.25}$$

其中的系数见表 6.3.7。

表 6.3.7 喷气飞机的典型推重比与 M_{max} 的经验插值系数

飞机类型	a	C
喷气教练机	0.488	0.728
新一代歼击机	0.648	0.594
其他战斗机	0.514	0.141
军用运输/轰炸机	0.244	0.341
民用喷气客机/运输机	0.267	0.363

3. 通过巡航平飞状态确定推重比

处于巡航平飞状态的飞机，具有直接明晰的受力平衡关系，飞机的重力W等于所受升力L，推力T等于所受阻力D，因此有

$$\left(\frac{T}{W}\right)_{巡航}=\left(\frac{D}{L}\right)_{巡航}=\frac{1}{(L/D)_{巡航}} \tag{6.3.26}$$

可见这时推重比与升阻比是反比关系。对于螺旋桨飞机，巡航推重比和最大推重比相同；对于喷气式飞机，巡航推重比约是最大推重比的 86. 6%。在求得巡航推重比之后，然后通过根据式(6.3.24)可以换算回起飞时的推重比。

4. 通过爬升飞行状态确定推重比

对于飞机的爬升段飞行，其推重比满足如下关系

$$\left(\frac{T}{W}\right)_{爬升}\geqslant G+2\sqrt{\frac{C_{D0}}{\pi\lambda e}} \tag{6.3.27}$$

其中，各参数的意义与取值说明如表 6.3.8 所示。

表 6.3.8 $(T/W)_{爬升}$ 关系式各参数说明

参数	意义	基本取值	其他条件影响		
			起飞襟翼状态	着陆襟翼状态	起落架放下
G	爬升梯度	爬升角的正切值			
C_{D0}	零升阻力系数	喷气式飞机 ~0.015 整流好的螺旋桨飞机 ~0.020 整流不好的固定式起落架螺旋桨飞机 ~0.030	+0.02	+0.07	+0.02
e	Oswald 效率因子(反映诱导阻力效率)	战斗机 ~0.6 其他飞机 ~0.8	−5%	−10%	/
λ	展弦比				

5. 通过起飞滑跑距离确定推重比

一般情况下取跑道地面为混凝土或柏油的硬质路面的情况，不同的飞机任务对起飞要求不同，对推重比影响较大，通常以最小地面滑跑距离、最小爬升率等形式提出，另外对于舰载机还要考虑弹射器等因素的影响。

飞机的起飞滑跑距离值一般在战术技术要求中已规定，也可以用以下关系计算起飞滑

跑距离

$$l=\frac{V_0^2}{2g}\cdot\frac{1}{(T/W)_0-\frac{3}{2}\mu_G-\frac{1}{2(L/D)_0}} \tag{6.3.28}$$

其中，V_0 为飞机起飞速度(或称离地速度)，$(T/W)_0$ 是起飞滑跑时的平均推重比，$(L/D)_0$ 是飞机起飞滑跑时的升阻比，μ_G 是地面摩擦系数，其取值如表 6.3.9 所示。

表 6.3.9　地面摩擦系数 μ_G 典型值

地面状态	压平的雪成冰	干的水泥路面	湿的水泥路面	坚硬的土跑道	湿的草地	草地
μ_G	0.02	0.02	0.03	0.07	0.06	0.08

飞机起飞滑跑时的升阻比，对超声速飞机 $(L/D)_0=5\sim6$，对亚声速飞机 $(L/D)_0=8\sim10$，另有 $V_0^2=23.6\frac{W_0/S}{C_{L\max 0}}$，代入式(6.3.28)可得

$$l\approx\frac{1.2}{C_{L\max 0}}\cdot\frac{W_0/S}{T_0/W_0-\frac{1}{2}\left[3\mu_G+\frac{1}{(L/D)_0}\right]} \tag{6.3.29}$$

式(6.3.29)经过变形，并乘以 1.05 的系数就可得到推重比

$$T_0/W_0=1.05\left\{\frac{1.2W_0/S}{lC_{L\max 0}}+\frac{1}{2}\left[3\mu_G+\frac{1}{(L/D)_0}\right]\right\} \tag{6.3.30}$$

在飞机的起飞滑跑距离值已知的情况下，就可以根据式(6.3.30)求出推重比。

6. 通过最大平飞速度确定推重比

飞行的速度增大会导致飞机的阻力增大。为了克服阻力，需要用发动机产生推力，所以飞机的实际阻力值 D 等于需用推力值 $T_{需}$，则采用最大可用推力减去 D 或 $T_{需}$ 之后，得到就是剩余推力 ΔT 。

$$\Delta T=T-D=T_{可用}-T_{需} \tag{6.3.31}$$

飞机飞行速度越快，剩余推力 ΔT 就越小。当 ΔT 变成 0 时，飞机的飞行速度即为最大平飞速度，也就是没有受到其他条件限制的最大速度。

由于达到最大平飞速度时 $T=D$，速度 V 可表示为

$$V_{\max}=\sqrt{\frac{2D}{\rho C_D S}}=\sqrt{\frac{2T}{\rho C_D S}}=\sqrt{\frac{2\left(\frac{T}{W}\right)\left(\frac{W}{S}\right)}{\rho C_D}} \tag{6.3.32}$$

因此

$$\frac{T}{W}=\frac{\frac{1}{2}\rho C_D V_{\max}^2}{\frac{W}{S}} \tag{6.3.33}$$

在给定最大平飞速度 $V_{\max}$ 之后，推重比 T/W 和翼载 W/S 之间可相互求得。

7. 推重比的选取

如前面各部分所述，根据飞机的不同性能要求可以求出多个不同推重比，最后需要选取其中的最大值作为飞机的推重比。

8. 发动机的选择

在估算飞机起飞重量后，为保证飞机达到设计要求的性能指标，需要结合推重比选择推力和功率合适的发动机。发动机的选择在设计初期只能依靠统计数据。飞机采用的发动机类型很大程度上取决于飞机用途的不同，歼击机一般采用小涵道比的涡扇发动机，客机一般采用大涵道比的涡扇发动机，通用航空飞机还常用活塞发动机。

在飞机方案设计中最重要的总体参数是推重比 T_0/W_0，其中，T_0 是发动机地面台架状态的推力值，虽然真正决定飞机性能指标的是其相应高度和速度的推力值 T，但对于一定类型的发动机其推力 T 是与 T_0，有一定函数关系的，即

$$T = T_0 k_{\text{V,H}} k_{巡航} \tag{6.3.34}$$

其中，$k_{\text{V,H}} = \dfrac{T_{可用}}{T_{0,加力}}$，$T_{可用}$ 是可用推力，$T_{0,加力}$ 是加力推力，$k_{\text{V,H}}$ 的典型变化规律如图 6.3.11 所示；$k_{巡航}$ 反映的是飞机巡航时发动机的节流特性，对于同类型的发动机，其 $k_{巡航}$ 值大致相等。

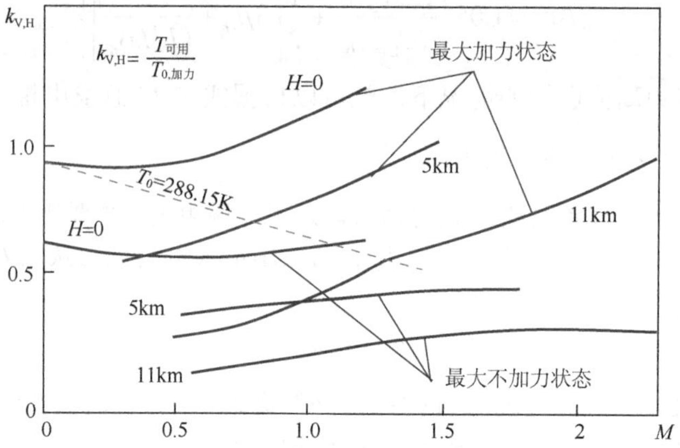

图 6.3.11　$k_{\text{V,H}}$ 的典型变化规律

在选择发动机时还需要注意发动机的耗油率 C_e，典型的发动机的 C_e 随速度变化如图 6.3.12 所示。发动机耗油率 C_e 典型数据如表 6.3.10 所示，可用于设计时参考。

在推重比 T_0/W_0 确定之后，尽可能选用现成的发动机。发动机的资料可查阅各种飞机手册、发动机手册、简氏飞机年鉴等资料。如有可能得到该发动机的说明书，则可取得其推力或功率随速度和高度变化的特性；耗油特性及发动机需要的进气量特性；对螺旋桨发动机还得有螺旋桨特性；最后还应获得发动机的安装外廓尺寸和重量数据，以便进行飞机进气道及总体布置设计。在没有发动机手册时只能采用统计数据。

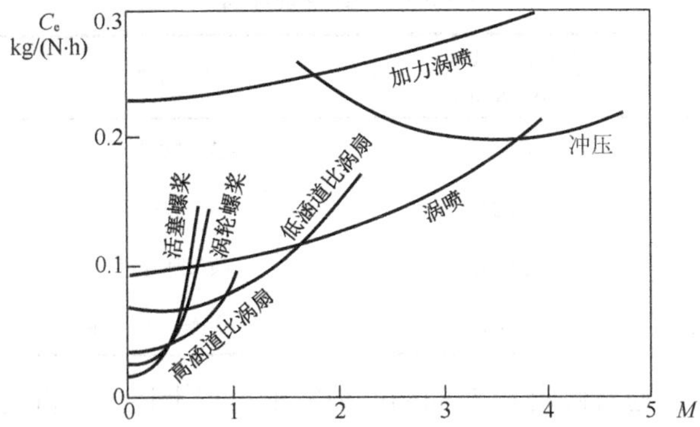

图 6.3.12　各类发动机的典型耗油率 C_e 特性

表 6.3.10　发动机耗油率 C_e 典型数据

	地面状态	巡航	巡逻待命
喷气发动机 kg/(N·h)	纯喷气发动机	0.09	0.08
	小涵道比涡扇发动机	0.07	0.07
	大涵道比涡扇发动机	0.05	0.04
螺桨发动机 kg/(hp·h)	活塞发动机(定距螺桨)	0.18	0.23
	活塞发动机(变距螺桨)	0.18	0.23
	涡浆发动机	0.23	0.27

这里要特别注意的是发动机本身的推重比 T_0/W_E 或其倒数(即发动机密度 γ_E)。对于歼击机用的涡扇发动机 $T_0/W_E=8\sim10$（$\gamma_E=0.1\sim0.125$）；而客机用涡扇发动机，其 T_0/W_E 则在 4.5 ~ 7，推力小的发动机推重比要小些。发动机推重比 T_0/W_E 大了可以节省飞机的起飞重量 m_0，从而提高飞机的性能。

6.3.5　确定飞机的翼载

飞机的翼载是指飞机重量 W 与机翼参考面积 S 之比，即 W/S。一般采用正常起飞重量 W_0 作为衡量的基准，机翼的参考面积 S 即计算气动力系数 C_L、C_D 时所用的机翼的参考面积，一般考虑包括机身在内的机翼的总面积 S。翼载通常是指起飞时的翼载，有时也可以指其他飞行条件下的翼载。

翼载影响失速速度、爬升率、起飞着陆距离以及盘旋性能等。翼载决定了设计升力系数，并通过对浸湿面积和翼展的影响而影响阻力。以对起飞总重的影响为例进行说明，如果翼载不够，为完成相关任务，机翼就要变大，但由于机翼较大，又会引起附加的阻力和空机重量，将导致为完成任务而增加起飞总重。表 6.3.11 给出了翼载的典型值。设计中可提供参考，或进行设计检验。

表 6.3.11　翼载统计值

飞机类型	典型的起飞翼载 (9.8N/m²)	飞机类型	典型的起飞翼载 (9.8N/m²)
滑翔机	0.0030	双涡轮螺旋桨飞机	195
运动飞机	0.0035	喷气教练机	244
通用航空飞机—单发	0.0035	喷气战斗机	342
通用航空飞机—双发	0.0040	喷气运输机/轰炸机	586

下面给出的方法，通常假定T/W的初始估算值已用上述方法得到。这些方法可用于估算不同性能条件下所需要的翼载。为了保证机翼在所有使用条件下都能够提供足够的升力，设计者应选择这些翼载中的最小值。但是其中某个翼载过低时，应考虑其合理性并在设计中加以改进。典型的情况是，为了满足失速速度要求所需要的翼载低于其他所有要求，最好的解决办法是在飞机上安装襟翼以提高升力。

1. 通过失速速度确定翼载

飞机失速是影响飞机安全的主要因素。而失速速度直接由翼载和最大升力系数确定。在设计过程中，可反过来利用失速速度与翼载的关系，求得对应状态下的翼载。

飞机水平飞行时，升力等于飞机的重量。在失速速度下水平飞行时，飞机处于最大的升力系数状态。因此，可得到

$$W = L = \frac{1}{2}\rho V_{\mathrm{S}}^2 S C_{\mathrm{L\,max}} \tag{6.3.35}$$

因此翼载为

$$\frac{W}{S} = \frac{1}{2}\rho V_{\mathrm{S}}^2 C_{\mathrm{L\,max}} \tag{6.3.36}$$

其中，空气密度ρ通常取海平面的标准值 1.23 kg/m³。可见影响翼载的重要因素为失速速度V_{S}和最大升力系数$C_{\mathrm{L\,max}}$。

现有民用和军用飞机设计规范对不同类型的飞机都规定了最大允许的失速速度要求，失速速度可通过查阅设计规范得到。而最大升力系数则是难以较好地确定的，在前面的6.3.3 节中我们已经看到，$C_{\mathrm{L\,max}}$的影响因素多，变化范围大。低的如无襟翼“干净”机翼的 1.2~1.5，高的如浸没在螺旋桨或喷气发动机尾流中的大襟翼机翼的 5.0。对于短距起落飞机，$C_{\mathrm{L\,max}}$的典型值约 3.0。对于有襟翼和前缘缝翼的常规运输机，$C_{\mathrm{L\,max}}$约为 2.4。其他在机翼内侧带有襟翼的飞机的$C_{\mathrm{L\,max}}$则可达 1.6~2.0。

2. 通过起飞滑跑距离确定翼载(图 6.3.13)

在给定起飞滑跑距离时所允许的最大翼载计算关系为

$$W/S = (\mathrm{TOP})\sigma C_{\mathrm{L起飞}}(T/W) \tag{6.3.37}$$

其中，TOP 为起飞参数，可根据图 6.3.13 由起飞滑跑距离给出；$C_{\text{L起飞}}$ 为起飞时的实际升力系数，注意它不是在起飞条件下用于失速计算的 $C_{L\max}$，$C_{\text{L起飞}} \approx \dfrac{C_{L\max}}{1.21}$；$\sigma$ 为密度比，$\sigma = \dfrac{\rho_0}{\rho_{\text{海平面}}}$，$\rho_0$ 是起飞高度的空气密度，$\rho_{\text{海平面}}$ 为海平面处的空气密度；T/W 为对于喷气式飞机是推重比，对于螺旋桨飞机需要将式(6.3.37)中的推重比 T/W 换成马力重量比 hp/W。

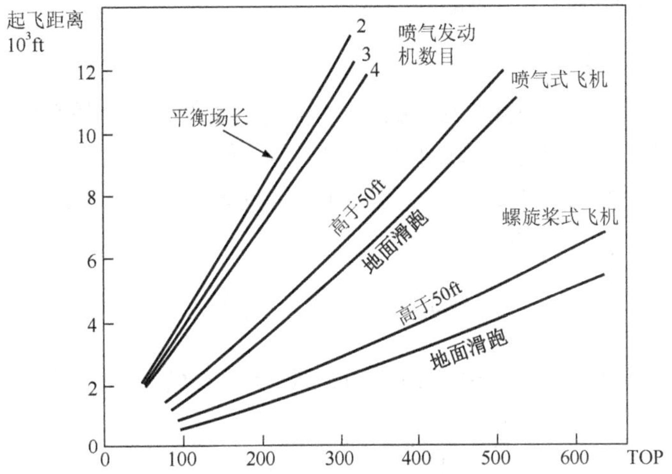

图 6.3.13　TOP 与起飞滑跑距离关系

3. 通过机动过载确定翼载

飞机的机动性能主要以一定高度、速度下的过载系数 n 来反映，其优劣依赖于飞机的最大升阻比与发动机推力。一般战斗机将 8 或 9 个 g 设计为最大使用过载(对应某个特定的格斗重量)。

在给定过载系数 n 时所允许的最大翼载计算公式为

$$W/S = \frac{C_{L\max}}{n} \times \frac{1}{2}\rho V^2 \tag{6.3.38}$$

右侧的未知量只有格斗状态下的 $C_{L\max}$。在格斗中，襟翼不可能全偏转，此外还有多方面影响最大升力系数，如高速时的马赫数效应、抖动和操纵性限制等。因此，对于格斗中仅用简单式后缘襟翼的战斗机的初始设计，其格斗最大升力系数假定为0.6～0.8。对于在格斗中具有可偏转的前缘和后缘襟翼复杂装置的战斗机，最大可用升力系数可达到1.0～1.5。

特别注意，按照式(6.3.38)所得到的翼载是格斗状态下的，必须换算回起飞状态，将式(6.3.38)所得结果除以格斗重量与起飞重量的比值即可。对于大多数飞机，格斗重量大约是起飞重量的 85%。

4. 通过升限确定翼载

升限分为理论升限和实用升限。理论升限是指在给定发动机状态下，飞机能保持匀速水平直线飞行的最大高度，也就是最大爬升率为零时的飞行高度。实用升限是指对于给定飞机重量和给定发动机状态时的飞行高度。对于军用飞机，亚声速飞行对应于最大爬升率为0.5 m/s，超声速飞行对应于最大爬升率为5 m/s。

在升限高度，平飞升力与推力平衡 $L_H = T$，而平飞升力可展开为

$$L_H = \frac{1}{2}\rho_H V_a^2 S C_L \tag{6.3.39}$$

式中，ρ_H 为升限高度上的空气密度，可查国际标准大气表获得，V_a 为可用推力最大时的飞行速度，C_L 为升限高度飞行时的升力系数。

5. 通过航程确定翼载

为了达到最大的航程，翼载的选取必须使得巡航条件下具有较高的升阻比 L/D。

对于螺旋桨飞机，随着速度增加其推进效率是降低的，在最大 L/D 对应的速度下飞行时达到最大航程。而在最大 L/D 对应的速度下，零升阻力等于诱导阻力。因此，为了使航程最大，螺旋桨飞机的飞行应满足

$$\frac{1}{2}\rho V^2 S C_{D0} = \frac{1}{2}\rho V^2 S \frac{C_L^2}{\pi\lambda e} \tag{6.3.40}$$

由于巡航期间升力等于重力，并代入由式(6.3.39)导出的 C_L，翼载关系可变为

$$\frac{W}{S} = \frac{1}{2}\rho V^2 C_L = \frac{1}{2}\rho V^2 \sqrt{\pi\lambda e C_{D0}} \tag{6.3.41}$$

对于喷气式飞机，在零升阻力等于诱导阻力 3 倍时的飞行状态下达到最大航程，因此可导出为优化喷气式飞机航程而选择翼载的公式，即

$$\frac{W}{S} = \frac{1}{2}\rho V^2 \sqrt{\pi\lambda e C_{D0}/3} \tag{6.3.42}$$

6. 通过航时确定翼载

类似于航程，为了达到最大巡航时间，翼载的选择应能提供一个高的升阻比 L/D。对于螺旋桨飞机，当诱导阻力等于零升阻力的 3 倍时待机最优；对于喷气式飞机，最优待机是在最大 L/D 条件下，因此可以得出下面的公式。

螺旋桨飞机巡航时间最大时的翼载

$$\frac{W}{S} = \frac{1}{2}\rho V^2 \sqrt{3\pi\lambda e C_{D0}} \tag{6.3.43}$$

喷气式飞机巡航时间最大时的翼载

$$\frac{W}{S} = \frac{1}{2}\rho V^2 \sqrt{\pi\lambda e C_{D0}} \tag{6.3.44}$$

7. 翼载的选择

如前面各部分所述，根据飞机的不同性能要求可以求出多个不同翼载，选取其中的最小值作为飞机的翼载。

至此总体参数选择完成，下一章我们进入部件设计的讨论。

复习与思考

1．在设计飞机初步方案之前，需要进行飞机技术指标分析，包括哪些方面，分析哪些内容？

2．飞机的气动布局主要有哪几类？分别有什么特点？代表性机种是哪些？

3．飞机的主要总体参数有哪些，明确其确定的方法和步骤。

4．飞机升阻比是重要的气动参数，影响该值的因素有哪些？

5．复习确定飞机的推重比的过程步骤。

6．复习确定飞机的翼载的过程步骤。

第7章　飞机部件的气动设计

我们已经了解，气动力技术、发动机技术及结构材料技术是推动航空技术进步发展的三大基本要素，气动设计作为“先行官”与飞行器各系统设计紧密相关，对于飞机的各个部件的设计更是如此。部件气动设计处于气动布局的最初设计阶段，需要根据全机三面图，进行各主要部件如机翼、机身、水平尾翼(平尾)、垂直尾翼(垂尾)、增升装置和操纵面等的气动设计，较之总体布局设计的部件外形及性能要更具体和细致。

请读者再关注图 1.1.6 所给出的飞机方案设计的主要环节。在气动布局形式选择完成，主要参数计算完毕，发动机选定之后，下一个环节就是飞机的部件外形设计，包含诸多设计内容。

本章主要内容就从该环节展开，从翼型、机翼、机身、副翼与各操纵面等主要部件的角度来讨论气动设计思路，也包含了变后掠翼这样的特殊情况，同时，也对增升装置、减速板等装置进行了讨论，最后还介绍了隐身要求对气动设计的影响。

§7.1　翼型与机翼的选择与设计

空气动力特性是决定机翼外形和参数的首要因素，但除此之外机翼还与布局形式、结构和工艺、重量和重心、外挂安排和隐身性要求等其他因素密切相关，有时甚至取决于设计者的经验和设计单位的传统，因此在设计中需要更多的考虑。

我们已经在前面几章讨论了翼型和机翼的外形及其在不同流速区域下的流场图画和气动特性，理解了机翼的外形参数和其他影响因素对气动特性的影响，本节则基于这些认识，根据飞机的性能要求和总体设计参数来讨论翼型和机翼气动设计的方法和思路。具体地，需要在飞机气动布局和总体参数的框架下，选择翼型和机翼的布局形式，再设计确定其外形几何参数。

7.1.1　翼型特性与飞机性能的关系

翼型选择是机翼设计的一项首要内容。选用什么样的翼型，是由对所使用翼型的空气动力特性要求，并结合结构强度、容积利用等多方面因素决定的。尽管现代技术可以对所设计的每一种飞机进行专门的翼型设计，但为了缩短设计周期和减少设计、试验费用，往往选用已有的系列化的若干个标准翼型，并按最佳弯扭分布进行展向配置；或选定一个基本翼型，并按基本翼型的压强分布进行机翼设计，这仍然是现在的主要方法。

在选用翼型之前，需要根据对飞机的设计要求确定翼型的使用技术要求，最后根据对翼型的气动特性要求确定翼型的几何参数，并进行结构强度和容积利用的检查和校核。

因此，在所设计飞机的性能要求确定之后，就需要知道飞机性能与翼型气动性能的关系，以便正确地提出关于翼型气动特性的设计技术要求。虽然难以很确切地描述，但是了解这些关系是有必要的。翼型特性与飞机性能之间大致有以下关系：

- 升力线斜率大，有利于提高飞机的巡航、起降和机动性能；
- 零升力迎角标志着气动扭转量的大小；
- 高的最大升力系数有利于提高飞机的起降和机动性能；
- 失速临界迎角限制着着陆时飞机的擦地角和大迎角性能；
- 最小阻力系数的大小与飞机最大速度有关；
- 最大升阻比指示续航时间和航程；
- 巡航因子 $M_\infty \dfrac{L}{D}$ 越大，巡航效率越高；
- 最小阻力系数对应的迎角指示可能的机翼安装角；
- 最大升阻比对应的迎角指示巡航迎角；
- 2/3 最大升力系数时的升阻比指示爬升特性是否良好；
- 弦向 15%、20%、60%和 70%处的翼型厚度决定着翼梁高度，翼梁越高则机翼重量越轻，容积利用率越高；
- 最大升力时压心的最前位置和最小阻力时压心的最后位置之间距离越小，则压心移动越小，这可以给出最有效的结构；
- 零升力矩越大，需要越大的配平能力，引起越大的配平阻力；
- 升力系数的抖振边界越高，机动性越好。

7.1.2　翼型基本技术指标的确定

雷诺数和马赫数对翼型性能有重要影响，是确定翼型设计技术指标的前提，在给定了飞行速度 V_∞、飞行高度 H 和机翼平均弦长 c_A（$c_A = \dfrac{S}{l}$，S 为机翼面积，l 为机翼展长)后，由如下关系

$$\mathrm{Re} = \frac{V_\infty c_A}{\upsilon} \tag{7.1.1}$$

可以决定设计雷诺数，其中，υ 为空气的运动黏度，是飞行高度 H 的函数。

马赫数 $M = \dfrac{V_\infty}{a}$，其中，a 为声速，与飞行高度有关。

选用或设计翼型之前，首先需要确定所选用或设计翼型的技术指标。翼型技术指标可以分为基本指标和约束性指标，基本指标是由设计状态决定的，约束性指标主要指必须满足的一些约束性条件及非设计状态下应当满足的指标。翼型的设计技术指标是由飞机的性能要求决定的。

翼型的基本技术指标主要有升力、最大升力与失速、阻力、力矩。

1. 升力

机翼的设计升力通常是由水平飞行时，为平衡飞机重力机翼必需产生的升力决定的，可得机翼升力系数

$$C_L = \frac{1}{2}\rho V_\infty^2 \cdot \left(\frac{W}{S}\right) \tag{7.1.2}$$

其中，S 为机翼面积，W 为飞机重量。可见机翼的设计升力取决于所设计飞行的飞行高

度、飞行速度和机翼载荷。

此外三维机翼升力系数 C_L 和二维翼型的升力系数 C_l 之间有以下关系：

$$C_L = kC_l \tag{7.1.3}$$

其中，k 是取决于机翼的展弦比和平面形状等因素的三维修正因子，作为第一次近似可取 $k=1$。对于前缘后掠角为 χ_0 的后掠机翼，

$$C_L = kC_l\cos^2\chi_0 \tag{7.1.4}$$

由于燃油消耗，飞行中飞机载荷将逐渐减少，为了保持设计升力不变，可采用增加飞行高度(巡航爬升)以减少动压，或采用机翼后缘变弯度的方法减少升力，从而使有利的巡航姿态基本不变。

翼型的设计升力状态可以是对应小迎角的最小阻力状态(对应于最大的飞行速度)，也可以是对应某一迎角的最大升阻比状态(对应于最大气动效率)或者爬升状态(对应于最有利的爬升性能)。

已有战斗机翼型的设计升力系数 C_l 约为 0~0.2，大多数其他类型飞机多使用 C_l 为 0.4~0.6 左右的翼型。由于高空空气密度很低，相应的动压和雷诺数都很小，所以高空(飞行高度>12km)飞机的翼型设计升力系数可以达到 1.0。

2. 最大升力与失速

翼型的最大升力与失速特性在翼型选择中占有重要地位，通常认为最大升力系数比较高、失速过程比较和缓的翼型具有较好的最大升力特性(或失速特性)。翼型的失速是由于翼型表面上流动分离引起的，并以升力迅速下降，力矩曲线斜率减少，甚至以反号为特征，我们在前面曾讨论过(参见§3.3.2 内容)。

如图 7.1.1 所示，翼型的失速有三种类型：后缘失速、前缘失速和薄翼失速。

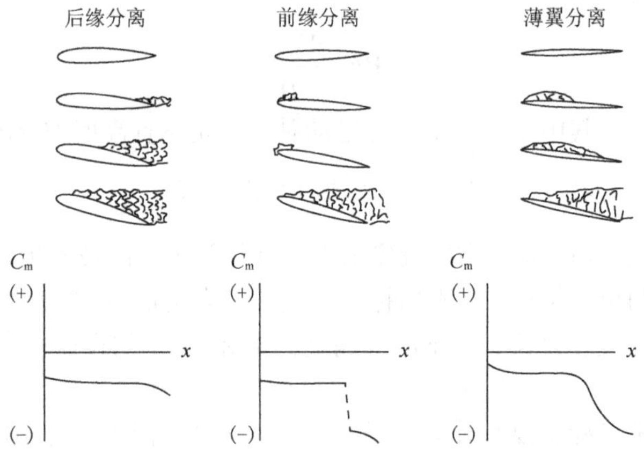

图 7.1.1 NACA 65_3−018 翼型的不同失速类型

(1) 后缘分离。翼型分离类型主要取决于翼型的弯度、厚度、前缘半径和雷诺数。对于常规翼型，分离类型主要依赖于翼型相对厚度，后缘分离常见于中等以上迎角、中等以上相对厚度(如相对厚度为 0.13 以上)的翼型绕流，分离发生于后缘附近，分离点之后流动不再附体。发生后缘分离时，分离点随迎角增大，从后缘逐渐向上游移动，后缘分离引起的失速称为后缘失速。如果分离点从后缘向前缘移动的过程是逐渐变化而不是突变的，

那么这类分离导致的升力损失和力矩的变化过程可能比较和缓。

(2) 前缘分离。具有较小前缘半径的较薄的翼型，即使在不大的迎角下，前缘附近也可能产生较大的逆压梯度，引起流动分离，但在从分离点到翼型最大厚度点的一定的顺压梯度作用下，分离流动又可以很快重新附体形成短分离气泡。短气泡总是发生在基于附面层厚度的雷诺数 $Re > 400 \sim 500$ 的条件下，这类短分离气泡的长度大约在 1%弦长以下。当迎角达到某个较大的数值时，分离点之后的顺压梯度消失，气流不能够重新附体，导致翼型上表面突然完全分离，使得翼型升力、力矩发生相应的突然变化。

(3) 薄翼分离。对于更薄的翼型，小迎角下所产生的前缘分离流动需要经历一个较长的距离才能重新附体，形成了较长的分离气泡，其长度数倍于短气泡或更长，称为长气泡分离。这个气泡当迎角增大时再附着点逐渐向后缘延伸，当延伸到后缘处时，翼型完全失速。在这类分离对应的翼型失速过程中，升力损失不是很突然的，但是力矩有较大变化。同时应该指出，对于有较大弯度的翼型不能完全按照相对厚度来区分分离类型，对某些翼型如相对厚度为 10%左右的翼型，前缘分离和后缘分离也可能同时存在。

对于后掠角不大的大展弦比机翼，机翼的失速特性直接取决于翼型，一般需要采用失速特性比较和缓的翼型。由于最大升力对应着飞机的最小速度，对飞机的起降性能有重要影响，因而所选用的翼型必需满足飞机设计要求的最大升力指标。高速飞行的战斗机不得不选用很薄的翼型，主要是为了减少波阻和改善跨声速时的升力、力矩特性，但是薄翼型一般不可能有高的最大升力。

上述不良失速特性可以由机翼扭转来改善，通过机翼的几何扭转可以减少翼尖翼型相对于翼根翼型的迎角，从而使失速首先在机翼内侧发生，这样就使选用不良失速特性翼型的机翼也可能具有和缓的失速特性。类似地，也可选用与翼根翼型相比有更大失速临界迎角的翼尖翼型，使失速首先在翼根附近处发生(该类方法称为气动扭转)。采用几何扭转或气动扭转不但可能改善机翼的失速特性，而且可以推迟机翼的失速。

对于小展弦比机翼或者大后掠机翼，机翼前缘或侧缘卷起的三维分离涡面以及它们对流场的诱导作用，使机翼的最大升力系数有很大提高，对大迎角下机翼的气动力有决定性的影响，与大展弦比机翼分离流动形态有很大不同。这就使得翼型最大升力特性和失速特性对小展弦比机翼影响较小。

但是翼型的弯度直接影响着飞机的机动能力，翼型的前缘形状可以影响三维分离涡面的发展和涡的位置，还能影响涡升力和前缘吸力。由于现代高机动能力的战斗机要求所用的翼型具有高的最大升力，以及相应的大的升阻比，这使得翼型的选用与设计仍然是小展弦比或大后掠机翼飞机设计的重要内容。

3. 阻力

翼型设计升力下的阻力系数直接决定了设计条件下的升阻比，对飞机设计状态的性能有重要影响。

如大型旅客机、运输机需要有优良的巡航性能，巡航状态是它的设计点，短程旅客机、运输机的设计点可能在爬升状态，因此爬升时升力最大。

如果在设计点对应的升力系数较高，一般希望翼型能有较宽的低阻范围，但低阻范围过宽又会导致最小阻力 $C_{d\min}$ 增大，这两个方面都不能走极端，需要在设计时协调。对于这

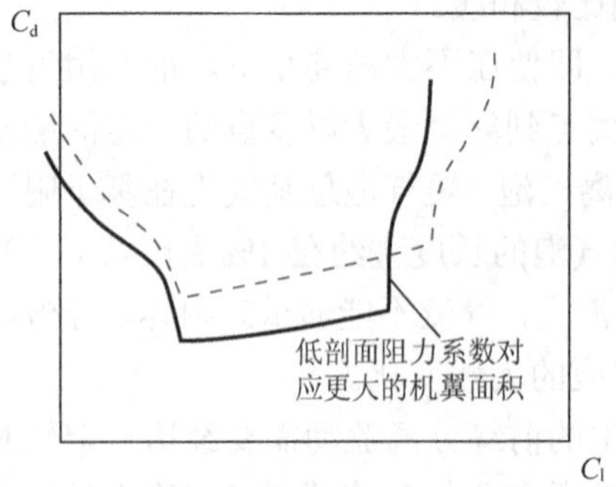

图 7.1.2　两类翼型的极曲线

两种情况，具有较宽低阻范围极曲线的翼型适应于较大设计升力的情形，对应较小的机翼面积；具有较窄低阻范围极曲线的翼型有较低的最小阻力，适应于设计升力系数较低、巡航速度较高的情形，对应较大的机翼面积，如图 7.1.2 所示。

对于无限翼展后掠机翼，翼型阻力系数 C_d 和机翼阻力系数 C_D 之间的关系为

$$C_D = kC_d\cos^3\chi_0 \tag{7.1.5}$$

其中，k 是取决于机翼的展弦比和平面形状等因素的三维修正因子，作为第一次近似可取 $k=1$。对于前缘后掠角为 χ_0 的后掠机翼。

为了提高跨声速巡航性能，翼型应该尽可能具有高的阻力发散马赫数。第五章的图 5.5.8 中已经比较了超临界翼型与普通翼型的典型阻力发散马赫数，结果显示，高的阻力发散马赫数不仅可使翼型在更高的自由流马赫数下工作，而且意味着翼型上表面有更大的超声速区，即形成更大的上、下表面的压力差，从而翼型有更大的升阻比，由于喷气式飞机的航程正比于巡航因子 $M_\infty\dfrac{L}{D}$，因此超临界翼型有更高的巡航效率。

对于小展弦比机翼，主要有三个方面考虑：第一，虽然以三维流动占优势为其特征，但是经过仔细设计的翼型前缘是可以产生前缘吸力的，这将使减小机翼阻力；第二，超临界翼型可降低或消除激波阻力；第三，翼型的阻力发散边界、升力抖振边界仍然对机翼性能有重要影响。由于上述原因，新一代战斗机趋向于采用具有良好阻力发散特性和高的升力抖振边界的超临界翼型。

4. 力矩

机翼绕气动中心的俯仰力矩很大程度上是由翼型的俯仰力矩确定的，翼型在失速之前力矩系数一般随迎角的变化保持线性关系，而且绕气动中心的力矩系数保持不变，在低亚声速情况下气动中心大约在翼型弦线上距前缘 1/4 弦长处，超声速情况下，移动到 40%弦长处。

配平最大升力才对飞机性能有实际意义。零升力矩绝对值较大的翼型使机翼经受较大的扭矩，并会导致较大的配平阻力，因而通常在翼型设计中对零升力矩有一定限制。飞机机翼设计希望翼型零升力矩绝对值小于 0.1(若是直升机旋翼要求更严格)。

当翼型接近失速状态时，翼型力矩随迎角或升力的变化不再能保持线性关系，从而可能导致失稳和操纵面“反效”，因此提高翼型的最大升力系数和增加失速临界迎角将增加翼型力矩曲线的线性范围。此外，超临界情况下翼面上激波的出现，以及激波位置随迎角和马赫数的变化也可能使力矩曲线呈非线性，妨害飞行安全，因此应在设计状态下和设计状态附近避免强激波的出现。

7.1.3　翼型的选择考虑

翼型的选择是指对现有的翼型进行选择，以满足飞机设计要求，它是机翼设计的基础。

例如对美国的 NACA 系列翼型及其他国家已研制成功的翼型等进行选择。一般飞机设计都要求采用翼型的机翼和尾翼要尽可能升力大、阻力小。我们已经可以认识到，对于不同的飞行速度，机翼的翼型形状差异很大：对于低亚声速飞机，为了提高升力系数，翼型形状为圆头尖尾形；对于高亚声速飞机，为了提高阻力发散 M 数，采用超临界翼型，其特点是前缘丰满、上翼面平坦、后缘向下凹；对于超声速飞机，为了减小激波阻力，采用尖头、尖尾形翼型。

实际设计工作中，在选择翼型时，综合考虑的影响因素较多，在经过翼型特性与飞机性能关系分析和翼型基本技术指标分析之后，需要根据翼型的外形与其气动特性进行翼型的选择，一般主要按照以下五个方面仔细考虑，需要说明，下面的内容多是一些总结性的结果，在第3章到第5章中很多已讨论过。

1. 翼型的使用范围

翼型的选择首先要受飞机的类型和飞机任务的影响，例如飞机的飞行速度范围可能限制翼型参数的选择。对于低速飞机，为了减小阻力，翼型参数可以在相对厚度为12%~18%之间选择；亚声速飞机可在相对厚度为10%~15%之间进行选择；而对超声速军用飞机，则只能在相对厚度为4%~8%的较薄翼型和较尖前缘范围内选择；对在航线上使用的大型运输机和旅客机，更强调经济性，因此应选择在确定的飞行升力系数下具有更高的升阻比的翼型。

2. 翼型外形与升力、力矩

(1) 弯度。适当增加翼型弯度可有效提高翼型的升力系数和增大最大升力系数，常用的弯度约为2%~6%，其中4%最常见。

适当前移最大弯度位置也可以提高翼型最大升力系数，但在正常的相对厚度时可能表现为前缘失速形式。最大弯度位置进一步靠后，可使最大升力系数降低，但可得到较为和缓的失速特性。

对称翼型的最大升力系数值远小于有弯度的翼型，但它的速度特性比较好。低速时增大对称翼型的最大升力系数主要是增大前缘半径、加厚翼型头部来实现。

翼型的零升力矩是由翼型的弯度和弯度分布决定的，对称翼型的零升力矩为零。零升力矩太大会增加配平阻力。

(2) 厚度。适当增加翼型的相对厚度，可增大最大升力系数，对常规的标准 NACA 翼型一般相对厚度在12%~15%时达到最大升力系数。部分特殊翼型，可在相对厚度为17%时达到最大升力系数。低速时适当增大翼型厚度可提高翼型的升力线斜率。

(3) 头部外形。翼型头部形状决定了大迎角下气流分离流动情况，因此也是影响最大升力值的非常重要的几何参数。很薄翼型头部半径对最大升力系数没有影响，但中等厚度翼型的最大升力系数随头部半径的增大增加很多。适当增大翼型前缘半径还会提高翼型的升力线斜率。

(4) 后缘外形。翼型的后缘角增大将使后部的边界层增厚，容易引起分离而导致升力线斜率下降，但后缘角太小甚至接近于零也不现实，会给制造带来困难。

(5) 其他因素。翼型的最大升力系数受雷诺数 Re 的影响，但受影响程度不同，有的翼型变化较大，有的翼型变化很小。因此评估升力时，需要考虑所选择的翼型在实际机翼使用的 Re 数情况。如果最大升力系数差值过大超过 0.1，则不宜在翼梢使用这种翼型。Re 数与翼型能否保持层流流动关系十分密切，因此，在选择层流翼型时要充分考虑实际使用的 Re 数。

在飞机进入大迎角飞行状态时，还必须考虑来流马赫数对翼型最大升力系数值的影响，以及失速后升力变化的激烈程度。

3. 翼型外形与阻力

对低速和亚声速飞机，最小阻力主要来自摩擦阻力，因此常常选择小弯度翼型或层流翼型来减小最小阻力。

对超声速飞机，波阻特别是厚度波阻起主要作用，因此为了减小最小阻力，超声速飞机多采用无弯度的薄翼型。

对跨声速飞机，最重要的问题是如何提高临界马赫数 M_{cr}：一个有效手段是减小翼型的相对厚度，每减小相对厚度 1%可使 M_{cr} 增加约 0.015；第二是翼型的最大厚度和最大弯度位置可以后移；第三是适当减小翼型前缘半径。这些措施都是为了能使翼型表面压强分布曲线变平缓，从而提高 M_{cr}。

跨声速飞机另一个问题是如何提高阻力发散马赫数 M_{dd}，要使翼型在超临界状态下正常工作，最佳选择是采用超临界翼型。

【例 7.1.1】 图 7.1.3 是 NACA 65_3 翼型族的 C_l-C_d 曲线，根据下图选择巡航速度 $M=0.8$，升力系数 0.3~0.4 附近的翼型。图中显示每一条曲线都有一个底部平缓区域，该区域内阻力系数最小且变化很缓慢，且随着设计升力系数的增加，最小阻力系数值略有提高。可见 NACA65_3−218 和 NACA65_3−418 两条曲线的底部平缓区包含翼型升力系数 0.3~0.4 的区域。另外从升阻比、阻力发散性质的角度考虑，从这两条曲线中选取 NACA65_3−418 更为有利。

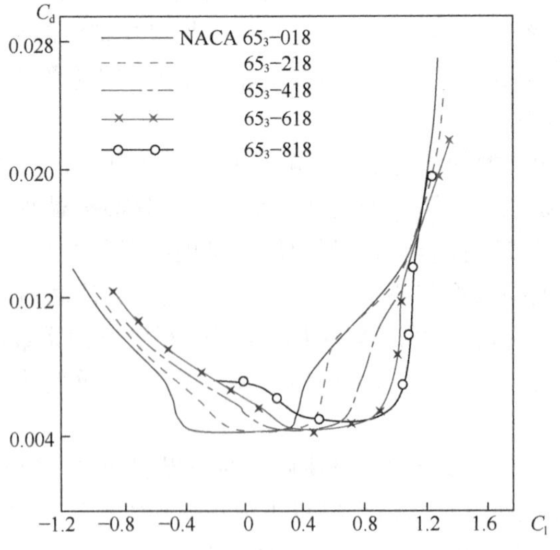

图 7.1.3　NACA 65_3−018 翼型的 C_l-C_d 曲线

4. 机翼对翼型外形的影响

(1) 机翼外形。由于飞机的平直翼和后掠翼根部流动特性的差异，对平直翼适用的翼型对后掠翼则是不适用的。大展弦比机翼为了防止翼尖失速而造成飞机安全问题，在翼梢处应选择最大升力系数更大的翼型。

为了增大对称翼型的最大升力系数，常加厚翼型头部来实现，但对小展弦比的后掠翼却相反，例如对于一些三角翼，需要尽量减小翼型前缘半径，前缘越尖，能形成前缘涡，产生的最大升力系数越大，这些前缘涡会推迟机翼失速。

(2) 机翼的容积和刚度。除了气动方面考虑外，还须考虑减轻结构重量，并为燃油、主起落架、机械操纵系统和其他可能的组件提供足够的容积。

实际的飞机，不论是亚声速飞机还是超声速飞机，翼型厚度从翼根到翼尖都是变化的。由于机身的影响，亚声速飞机根部翼型即使比尖部翼型厚 20%~60%仍不会对阻力产生很大的影响，无疑这会提供更大的可利用空间，增加刚度、减轻重量。但这种较厚翼型沿展向一般不超过 30%半展长。

5. 翼型数据的查阅与设计

从上世纪开始，在航空发展的历史中，研究发展了诸多类型的翼型族，这些翼型很多都已标准化、实用化，现有的很多飞机都是采用的已有的优秀翼型，或者在其基础上进行了修改设计，从附录 C 给出的典型飞机的翼型数据中就可看出。

对于具体的翼型外形数据及其气动数据，有多种途径可以查阅或计算。首先，互联网上有多个网站提供了诸多基本翼型及其相关数据，读者可参考：

http://www.aerodesign.de/english/profile/profile_s.htm

http://m-selig.ae.illinois.edu/ads/coord_database.html

http://www.mh-aerotools.de/airfoils/index.htm

另外，还有多个翼型专用软件可以使用，例如 Profili、XFLR 等，都是很不错的软件，在翼型的选择设计中可参考使用。

7.1.4　机翼的气动设计原则

1. 基本考虑

机翼的气动设计就是要最终给出机翼的理论外形尺寸，包括理论平面形状尺寸和理论翼型外形尺寸。设计的依据主要包括对飞机的设计技术要求；已有的技术储备；在飞行包线范围内满意的飞行特性，特别是失速特性；结构装载要求。

飞机机翼的气动设计原则是以满足设计要求的飞行技术性能为主要依据的，应该保证：

- 在起飞、着陆和空中机动状态下，有尽可能大的升力及高的升阻比；
- 在巡航状态和大速度下有尽可能小的气动阻力；
- 在飞行范围内，有良好的纵向及横侧向的操纵稳定特性；在低速时，有线性的俯仰力矩特性，较高的副翼效率和横向特性。

飞机机翼的平面形状应由展弦比λ、前缘后掠角χ及梢根比ξ（或根梢比η）所确定，机翼面积应根据飞机起飞总重和翼载来确定。

翼型是机翼的基本构成在方案设计初期，特别是对高速战斗机设计的初期，不必花太多的时间去精选合适的翼型，经常是利用已有的气动试验数据，从中选择比较合适的翼型，确定相对厚度。而前缘半径及弯度的具体值的确定，可在详细设计时根据任务的具体要求和机翼平面形状再进行精修设计。

附录 C 中给出了典型飞机的机翼数据，可供读者参考。

2. *机翼的平面形状选择*

图 4.1.1 已经显示了各种不同平面形状的机翼，下面就其中最常用的矩形翼、梯形翼、后掠翼、三角翼的平面形状参数选择进行说明。

(1) 矩形翼。矩形翼是沿展向弦长不变的直机翼。其优点是外形简单，简化工艺，制造容易，成本低廉，在飞机发展初期阶段常使用矩形翼。当前的一些轻型低速飞机，主要包括农业、林业、邮政、体育、教练等方面使用的飞机，也常使用矩形翼。

(2) 梯形翼。梯形翼是从翼根向翼尖弦长逐渐减小，其平面形状为梯形的机翼。梯形翼比矩形翼有更低的诱导阻力，当梯形翼的梢根比为 0.3~0.5 时，它沿展向的环量分布也接近椭圆形机翼，其诱导阻力也接近理论上的最小值。梯形翼的梢根比小于 0.3 以后，翼梢的有效迎角比翼根的大，在迎角增大时，翼梢容易首先发生分离，这对横向稳定性和操纵性是不利的。

(3) 后掠翼。我们已经在第 4.4 节、4.6 节、5.3 节和 5.7 节中分别讨论过不同流动区域中后掠翼的气动特性，对它有了一定的理解，这里主要说明后掠翼的平面形状参数选择考虑。

对于低速飞机，一般不采用后掠翼，因为没有必要利用后掠来解决气动力问题，即使有少数低速飞机采用后掠翼也是为了利用后掠来调配重心和焦点的相对位置，以便确保飞机纵向稳定度。

对于高亚声速飞机，由于机翼后掠能提高机翼的临界马赫数，所以常用后掠翼来扩大飞机的马赫数使用范围。

对于超声速飞机，后掠翼能降低翼面上局部超声速速度大小，从而降低激波强度。这对波阻的减小有较大影响，可削弱波阻随马赫数变化的峰值，并使峰值位置向后推移，并提高阻力发散马赫数。且随后掠角增大，这种作用是增强的，如图 7.1.4 所示。此外机翼后掠还可改变超声速阻力性质，我们已经讨论过，当超声速流动中后掠角大到使机翼是亚声速前缘时，其前缘绕流将表现出亚声速流动特性，就可以大大减小波阻和升致阻力。因此，在保持相同的阻力水平条件下，常用增大机翼后掠角来获取增大翼型的厚度，以使机翼获得更大的刚度，进而减轻重量并得到更大的机翼内部使用空间。另外，后掠翼气动中心随M的变化较小且平缓，可以减小配平阻力。

上述这些优点，使跨声速和低超声速飞机多使用后掠翼，其后掠角一般在 35°~45°之间。超声速飞机使用后掠翼时，主要看机翼设计是超声速前缘还是亚声速前缘而定，对最大飞行马赫数为 2 级别的超声速前缘翼，其前缘后掠角一般在 60°左右。

后掠翼的不足主要在于它的升力线斜率比直翼小，一般最大升力系数也较小，如图 4.4.5 所示。此外后掠翼的俯仰力矩特性呈非线性，容易产生局部不稳定。

后掠翼的另一个突出的问题是“上仰”问题。机翼后掠角的选择不应大于最小需要值，因为在飞机迎角增加到一定程度，后掠翼首先在翼尖分离，可导致俯仰力矩的剧烈变化，展弦比越大越严重。具有这种性质的机翼，在接近失速迎角时，飞机会突然而不可控制地上仰，直到失速完全失去控制。对军用战斗机、特技飞机、通用航空飞机和教练机，都必须考虑避免“上仰”的问题和措施，图 7.1.5 给出了机翼的“上仰判据”(无尾翼影响时)。

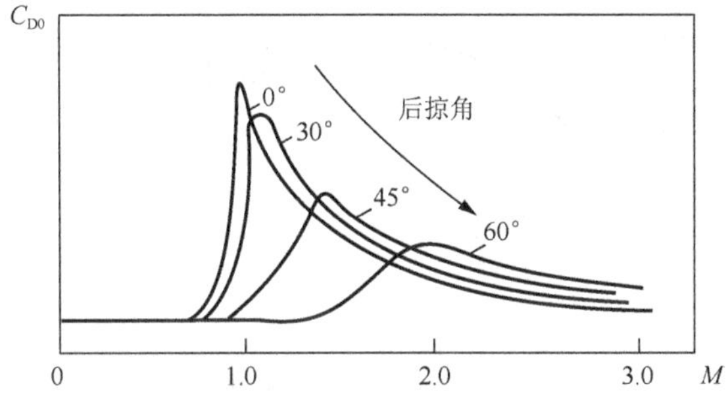

图 7.1.4　后掠翼的零升阻力系数随 M 数变化

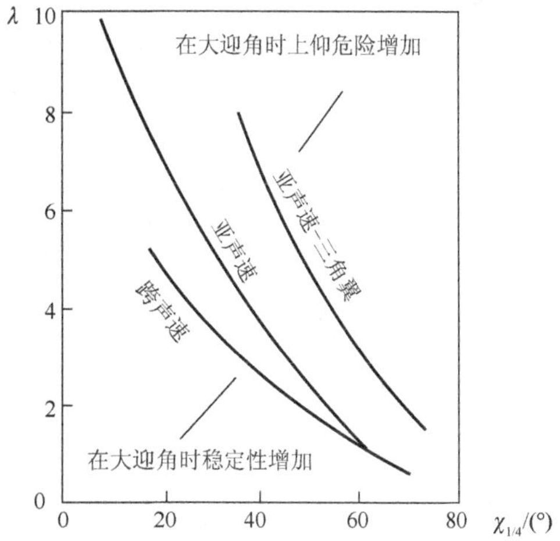

图 7.1.5　“上仰”判据

(4) 三角翼。三角翼是一种比较特殊的机翼，只有前缘后掠，且后掠角很大。与一般后掠翼相比，相同的后掠角下三角翼结构刚度好，重量轻，而且在相同的翼型相对厚度下，由于根弦长，其绝对厚度大，使得机翼的抗弯能力强。

对于超声速飞机，在相同的载荷下，三角翼形式的结构厚度小，相对厚度小有利于减小机翼的厚度波阻，使其超声速阻力偏小；三角翼有利于克服颤振等气动弹性引起的不利影响；三角翼使气动中心随马赫数变化小。因此大后掠小展弦比的三角翼具有良好的超声速气动特性。

对于亚声速飞机，三角翼的问题在于升力线斜率较小，这就要求它在更大的迎角下才能达到起飞着陆所需的升力。所以如果没有好的增升装置，会给擦地角、驾驶员视角限制和起落架的设置等设计环节带来困难。

对于跨声速飞行，小展弦比三角翼的跨声速气动力变化柔和，不会出现突起的峰点，且极值也较小，这是三角翼的优点。

如图 7.1.6 和图 7.1.7 所示，三角翼由于展弦比小，其升力线斜率一般较小，因此失速迎角大，但最大升力系数小。另外在大迎角达到最大升力以后，三角翼的升力下降比较缓慢，失速特性较好。

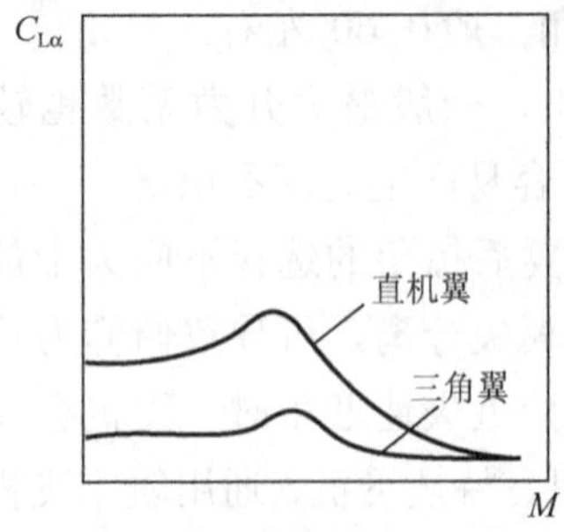

图 7.1.6　直机翼和三角翼的升力线斜率

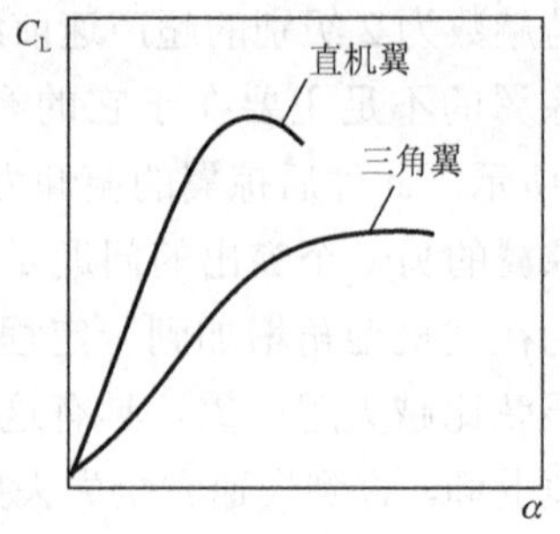

图 7.1.7　直机翼和三角翼的升力曲线

3. 边条的选择

在中等后掠、中等展弦比的飞机机翼的根部，向前延伸一段大后掠、尖前缘的小三角翼面(还可有其他形状)，一般称为机翼的边条，如图 7.1.8 所示。

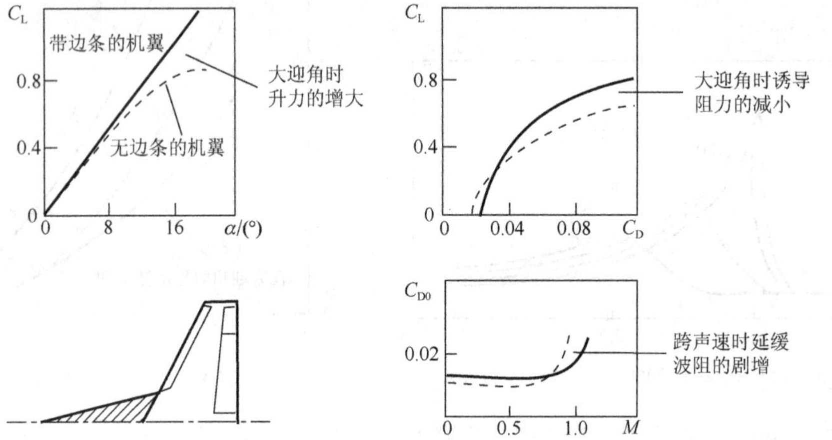

图 7.1.8　边条对气动特性的影响

在中等或者是大迎角的时候，边条产生强的脱体涡，可以减小诱导阻力，增大升力。因为其本身有较高的涡升力，它还可以控制并改善飞机机翼外翼部分的分离流动，提高升力。边条的面积、前缘后掠角和形状对于飞机气动特性都有重要影响，图 7.1.8 给出了边条对气动特性的影响曲线。

一般来说，边条的面积为飞机机翼面积的 5%~15%。如果边条翼面积太小，则涡升力太弱，对增大升力没有作用；如果边条翼面积太大，则会产生过大的上仰力矩，控制困难。边条增加面积以增加弦长为主，展向相对主机翼展长 30%左右。为产生较强的脱体涡，前缘后掠角应大于 60°。边条形状因机翼布局而定，一般有三角形(F−22)、拱形(F/A−18)、S 形(F−16)等，如图 7.1.9 所示。

4. 机翼的安装

为使飞机有合适的横航向稳定性，机翼需要有上反角或下反角。一般平直翼用上反角，后掠翼用下反角。上、下反角的选择还取决于机翼在机身的上、下位置。一般高置机翼上反效应强，要用下反角，低置机翼则需用上反角。

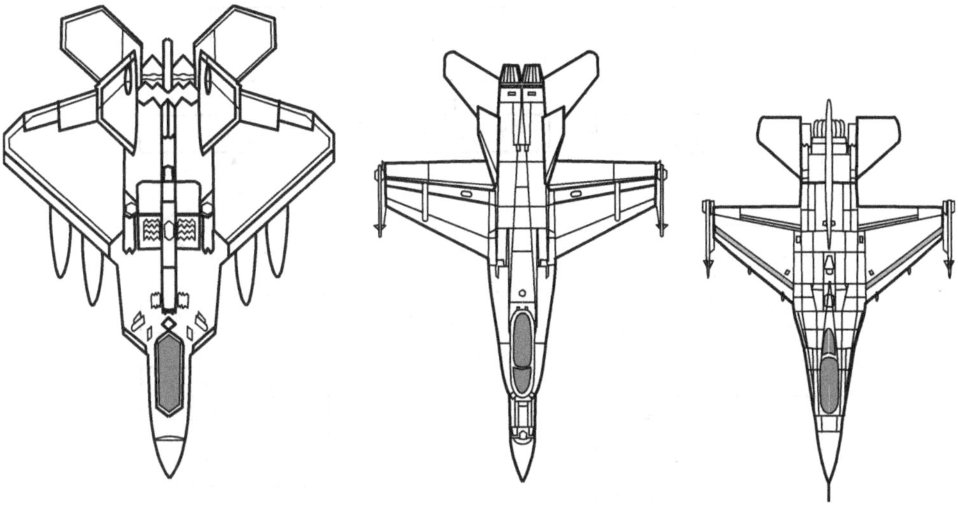

(a) F-22　(b) F/A-18　(c) F-16

图 7.1.9 不同边条翼形状的飞机俯视简图

机翼在机身上安装角的选择，主要是为了使巡航时飞机处于最有利升阻比状态。对大型运输机和轰炸机，要求巡航状态下机身轴线与气流方向一致，以减小机身的阻力，其安装角一般在 2°~6°之间。安装角不能选得过大，否则会引起很大的零升力矩。另外要注意安装角并不等于零升迎角，而是小于零升迎角。

§7.2 机 身 设 计

机身是飞机最复杂的部件之一，用来装载乘员、机载设备、动力装置以及燃油等，同时它把各个机翼、尾翼等连成一体。这种功能上的复杂性决定了在设计过程中，不论是选择机身参数、尺寸和形状，还是确定作用在它上面的外载荷都有一定的难度。机身不仅承受其载重的重量，而且还要承受从飞机各部件传到机身上的载荷。

机身对飞机的空气动力特性有很大影响。首先它是产生阻力的主要部件，在亚声速区，机身阻力接近全机阻力的 50%，而在超声速区一般都超过 50%，甚至达到全机阻力的 2/3 左右；其次机身对飞机的稳定件有很大影响，是产生方向不稳定的主要根源；另外，现代战斗机的细长机头对飞机的大迎角飞行特性有非常重要的影响。

虽然机身对气动力有重要的影响，但机身的设计受内部装载很大的制约。例如为减小亚声速阻力就要减小机身的浸润面积，为减小超声速速波阻，就要增大机身长细比和减小最大截面积，这些都受内部装载的限制。虽然如此，在机身的气动设计上还是需要仔细考虑。

总的来说，机身的气动设计要求主要有：第一，具有包含机载人员、货物的空间；第二，能够连接各部件；第三，气动阻力最小。之外，再兼顾隐身等方面考虑。一般来说机身主要参数的确定应该和飞机其他部件的参数计算同时进行，机身参数计算过程如图 7.2.1 所示。本节主要讨论机身设计的几个主要方面内容，包括几何外形设计、翼身融合体、面积律修型和翼身整流。

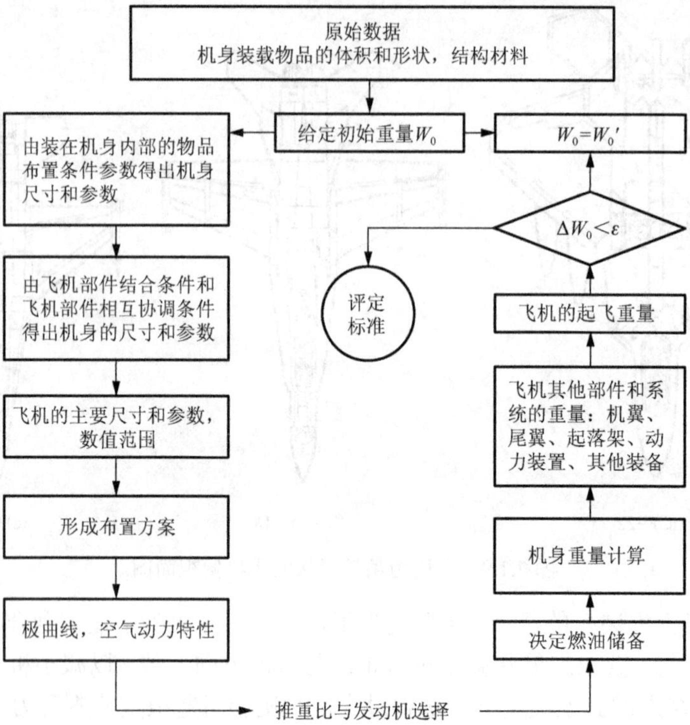

图 7.2.1　机身参数计算过程框图

7.2.1　机身主要几何外形设计

1. 机身主要几何参数及其设计

机身的主要几何参数有：机身长度l_{js}，机身直径d_{js}，机头长度l_{jt}，机尾长度l_{jw}，机身最大横截面积S_{js}，机身长细比$\lambda_{js}=\dfrac{l_{js}}{d_{js}}$，机头长细比$\lambda_{jt}=\dfrac{l_{jt}}{d_{js}}$；机尾长细比$\lambda_{jw}=\dfrac{l_{jw}}{d_{js}}$，如图 7.2.2 所示。

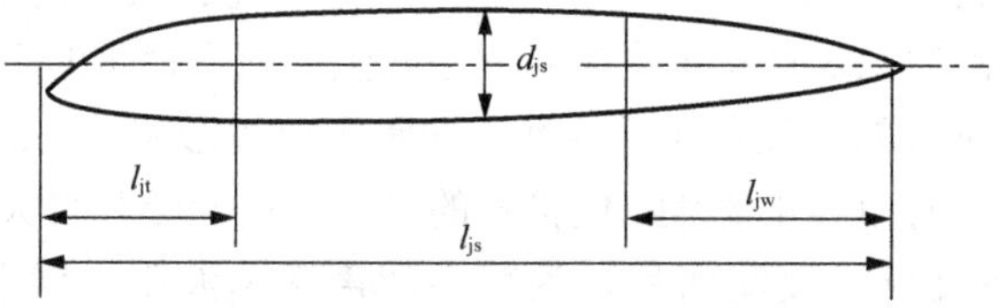

图 7.2.2　机身几何参数定义

机身尺寸的确定受到严格的“现实条件限制”，如一旦知道了飞机的类型、乘员人数、装载设备等信息，机身的长度和直径也就基本确定了。

在初步设计过程中，飞机起飞总质量m确定后，就可由表 7.2.1 得到机身长度的初值。在设计机身时，根据前面的结论，要使阻力尽量小，这就要求飞机机身的长细比尽可能地大，以减小超声速阻力；对于亚声速飞机，也应该注意机身长细比过大会增大机身浸润面积，即加大摩擦阻力。

表 7.2.1　机身长度与总重的关系（l_{js}/英尺）

$l_{js}=Am_0^c$	A	c	$l_{js}=Am_0^c$	A	c
滑翔机–无动力	0.86	0.48	双发涡轮螺旋桨飞机	0.37	0.51
滑翔机–带动力	0.71	0.48	飞船	1.05	0.40
自制飞机–金属/木材	3.68	0.23	喷气教练机	0.79	0.41
自制飞机–符合材料	3.50	0.23	喷气战斗机	0.93	0.39
通用航空飞机–单发	4.37	0.23	军用运输机/轰炸机	0.23	0.50
通用航空飞机–双发	0.86	0.42	喷气运输机	0.67	0.43
农用飞机	4.04	0.23			

表 7.2.2 给出了几类飞机机身长细比的参考值。

表 7.2.2　飞机机身长细比的值

长细比	亚声速飞机 $M\leqslant 0.7$	跨声速飞机 $M=0.8\sim 0.9$	超声速飞机
λ_{js}	6~9	8~13	10~20(23)
λ_{jt}	1.0~2.0	1.7~2.5	4~6
λ_{jw}	2~3	3~4	5~7

初步设计时也有在统计基础上导出机身参数间关系的近似公式为

$$l_{js}=\left(0.25\sim 0.3\right)\lambda_{js}l\big/\sqrt{\lambda} \tag{7.2.1}$$

其中，l 和 λ 分别为机翼的展长和展弦比，且

$$l_{js}=\sqrt[3]{1.3V\lambda_{js}^{\ 2}\big/k} \tag{7.2.2}$$

其中，形状系数 k 对于亚声速飞机取 $k=0.75\sim 0.80$，对于超声速飞机取 $k=0.70\sim 0.75$，机身容积 $V=0.2\pi d_{js}^3\lambda_{js}$。

2. 机身长细比和最大截面位置的影响

当机身最大截面一定时，影响机身超声速阻力最大的因素是机身的长细比和最大截面位置，因此首先讨论这两个因素的影响，这里给出一个例子，图 7.2.3 给出了某自由飞试验中机身为抛物线旋成体的总阻力系数结果。试验了三种长细比(6.05、8.91 和 12.50)的机身，对每种长细比机身，有四种不同的最大截面位置(0.2、0.4、0.6 和 0.8 倍机身长度)的结果。

可以看到，从减小波阻的角度，最大截面位置在 60%机身长度处最好，三种不同长细比的机身结果都是同一结论，最大截面位置在 40%机身长度处阻力稍大。机身长细比增大，最大截面置的影响减小，最大截面位置特别靠前时候对波阻不利，可见在 20%机身长度处时的超声速阻力特别大，尤其是机身长细比减小时更为突出。

此外，还可见增大机身长细比对减小超声速阻力有明显好处。在 $M=1.1$ 时，l_{js}/d_{js} 为 8.91 和 12.50 的机身波阻，比 $l_{js}/d_{js}=6.05$ 时的情况分别减小 37.5%和 67.5%；在 $M=1.5$ 时，

分别减小 40%和 72.5%。可见对于超声速飞机，应该尽可能地增大机身长细比，减小阻力。

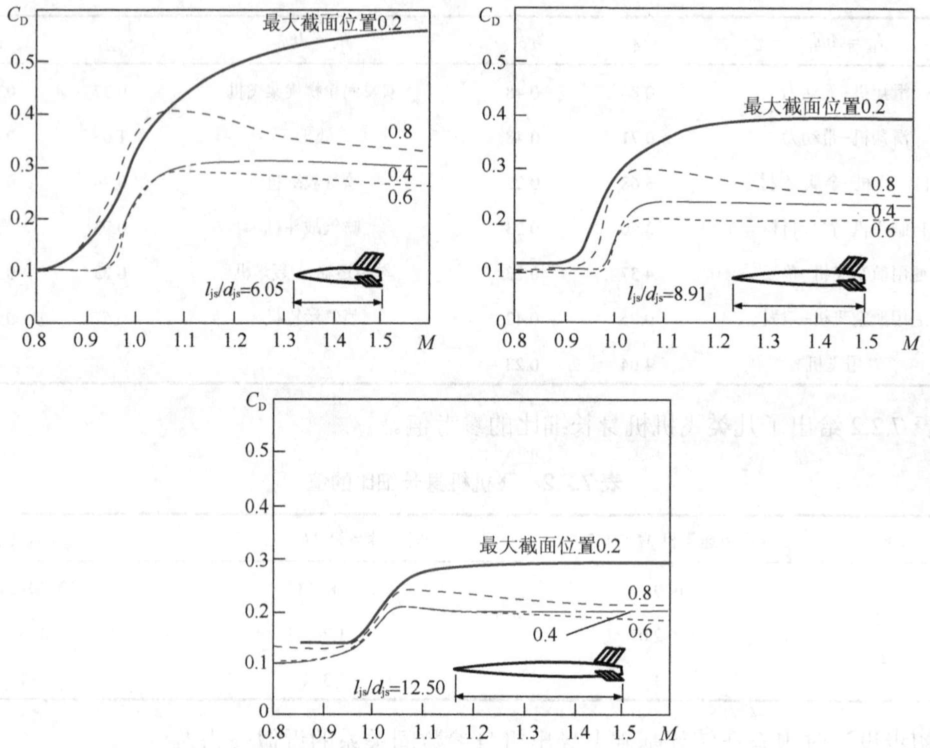

图 7.2.3　机身长细比和最大截面位置对总阻力系数的影响

7.2.2　前机身外形设计

前机身外形取决于空气动力、用途、布局、制造工艺等条件，在空气动力学方面主要考虑的是阻力最小。如果只考虑空气动力要求，头部应该是具有平滑收缩的轴对称旋转体，亚声速飞机头部的特点是其外廓线的曲率很大，这和头部的长细比较小和尖锐度较小有关，因为流线形形状是有利的。而超声速情况下前机身外会产生激波，机头外形对激波的形成和强度有重要的影响，激波对超声速阻力有重要的影响。下面首先主要分析不同机头外形对阻力的影响。

1. 锥形前机身外形影响

首先来看不同类型的锥形前机身对总阻力系数的影响，对于图 7.2.4 中给出的模型外形，其外形满足

$$\frac{r}{R}=\left(\frac{x}{l_{jt}}\right)^m \tag{7.2.3}$$

其中，R 为前机身底部半径，l_{jt} 为前机身长度，r 为机头截面半径，x 为该截面到机头顶点的距离。

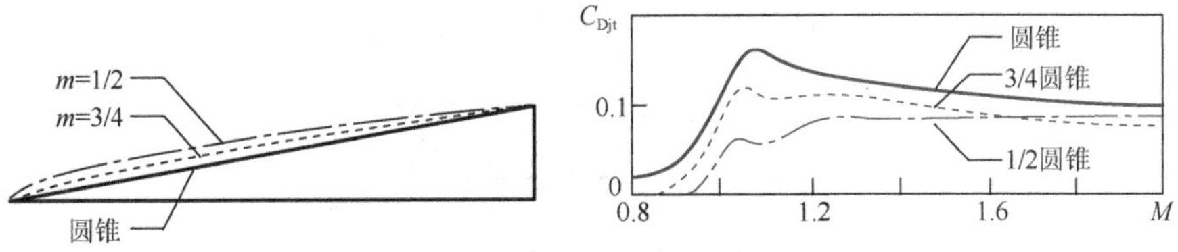

图 7.2.4　类锥形机头外形及其阻力的风洞试验结果

这里考虑的外形包括 $m=1$（圆锥形）、$m=1/2$ 和 $m=3/4$，风洞试验结果显示，直到 $M=2.0$ 一直是锥形机头阻力最大，$m=1/2$ 机头的阻力最低，但在 $M>1.6$ 以后，$m=3/4$ 的阻力逐渐变为最低，但与 $m=1/2$ 的机头相差不大。

另有一类重要的抛物线机头外形，其外形满足

$$\frac{r}{R}=\frac{2x}{l_{\mathrm{jt}}}-\left(\frac{x}{l_{\mathrm{jt}}}\right)^m \tag{7.2.4}$$

对于该类外形，$m=2$ 时为抛物线形，这里我们也另考虑 $m=1/2$ 和 $m=3/4$ 两种情况进行阻力风洞试验结果对比。

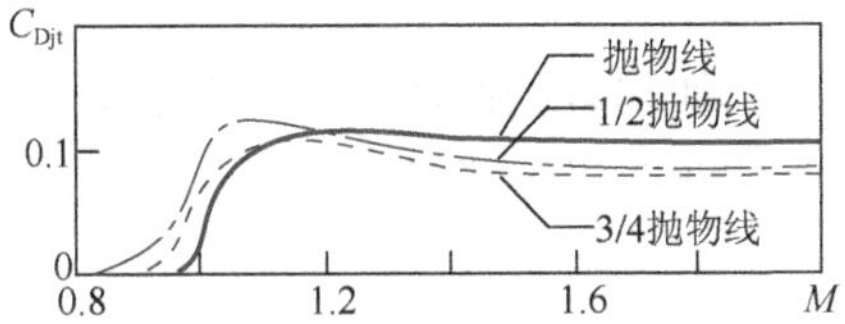

图 7.2.5　类抛物线机头阻力风洞试验结果比较

图 7.2.5 显示，在 $M=0.9\sim1.1$ 的范围内，抛物线机头的阻力明显较低，1/2 的类抛物线机头阻力最大。当 $M>1.2$ 以后，抛物线机头的阻力变为最大，$m=1/2$ 和 3/4 的阻力基本相|司，$m=3/4$ 类抛物线机头阻力略低。

从上面两组类锥形和类抛物线的机头比较来看，尖锐的机头对跨声速阻力并不有利。外形适当丰满的机头可以取得跨声速和超声速阻力较好的均衡。

除此之外，还有几种著名的头部外形。冯·卡门（von Kaman）根据线性理论设计了低超声速阻力最小的外形，其头部外形与 $m=3/4$ 类锥形相同，但后面的外形很快变得更为丰满。其外形满足

$$\frac{r}{R}=\frac{1}{\sqrt{\pi}}\sqrt{\varphi-\frac{1}{2}\sin 2\varphi}\,,\quad \varphi=\arccos\left(1-\frac{2x}{l_{jt}}\right) \tag{7.2.5}$$

哈克（Haack）在冯·卡门机头的基础上又设计出一种外形更为丰满的理论最小阻力的头部，其外形满足

$$\frac{r}{R}=\left[\frac{x}{l_{jt}}\left(2-\frac{x}{l_{jt}}\right)\right]^{\frac{3}{4}} \tag{7.2.6}$$

这两种机头阻力风洞试验结果对比对图 7.2.6 所示。可见当 $M<1.05$ 时，两种机头的阻力基本无差别。在 $M>1.05$ 以后，冯·卡门机头的阻力低于哈克机头。

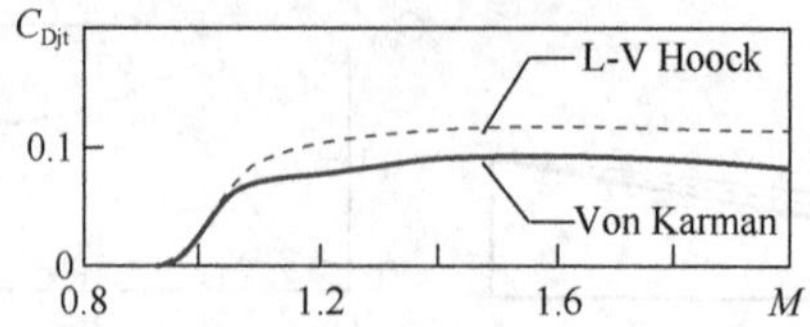

图 7.2.6　理论阻力最小阻力机头风洞试验结果比较

综合来看，1/4 类锥体和椭圆旋成体属于钝机头，特点是阻力随 M 增大而增大。冯・卡门机头是低超声速理论最小阻力机头，3/4 类抛物线机头外形接近高超声速最小阻力的理论外形，这两种机头的超声速阻力都比较小，但 3/4 类抛物线机头在 $M<1.4$ 时波阻偏高。冯・卡门机头的综合特性较好，阻力特性较低，跨声速阻力最低，而超声速阻力也接近 3/4 类抛物线机头。

由以上讨论可知，前机身的超升速阻力与机头的外形有密切关系，在设计时，机身头部外形决定于使用要求，并在气动上力求阻力更小。机头外形应尽量采用弧形专门线型，少用直线，以减少超声速波阻。对民机则一般用抛物线或对称翼型头旋转而成。另外，某些机头外形的后端还有一定斜率，与其后的机身不能光滑过渡，将引起干扰阻力，也需要引起注意。

此外，设计中还会受一些其他因素的制约，如内部装载(如雷达及其天线)的影响，往往与阻力小的要求相矛盾。因此在前机身设计时，不仅要从外形上减小阻力，同时也要与内部装载的要求综合平衡。

2. 机头钝度影响

然后我们再分析机头钝度的影响。对于超声速飞机，一般认为尖锐机头的波阻最低。但有些试验显示，机头适当采用小圆弧反而可以减小超声速阻力。图 7.2.7 给出了某自由飞模型的机头圆弧半径大小对阻力的影响比较，该模型为旋成体，长细比 $\lambda_{js}=\dfrac{l_{js}}{d_{js}}=8.91$，最大截面位置在 $0.4l_{js}$ 处。

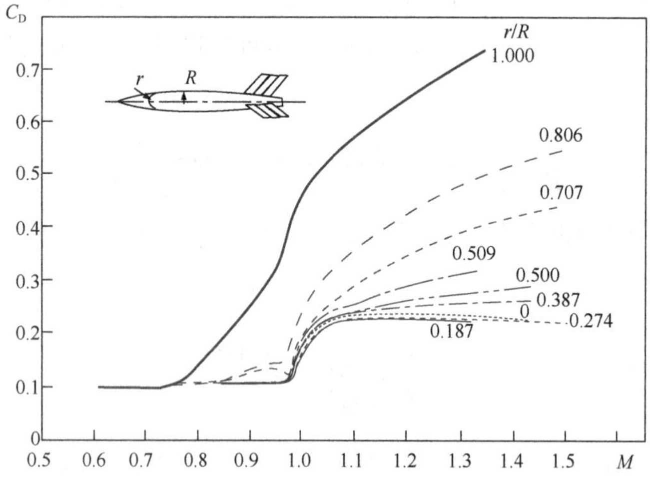

图 7.2.7　机头圆弧半径大小对阻力的影响(自由飞试验结果)

由图可见，对于 $r/R = 0.187$ 和 0.274 的机头，在 $M = 1.05 \sim 1.4$ 范围内阻力低于尖机头（$r = 0$），且 $r/R = 0.187$ 的机头阻力在跨声速（$M = 0.98 \sim 1.05$）范围也低于尖机头。但是在超声速以后，尖机头的阻力随 M 数增加而下降得较为迅速，因此在 $M > 1.40$ 以后其阻力最小。在 $r > 0.274$ 后，随着 r 增大(机头钝度加大)，机头的阻力增加。另外钝机头的阻力随 M 数增大而增大，机头越钝这种趋势越明显。与 $r = 0$ 的尖机头相比，在 $M = 1.1$ 时，$r/R = 0.187$、0.50、0.592、0.707 的机头波阻分别增大 0、5.4%、14.6%、38.9%；在 $M = 1.4$ 时，波阻分别增大 33.3%、50%、91.6%和 166%。可见如果 M 不超过 1.1，r/R 不超过 0.5，则对阻力的影响不大。

在某些情况，机身整流罩(如红外传感器或照相设备)需要设计成钝头，这里我们，基于 $l_{jt}/d_{js} = 2$ 的抛物线尖机头，给出不同形状的钝头对机头阻力的影响，C_D 为总阻力系数，具体见图 7.2.8。在 $M = 0.75 \sim 0.95$ 之间，钝头物体形成较强的头部脱体激波，阻力比尖机头有明显增长，其中以平面钝头最为突出。在 $M = 0.95 \sim 1.05$ 之间，除平面钝头之外，其他钝机头与尖机头的阻力相差不多。而 $M > 1.05$ 以后，钝机头的阻力随 M 数迅速增大，而尖机头的阻力缓慢增大，差别明显增大。但不同钝头物体的相互阻力差别减小，总阻力的差别在 10%以内。

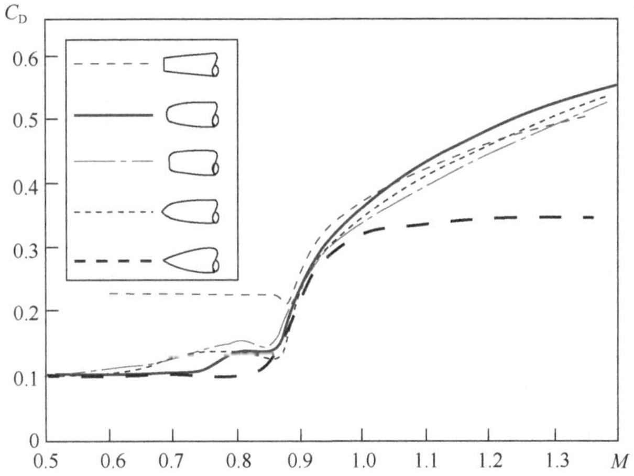

图 7.2.8　机头圆弧半径大小对阻力的影响(自由飞试验)

3. 前机身截面形状影响

这里以四种截面形状不同的机头为例，分析截面形状对单独前机身气动特性的影响，通过已有风洞试验结果分析其对超声速气动特性的影响。四种机头的外形见图 7.2.9，共有三种长细比：3.0、5.0 和 7.0(长细比定义为 $\frac{l_{jt}}{2}\sqrt{ab}$)，$a$ 和 b 分别是椭圆截面的水平轴和竖向轴。机头截面考虑四种形状：圆截面的基本机头，$a/b = 1.5$ 的横椭圆，$a/b = 2.0$ 的横椭圆，$a/b = 2.0$ 的立椭圆。截面形状对单独机头超声速气动特性的影响见图 7.2.10，其中气动系数的参考面积为机头底部面积，参考长度为机头底部直径。下面分别分析各主要气动参数的变化。

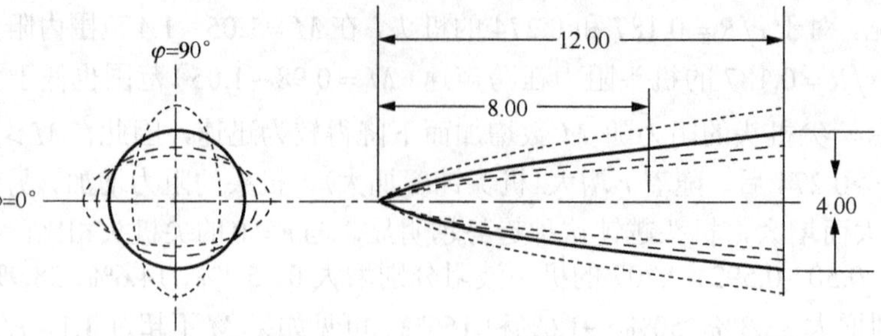

图 7.2.9　不同截面形状的机头模型

升力线斜率$C_{L\alpha}$：从立椭圆→圆→横椭圆，机头的$C_{L\alpha}$逐渐加大，主要是俯视投影面积增大的影响。长细比增加，$C_{L\alpha}$也增大。M数由 1.50 增大到 2.36，这种影响变化不大。

最小阻力系数$C_{D\min}$：增加椭圆度，无论是横椭圆还是立椭圆，使$C_{D\min}$稍有增长。对$C_{D\min}$影响比较大的还是机头长细比，增大长细比对$C_{D\min}$有利。

最大升阻比$(L/D)_{\max}$：由$C_{L\alpha}$和$C_{D\min}$的综合影响可见，从立椭圆→圆→横椭圆，$(L/D)_{\max}$是增大的，长细比增加对$(L/D)_{\max}$也同样有利。

$C_{m\alpha}$：从立椭圆→圆→横椭圆，机头的$C_{m\alpha}$是增大的，这表明气动中心后移，主要是沿后部俯视投影面积增大的影响。

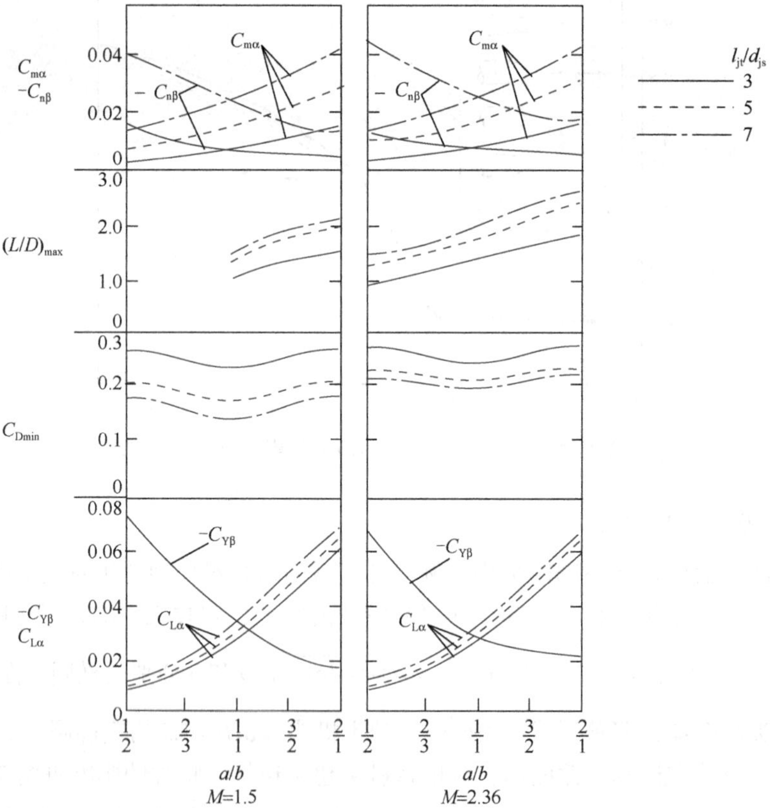

图 7.2.10　截面形状对单独机头超声速气动特性的影响

横向稳定性$C_{Y\beta}$和方向稳定性$C_{n\beta}$：从立椭圆→圆→横椭圆，单独机头的方向不稳定性逐渐减小，主要是侧视投影面积减小的影响。机尖长细比增大，对方向稳定性产生不利影响，主要是由于侧力的力臂增大导致。

上面主要讨论的是截面形状对前机身气动特性的影响，而对于全机，由于涉及机尾、机翼、尾翼等多个部件，机头形状的影响内容较繁杂。一般认为，它对飞机大迎角的稳定性和飞行品质有很大影响。机头截面对升力影响大，而俯仰力矩影响较小；对全机大迎角方向稳定性有较大的差异，对横向稳定性的影响弱于方向稳定性，而对横侧稳定性有相当大的影响。

4. 驾驶舱外形设计

飞机前机身还必须考虑驾驶舱的布置，从驾驶舱的视野条件来考虑。现代飞机机身的侧视图有其特殊的轮廓，其特点是机头的下部前伸，这个特点是各种大小的民用或军用飞机所共有的。即从飞行员眼睛向前、向下通过风挡下边界引一条直线，在这条直线下可以安排加长的机身头部，而不妨碍视野(如图 7.2.11)。它不论是在气动方面还是在布局方面都有好处(在加长的头部内可以安置其他设备)。

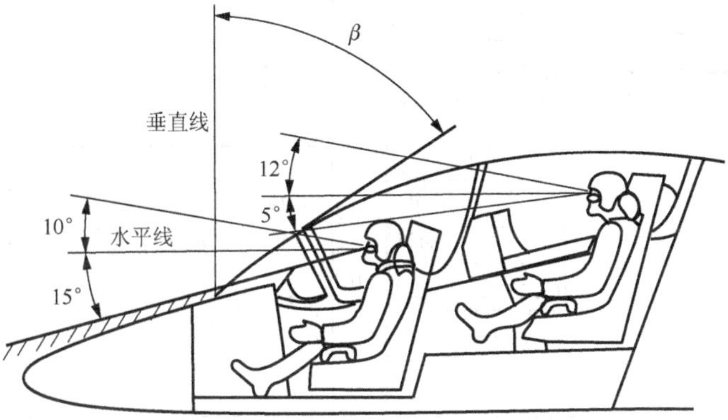

图 7.2.11　机身头部及座舱盖的关系图

驾驶舱前视野必须保证飞机在各种状态具有足够的视界。一般以驾驶员眼位为参考点，军用规范对运输机和轰炸机前视界标准的要求是 17°，对战斗机和攻击机的要求是 11°~15°，在军用教练机上，教员坐在学员之后，要求后座越过前座椅顶上有 5° 视界，如图 7.2.11 所示。而对于民用运输机常需要更大的前视角。

战斗机座舱外形的设计影响飞机跨声速阻力和临界马赫数。从气动力看，设计应尽量减小座舱处的最大横截面积，但作战视线要求应该使驾驶员的肩高出舱口，使得舱盖横截面积不容易减下来，舱盖阻力将占全机超声速零升阻力系数的约 10%。为了减小气动阻力，应该使座舱风挡玻璃尽量地倾斜，但是这个倾斜度受视线的限制。如图 7.2.11，当 β 值大于 70° 时，产生全反射效应(在该角度下，光线不穿过玻璃，也就是说飞行员在风挡玻璃上看到的只是座舱内的反射光线)。因此，对于亚声速飞机，建议 β 值为 50° ~ 55°，而对于超声速飞机，它可以提高到 60° ~ 65°。

凸起的飞行员座舱盖的框架可以选择相当大的长宽比，即 $k_{lw} \geqslant 4 \sim 6$，以减小空气阻力($k_{lw}$ 为座舱盖的长度和宽度或高度之比)。同时圆弧组成座舱盖的横截面有利于结构较好地承受密封座舱内的压差。

7.2.3 后机身外形设计

决定后机身阻力的参数主要是后机身的长细比l_{jw}/d_{js}和收缩比r_{jw}/R。当发动机安装在机身内部时，机身需要设计成一定大小的底部，否则后机身可以收缩为尖锐的后体。不同长细比和收缩比的后机身的总阻力系数比较见图 7.2.12，总阻力包括摩阻、压差阻力、底阻和稳定面的阻力，为自由飞试验结果。所有不同后体的前机身相同，$l_{jt}/d_{js}=7.13$，前后机身均为抛物线旋成体。有三种长细比的后机身，$l_{jw}/d_{js}=1.78$、3.50 和 5.00。每种长细比后机身考虑四种收缩比，$r_{jw}/R=0$、0.438、0.700 和 1.000。

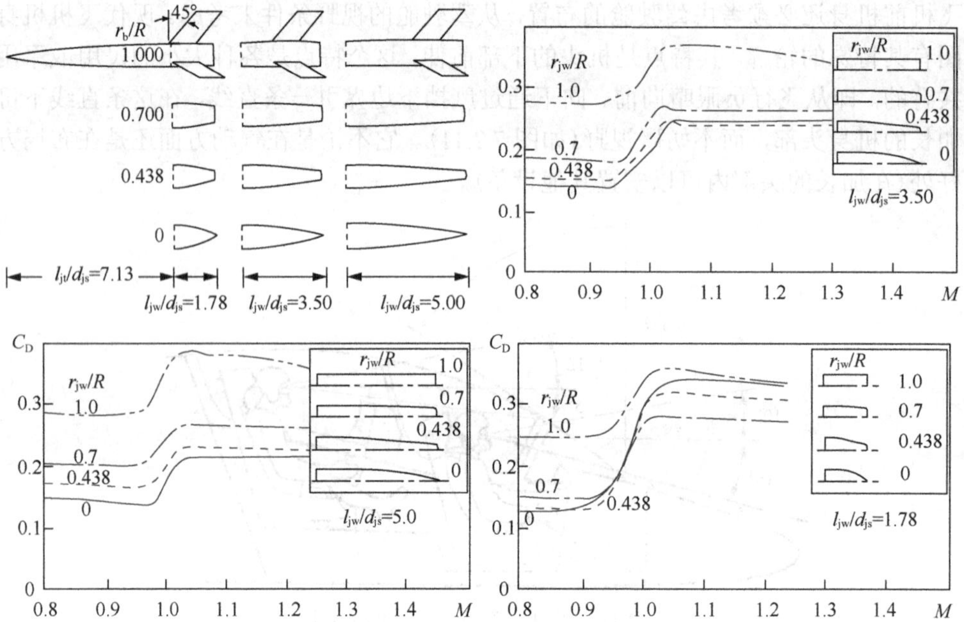

图 7.2.12 不同长细比和收缩比的后机身阻力比较

（前机身和稳定面相同，$l_{jt}/d_{js}=7.13$，自由飞试验）

由底阻的影响，无论何种后机身长细比，圆柱形后机身（$r_{jw}/R=1.0$）的总阻力均比有收缩后机身（$r_{jw}/R<1.0$）的阻力大。

后机身适当收缩可以减小总阻力，但不同长细比的影响不同。在$l_{jw}/d_{js}=1.78$时，$r_{jw}/R=0$和 1.0 在$M>1.0$时总阻力相差不大，但波阻有很大差别。$r_{jw}/R=1.0$的波阻最小。在$l_{jw}/d_{js}=3.50$时，不同r_{jw}/R的阻力差别比$l_{jw}/d_{js}=1.78$时小。

根据大量不同外形后机身的试验结果，可以归纳出最小阻力的后机身收缩角。在$M=1.2$时，总阻力最小(包括摩阻、压差阻力和底阻)的后机身后缩角 E 见图 7.2.13。E 为锥形后机身的收缩角，对于抛物线外形的后机身，底部的收缩角(斜角)为 $2E$。图示的最小阻力收缩角对锥形和抛物线形后机身均适用，最小阻力的$E=4.5°$（对于抛物线后机身，最小阻力的底部收缩角为9.0°）。当 E 在 3.5°~6.5°范围内变化(抛物线后机身底部收缩角在 7.0°~13.0°范围内变化)，后机身的总阻力偏离最小阻力在 10%以内。

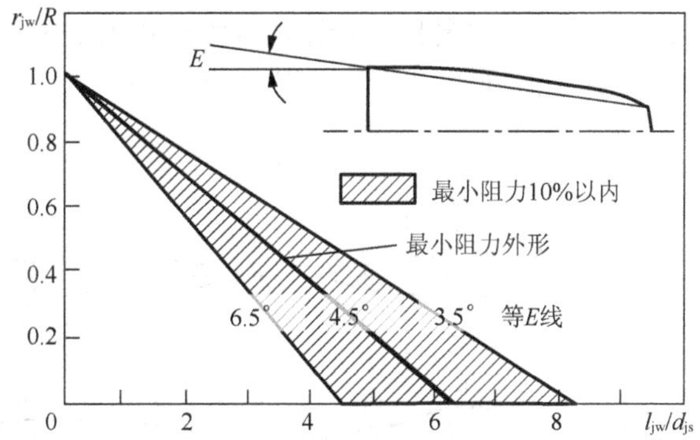

图 7.2.13 总阻力最小的后机身收缩角（$M=1.2$）

运输机机尾设计时，为了装卸货物方便，机身尾部应稍向上翘起(如图 7.2.14 所示)，以使起飞和着陆(迎角最大)时能保证在主起落架支柱高度最小的条件下所要求的擦地角，使得在开口长度最小的情况下保证货物所要求的开口尺寸。但缺点是增大了机身阻力约 10%~15%。大多数近代飞机为了减小气动阻力，加长了机身尾部并使其弯曲。结果下表面以最小角度向上倾斜，减小了阻力，加长了尾翼的力臂，但所需开口的长度增大了。特别大的运输机，尾部舱口设计形式则不相同。

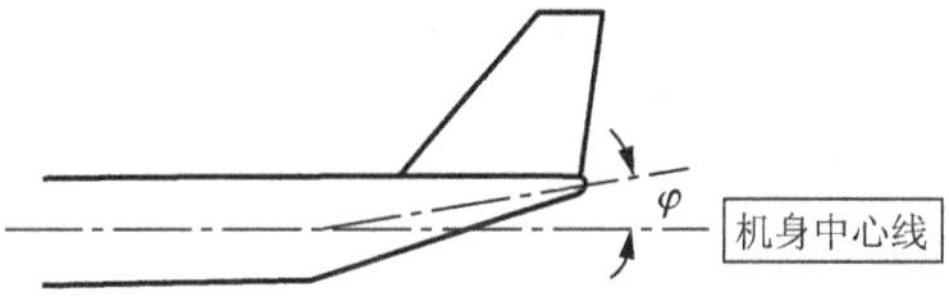

C-130	φ=23°
C-141	φ=16°
C-5A	φ=18.8°
伊尔-76	φ=17°

图 7.2.14 机身尾部上翘

7.2.4 面积律修型

面积律修型是用于超声速飞机翼身组合体设计中减小飞行阻力的一种方法。这源于上世纪五十年代，美国的惠特科姆(Whitecomb)在 NASA 根据风洞试验发现，即使是一个复杂外形的飞行器飞行时，产生激波的结构和强度与正切面积也和它相同的当量旋成体相同，据此于 1952 年提出了跨声速面积律的概念：在马赫数 $M-1$ 附近飞行器的波阻与当量旋成体的波阻基本相同，因此将飞行器修形使飞行器的横截面积分布接近阻力最小的流线型旋成体，即可减小跨声速的波阻。跨声速面积率的提出无疑为激波阻力的分析与设计提供了非常形象的方法。而且在其提出之后的大量研究证明，对于展弦比和相对厚度比较小的机翼，采用跨声速面积律修形，即使在超声速情况下，也能达到减阻效果。

面积律修型需要将飞机所有部件的横截面叠在一起的分布(从机头到机尾)应该相当一个最小阻力的当量旋成体(“Sear-Haack”体)横截面积的分布，或分布曲线比较光滑而无不规则变化。其中机翼的影响是最大的，因此机翼所在位置的机身需要“收缩”，呈“蜂腰”形。图 7.2.15 给出了翼面加旋成体光滑机身组合体采用面积修型后横截面积分布和阻力系数的变化，可见组合体在跨声速区阻力明显减小，而且这种减阻效果在 C_L 较小时仍能基本保持。

许多试验研究表明，对于不同的翼身组合体，按照跨声速面积律修型在 $M=1$ 附近肯定可以得到明显的减阻效果，但同时也注意，某些情况下在超声速区域阻力会有明显的增加。

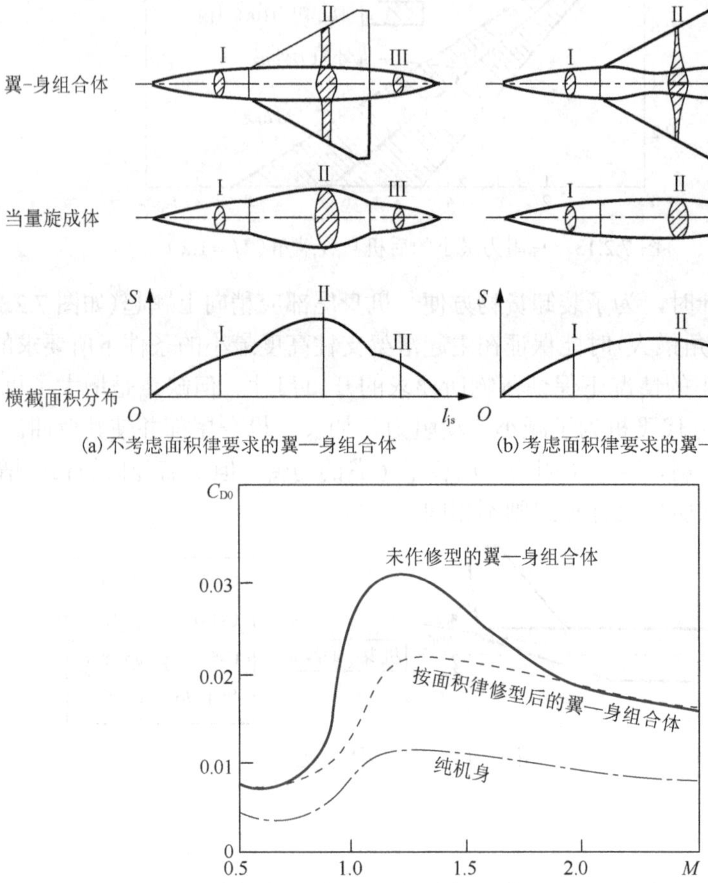

(a) 不考虑面积律要求的翼—身组合体　(b) 考虑面积律要求的翼—身组合体

(c) 机身“缩腰”对翼-身组合体阻力系数大小的形响

图 7.2.15　面积律修型效果

按面积律修型在现代飞机设计中应用广泛，飞机的驾驶舱、发动机舱、尾翼、挂架、整流包皮所占的横截面积也需要考虑。图 7.2.16 为美国 B-58“盗贼”轰炸机及其横截面积分布图，可见其各个部件在设计上充分反映了面积律。

(a) B-58 侧视图和俯视图

图 7.2.16　B-58“盗贼”轰炸机在设计中应用了面积律

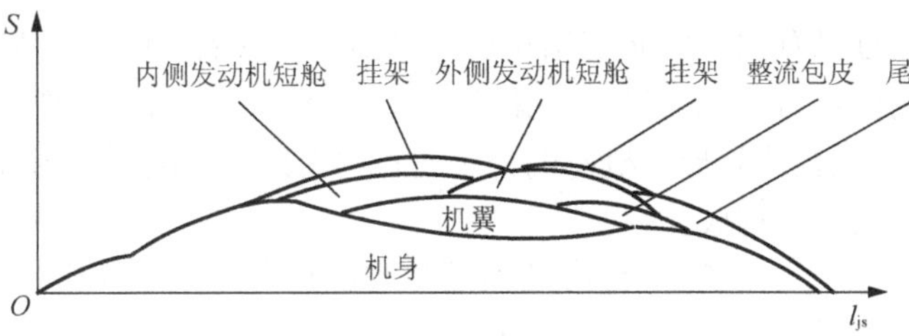

(b) B−58 横截面积分布图

图 7.2.16　B−58“盗贼”轰炸机在设计中应用了面积律(续)

7.2.5　翼身融合体的气动设计

1. 翼身融合概念与主要特点

采用外形与机翼融合的机身已是现代战斗机常用的一种方式，即机翼与机身之间通过光滑曲线连成一体的设计，融合采用抛物线或者圆弧连接，如图 7.2.17 所示。与传统飞机相比，采用翼身融合设计的飞机在气动力上有提高大迎角升力的优点，在机翼机身结合处能提供更大的结构高度，减轻重量，同时还可以增大机身内部的容积。此外，翼身融合消除了机身机翼结合处的尖角反射区，提高雷达隐身性，具有较大优势。现代战斗机 F−16、苏−27 等都采用了融合体设计，如图 7.2.18 所示。

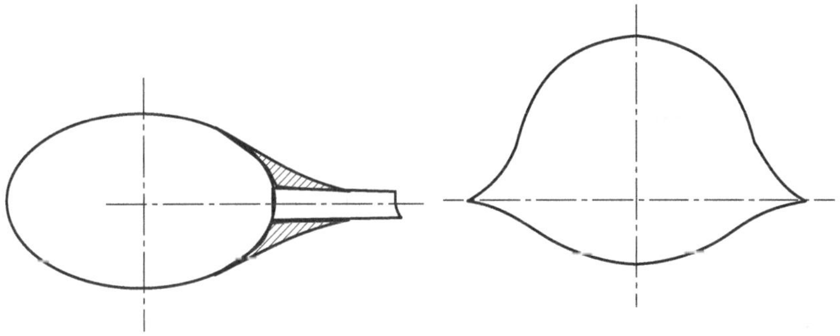

图 7.2.17　翼身融合体概念

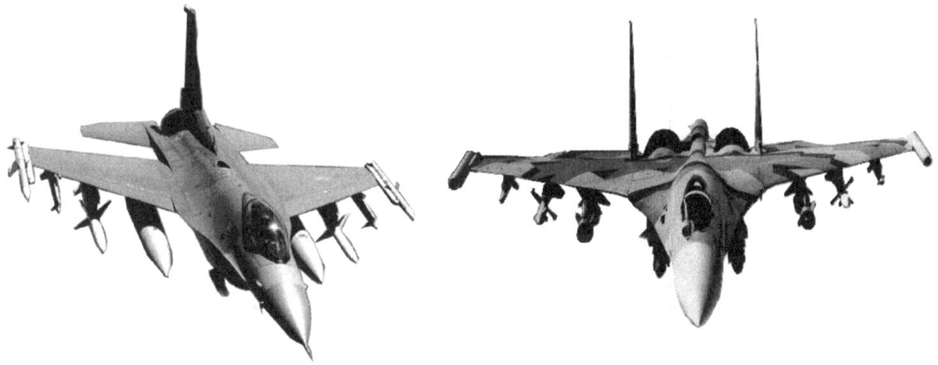

图 7.2.18　采用了融合体设计的 F−16 战机(左)和苏−27 战机(右)

我们首先通过已有的一些研究结果进行分析，讨论融合体前机身的气动特性，这里对三种不同截面的前机身的风洞试验结果进行对比分析。分别是圆截面、横椭圆(短长轴比为7:10)、一种为融合体外形。机身的外形见图 7.2.19。圆截面外形前机身长细比 3.5，融合体的边鳍外形由圆弧构成。

三种机身的法向力系数C_N对比见图 7.2.20，参考面积为前机身俯视投影面积，取相同的参考面积。可见对于C_N，圆截面前机身最小，融合体机身最大，横椭圆截面前机身在二者之间。在迎角为 50° 时，融合体和横椭圆前机身的分别比圆截面机身提高 20%和67%。融合体前机身提高大迎角的升力主要原因是其旋涡的作用，其机身两侧上表面有很高的吸力，表明机身边鳍增强了旋涡的强度，且分布是对称的。可以看到，前机身融合体的主要效果是使翼身光滑连接，机身升力变大，特别是大迎角时的升力。

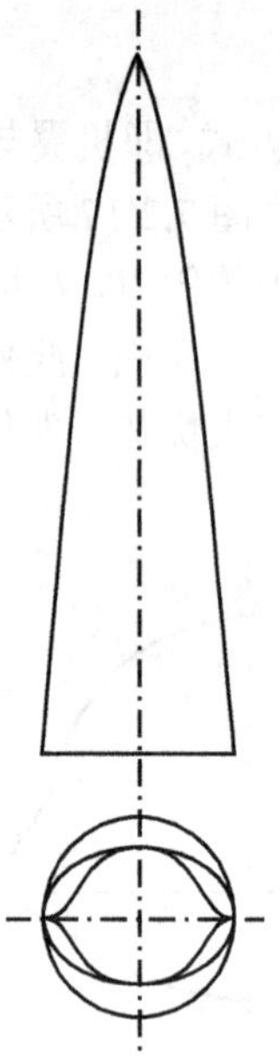

图 7.2.19　三种不同截面的前机身

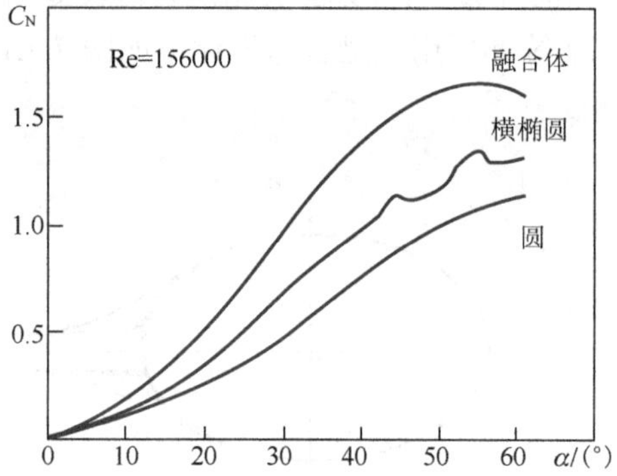

图 7.2.20　三种前机身的法向力对比(低速)

再分析复杂一些的情况，这里考虑 70°、45° 三角翼与扁圆机身采用大半径融合以及不融合方案进行高速风洞试验对比。图 7.2.21 给出了翼身融合体与不融合的升力系数随

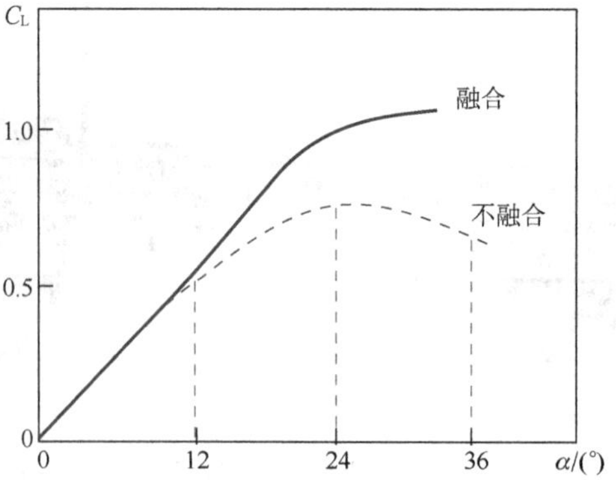

图 7.2.21　翼身融合与不融合布局的升力随迎角的变化曲线

迎角α的变化曲线。从图中可以看出，在$\alpha > 12°$以后，融合体的升力开始增加；在$\alpha > 24°$以后，不融合布局的升力已达到最大值，并开始下降，而融合体布局的升力还在增加。这仍然表明融合体非常有利于改善大迎角升力特性。而翼身融合体改善气动特性的机理，主要是改善了机翼和机身结合处的分离流，使得机身形状也接近于升力体。

表 7.2.3 给出了不融合、较大程度融合以及融合加面积律修型三种机身布局的阻力系数随马赫数变化的风洞试验结果。可以看到，由于翼身融合减小了亚声速时翼身间的干扰阻力，使得$M < 0.9$的时候，融合布局的零升阻力略小于不融合布局；在$M > 1.0$的时候，融合布局的零升阻力增加(相比于不融合布局)0.0015~0.001 左右，主要是因为融合布局从机翼前部到尾部都融合了，使得飞机纵向面积分布有所增加，因而波阻增加了。需要注意，按照面积律修型以后，则得到了与不融合相近的波阻。因此，在进行翼身融合体设计时，考虑面积律分布的修型是必要的。

表 7.2.3　不同设计型式机身的阻力系数

M		0.6	0.8	0.9	1.0	1.2	1.8
C_{D0}	不融合	0.0124	0.0124	0.0130	0.0234	0.0256	0.0228
C_{D0}	融合	0.0120	0.0121	0.0130	0.0245	0.0271	0.0243
C_{D0}	融合加面积律	0.0121	0.0122	0.0130	0.0230	0.0258	0.0230

就飞行器全机特性而言，一般认为，在升力特性上，采用翼身融合体机头的全机升力比旋成体前机身有相当大的提高，且对旋涡的控制能力增强，能实现更大迎角时流动的对称性并保持稳定。

2. 翼身融合体的气动设计原则

设计翼身融合体主要从增大容积、提高升阻特性以及改善隐身性能几个方面来考虑，其设计原则有以下几点。

首先，飞机机身尽量设计成椭圆形或扁平形的长机身，其横截面如图 7.2.22 所示，从图 7.2.20 中已看到这样的设计有利于提高飞机大迎角的升力。

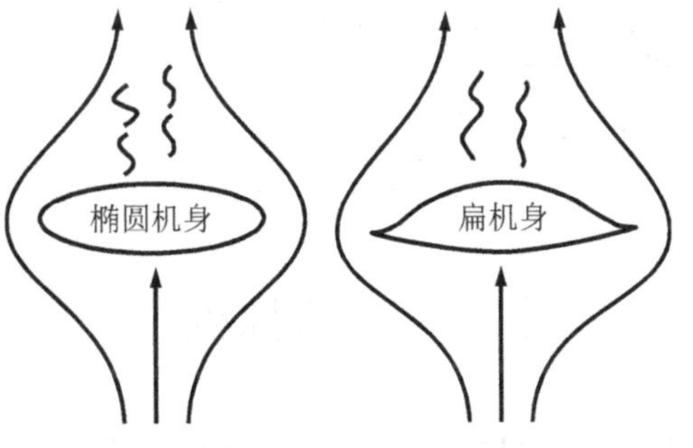

图 7.2.22　椭圆形和扁平形的机身横截面

其次，从隐身角度说，机身剖面应该设计成凹凸曲面形，便于飞机机身与机翼间的融合过渡。飞机机身的剖面形式可分为三类，与飞机机翼布局相对应，分别是下单翼、中单翼和上单翼，如图 7.2.23 所示。

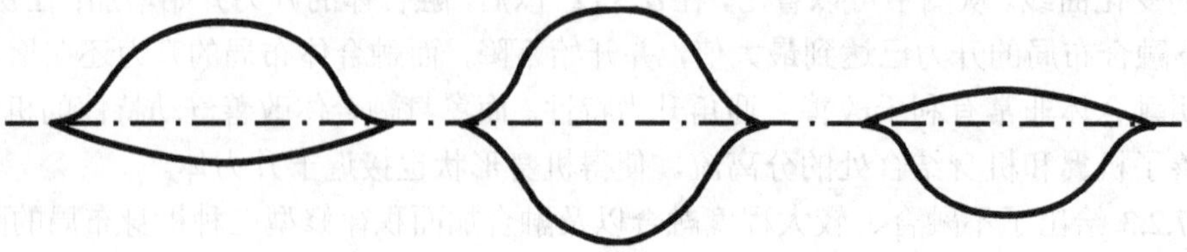

图 7.2.23 不同形式的翼身融合剖面

此外，还需要按照面积律控制纵向截面积分布，以减小全机波阻。

7.2.6 翼身整流

机身与机翼的连接处需要通过详细的外形设计来达到降低阻力的效果。多采用计算流体力学方法进行三维的外形流场分析，当然这不在初步设计阶段。在初步设计阶段需要确保不违反一些基本的原则。例如，机翼在对称面的投影应该不超出机身，以避免整流设计带来浸润面积的过度增加；对于客机常常采用的下单翼设计方案，机翼的安装角应该保证后缘不超出机身；在保证起落架收放空间的条件下尽可能小的整流修形等。

为提高气动效率，当受其他因素影响不能采用翼身融合体时，需在机翼和机身连接处采用机翼"整流包皮"光滑连接，一般用圆弧相切。需要设计使得流过翼身间的流管收敛，可以防止气流分离。

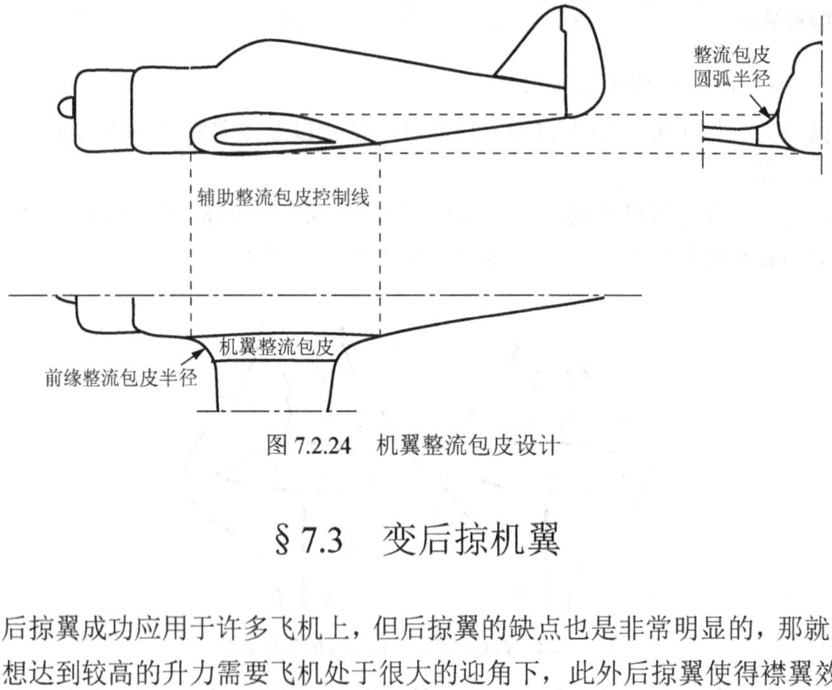

图 7.2.24 机翼整流包皮设计

§7.3 变后掠机翼

虽然后掠翼成功应用于许多飞机上，但后掠翼的缺点也是非常明显的，那就是诱导阻力大，要想达到较高的升力需要飞机处于很大的迎角下，此外后掠翼使得襟翼效率降低。这些缺点使得后掠翼飞机虽然在高速飞行时优点很多，但缺失去了原先直机翼良好的低速特性，因此，飞机设计者很容易想到是否能够在不同飞行阶段使机翼具有不同的后掠角，这就是变后掠机翼概念的由来。现在所说的变后掠机翼是指整个机翼或其外翼可以前后转动，使机翼后掠角可以变化的机翼。

7.3.1　变后掠机翼发展概况

最早的变后掠翼飞机是德国在二战后期设计的 F−1114，其机翼的后掠是在地面进行调整的。二战后，美国成为变后掠翼研究的先驱者，1949 年美国贝尔飞机公司按 NACA 的计划设计了 X−5 变后掠演示验证机，于 1951 年首飞。同期美国格鲁门公司为其海军研制了 XF10F−1 变后掠飞机，1952 年首飞。

X−5 和 XF10F−1 是世界上比较早的两种变后掠飞机，如图 7.3.1 所示。这两架飞机在变后掠的同时还前后移动机翼，以抵偿后掠角改变使气动中心移动产生的过大的纵向稳定度变化。这使得机构复杂，重量增加。X−5 和 XF10F−1 的试飞结果表明变后掠翼飞机在结构上和使用上都是切实可行的，能较大地改善飞机的高、低速性能。同时也提出了变后掠翼飞机在气动、结构方面的一些问题。20 世纪 50 年代末，NACA 兰利研究中心对变后掠翼进行了大量的气动力试验研究，这些工作为研制实用的变后掠翼飞机奠定了基础。

20 世纪五六十年代开始，出现了很多著名的变后掠翼飞机，由变后掠翼飞机突出的短距起落性能，低空大速度运行时有很好的突风响应特性，较好地兼顾了低速和高速的性能要求，到了七十年代发展达到了高潮，出现了大量投入使用的变后掠翼军用机，并投入现役实用。包括美国的 F−111、F−14，欧洲的“狂风”，前苏联的苏−17、苏−20、米格−23、米格−27、米格−19 等。同时，在战斗、攻击飞机上达到成熟的变后掠翼技术也被引用到重型轰炸机，典型飞机为美国的 B−1B 轰炸机和前苏联的图 26，这两种飞机都是在 1974 年左右首飞的。上述飞机的简单俯视图见图 7.3.2。

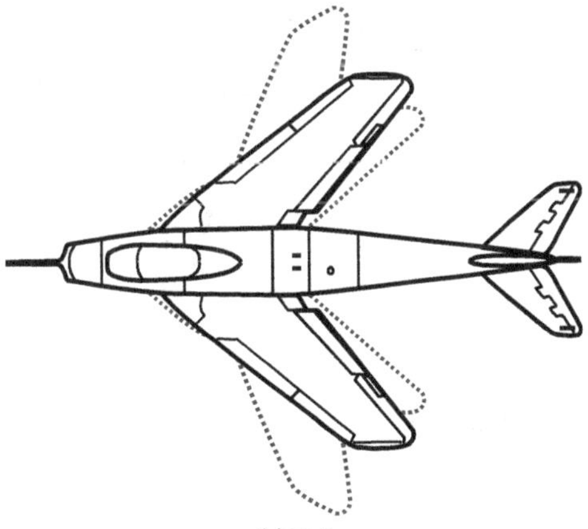

(a) X−5

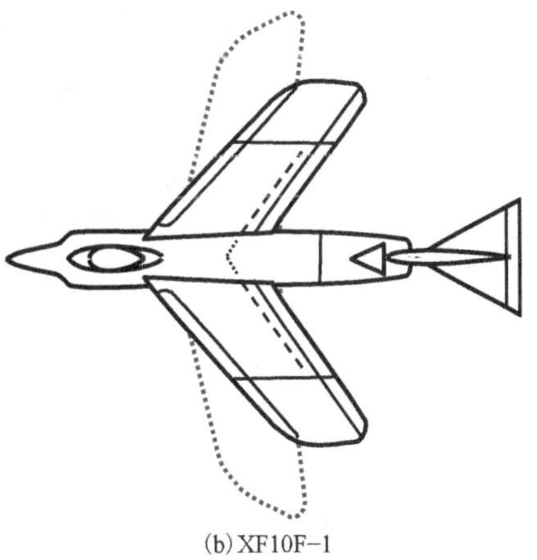

(b) XF10F−1

图 7.3.1　早期典型变后掠翼飞机俯视图

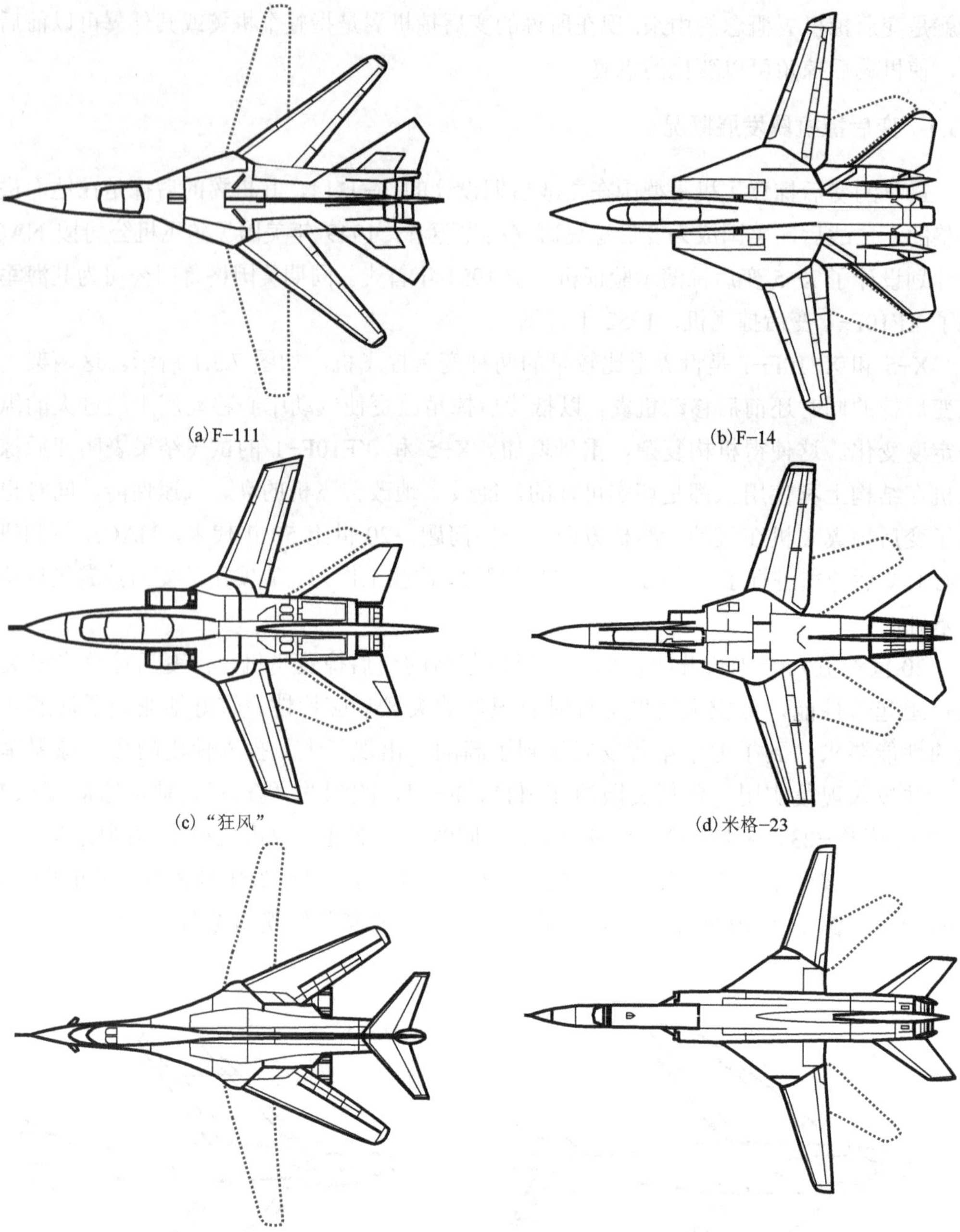

(a) F-111　(b) F-14　(c) "狂风"　(d) 米格-23　(e) B-1B　(f) 图-26

图 7.3.2　著名变后掠翼飞机俯视图

7.3.2　变后掠机翼的气动特性

机翼变后掠由机翼绕某个定点旋转实现，左右机翼按对称形式运动。变后掠时，其相对厚度与展弦比随之发生变化。小后掠角时，机翼展弦比较大，由于此时顺航向弦长较短，而机翼厚度在变后掠中是保持不变，因而相对厚度较大。当后掠角增大时，展弦比减小，顺航向弦长加大，使得相对厚度减小。在前面章节的学习中，我们已经知道，机翼后掠角、相对厚度和展弦比与飞机升阻特性直接相关。举一个例子，图 7.3.3 为某机翼相对厚度 $\bar{t}$ 与展弦比 λ 随后掠角 χ 的变化关系，变后掠翼飞机的后掠角从 20°变化到 70°时，相对厚度减小将近一半，展弦比减小到原来的三分之一。

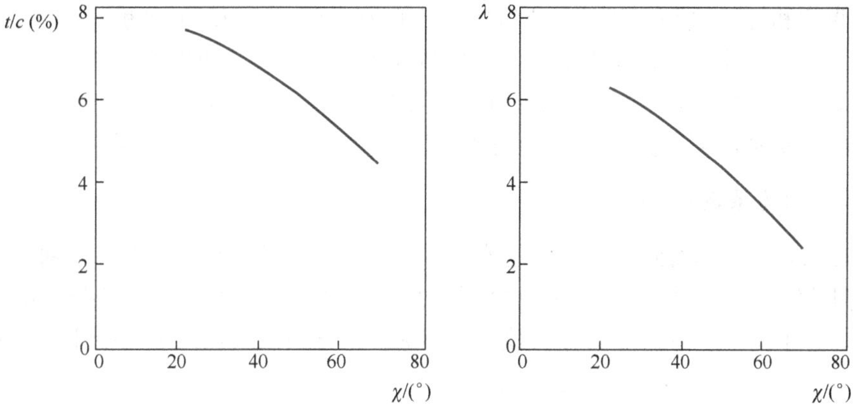

图 7.3.3　某机翼相对厚度、展弦比随后掠角的变化

我们曾讨论过后掠翼相对于非后掠翼在升力系数、升阻比和其他飞行参数上的差异，下面的图 7.3.4 中给出了变后掠引起的升力线斜率、零升阻力系数、诱导阻力因子和最大升阻比的变化。我们来说明这些气动力特性的变化对飞机性能的影响。

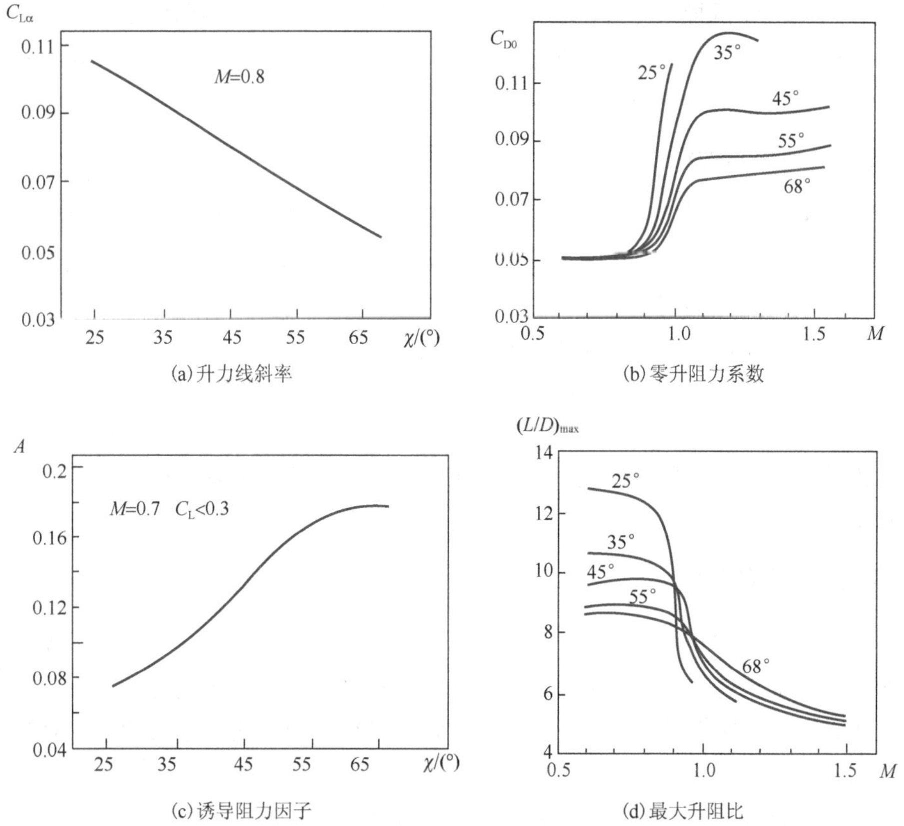

图 7.3.4　气动参数随后掠角的变化

1. 升力线斜率$C_{L\alpha}$

机翼处于小后掠角状态时，由于相对厚度大，展弦比大，会有很大的升力线斜率，加上此时增升装置效率也很高(多数变后掠翼飞机采用全翼展襟翼，充分发挥了其优越性)，使变应掠翼飞机在起飞和着陆时能获得较高的升力系数，从而降低飞机起飞、着陆速度，缩短滑跑距离。这个优点对于舰载战斗机特别重要。变后掠飞机在机翼变为大后掠角时，相对厚度减小，飞机升力线斜率几乎只有小后掠角时的一半，这将使变后掠翼飞机在大后掠角飞行时对突风响应大为减弱。对于需要超低空突防的战术飞机，这是一个很大的优点。

2. 零升阻力系数C_{D0}

由图 7.3.4(b)可以看到，在亚声速范围内，各后掠角时零升阻力无甚差别，因为后掠角改变对机翼的浸润面积变化很少，摩擦阻力基本是相同的。但波阻却不同，由于后掠效应延缓了压缩性作用，减弱了激波强度，使得大后掠角时机翼波阻大大减小。变后掠飞机利用这个特性，可获得较好的高速性能。

3. 诱导阻力因子A

图 7.3.4(c)所示为亚声速状态$M=7$时，诱导阻力因子随机翼后掠角的变化情况，小后掠角时由于有较大的展弦比，其A值约为大后掠角时A值的一半。这对于亚声速巡航十分有利，可以获得较大的航程和作战半径。相反，大后掠角状态主要作高速飞行，此时由于升力系数C_L很小，诱导阻力系数C_{Di}的作用不明显，而零升阻力系数C_{D0}则起主要作用。对不同后掠角和飞行速度的这种变化，恰好划分了不同后掠角的飞行范围：就是小后掠角对应亚声速，大后掠角对应超声速。

4. 最大升阻比$(L/D)_{max}$

图 7.3.4(d)给出了最大升阻比随χ和M变化情况，由图可见，亚声速情况，小后掠机翼具有最高的气动效率；而在超声速范围，大后掠机翼具有优越性。变后掠翼飞机在各个飞行速度均获得较好的气动效率。也就是说，变后掠翼飞机可以在执行任务的每一个飞行阶段都达到较满意的性能，这是固定翼飞机难以达到的。

目前，可变后掠机翼主要用于超声速战斗轰炸机，综合上面的几点，其气动主要特性归纳为：在低速飞行时，转向小后掠角，大展弦比；此时其升力及升阻比明显增加，起降及巡航性能明显改善；在超声速飞行时，转向大后掠角、小展弦比；此时其波阻小，超声速性能良好。

7.3.3 变后掠机翼的设计

在发展变后掠翼飞机的过程中，主要遇到的问题有两个：第一是变后掠机翼的结构设计，用怎样的驱动系统来实现变后掠，增重如何，这是结构和系统的课题，不在本书讨论的范围之内；第二是操纵稳定方面的问题。也就是机翼后掠变化引起气动中心有很大的移动，要靠调整燃油量，或增加水平尾翼的向下的载荷(即增加了配平阻力)移动中心，如不解决将引起严重的稳定和操纵性的问题。此外还有隐身等问题。

与固定翼机相比，增加了一些变后掠操纵机构及由于传力所需的结构重量，会使性能有所损失，但该损失可由气动特性的提升得到部分补偿。由于变后掠翼难于满足大迎角机动飞行以及隐身能力的要求，在新一代战斗机中已经不再采用。而对于要求航程长、起落特性好的多用途军用飞机，变后掠翼较为合适。

后掠翼飞机的设计主要包括变后掠机翼转轴位置的选择、翼套及翼扇的设计、后掠翼增升装置设计、操纵性设计等。我们这里主要讨论前两个主要问题。

1. 变后掠机翼转轴位置的选择

机翼变后掠一般由外翼部分绕靠近机翼根部的某一个中心点转动来实现，如图 7.3.5 所示。外翼转动时，外翼面积前后移动。这种移动的结果使作用在飞机上的气动力中心沿飞机的纵轴有很大的移动量，引起飞机的纵向静稳定度剧烈变化。

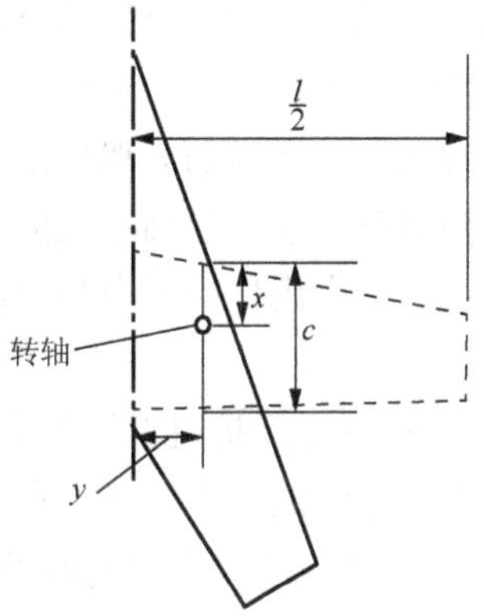

图 7.3.5　变后掠翼转轴位置

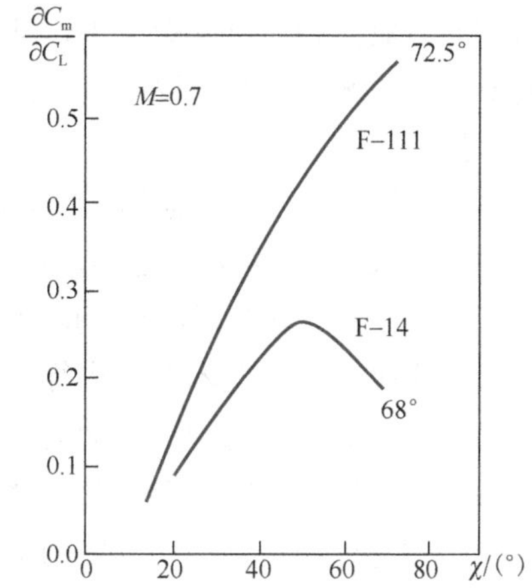

图 7.3.6　F−14 与 F−111 的静稳定度与机翼后掠角的关系

对于一架没有自动增稳的飞机，在布局时必须保证在任何飞行条件下要有一定的纵向稳定度，使飞机具有正常的稳定性和操纵性。但是过大的静稳定度又会带来配平阻力的增加、操纵力的增大，飞机过载能力不能充分发挥等问题。对于固定翼飞机，当飞行速度由亚声速变为超声速时，由于气动力分布的变化，通常会使静稳定度有一个较大的增长。对于变后掠机翼飞机来说，这个问题更加突出了，因为变后掠翼飞机在超声速飞行时，相对其亚声速飞行来说，不仅有一个气动力分布使静稳定度增长的因素，还要加上一个由小后掠角变到大后掠角使气动力中心后移的效应，其结果会使变后掠翼飞机超声速纵向静稳定大到不可接受的程度，成为变后掠翼飞机发展的重大障碍。

早期时，有人采取在变后掠同时又使机翼作前后移动，以调整气动中心位置的方案。但这种机构过于复杂，缺乏实用意义。后来通过研究发现变后掠机翼转轴位置对气动中心移动量有很大的影响，可以通过适当选择转轴位置来减小的变化。具体地说，就是如果转轴原来位置较为偏向翼根，只要稍向外移动一些，就能使气动中心移动量减小较明显。

气动中心移动量与转轴位置的这种关系的发现给变后掠翼飞机设计带来很大好处。图 7.3.6 显示出美国 F−14 与 F−111 两种飞机的静稳定度随后掠角变化的关系，两条曲线形成很强烈的对比。F−111 飞机设计年代较早，未利用转轴位置对气动中心移动量的有利影响，转轴位置约在 20%半翼展，变后掠引起的气动中心改变量高达 53%平均气动力弦长。为了保持最小后掠角时有一定的静稳定度，在大后掠角时造成很大的过度稳定，尤其在超声速飞行时，过度稳定更为严重。因此增加了配平阻力，同时也增大了平尾和后机身结构重量，降低了飞机的性能，也限制了飞机的机动能力。

较后期设计的 F−14 飞机由于采用了展向较靠外的转轴位置，约为 30%机翼半展长处，大大减少了气动中心的移动量从而获得较好的性能，F−14 飞机从后掠角 20°变至 50°时气动中心移动量为 16%平均气动力弦长，只有 F−111 的 30%，当后掠角继续增大时，气动中心反而前移，缓和了由于超声速空气压缩性造成的气动中心后移问题。由此可见，F−14 的变后掠翼技术比 F−111 更为成熟。

实际设计变后掠机翼时，也不是转轴选得越靠外越好。如果转轴展向位置选得太靠外，则参与变后掠的机翼面积比例就会太小，因而体现不出足够的变后掠气动效益，前苏联的苏−17 就属于这种情况。一般来说，把转轴的展向位置选在 30%展长左右(对翼展全展开的展长而言)是较为合适的。转轴的弦向位置对气动中心的移动量的影响不如展向位置敏感。选择转轴弦向位置时主要考虑结构的影响。一般应选在厚度较大的位置，翼型最大厚度附近，大约在弦长的 30%~40%之间，可以取得较大的结构高度，能够提高承载能力，减轻重量。总之，转轴位置选择，变后掠角范围的选择，需要综合考虑性能要求与操纵稳定性要求，根据飞机的战术技术要求进行优选。

基于转轴位置对纵向气动中心移动的研究，还有一种“双转轴变后掠机翼”的方案。这种设计的优点是使转轴放在机身内部或翼−身交界处，能得到足够的结构强度。在气动方面，除了能达到与外侧转轴相当的气动中心移动量的效果外，还能改善大迎角时的纵、横向和航向的气动特性，感兴趣的读者可以阅读相关文献。

2. *翼套及翼扇设计*

既然外侧转轴的变后掠机翼在控制气动中心的移动方面有很明显的好处，那么，这种机翼必然会有一部分内侧机翼在变后掠时是不动的这个固定的内翼被称作翼套。通常翼套的前缘后掠角很大，很像边条机翼的边条部分，因而也有把它称作边条的。变后掠机翼的翼套，在结构方面起支持和容纳外侧可动机翼的作用；在气动外形上，当大后掠位置时，它的前缘与可动翼的前缘沿掠角相等或相近，构成典型的大后掠机翼，当小后掠角位置时，它的前缘号可动翼前缘之间形成一个转折。

许多试验发现，带有大后掠翼套的变后掠机翼在小后掠状态下，其俯仰力矩有随迎角非线性变化的现象。图 7.3.7 给出了某变后掠机翼的俯仰力矩系数 C_m 、方向稳定性 $C_{n\beta}$ 和横向稳定性 $C_{l\beta}$ ，它们反映了机翼的低速稳定特性，可见这种外侧转轴机翼在小后掠角状态时机翼前缘造成了转折，迎角增大时产生了涡流，对稳定性造成了影响，在俯仰力矩在大迎角时有上仰现象。后掠角 $\chi = 25°$ 小后掠情况，$C_{l\beta}$ 由稳定(负值)到迎角大于 20° 时成为不稳定(正值)，$C_{n\beta}$ 也同样在迎角 20° 处由稳定(正值)转为不稳定(负值)。可见，迎角不太大时就失去纵向稳定性，接着横向稳定和航向稳定也恶化，于是需要研究需找克服或改善这一问题的途径。

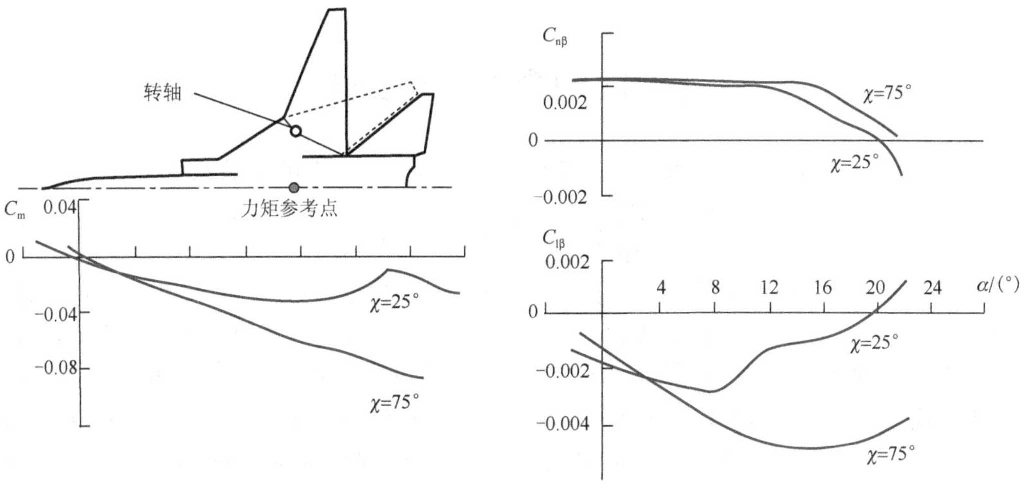

图 7.3.7　某带翼套变后掠机翼低速稳定性曲线

显然，如何改善这种变后掠机翼的低速纵向稳定性成为设计带翼套变后掠机翼的重要问题。改善措施需要针对问题产生的原因，一般是采用各种气动方法削弱前缘涡的强度或抵消前缘涡的作用，已研究过的方法大致有以下几种。

第一，增大翼套的前缘半径。翼套前缘是涡的发源地。前缘尖锐，则气流在较小迎角时就可形成涡，涡的强度也较大。增大前缘半径的作用是将前缘涡形成的迎角推迟到较大迎角，从而延长力矩曲线的线性段。第二，设置前缘缺口。在翼套前缘的后部开一个狭缝缺口，其目的在于使前缘涡形成一个中断点，并且利用这个缺口来产生一个反方向的涡，以削弱原有的前缘涡。第三，设置翼刀。设置翼刀的作用是为保持住翼套前缘涡，防止涡向外流到活动翼位置。第四，设置涡流发生器(参见第 7.4.4 小节)。有试验表明，涡流发生器能在一定程度上改善力矩曲线的稳定性。第五，翼套前缘设置襟翼。若在翼套前缘处设置襟翼(襟翼参见第 7.7 节)，则襟翼打开时，将增加前缘弯度，减小当地切面的有效迎角，对于流动的作用为维持翼套的附着流，推迟前缘涡的形成并减弱其强度。上面所说的一些措施都是指在翼套上所采取的。事实上，也可以在活动翼上采取措施，如活动翼的前缘襟翼和前缘缝翼就很有效果。

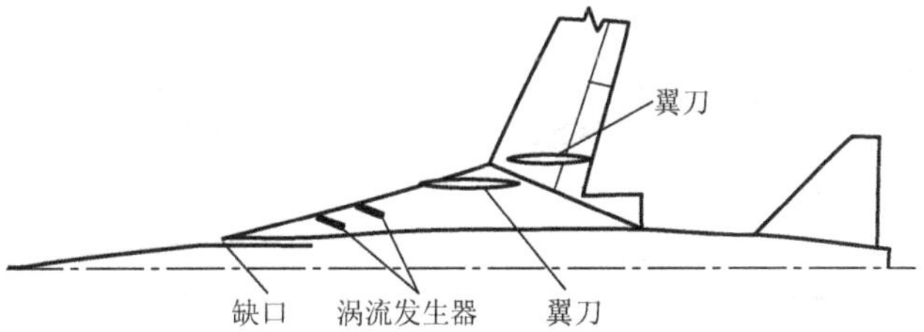

图 7.3.8　变后掠翼上的前缘缺口、翼刀和涡流发生器示意图

既然纵向力矩非线性问题的来源是翼套前缘涡，那么最直接和最好的办法是在机翼布局时就考虑不要让这种前缘涡太强烈，也就是尽量保证机翼在伸展位置和全后掠位置时翼根处能光滑整流。例如，转轴不要太靠外，使翼套部分面积小一些，或者翼套前缘后掠角不要太大。但这些措施要与对气动中心移动量的影响综合考虑。

§7.4 机翼的增升装置

机翼是飞机获得升力的主要部件，我们知道，机翼的升力可表示为

$$L = C_L \cdot \frac{\rho_\infty V^2}{2} = \frac{\mathrm{d}C_L}{\mathrm{d}\alpha}(\alpha - \alpha_0) \cdot \frac{\rho_\infty V^2}{2} = C_{L\alpha}(\alpha - \alpha_0) \cdot \frac{\rho_\infty V^2}{2} \tag{7.4.1}$$

对于高速飞机而言，其机翼的设计主要针对高速飞行的情况，那么在起飞和着陆阶段等低速情况下，由式(7.4.1)可知，机翼提供的升力要小得多，那么飞机是如何获得足够升力的？

要想在低速时提高升力，根据式(7.4.1)，升力与迎角(相对于零升迎角α_0而言)成正比，因此增大飞机的迎角可以使升力增加，然而对现代的超声速飞机而言，即使迎角达到极限，升力仍然不够。如果不采取适当措施，就必须加大起飞和降落时的速度V，才能获得足够的升力，而这样做的后果就必须加长跑道使滑跑距离增长，且降低了飞机的安全性，显然是不可行的。

为增加机翼的升力，使相对于机翼下表面，上表面的吸力增加，同时防止或者延迟分离的发生，还有一个途径就是增大机翼的弯度。如图 7.4.1(a)所示，使机翼后缘一小部分外形的上下摆动就可有效实现弯度的增大，致使升力系数增加，注意这里说的C_L增加是针对零升迎角条件下的增加。这种方法是有效的，能够改善起降性能，一般把这种可增加升力的活动翼面称为后缘襟翼。当这种活动翼面设置在机翼前缘时，就称为前缘襟翼，这两种襟翼都属于飞机的增升装置。

飞机的增升装置一般分为两类，一类是机械增升装置，包括在机翼后缘采用各种形式的襟翼，此外在机翼前缘也有各种形式的前缘襟翼，还有在机翼表面或发动机短舱安装的用于延缓气流分离的涡流发生器，这些是本节主要介绍的内容；另一类是动力增升装置，包括吸除边界层，弦向吹气襟翼、展向吹气襟翼、推力矢量等，在附录 D 中列表说明。

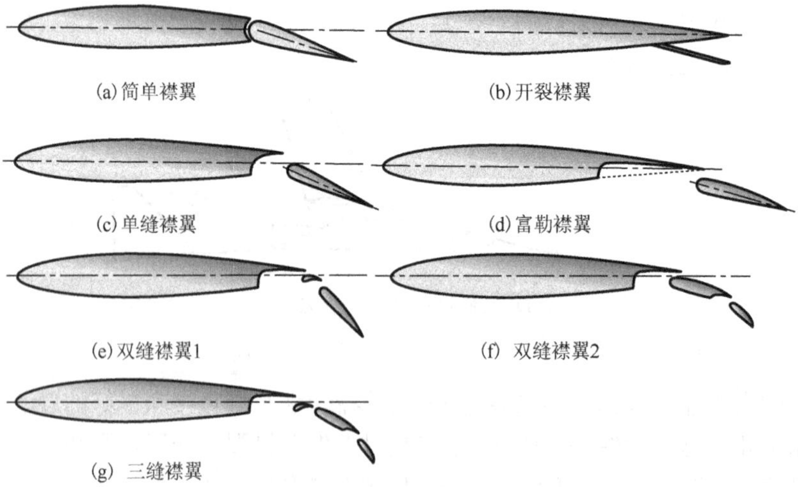

(a) 简单襟翼　(b) 开裂襟翼　(c) 单缝襟翼　(d) 富勒襟翼　(e) 双缝襟翼1　(f) 双缝襟翼2　(g) 三缝襟翼

图 7.4.1　后缘增升装置

7.4.1　后缘增升装置

1. 简单襟翼

简单襟翼的剖面外形如图 7.4.1(a)所示。这种襟翼的特点是直接偏转后缘增加机翼弦向弯度，达到增升的目的。但由于在中等偏角下襟翼就产生气流分离，所以升力增加不大，可阻力却较高。尤其在着陆状态下不能提供足够的升力。现代飞机 F-15 和米格-25 采用了这种襟翼。

2. 开裂襟翼

开裂襟翼的剖面形状如图 7.4.1(b)所示。机翼后缘下部绕铰链轴向下裂开，机翼弦向弯度增加。这时在襟翼前面下翼面的压强增加，而襟翼与翼型固定部分之间形成低压区，并从后缘传到翼上表面，使上表面的吸力增加，使机翼上下表面压强差增大，从而增加了升力。这种形式的翼结构非常简单。

这种襟翼在增加升力的同时也增加阻力，所以具有在最大升力时升阻比小的特性。升阻比小导致着陆的下滑角就大，这对翼载小的飞机来说，为缩短着陆滑跑距离，设计者还是乐于采用的。在轻型飞机上使用这种襟翼使用得较多，如美国 A-4 飞机。

3. 开缝襟翼

单缝襟翼的剖面形状如图 7.4.1(c)所示。单缝襟翼是机翼后缘襟翼在下滑偏转时，其前缘与机翼间形成一条缝，在增加弯度和面积的同时，下翼面高压气流通过缝隙流向上翼面，增加上翼面后缘气流速度，减小后缘因增大偏度时的气流分离，达到增升效果。

这种襟翼结构简单，且能同时得到比较大的升力系数和升阻比，主要用在中小型飞机上。现代飞机如 F-18、F-14、米格-23、苏-17、A-6、A-7、F-5 等都采用了这种襟翼。

4. 富勒襟翼或后退式襟翼

富勒襟翼剖面形状见图 7.4.1(d)。这种襟翼在偏转的同时后退，除了具有单缝襟翼的特点外，还增加了几何弦长，因此在增加弯度的同时也增加了机翼的有效面积，产生更大的升力。它是现代大型运输机广泛使用的一种后缘增升装置。空客 A310 和 A320 均采用了这种富勒襟翼。

5. 双缝襟翼

双缝襟翼是单缝襟翼的发展，主要有两种形式。第一种带有导流片和主襟翼的双缝襟翼，如图 7.4.1(e)所示，它相当于在襟翼之前加一个导流片，有两个缝道。比起单缝襟翼对控制主翼上表面边界层和襟翼上气流分离起更大的作用。第二种具有主襟翼和后缘襟翼的双缝襟翼，如图 7.4.1(f)所示。它的主襟翼后缘也有一个像机翼后缘一样的襟翼舱，其后是一个常规形式的后缘襟翼。这种双缝襟翼比上一种双缝襟翼在缝道控制和有效面积增加方面更为明显。但其结构相对复杂，力矩特性相对较差。

这两种双缝襟翼可以使襟翼在更大偏度下气流不易分离，其增升效果比单缝襟翼要高，因此在现代大型运输机上使用较多。对于第一种双缝襟翼，在实际应用中，起飞时通常用双缝襟翼的单缝状态，此时它的升阻比较大。着陆时，双缝襟翼全打开，并偏到最大角度，此时它的阻力最大，对缩短滑跑距离有利。MD−82 飞机采用这种双缝襟翼。

6. 三缝襟翼

三缝襟翼的剖面如图 7.4.1(g)所示。三缝襟翼一般由主翼、导流片、主襟翼和后襟翼组成，它相当于在第二种双缝襟翼之前又增加一个导流片。起降时这种襟翼由于缝道和机翼有效面积的增加，增升效果更好，有利于缩短滑跑距离，提高对机场的适应性。但其结构复杂，重量大，因此仅在大型运输机上使用，如波音 737−300 飞机。

7. 环量控制机翼襟翼

环量控制机翼(Circulation Control Wing，CCW)襟翼与复杂的高升力系统相比，其机械结构更为简单，在巡航时可以缩回(如图 7.4.2 所示)，使得机翼后缘更为尖锐，阻力更小。而且现在使用的双开缝的富勒襟翼弦长占据了整个弦长的 30%~40%，而 CCW 的基本铰链结构只占整个弦长的约 10%，大大节省了重量，降低了结构复杂性。CCW 的另外一个优势是襟翼偏转和吹气可以快速转换，以适应飞机进场或起飞对不同升力和推力的要求。

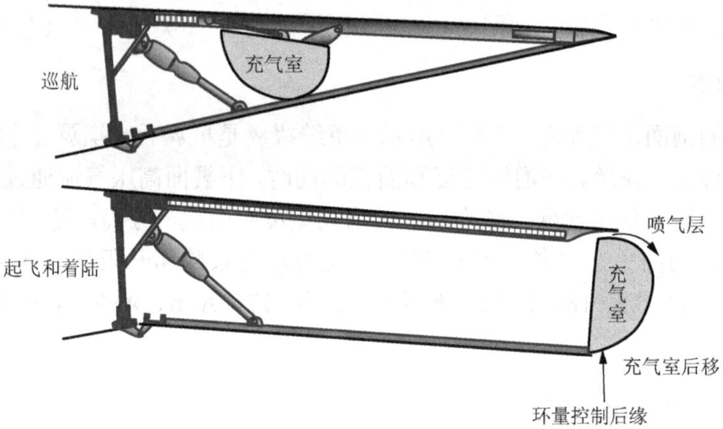

图 7.4.2 环量控制襟翼

7.4.2 前缘增升装置

1. 前缘襟翼

前缘襟翼是指无缝道的简单式前缘襟翼，如图 7.4.3(a)所示。它与简单后缘襟翼形式有些相似。但前缘襟翼下偏时，除襟翼与主翼段外，还有一个上表面的过渡曲面，称关节段。

前缘襟翼下偏时，由于增加了头部附近的弯度，因此增加了升力。可随飞行状态调节襟翼的偏角。

2. 机翼前缘下垂

机翼前缘下垂的机理与前缘襟翼是相同的。不过，前缘下垂是固定的，不能随飞行状态的变化而改变外形。因此，受到其他飞行状态的限制，所以又称固定前缘修形，如图 7.4.3(b)所示。

3. 前缘缝翼

前缘缝翼是一个附着在机翼前缘的小翼段，把它打开，在小翼段与机翼前缘形成一道小缝隙，下翼面的高压气流由缝隙高速流向机翼上表面，使机翼在大迎角下减缓原来前缘要出现的气流分离，可提高机翼的升力，如图 7.4.3(c)所示。

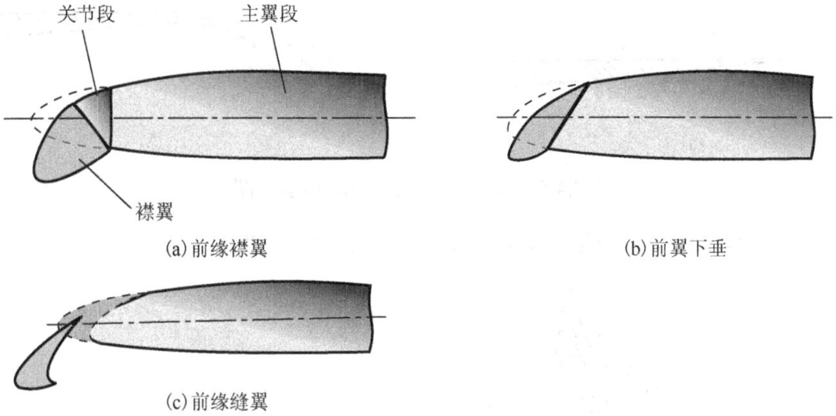

图 7.4.3　不同前缘增升装置

4. 克鲁格襟翼

克鲁格襟翼主要有上表面延伸式、下表面旋转式和下表面前缘旋转式等类型，如图 7.4.4 所示。

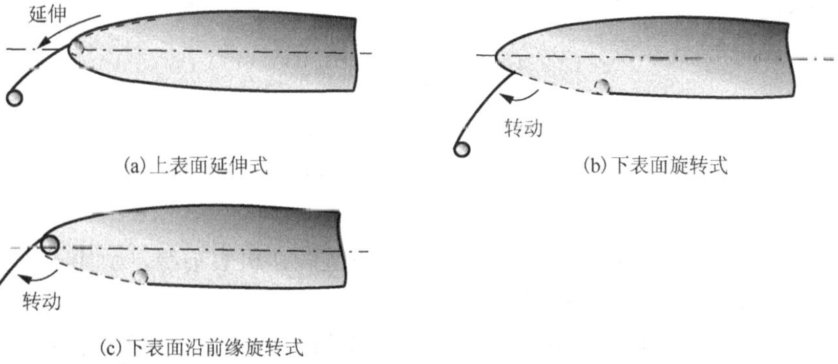

图 7.4.4　克鲁格襟翼

与前面介绍的四种前缘增升装置相比，克鲁格襟翼有许多细节变化。例如，它的前缘半径可以不受基本翼的约束，而设计得更大，可以获得更大的面积延伸量。襟翼的前缘半径、襟翼与主翼段过渡曲面的曲率、襟翼与主翼段间的连接缝隙都对最大升力有很大影响，因此克鲁格襟翼给设计者提供了更多、更自由的选择。

5. 涡襟翼

对为满足超声速巡航要求而设计的大后掠角尖前缘机翼来说，在大迎角下出现前缘分离和在上翼面产生涡流，见图 7.4.5(a)。这种涡流使机翼升力明显加大，但尖前缘分离造成前缘吸力损失，而使阻力增加。为减小诱导阻力，使大后掠角尖前缘机翼的前缘下偏，使前缘涡移到下偏的前缘上，形成图 7.4.5(b)所示的工作状态。这种尖前缘襟翼称为涡襟翼。当前缘下偏时，在涡襟翼上产生向前倾斜的涡升力(改变了涡升力方向)，使其在推力方向上有投影，前缘吸力得到恢复，达到了减小阻力、提高升阻比的目的。涡襟翼最大的特点在于它不是消除分离，而是有效地利用前缘分离涡。

图 7.4.5　涡襟翼对流态的影响示意图

涡襟翼有三种类型，分别是下表面涡襟翼、上表面涡襟翼和翼顶襟翼，见图 7.4.6。

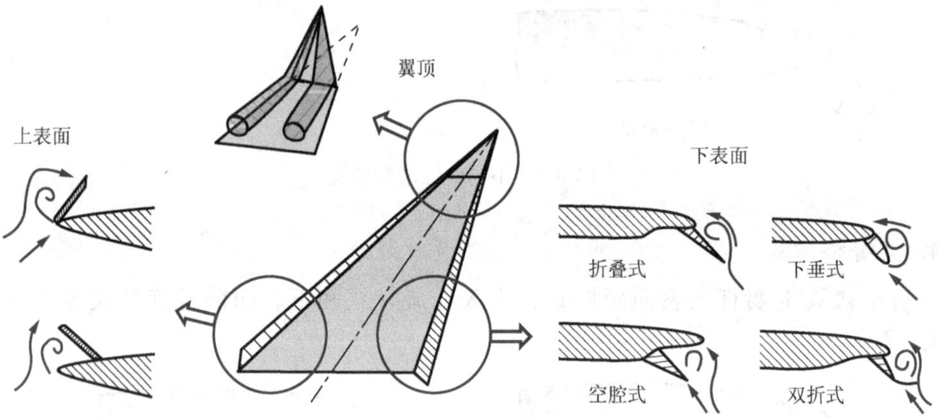

图 7.4.6　涡襟翼的各种形式

① 下表面涡襟翼。它有四种形式：折叠式、下垂式、双折式和空腔式。折叠式和下垂式容易在飞机上实现。折叠式适用于圆头翼型，下垂式适用于尖前缘型，收放形式与普通前缘襟翼相同。

② 上表面涡襟翼。它有两种形式：一种是铰链线在机翼前缘，适用于圆头机翼；另一是铰链线在机翼前缘之后，迎风打开。

③ 翼顶襟翼。它的上偏在小迎角时形成旋涡并产生升力，引起了抬头力矩，为了平衡，重心后的操纵面也要产生升力来配平，从而增大全机升力。

一般来说，下表面涡襟翼在亚声速、跨声速下迎角大于 10°~15° 时有明显的减阻作用，对改善机动性有好处，下表面涡襟翼和普通襟翼在小迎角时有明显的增升作用。

7.4.3　增升装置的气动设计

1. *后缘襟翼气动力设计*

图 7.4.7(a)和(b)分别给出各种形式后缘襟翼的升力和阻力特性。从图中可以明显看

出开缝式襟翼升力增加较大，阻力增加不多。大型运输机为取得更好的增升效果，多采用三缝襟翼。

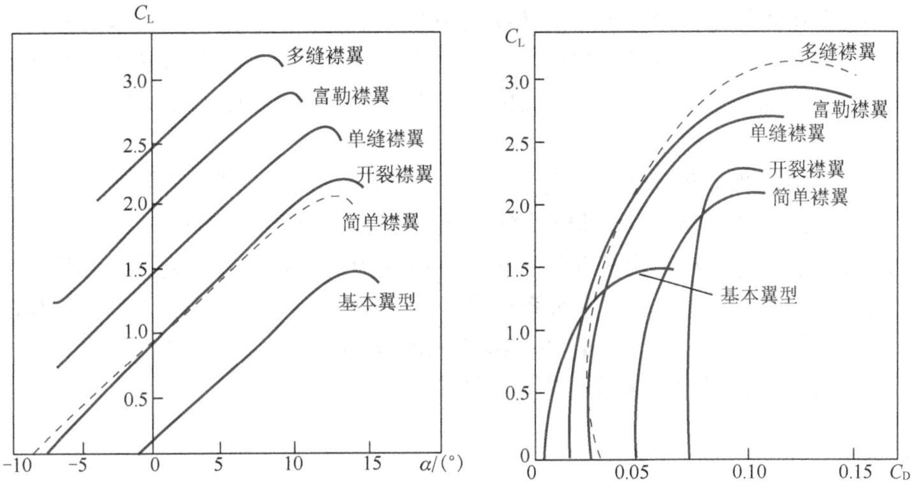

图 7.4.7　某基本翼型不同形式襟翼的气动特性比较

后缘襟翼的升力增量ΔC_L与其面积、偏度、后退襟翼的后退量，带缝襟翼的缝隙形式有关。应根据不同的飞机设计要求，选取襟翼形式进行优化设计。后缘襟翼面积相对机翼面积一般在 10%~15%。襟翼的展长受到副翼位置的限制，一般不超过机翼展长的 60%(从翼根部起)。为了增大面积，只能增加弦长，开裂式襟翼相对弦长在 25%左右，简单襟翼为 30%，后退式襟翼及单缝襟翼在 25%~30 %。若采用襟副翼，其相对展长可达 70%~80%，相对弦长在 20%左右。后缘襟翼的偏角因襟翼形式不同而不同，一般无缝襟翼偏度应小于 25°，单缝襟翼偏度在 30°~35°，双缝襟翼偏度可达 40°~50°，而开裂襟翼可达 60°，着陆时襟翼偏度大于起飞时的偏度。

2. 前缘襟翼气动力设计

采用前缘襟翼与后缘襟翼配合可根据不同马赫数和不同迎角要求进行不同的偏转，以保持最佳的机翼弯度，达到提高升力、减小阻力和提高抖振边界的目的。前缘襟翼设计主要控制其展长和弦长，若展长在 0.8 翼展范围可以分内、外两段。如果机翼前有边条或前翼，则翼展长应从前翼翼梢和边条的外侧开始。前缘襟翼根弦长为当地弦长的 15%~20%，翼梢弦长则为 20%~30% 。襟翼顺气流偏转角一般不超过 30° 。

3. 前、后缘增升装置的配合使用

后缘襟翼下偏增加了翼型的弯度，同时也减小了在翼型上表面产生流动分离的迎角α_{cr}。配置在机翼前缘的增升装置下偏时，在升力线性段的迎角范围内，升力实际上是不增加的，但它可使气流分离开始的迎角延迟到更大的范围，从而增加了气流开始分离的迎角α_{cr}和最大升力系数$C_{L\max}$值。试验表明，一个全翼展前缘缝翼与后缘襟翼联合使用，当前缘缝翼偏转角$\delta_S = 40°$，后缘襟翼偏转角$\delta_S = 25°$、迎角$\alpha = 15°$时，最大升力系数可达到 2.6。

把高效的后缘襟翼同前缘襟翼一起应用，对俯仰力矩也是有利的。因为偏后缘襟翼增加了升力，同时也增加了低头力矩；打开前缘缝翼可以在大迎角下增加升力，而不再增加低头力矩。

前、后缘增升装置偏转配合形成的弯扭及由此产生的弦向和展向的最佳环量分布，能延缓流动分离的发生，因而使抖振起始点推迟到更大的升力值。前缘襟翼和后缘襟翼配合使用，一般起飞着陆时前缘偏 10°，后缘偏 30°左右；巡航状态前后缘偏 5°左右；大机动时前缘偏 25°~30°，后缘偏 5°~10°。

自动控制的前缘襟翼可随飞机飞行马赫数和迎角变化而自动改变机翼弯度，以适应战斗机近距格斗空战需要，所以又称机动襟翼，被广泛用于现代战斗机。

近、现代民用旅客机和军用战斗机很多都同时使用前、后缘增升装置。民用飞机如波音系列飞机波音 707 到波音 777，空客系列飞机从 A300 到 A340，还有 DC-10、MD-11、MD-80 等。军用飞机如 F-5、F-14、F-16、F-18、F-104、米格-29 等。

关于典型机种所使用增升装置的类型，读者可参阅附录 D。

7.4.4 涡流发生器

涡流发生器就是形状不同的薄片，如图 7.4.8 所示。气流流过涡流发生器向下游拖出旋涡，其产生的高能量气流加入到低能量的边界层中去(如图 7.4.9 所示)，以克服逆压梯度，延迟气流分离，从而产生了升力。当我们乘飞机时，看到机翼上表面布置一些小薄片，那就是涡流发生器。在一些军用飞机上也有采用涡流发生器控制局部气流分离，因为它是一种简便而易于改装的措施，特别适用于已制成的但发现局部气流分离的飞机上。

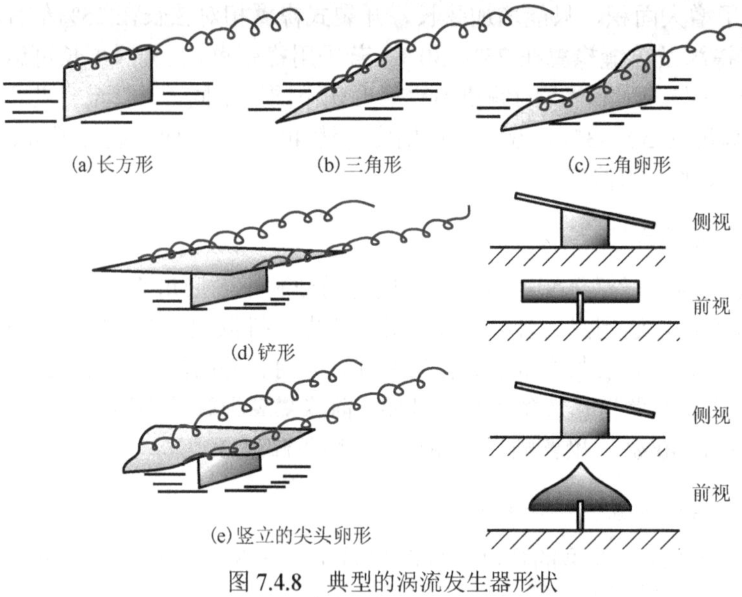

图 7.4.8　典型的涡流发生器形状

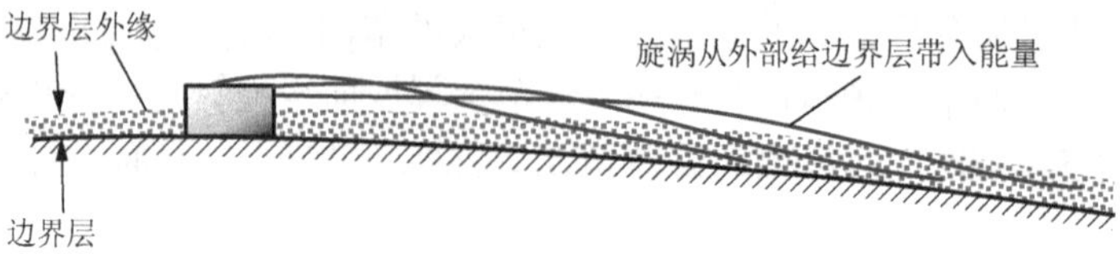

图 7.4.9　典型的涡流发生器形状

涡流发生器布置方向有两种。一种是反向偏转(见图 7.4.10)，以减少机翼上气流分离区；另一种是同向偏转(见图 7.4.11)，以阻止气流的展向流动。

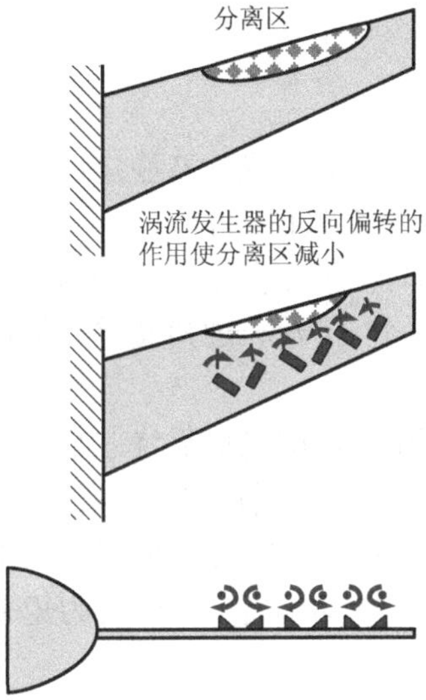

图 7.4.10　成对反向偏转使气流分离区减小

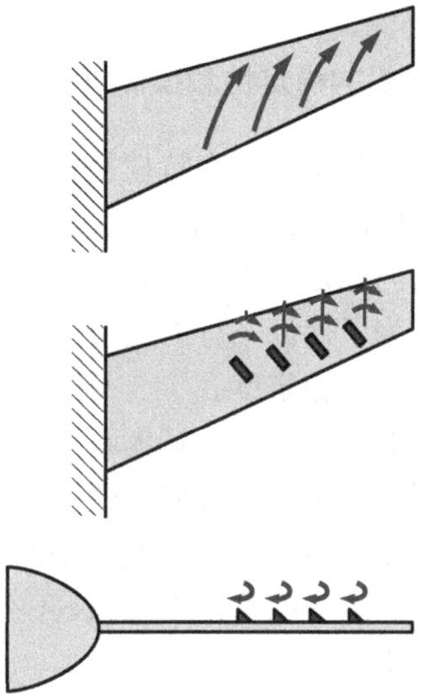

图 7.4.11　同向偏转以阻止横流

为了系统地了解涡流发生器的机理，波音公司曾对涡流发生器作过参数化的二维研究，对涡流发生器的尺寸、形状、位置、安装角和空间排列作过系统研究，试验雷诺数 Re 从 6×10^6 到 25×10^6。研究表明涡流发生器在很大的迎角范围(2°～8°)内使升力增加，原因就是延迟了激波诱导边界层分离并使激波后移。涡流发生器构造简单，在波音公司设计的大多数民用飞机上广泛使用，见表 7.4.1。

表 7.4.1　涡流发生器安装在波音飞机上的位置

飞机	涡流发生器的位置
波音 707	机翼上表面和水平尾翼上
波音 727	垂直尾翼、中心发动机 S 形进气道和在机翼前缘
波音 737-200	机翼上表面和沿水平尾翼附近的机身后体上
波音 737-300	机翼上表面和在发动机短舱上
波音 757	机翼上表面
波音 767	机翼上表面和在发动机短舱上

7.4.5　动力增升装置

襟翼等机械式增升装置的增升效果总有一定限制：如果襟翼偏角过大，会引起气流分离。如果后退量过大，增加机翼的有效面积，会受到结构强度、刚度的限制。当机械式增升满足不了需要时，可采用专门的动力增升装置，包括弦向吹气襟翼、展向吹气襟翼、推力矢量增升和旋翼增升等形式。这些内容在附录 E 中进行了简要介绍，并给出了图示说明。

§7.5 副翼及横向操纵面

7.5.1 飞机的稳定性和操纵性

飞机的基本气动力特性是由机翼和机身决定的，而飞机的操纵性及稳定性主要是依靠尾翼——垂直尾翼(垂尾)、水平尾翼(平尾)和副翼等操纵面来保证的。

飞机的稳定性可理解为：当破坏平衡的因素消失后，飞机能自动恢复到初始平衡状态的能力。为了保证飞行的安全，要求把飞机设计成在整个 M 数、迎角及重心位置范围内都是有足够的稳定度。

飞机的操纵性可理解为移动操纵机构时飞机的反应能力，即飞机靠绕三个轴的操纵力矩来实现在所希望的方向上改变飞行状态的能力。平尾影响绕横轴的运动(俯仰方向)，垂尾影响和副翼控制绕立轴及纵轴的运动(偏航和滚转方向)，如图 7.5.1 所示。由于大迎角时翼尖分离造成副翼效率骤减，不少战斗机采用左右平尾差动偏转产生滚转力矩来弥补副翼效率的不足。

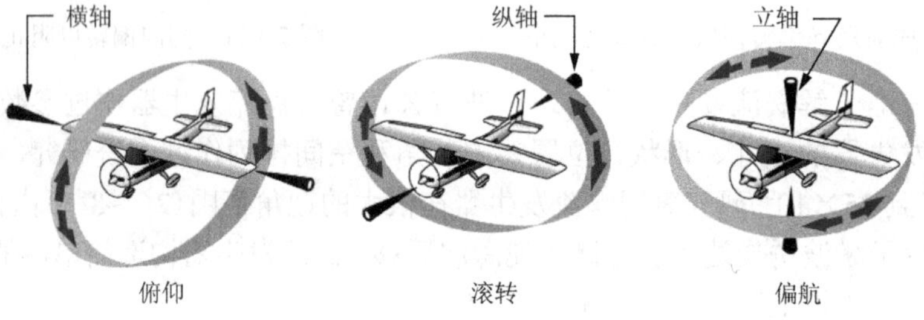

(a)纵向　(b)横向　(c)航向

图 7.5.1　飞机三个方向的操纵

在一定程度上，稳定性和操纵性的要求是相互矛盾的。稳定性是飞机保持给定状态的能力，而操纵性则是改变飞行状态的能力。设计的任务就是通过尾翼的设计来协调这个矛盾的要求，飞机的稳定性和操纵性应该保证：

- 充分发挥由飞机结构、动力装置和空气动力所决定的飞行性能；
- 能进行准确的操纵(瞄准，保持给定的飞行状态)及快速达到所希望的状态；
- 飞机易于操纵，使飞行员的疲劳减到最小，包括复杂条件下的飞行；
- 把外界扰动的影响，包括大气扰流的影响减到最小；
- 防止飞机进入危险状态(失控、失速和进入尾旋)；
- 对高机动飞机，可进行过失速机动(飞机超过失速迎角，仍可操作和作机动动作)。

操纵面的气动力设计是根据操纵面的设计要求和飞行条件(速度、高度)，选择操纵面的形式，确定几何尺寸与操纵面偏角，并给出铰链轴位置和考虑补偿特性。

对于人工飞行操纵系统的飞机，在注重舵面效率的同时，更注意铰链力矩及其补偿形式；对于现代高速飞机，应用助力操纵系统，则舵面效率是主要的。

在飞机气动布局的初始设计阶段，往往以经验统计来选择操纵面形式和确定几何尺寸，因此可能需要设计者查阅已有飞机操纵面的一些统计数据。

横向操纵通常用副翼、襟副翼、扰流片、差动平尾来实现。对操纵面的设计要求是要提供飞机所需要的滚转力矩和具有较小的铰链力矩，力求滚转力矩和铰链力矩随偏度成线性变化以及有较小的弹性变形影响。本节主要介绍横向操纵面的特点和设计考虑。

7.5.2　横向操纵面的设计要求

对横向操纵面设计的一般要求有两个方面：一是平衡非对称飞行状态的能力；二是飞机的滚转性能要求。

(1) 满足战斗任务要求的滚转性能。飞机在作滚转机动时，需要的滚转能力与飞机类别有关。飞机的滚转性能用给定时间内滚转角的变化来表示。

(2) 起飞与着陆的滚转能力。在飞机起飞着陆时，为了保证操纵能力和飞行安全，飞机应有一定的滚转机动能力(特别是对舰载机)。

(3) 平衡非对称飞行状态的横向操纵能力。非对称飞行状态主要有不对称外挂装载，双发飞机的单发停车及侧风着陆，横向操纵面必须平衡因此产生的滚转力矩。

(4) 失速和尾旋改出。要求飞机在失速或进入尾旋时，应有一定的横向操纵能力，以便从失速或尾旋中改出。

7.5.3　横向操纵面形式的选择

横向操纵面主要有副翼、扰流板和差动平尾，图 1.1.2 中已经显示了副翼和平尾的形式，绕流片如图 7.5.4 所示。下面的表 7.5.1 给出了这三种操纵面的比较，可作为初步选择的参考。

表 7.5.1　三种横向操纵面的比较

操纵面	优点	缺点	克服缺点的方法
副翼	积累了丰富的经验；线性特性好；小迎角时偏航力矩小	在大后掠角/大迎角时效率低；大迎角有不利偏航；对襟翼可用的展长要减小	采用不同偏度，但在后掠翼上会产生抬头俯仰力矩；采用下垂副翼，但这会加剧不利偏航
扰流片	能采用全翼展襟翼；随襟翼下偏效率增加；对侧风着陆有利；可做减升装置	接近失速时效率损失，在大后掠角效率低；过分小的偏转角度无效；襟翼下偏小角度偏转会过分灵敏；在后掠翼上产生抬头力矩	采用前缘下垂或前缘缝翼；在扰流片上开孔；选择合适的展向位置
差动平尾	能采用全翼展襟翼；在大迎角保持较高效率；线性特性好；大迎角有利偏航加速滚转	对小后掠角大展弦比机翼效率不足；有利偏航大，在小迎角不利	方向舵交联

7.5.4　副翼与襟副翼

最常用的横向操纵面是设置在机翼后缘靠近翼尖部分的副翼，如图 7.5.2 所示。一般采用副翼效率 C_{l,δ_a} 表征副翼的性能高低，C_{l,δ_a} 可简写为

$$C_{l,\delta_a}=\begin{cases}k\bar{l}_a\sqrt{\bar{c}_a}\cos^2\chi_j & \text{亚声速}\\ k\bar{l}_a\bar{c}_a\cos^2\chi_j & \text{超声速}\end{cases} \tag{7.5.1}$$

其中，k 是考虑展向位置的修正，$\bar{l}_a$ 是副翼相对展长，$\bar{c}_a$ 为副翼相对弦长，χ_j 为副翼转轴后掠角。

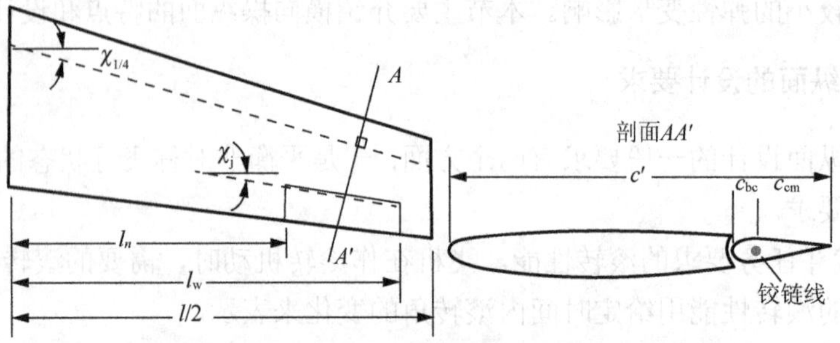

图 7.5.2　副翼平面及剖面几何参数

可见影响副翼效率 C_{l,δ_a} 的主要因素有：副翼相对机翼的面积，副翼在襟翼上的位置、副翼弦长及转轴位置，此外还有气动补偿形式等影响因素。

副翼面积相对机翼面积一般在 5%~7%，部分战机可超过 10%；副翼相对弦长(与机翼当地弦长比)为 20%~30%；副翼相对展长一般从 50%~60%延伸到 90%左右。副翼展长及弦长选取曲线范围可参考附录 F。

如果采用襟副翼，即后缘襟翼与副翼合成一块，既作襟翼又作副翼使用，其相对展长可达 60%~80%。一般副翼偏角不超过 25°。

为了减小舵面铰链力矩，副翼采用气动补偿设计。图 7.5.3 给出了三种气动补偿形式的示意图。结构补偿形式的转轴一般位于距前缘 5%~10%相对弦长处，随着副翼偏角增大铰链力矩增加很快。常用的是轴补偿形式，即转轴位于 20%~25%副翼相对弦长处。由于转轴前补偿面积大，因而铰链力矩较小，但大偏度时非线性严重。在补偿面积一定的情况下，增加舵剖面前缘的充实程度也可减小铰链力矩。内补偿形式的效率是由补偿腔内上、下部分的压力差和补偿的静面矩决定的。由于其结构复杂，需要的空间大，不适于薄翼的战斗机采用。

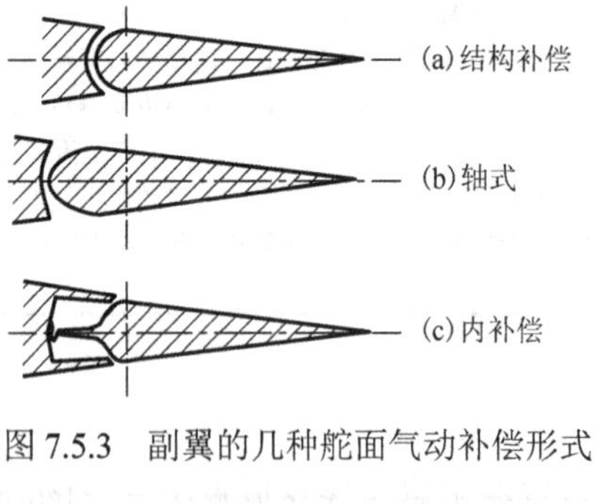

图 7.5.3　副翼的几种舵面气动补偿形式

关于典型机种所使用副翼的几何数据，读者可参阅附录 F。

7.5.5　扰流片和差动平尾

当副翼效率不满足要求时，也可采用扰流片和差动平尾来辅助。

扰流片是位于襟翼之前，机翼上表面最大厚度后面的平板。如图 7.5.4 所示，当一边机翼的扰流片向上偏转时产生扰流以减小该侧机翼的升力，就可产生较大的滚转力矩，如图所示。通常在大后掠翼飞机上用扰流板来提高滚转效率。当在着陆时对称打开时，可增加阻力，缩短着陆距离，如图 7.5.5 所示。民航机和喷气运输机一般配有绕流板。

关于典型机种所使用绕流片的几何数据，读者可参阅附录 G。

另外对于战斗机，一般使用左、右平尾差动来补偿滚转效率，如图 7.5.6 所示。平尾差动范围则在 ±10° 以内。

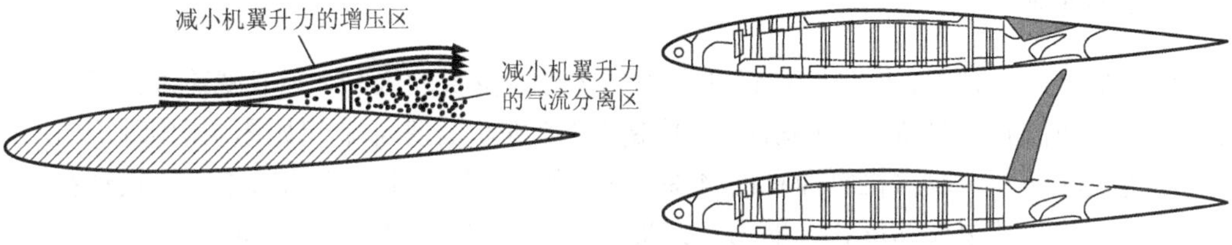

(a) 理论图　　(b) 绕流片结构图

图 7.5.4　飞机的扰流片

图 7.5.5　飞机降落时打开绕流片以增加阻力

图 7.5.6　飞机用差动平尾提高滚转效率

§ 7.6　减速板的气动设计

减速板虽然不是战斗机机体的主要部件，但使用减速板时阻力效率的大小直接影响了飞机在飞行中的减速性能。在战斗机近距离格斗和瞄准射击时，要求飞机有良好的减速性能，这非常重要。

图 7.6.1　打开背部减速板的“台风”战机

7.6.1 设计要求

具有高的阻力效率，使用减速板时阻力效率要大，一般阻力系数的改变量应为全机阻力系数的 70%；使用减速板时不允许飞机产生低头力矩，应保持飞行姿态不变或稍有抬头趋势；使用减速板时，飞机不应该有强烈的振动。

7.6.2 设计原则

由于受到总体布置、机身结构设计和外挂物悬挂位置的限制，一般减速板都设置在机身下半部的两侧和机身背部，如机身下不带外挂则在机身腹部中间如图 7.6.2 所示。

减速板的面积一般占机翼面积的 4%~6%，由于面积太小其阻力效率小，设计得过大容易引起振动。减速板的形状一般为长方形(长边顺气流方向)，张角 30°~45°。

随着减速板开度加大(张角可达 50°~60°)，如果其处于平尾以前则容易引起飞机的振动；有时可通过在减速板上开适当直径的孔来消除振动，而阻力增量下降不多，如图 7.6.2(c)所示。

为保证无低头力矩，需要通过风洞试验确定具体位置。且一般在前机身配两块，后机身配两块，以保持纵向力矩的平衡。

(a) 侧面　　(b) 背部　　(c) 腹部

图 7.6.2　机身上不同位置的减速板

§7.7　保证纵向稳定性和操纵性的气动力布局

在本章第 7.5.1 节中，我们已经对飞机的稳定性和操纵性进行了说明，图 7.5.1 也显示了三个不同方向的情况，本节讨论纵向稳定性及其操纵面的设计，对应于图 7.5.1(a)。

大多数飞机都把垂直尾面及水平尾面布置在飞机的尾部，即上一章讨论过的常规布局。此外也有把水平“尾翼”布置在飞机机翼之前的鸭式布局，一般采用单垂尾和左右两个平尾，平面形状一般为中等展弦比的后掠翼。现代战斗机强调大迎角机动能力，使垂尾处于不利的洗流之中，加之单垂尾的结构弹性及对雷达隐身不利，因而大多数双发飞机采用双垂尾的布置形式。

尾翼翼面的设计应能保证飞机在所有可能的飞行状态下都获得必需的稳定性和操纵性。

7.7.1 纵向操纵面的设计要求

纵向操纵即俯仰操纵，纵向操纵面设计和飞机重心前限的确定密切相关，主要考虑如下几方面。

(1)起飞和着陆的操纵。飞机在地面起飞滑跑阶段，对起飞构型，在最前重心位置，要求俯仰操纵面(升降舵、全动平尾或升降副翼)能产生足够的抬头力矩，使飞机在给定的滑跑速度下抬起前轮，达到起飞迎角。在着陆时要满足着陆配平的要求，并留有一定的操纵余量。

(2)达到飞行包线中的过载要求，特别是超声速机动能力。

(3)大迎角低头控制。飞机在低速大迎角飞行时，尤其是对于放宽静稳定度的战斗机，大迎角时的俯仰操纵控制能力的要求成为纵向操纵面设计的主要要求。

7.7.2 纵向操纵面形式的选择

纵向操纵一般用升降舵(如图1.1.3)、全动平尾和前翼来实现。因此，在飞机总体设计过程中，当确定了飞机的布局、部件安排及重心定位后，就要进行尾翼——平尾及垂尾的选择。下面对这三种操纵面进行说明。

(1)升降舵或全动平尾。对于常规布局的军用战斗机，若纵向操纵面采用升降舵或全动平尾。则从亚声速增大到超声速，随着 M 数增加舵面偏转的压强分布对稳定面影响减小，当出现临界压强值(即翼面出现超声速区时)舵偏的压强分布对稳定面无影响，只是舵面上压强起作用。军用战斗机机动要求高，法向过载一般大于8，当飞机从亚声速过渡到超声速时，焦点大幅度后移，纵向稳定力矩剧增，需要相当大的操纵力矩，来满足飞机机动要求。升降舵效率在超声速时会有较大的下降，不能满足要求，有时只能采用全动平尾。

(2)带升降舵的可调水平稳定面。现代干线飞机上，通常采用带升降舵的可调水平安定面。飞机平衡靠可调水平稳定面而用升降舵来操纵。这样，水平尾翼面积可以减少，且平衡引起的升阻比损失也较小。

(3)三面翼布局的前翼和全动平尾。对于高机动性飞机，且在大迎角下纵向操纵应用前翼的三翼面飞机，在大迎角下前翼能提供大的纵向力矩增量，特别是前翼和平尾同时操纵时，其力矩增量很大。

7.7.3 平尾设计

1. 平尾和前翼的几何形式

平尾、前翼(鸭翼)的几何参数定义基本上与飞机机翼相同(如图7.7.1所示)，不同的是机翼面积的算法。

对于前翼面积只计算外露的面积；而平尾面积包括两种方法：一种是与机翼相同，面积计算一直到飞机的中心线，称为全平尾面积；另一种是只计算外露面积。平尾的效率主要由外露翼做贡献，因此计算平尾效率时，常用平尾的外露翼面积作为平尾的基本面积。

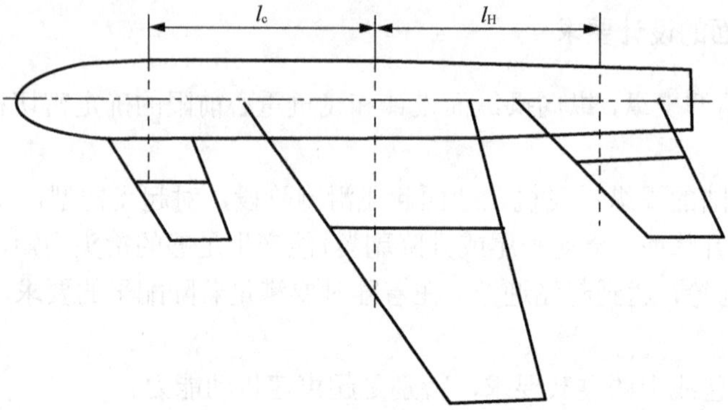

图 7.7.1　平尾及前翼几何定义

平尾和前翼的主要作用是平衡飞机机翼产生的纵向力矩，它们所能提供的力矩效率与其产生的升力及力臂成正比，而升力与其面积成正比。因此，尾翼和前翼的效率与其面积和尾翼力臂的乘积成正比，因此采用尾容量描述尾翼效率的量。

2. 平尾效率与尾容量

平尾是用平尾效率 $C_{m\delta H}$ 来定义效率的(前翼类似)

$$C_{m\delta H} = -k_q C_{L\alpha,H} \frac{l_H S_H}{c_a S} \tag{7.7.1}$$

其中，$C_{L\alpha,H}$ 为平尾的升力线斜率；k_q 为平尾处的速度阻滞系数；l_H 为平尾力臂，平尾1/4平均气动弦点至机翼1/4平均气动弦点距离，m；c_a 为机翼平均气动弦长，m；S_H 为平尾外露面积，m^2；S 为机翼全面积，m^2。

可引入尾容量 $A_H = \dfrac{l_H S_H}{c_a S}$ 的关系，则

$$C_{m\delta H} = -k_q C_{L\alpha,H} A_H \tag{7.7.2}$$

在初步设计时，可用统计方法估算。对于战斗机，相对面积 S_H/S 多在17%～30%范围，尾容量 A_H 多在0.2～0.35范围。为了得到足够的尾容量，可选大面积、短尾臂和小面积、长尾臂两种形式，但尾臂长度是由总体布置决定的，增加太多要引起飞机重量和阻力的增加。因此，选择平尾面积和尾臂的长度时有一个协调过程。

3. 平尾平面参数

平尾的平面参数主要是前缘后掠角、展弦比以及翼型相对厚度。平尾的前缘后掠角一般要大于飞机机翼的后掠角2°～3°，展弦比比机翼的要小一些，相对厚度仅为4%~5%。

图7.7.2给出了平尾展弦比 λ_H 和后掠角 χ_H 对其升力线斜率的影响。由图可见，λ_H 对平尾升力线斜率 $C_{L\alpha,H}$ 的影响较大，从 $\lambda_H = 2$ 增加到4，$C_{L\alpha,H}$ 增大40%，而后掠角只有在 χ_H

大于 30°之后，$C_{L\alpha,H}$ 才开始有所下降。一般地，为了提高平尾效率，λ_H 不宜太小，χ_H 不能过大。

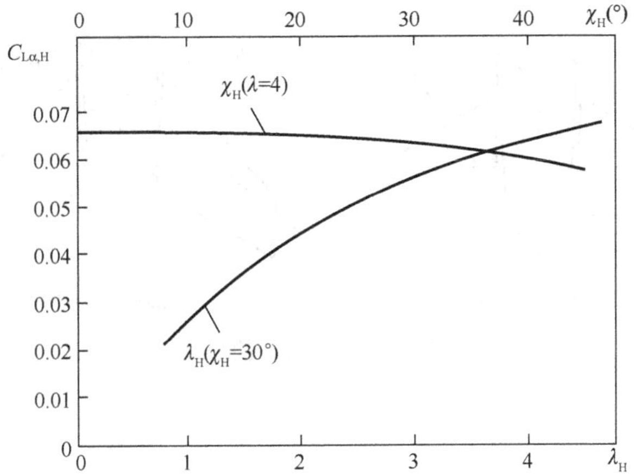

图 7.7.2　平尾的展弦比与后掠角对升力线斜率的影响

附录 H 给出了经典飞机平尾参数，并显示了部分经典飞机的俯视图，读者可对照参阅。

4. 平尾位置要求

平尾的位置(布局)直接影响其效率(对于稳定性的贡献)。平尾处于飞机机翼的下洗和速度阻滞区域内，其影响程度与平尾和机翼的相对位置(上、下、远、近)有关。布置平尾时，应该尽量减小下洗及速度阻滞的影响。在小迎角飞行时，机翼弦平面处下洗及速度阻滞最强，随着离开弦平面的距离增加而减弱。在迎角增加时，下洗的最强区向上移动。基于统计结果，图 7.7.3 给出了尾翼布局的最佳区域。

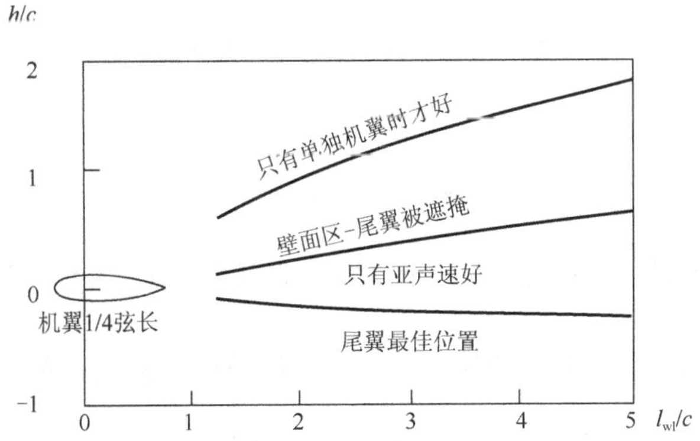

图 7.7.3　平尾可接受的位置边界

5. 平尾转轴设计

全动平尾的转轴有直轴和斜轴两类，如图 7.7.4 所示。一般地，大后掠角的全动平尾采用斜轴，既兼顾亚声速流动，又兼顾超声速时铰链力矩不大，转轴取平尾的 30%~35%

的平均气动弦长范围；中等后掠角的梯形平尾一般采用直轴安装。在大偏角下，斜轴平尾由于偏转时其根弦与机身之间出现间隙，所以效率比直轴平尾的低。

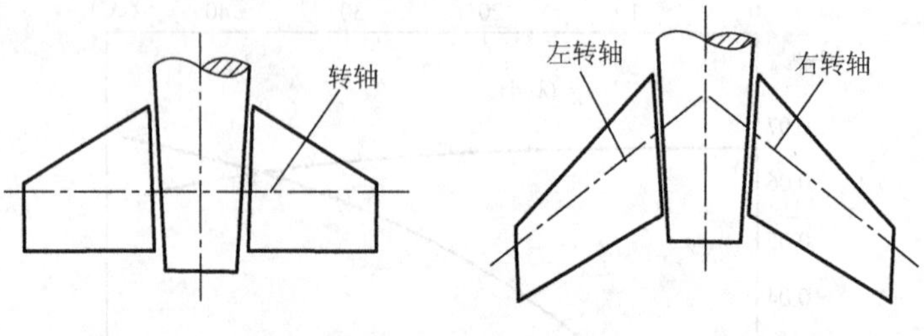

(a) 直轴式全动平尾　　(b) 斜轴式全动平尾

图 7.7.4　平尾转轴的形式

7.7.4　升降舵设计

对于人工操纵的中小型飞机，纵向操纵面采用升降舵。通过升降舵偏角的改变，使飞机在不同迎角下取得纵向力矩的平衡，同时也可实现在纵向对称面内的机动飞行。图 7.7.5 给出了升降舵的图示。

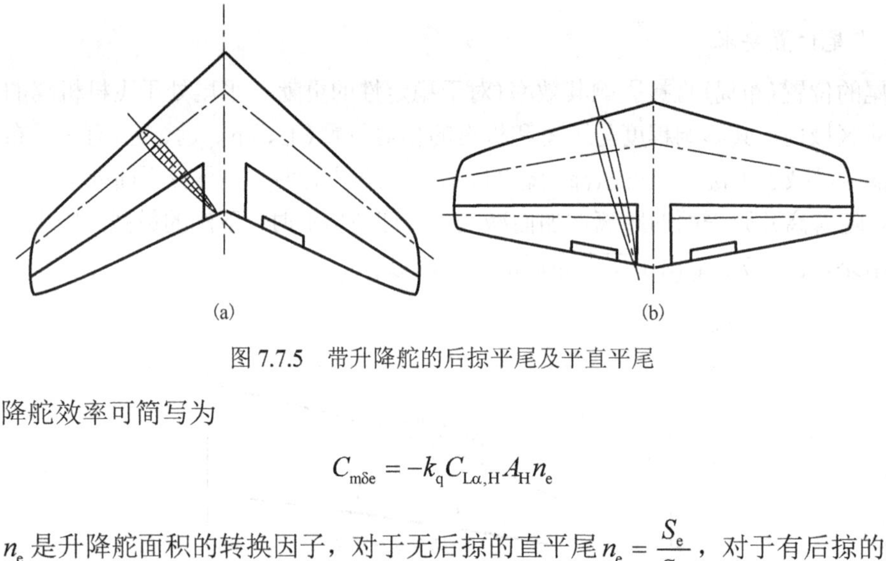

(a)　　(b)

图 7.7.5　带升降舵的后掠平尾及平直平尾

升降舵效率可简写为

$$C_{m\delta e} = -k_q C_{L\alpha,H} A_H n_e \tag{7.7.3}$$

其中，n_e 是升降舵面积的转换因子，对于无后掠的直平尾 $n_e = \dfrac{S_e}{S_H}$，对于有后掠的斜平尾 $n_e = \dfrac{S_e}{S_H}\cos\chi_e$，其中，$S_e$ 是升降舵面积，S_H 是平尾面积，χ_e 是升降舵前缘后掠角。对于低速飞机 $n_e = 0.3 \sim 0.4$，对于跨声速飞机 $n_e = 0.2 \sim 0.3$。

升降舵的设计与飞机重心前限密切相关。在初步设计时，升降舵的面积相对于平尾面积的比可以参照图 7.7.6 来选取。

关于典型机种所使用的升降舵的几何数据，读者可参阅附录 H。

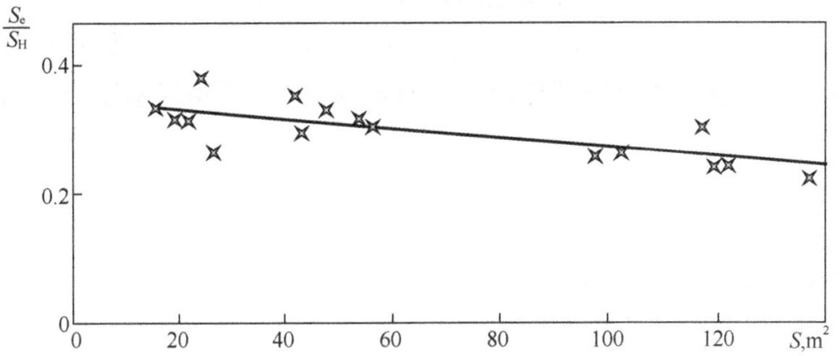

图 7.7.6　升降舵相对面积的统计

§ 7.8　保证航向稳定性和操纵性的气动力布局

本节讨论最后一个方向——航向的稳定性及其操纵面的设计，对应于图 7.5.1(c)。

7.8.1　航向操纵面的设计要求

飞机的航向操纵面要求保证飞机在各种飞行状态下都具有足够的航向稳定性。

(1) 侧风着陆。起飞着陆过程中，平衡侧风保持航向的能力是方向舵控制能力中最常应用的判据。

(2) 临界发动机停车。要有平衡因非对称推力产生的偏航力矩的能力。特别是当起飞滑跑过程中，临界发动机突然停车，有可能仅使用气动力主操纵(即方向舵操纵)来恢复对飞机操纵，并使飞机保持直线轨迹，继续起飞或中断起飞。

(3) 非对称外挂。此要求是在所有飞行条件下，方向舵都应具有平衡由机翼非对称外挂引起的偏航力矩和因副翼偏转而产生的偏航力矩的能力。特殊情况还要考虑非对称武器在机上发射时产生的偏航力矩。

(4) 协调机动。在飞机作绕速度轴滚转时，方向舵必须具有平衡偏航力矩的能力。这一要求在低速大迎角状态尤为突出。

(5) 超声速操纵效率。由于在超声速时方向舵效率总是下降的，因此应仔细选择方向舵的几何形状和尺寸，以保证飞机在超声速飞行的方向舵效率。若不满足，可采用带舵的双垂尾。

(6) 尾旋改出要求。要求飞机在失速或进入尾旋时，应具有从失速或尾旋中改出的航向操纵能力。

7.8.2　航向操纵面形式的选择

飞机的航向稳定性和操纵性是通过垂尾(或称立尾)、方向舵和腹鳍来实现(如图 1.1.3 所示)。其中的腹鳍是不可操纵的。

(1) 全动垂尾。作为超声速飞机除采用带方向舵的垂直稳定面外，考虑到航向稳定性和舵面效率随 M 数增加而大大下降，超声速飞行时只有亚声速效率的 20%~25 %，约占垂尾效率的 10%，在超声速飞机上需要采用双垂尾或全动垂尾。

(2)方向舵。飞机航向操纵通常采用方向舵。对特种用途的大型飞机，如机背驮运大尺寸货物的运输机以及机背上有圆环形天线的预警机，也采用双垂尾或多垂尾。操纵面仍是方向舵。

7.8.3 垂尾

垂尾设计所面对的最严重的状态是，最大设计马赫数和低速大迎角飞行时要有足够的航向稳定性。

全动垂尾的效率可以仿照全动平尾，主要利用尾容量来评估，但随迎角的增大，垂尾效率下降。若将垂尾布置在机身下，则垂尾效率随迎角增大而增加。而且，垂尾效率还与平尾的高、低位置有关。

1. 尾容量

垂尾的几何参数与平尾类似，其面积为外露面积。其效率主要通过尾容量 A_v 衡量

$$A_v = \frac{l_v S_v}{lS} \tag{7.8.1}$$

其中，l_v 为垂尾1/4平均弦长点到机翼1/4平均气动弦长点间的距离，m，如图 7.8.1 所示；S_v 为垂尾面积，m^2；l 为飞机机翼的翼展，m；S 为飞机机翼全面积，m^2。

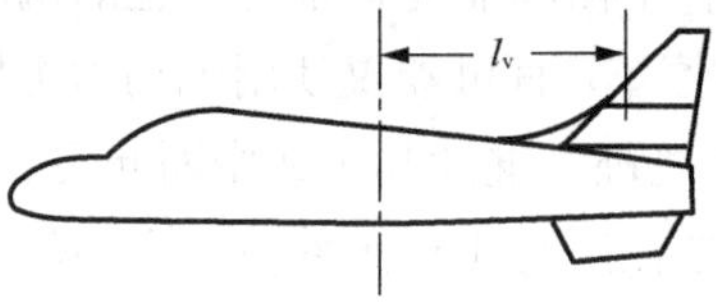

图 7.8.1 垂尾及腹鳍的位置

初步设计时可参考已有飞机的相关数据，垂尾面积与机翼面积之比多在 15%~25%之间，尾容量约为 0.05~0.12。

2. 垂尾形式和位置

图 7.8.2 给出了各种飞机尾翼的布置形式，最常见的是安装在后机身上方的单、双垂尾，V 形垂尾是为改善隐身特性而采用的。

垂尾在改出尾旋中起关键作用，为从尾旋中改出，要有足够的方向舵效率。因此在大迎角时，需要保证方向舵离开平尾的尾迹区域。图 7.8.3 给出了几种战斗机的垂尾布置关系，从图中可以看出，在大迎角下方向舵大部分面积都处在尾流区之外，因此都具有良好的防尾旋特性，其中以 F−18 最为突出。

垂尾的形式主要有单垂尾和双垂尾两种。单垂尾对应单发动机且机身近似圆形的战斗机(隐身性能差)；双垂尾对应双发动机战斗机，其机身较宽，垂尾效率更高，垂尾间干扰小，双垂尾外倾角在 15°~25° 之间(垂尾外倾有利于隐身)。

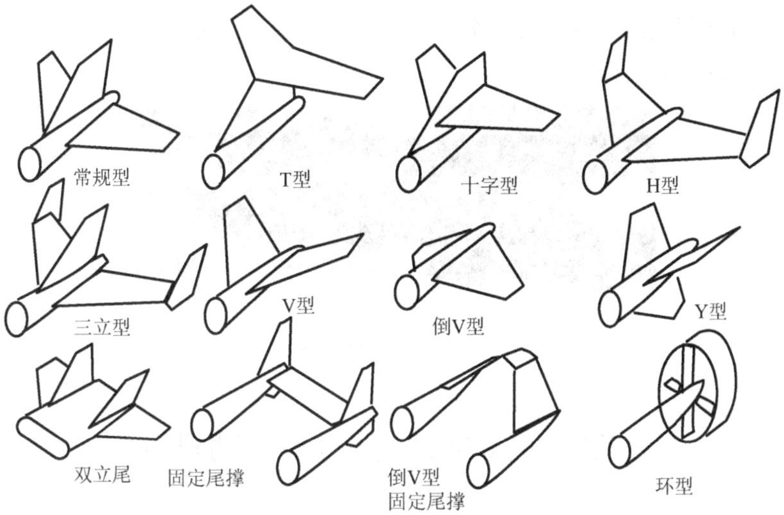

图 7.8.2　垂尾布置形式

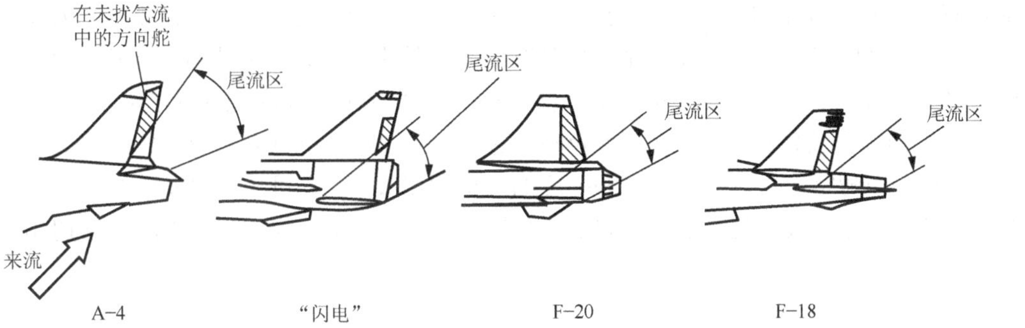

图 7.8.3　战斗机垂尾布置与平尾影响区域

附录 I 给出了经典飞机垂尾和方向舵参数，并显示了部分经典飞机的侧视图，读者可对照参阅。

7.8.4　方向舵

垂尾选定后，需要确定方向舵几何尺寸，主要考虑因素是：侧风着陆的最小控制速度及单发动机横向控制停车的作用；有足够的效率来配平不对称外挂载荷，并提高对方向扰动的阻尼。方向舵面积的选取方法同升降舵。

大型飞机的垂尾尾容量并不小，而方向舵的相对面积却可减小。

对于高亚声速飞机，方向舵相对面积一般在 $S_r/S_v = 0.35 \sim 0.4$ 之间。对超声速飞机一般在 $S_r/S_v = 0.2 \sim 0.3$ 之间。方向舵的相对弦长一般在 $c_r/c_v = 0.25 \sim 0.5$ 之间。方向舵相对展长一般为 0.85~0.90，方向舵最大偏角为 $\pm 20^\circ \sim \pm 25^\circ$。

7.8.5　腹鳍

腹鳍一般安装在机身下部，如图 7.8.4 所示。飞机大迎角飞行时，不受机头涡及翼身组合体分离流的不利侧洗影响，其效率不随迎角变化。考虑擦地角的影响，可采用两片大腹鳍或一片可折叠的大腹鳍。

图 7.8.4　飞机的腹鳍

§7.9　考虑隐身影响的气动设计

飞机的隐身技术出现于二战后，对于飞行器而言，其隐身能力是指低可探测性，是指降低飞行器的雷达、红外、可见光和声响等信号特征的能力。在超视距作战中，雷达是当前探测飞机的最可靠的方法。对于新一代的军用机，隐身能力是一项关键指标，因此在设计中，提高其隐身能力的主要措施主要是减弱飞机的雷达反射信号强度。当然，除了雷达隐身之外，红外、可见光和声响隐身目前也是飞行器设计中努力发展的方向。

飞机的隐身还包括多种技术，涉及多个领域。例如除了可见光隐身除传统的伪装图案外，还有采用随特定背景改变色调和亮度的飞机蒙皮技术，还可通过对发动机的设计使飞机减振降噪，这些技术也是非常重要的。本节简要介绍与雷达隐身和红外隐身密切相关的气动设计考虑。

7.9.1　基本概念

雷达散射截面(RCS)是指目标散射雷达波功率的全部折算面积，可以用来度量目标在受雷达波照射下所产生的回波强度大小。雷达散射截面的大小用 σ 表示，常用单位为 m^2 或 dbm^2(分贝平方米)。σ 的定义式为

$$\sigma = 4\pi R^2 \frac{S_c}{S_i} \tag{7.9.1}$$

其中，R 为目标到雷达天线的距离，m；S_i 为目标位置入射雷达功率密度，即单位面积的辐射功率，W/m^2；S_c 为天线位置目标散射功率密度，即单位面积的散射功率，W/m^2。

雷达散射截面的影响因素中，涉及与飞机相关的主要是，跟飞机到雷达的距离、散射体外形，此外还有方向角，因为不同方向下的飞机形态不同。

σ 关于单位 m^2 和 dbm^2 有如下换算关系

$$\sigma(dbm^2) = 10\lg\sigma(m^2) \tag{7.9.2}$$

$$\sigma(m^2) = 10^{\frac{\sigma(dbm^2)}{10}} \tag{7.9.3}$$

因此，$0(dbm^2) = 10^{\frac{0}{10}}(m^2) = 1(m^2)$，$20(dbm^2) = 10^{\frac{20}{10}}(m^2) = 100(m^2)$。

在战机设计中，一般以正前方正负 30° 范围内 σ 的平均值来描述一架飞机雷达散射

截面值的大小，即表示飞机被前方雷达探测发现的程度。对于第三代战斗机，一般要求正前方正负 ± 30°范围内 σ 在 1~2 m^2 范围；对于第四代战机，更要求达到 0.1~0.3 m^2 范围。表 7.9.1 给出了部分著名军用飞机正前方的雷达散射截面积 σ 值。

表 7.9.1　部分军用飞机正前方的雷达散射截面

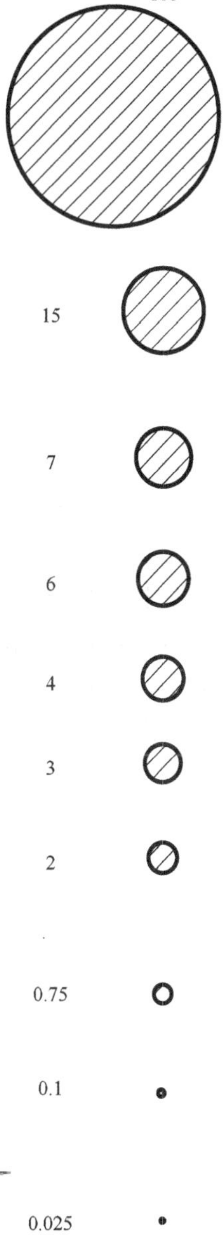

飞机	σ (m^2)
B−52	100
图−160（后掠）	15
FB−111（后掠）	7
F−4	6
米格−21	4
米格−29	3
阵风−D	2
B−1B（后掠）	0.75
B−2	0.1
F−117	0.025

根据雷达方程，雷达探测距离与目标的雷达散射截面积 σ 的四次方根成正比，若用 R 表示雷达探测距离，则

$$R \propto \sqrt[4]{\sigma} \tag{7.9.4}$$

设飞机σ为 0dbm^2(相当于 1m^2)，其探测距离约为 100km；若σ减小到-10dbm^2(达到 0.1m^2)，其探测距离减少 44%，即为 56km；若σ减小到-20dbm^2(达到 0.01m^2)，其探测距离减少 68%，即为 32km。不同隐身效能的飞机，在不同的距离上具有相同的雷达散射截面，图 7.9.1 显示了不同σ值的飞机与雷达探测距离关系的示意图。

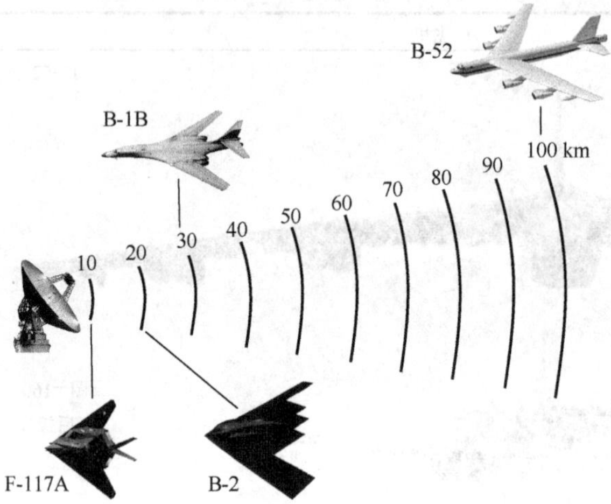

图 7.9.1　不同雷达散射截面飞机与雷达探测距离关系的示意图

对于雷达波方向的影响，图 7.9.2 显示，对于飞行器不同照射角方向的雷达散射截面有明显差异。

飞机隐身设计的目的在于尽可能减小雷达散射面积σ，影响σ的因素中，飞机的几何面积和几何特性、雷达波的反射方向其中是由飞机的外形决定，也就是隐身气动布局设计的问题；而另一个因素雷达波的反射率，则取决于雷达吸波材料和雷达吸波结构。飞机良好的隐身性必须将隐身气动外形与雷达吸波材料、雷达吸波结构合理运用。

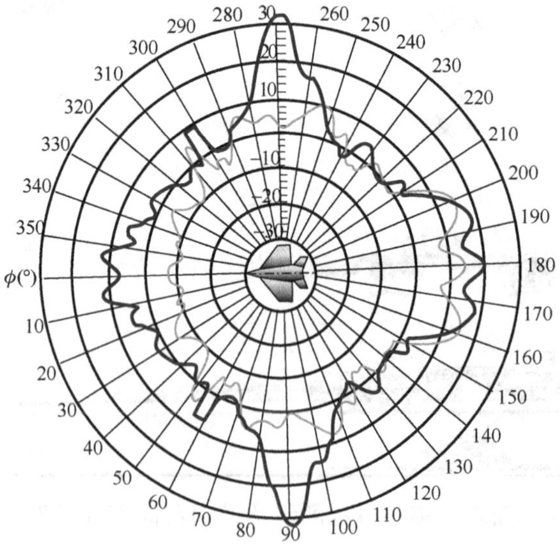

图 7.9.2　一架飞机不同角度的雷达散射截面积值

7.9.2　外形隐身设计的基本原则

隐身技术的发展和应用使飞机气动设计产生了重大变化。如何在保证气动特性的前提下，尽量减小飞机的雷达散射截面积，成为飞机设计的重要任务。这里只讨论飞机气动布局设计中考虑隐身要求应有哪些基本原则。

1. 消除角反射器布局

外形布局应当能够消除能构成角反射器的情况，角反射器的原理如图 7.9.3 所示。

当两块反射平板成 90°角放置时，入射波 k_i 以入射角 θ 进入角反射器，经过两次反射形成出射波 k_r。入射波与出射波相互平行且方向相反，不管入射角 θ 的变化，这个关系总是不变的。这样在 $0<\theta<90°$ 范围内，雷达总是能收到很强的平板型镜面反射波。研究发现，两面角反射器的耦合波峰强度可达到单一平板法向镜面回波的两倍(强度大且波峰宽度大)。仅一枚空空导弹的尾翼在侧向入射下的雷达散射截面就可达到 $100m^2$。因此角反射器是强反射源。

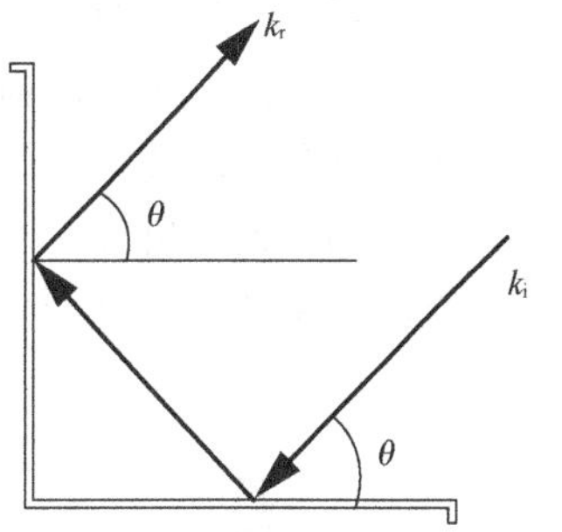

图 7.9.3　角反射器的原理

消除成为角反射器的外型布局的主要方法有，垂直机身与机翼可以采用翼身融合体设计；单垂尾与平尾的角反射器采用倾斜的双垂尾。这两类方法对于消除角反射器都是有效的。图 7.9.4 所示为用垂尾倾斜消除角反射器。

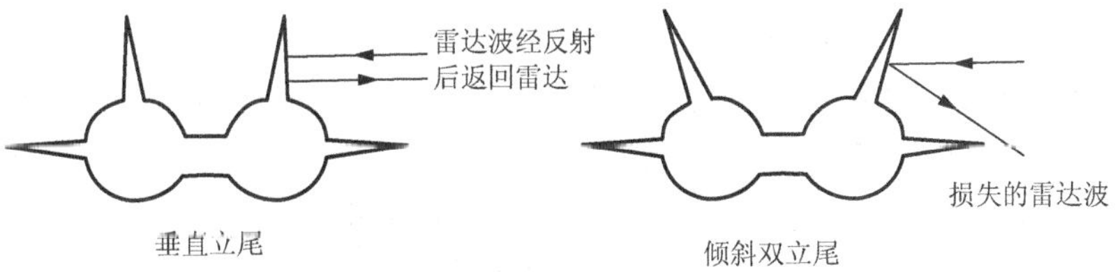

图 7.9.4　用垂尾倾斜消除角反射器

2. 变后向散射为非后向散射

如图 7.9.5 所示，垂直侧面能够较强地反射雷达波，而对于倾斜的平侧面和弧面都能够减少雷达波反射。F−22、F−35 飞机采用带棱边的机头，将机身平侧面改成倾斜侧面，如图 7.9.6 所示。

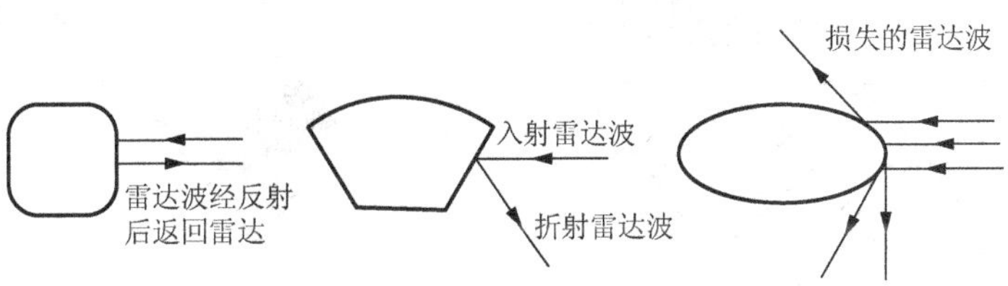

图 7.9.5　变后向散射为非后向散射

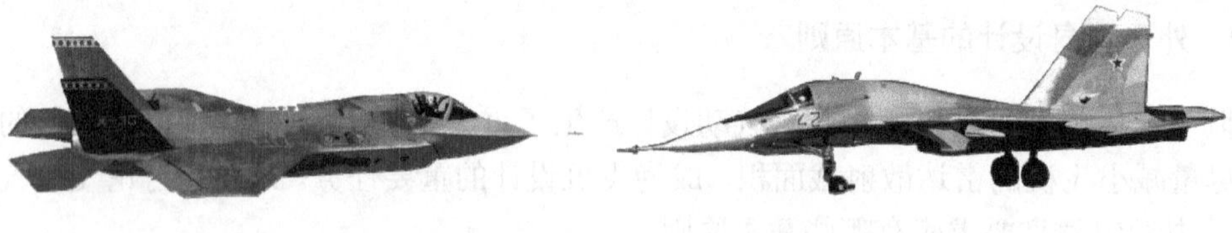

图 7.9.6　F-35(左)和苏-34(右)的棱边机头

3. *遮挡强散射部件*

由于进气道属于强散射源，因此可以将其布局于飞机背部，由于飞机背部背风，因而可以用机身和机翼遮挡进气道，例如 F-117 和 B-2 飞机(见图 7.9.7)的进气道。但是这种进气道布局，大迎角特性不好。此外，也可以利用飞机机翼及边条对机身侧向的遮挡，来减小侧向的雷达散射截面值。

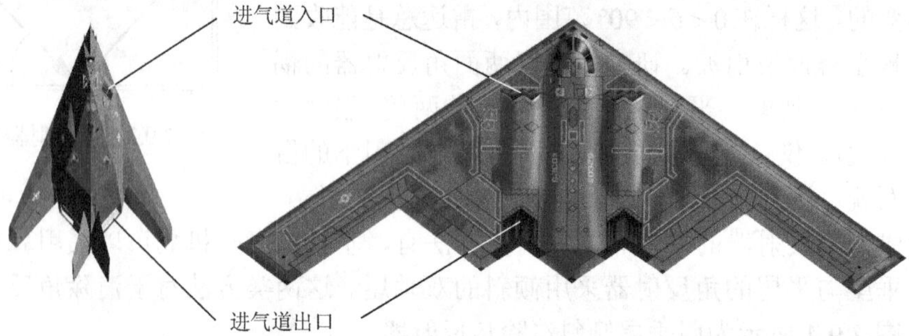

图 7.9.7　F-117、B-2 俯视图(可见进气道置于飞机背部)

4. *改变照射方向的气动布局*

可以将全机各翼面的棱边都安排在少数几个非重要的照射方向上去，设计成大于正前方 40°的范围之外；且飞机机翼、平尾、垂尾的前缘、后缘都相互平行，因为前后缘平行可使雷达波反射尖峰叠在一起减少尖峰个数。采用这种设计方法的典型飞机为美国的 F-22 可以看到其机身、机翼、尾翼的边缘都设计成了几个集中方向的形式。图 7.9.8 所示为 F-22 外形各部件前后的边缘平行。

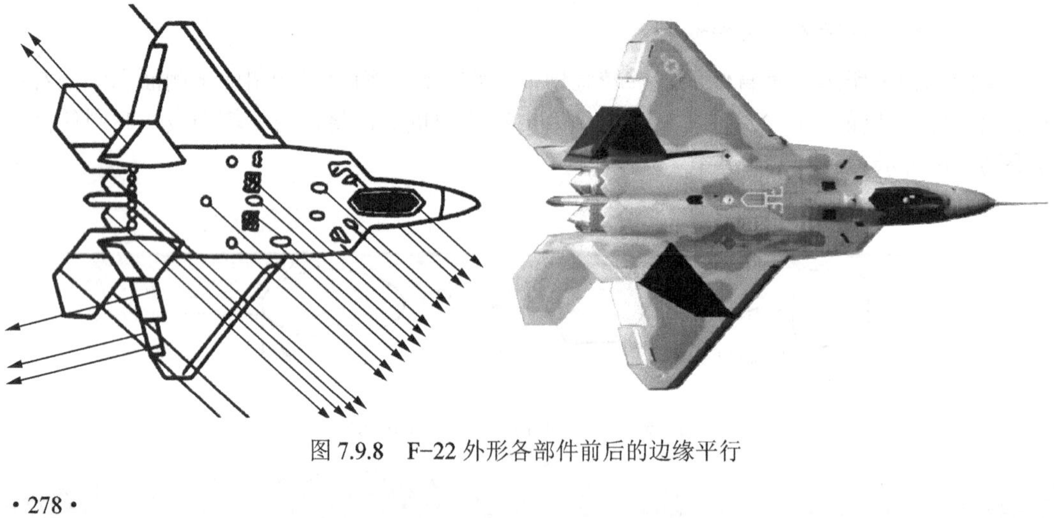

图 7.9.8　F-22 外形各部件前后的边缘平行

5. 消除强散射源

飞机发动机的进气道，设计不好的话将成为强散射源，采用进气口斜切以及将进气道设计成 S 弯形的方法可以消除进气道的强散射源，也有一些其他的措施。S 弯形可以采用横向偏移来实现。雷达波照射直管道可以产生一到两次反射，而照射 S 型管道则产生四到五次反射，有效地降低了反射波强度。S 弯形管道既可以遮挡电磁波使其不能直射到压气机叶片上，又可以使进入进气道内的电磁波经过多次反射使回波减弱，从而有效地减弱了进气道的雷达散射截面积。如 F−22 和 F−18 改进型号都采用了斜切进气道和 S 弯形进气道。

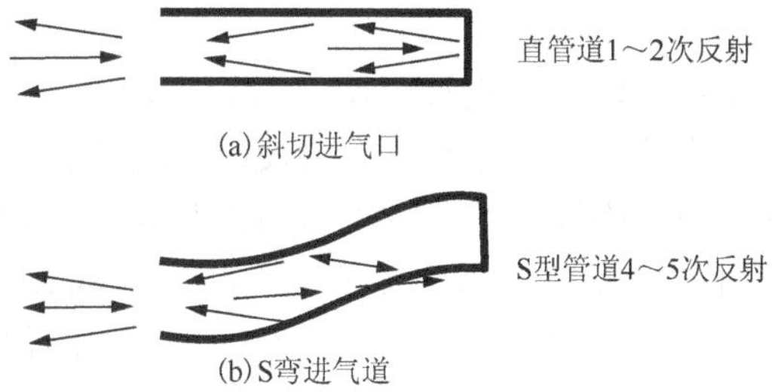

图 7.9.9　飞机斜切口及 S 弯进气道雷达波反射减缩原理图

外挂物是重要的强散射源，将中、近程导弹及炸弹都埋在机身舱内，可以减小强散射源的数目，如 F−22 和 B−2 飞机(但是那样也会增大机身横截面积，增加阻力)；也可采用保形外挂(例如 EF−2000)，将导弹贴在机身上。

图 7.9.10　B−2 飞机的外挂内埋式设计

6. 细节设计

对于弱散射源，例如机身口盖、舵面缝隙、台阶、铆钉等，可以采用的措施是，将口盖、缝隙设计成锯齿形。

图 7.9.11　YF−23(左)和 B−2(右)尾部的锯齿形设计

7.9.3 外形隐身要求对气动布局及部件的影响

下面从飞机部件的角度对各部件采用的隐身措施进行说明。

1. 机翼

从隐身的角度应选用后掠大、展弦比小和根梢比大的机翼。小展弦比机翼由于展长的减小，有降低雷达散射截面的作用。大根梢比机翼的根弦比较长，对机身侧面的遮蔽效果明显，而侧面则是机身反射波最强的方向。

2. 机身

对于机身，以几种著名战机为例进行说明。F-117 攻击机的机身由多面体构成，如图 7.9.7 所示，这是一种非常奇特的绝无仅有的设计，出发点还是从隐身考虑。机身的每块平面有空间倾角，垂直平面倾斜角和水平平面内的后掠角都较大，周围来的雷达波都向上折射，地面雷达和水平面上敌机的雷达都接收不到，对降低机身的雷达反射信号强度有明显的作用。但这种多棱边机身很容易产生气流分离，阻力的代价很大，对结构受力也不利。

B-2 轰炸机的机身在机翼上表面类似一个流线形的大鼓包，从前到后宽度基本保持不变。机身的两侧为发动机短舱。从侧面看，机身外形接近翼形。突出机翼下表面的机身在展向与机翼下表面和缓地过渡，没有明显的界限。总的来说，机身与机翼有很好的融合，外形过渡和缓光滑，将良好的隐身性与气动外形结合在一起。

F-22 战斗机(见图 1.2.36、图 6.2.1 和图 7.9.8)为上单翼，机身上部与机翼融合在一起。机身侧面为向内倾斜约 35°的平面，使反射波避开雷达威胁的主要方向(一般认为侧面在 30°以内)。机身下部基本为平面，有武器舱门。在进气口以前的前机身截面类似菱形；下部也是向内倾斜约 35°的平面。上部略带弧度，以便与座舱盖构成融合体。座舱盖的侧面与机身也形成倾斜约 35°的曲面。F-22 机身外形的隐身设计主要靠倾斜的平面和机身上部的融合体。F-117 和 F-22 都是洛克希德公司为主设计的，F-22 机身的隐身设计继承了 F-117 倾斜平面的思路，并且有所发展，隐身性和气动性能有更好的结合，F-22 机头倾斜的平面在两侧形成棱边，大迎角时能保持左、右旋涡的对称，对防止失控和提高大迎角时的飞行品质有好处。

3. 尾翼

按照隐身的考虑最好是去掉尾翼(平尾和垂尾)，B-2 轰炸机采用的就是这种形式。去掉尾翼有两个前提，一是有非常可靠的主动控制系统确保飞机的稳定性；二是飞机机动性要求不高。因此高机动性战斗机目前还不能完全去掉尾翼。

F-22 为常规的尾翼布局，虽然有垂尾，双垂尾外倾 27°，能躲开大部分侧向雷达的探测，因为在水平面上、下 30°范围内的雷达探测对飞机的威胁最大。平尾与机翼在同一水平面上并与机翼后缘相邻，对机身侧面起遮蔽作用，降低了雷达散射截面。平尾的前后缘与机翼的前后缘平行，垂尾前缘俯视投影的后掠角与机翼前缘相同(后缘不相同)，这有助于将翼面前后缘的反射波集中在少数几个方向，对隐身有好处。但还是有不利的因素，

F−22 机翼后缘前掠角 17°，与前缘后掠角 47°一致，形成 8 个主要反射波束。而且垂尾后缘前掠角与其他翼面不一致，隐身性能不及 YF−23。

4. 部件间的相互遮蔽

前面已提到可以利用机翼对机身的侧向遮蔽用以减小雷达散射面积。对于远距攻击机和轰炸机，防范地面雷达的探测是主要问题，因此最好是将机身和发动机短舱等突出物完全置于机翼之上，使整个飞机的下表面为平坦的平面。飞机的飞行高度相对雷达探测距离很小，需要考虑的雷达波入射角(相对于法线)一般不小于 45°。如图 7.9.12 平坦的机翼下表面相对这么大角度的入射波会将大部分的电磁能量折射开，雷达接收到的反射信号很弱。也要注意到有特殊情况，当入射波接近法线方向，机翼表面接近镜面反射会使雷达散射截面增大很多，但这种环境和延续的时间都极小。

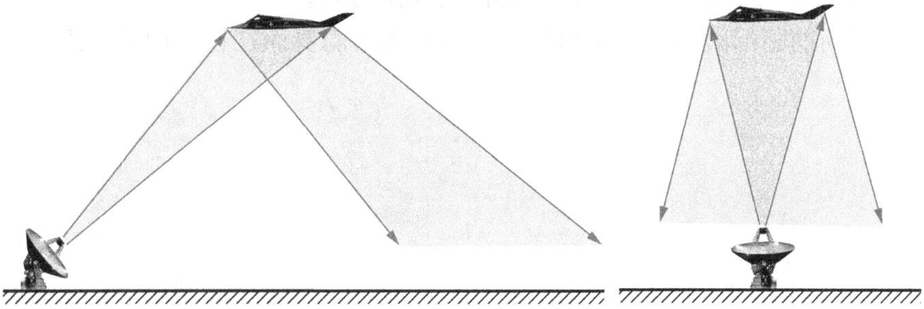

图 7.9.12 地面雷达与下部平坦的飞行器

F−117 飞机是这方面的典型，机翼前缘延伸至对称线，将机身完全遮蔽。B−2 轰炸机也采取这种措施，虽其机身和发动机短舱有一部分突出于机翼下表面，但用非常和缓的整流过渡，与机翼下表面融合在一起。对于战斗机来说，主要是对空作战，对仰视和俯视的雷达都需要防范，因此一般不采用这种方法。

5. 发动机

进气道隐身性的一个重要要求就是，要使得入射波不能顺利地直达进气道底部，尽量避免镜面反射。F−117 采用在进气口加隔波栅板的办法，栅板由吸波材料制成。电磁波不能进入进气道。其他几种隐身飞机都是采用 S 形的进气管道来解决这个问题，S 形管道同时有削弱雷达反射波强度的作用。美国的 B−2 轰炸机采取的是进气道内部安装导流片的措施，这种设计也可阻挡电磁波在管道内部的反射。此外，出于隐身考虑，进气道的唇口要设计得薄且尖。

6. 武器等外挂

武器等外挂物显然是飞机的强反射源，首先外挂物本身的雷达散射面积很大，其次外挂与机体之间的角反射效应明显。解决该问题的根本办法将武器内置，当前已有的几种著名隐身飞机都采用该措施。但武器内置必须增大飞机的容积和重量，且影响武器装载的灵活性。因此出现了另一类方法就是保形外挂，它主要有贴合式、半埋式和整流罩式等形式，使得外挂物本身可“作为”飞机外形的一部分而进行外形匹配，可以适当降低隐身要求，确保武器装载的灵活性。

复习与思考

1．翼型和机翼的选择原则有哪些？
2．机身设计和机翼设计如何关联？具体涉及哪些方法？
3．面积律修型是如何进行的？
4．变后掠机翼的优点与确定各是什么，代表机型有哪些？
5．襟翼和缝翼增升的原理是什么，有哪些异同？
6．副翼如何设计，影响副翼设计的主要因素有哪些？
7．减速板对飞行器有哪些影响？
8．说出稳定面和操纵面有哪些，是如何发挥作用的？
9．查找最新的隐形战机的图文资料，理解其为了隐身而在设计中的考虑。

第 8 章　高超声速飞行器气动设计

我们已经在第 1 章 § 1.2.4 节中介绍了高超声速飞行器的发展历程，已经了解高超声速飞行器既包括航天飞行器(航天飞行器的飞行轨道具有穿越大气层的发射、上升段，在大气层外飞行的轨道飞行段，再入大气层的再入、返回段)，如卫星、飞船、航天飞机、空天飞机和弹道式导弹，也包括在大气层内以高超声速飞行的飞机和导弹。

高超声速飞行器在它的飞行全过程中，将会经历到各种速度范围，包括从不可压、亚声速、跨声速、超声速到高超声速范围内的气动问题。对于速度较低的范围，飞行器的气动特性接近于常规的飞行器。对于高超声速飞行范围则有其特殊性。

高超声速飞行器是区别于超声速飞行器，速度更高的飞行器，一般指飞行马赫 $M > 3$ 的情况，这时流场中激波的压缩作用很强，会导致高度非线性的流体动力学特性，同时伴随着明显的高温物理化学现象。高超声速的影响对于钝头的飞行器来说表现更加突出，对于细长体飞行器来说要到 $M = 5$ 左右才能表现出来。本章将简单介绍高超声速流动特性及高超声速飞行器设计的相关问题。

§ 8.1　高超声速流动的主要特征

高超声速流动的主要特征源于很高的流动速度，由高速产生的高度非线性的流体动力学特性，以及气体强烈压缩和耗散引起的高温物理化学现象，通过理论和试验的方式研究都有较大难度。具体来说，流动有以下几个特征。

1. 飞行器激波层很薄

飞行器在超声速飞行时，前缘将产生脱体的弓形激波或附体的斜激波，激波与飞行器表面之间的流场区域称为激波层，随着来流速度的提高，激波层会变薄。图 8.1.1 中给出了某高超声速飞行器外形风洞试验流场纹影图显示，飞行器头部激波距离驻点很近，且头部附近激波层也很薄。

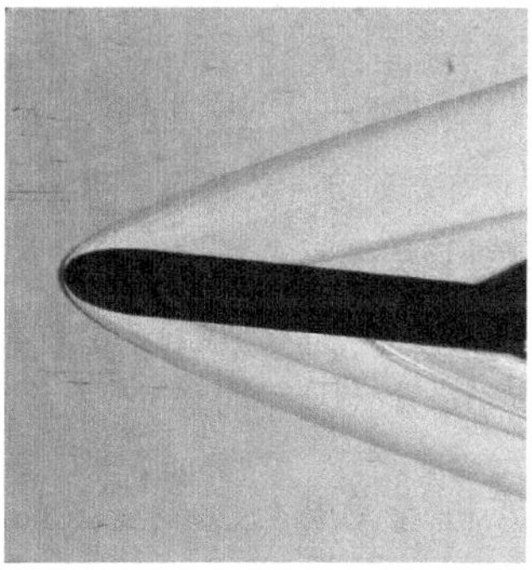

图 8.1.1　某飞行器高超声速流动风洞试验纹影图

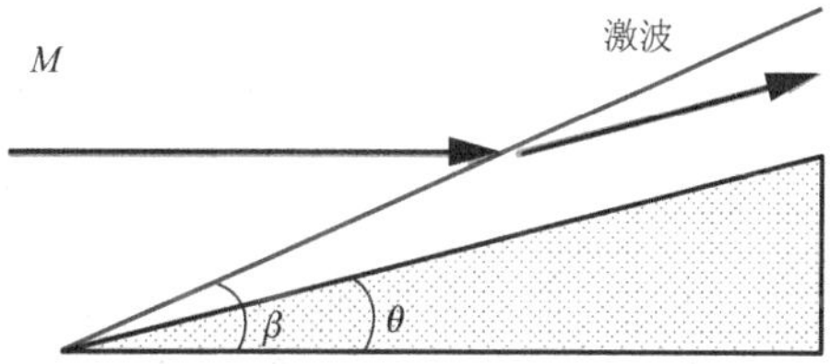

图 8.1.2　尖楔斜激波示意图

分析激波层厚度，以二维 15° 尖楔斜激波流动为例(图 8.1.2)，当来流马赫数 $M=10$，假定空气为完全气体，其比热比 $\gamma=1.4$ 时，根据空气动力学中的斜激波关系式

$$\beta=\frac{\gamma+1}{4}\theta+\sqrt{\left(\frac{\gamma+1}{4}\right)^2\theta^2+\frac{1}{M^2}} \tag{8.1.1}$$

其中，β 为斜激波激波角，θ 为尖楔导致的气流折转角。则据式(8.1.1)，可得 β 为 14.43°；将马赫数 M 提高至 25，则 β 减小到 12.47°；继续将 M 提高至 36，则 β 减小到 12.24°。这时如果进一步考虑高温效应，相当于 γ 变小趋近于 1，β 会更小，斜激波趋近于平行于壁面。可见，在高超声速流动中，激波层非常薄。

高超声速流动的薄激波层特征，是包括牛顿理论在内的高超声速无黏流动的近似分析方法的基础，这些方法都会针对该流动形式进行适当条件假设和模型简化。

激波层很薄将引发的另一个现象是，当高空处雷诺数较小时，由于黏性边界层较厚，导致边界层在激波层内部区域不可忽略，必须在整个激波层内考虑黏性的影响，这也是后面将要介绍的高超声速流动的第三个特征。

2. *壁面附近存在较强的熵层*

高超声速飞行器头部或钝缘前流场中存在弓形激波，由于弓形激波不同位置处激波强度不同，流动过激波后熵值增加也不同，如图 8.1.3 中 A 处是正激波，B、C 处是斜激波，显然 A 处熵增最大，C 处最小。气体过激波后继续往下游方向流动，就会形成不同熵值的流动层覆盖在飞行器表面上，图 8.1.3 中从 A、B 两点间流过的气体形成了熵值最高的底层，紧贴壁面，而越向外的流动层熵值越小。因此，覆盖在物体表面的是具有强熵值的气体层，称为熵层。

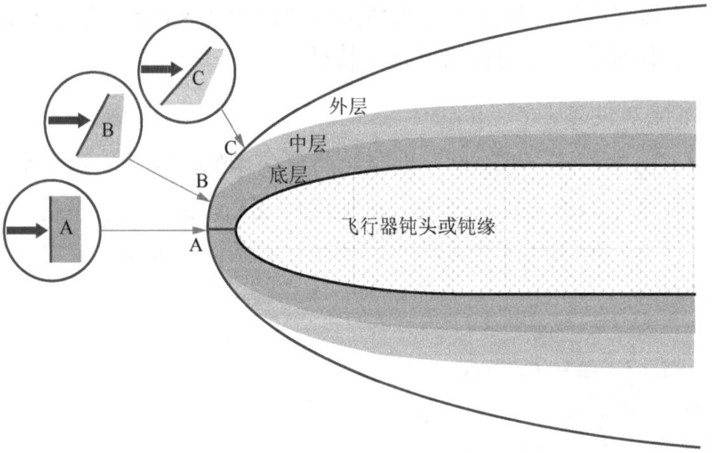

图 8.1.3　高超声速飞行器钝头或钝缘处熵层的形成

为了进一步看清强熵层的影响，根据流体力学经典的克罗柯(Crocco)定理，有

$$\mathbf{V}\times(\nabla\times\mathbf{V})=-T\nabla s \tag{8.1.2}$$

其中，$\nabla\times\mathbf{V}$ 表示流场旋度，T 是温度，S 是熵。上式将熵梯度与旋度(涡量)联系在一起，说明强熵层也是涡量很强的区域，这说明壁面附近的流动具有较大的剪切作用，将影响到边界层的理论分析。

3. 黏性效应强，边界层/激波层相互干扰作用明显

高超声速流动中，由于激波的强压缩作用，波后气流流动的很大动能转换成内能，气流进入边界层中，使得高超声速边界层内的温度很高。空气温度升高使得边界层变厚，黏性的影响显著增强。

具体分析主要有两个方面的原因：一方面随着空气温度升高，其黏性系数相应升高，黏性影响变大，使得边界层变厚；另一方面飞行器表面的法向方向，边界层内的压强不变，温度的增加，根据状态方程，密度将变小，进一步由质量守恒定律可知将使边界层的厚度增大。因此结合两个方面因素，高超声速流动中的飞行器边界层比低速度流动中的边界层厚得多。

边界层的增厚使得其与外部无黏流动的相互影响变得显著，并且由于激波具有贴向壁面的趋势，边界层与激波层的相互干扰明显，激波层内部必须按黏性流动来考虑，这些因素局部流动结构变得复杂。

4. 高温效应

高超声速流动通过激波压缩和黏性阻滞，使得激波层产生高温，可以激发气体分子的振动、转动、电子能量，引起离解、化合甚至产生电离反应、烧蚀现象，这些现象都使气体偏离完全气体的假设，这种现象称之为高温效应，也称作真实气体效应。

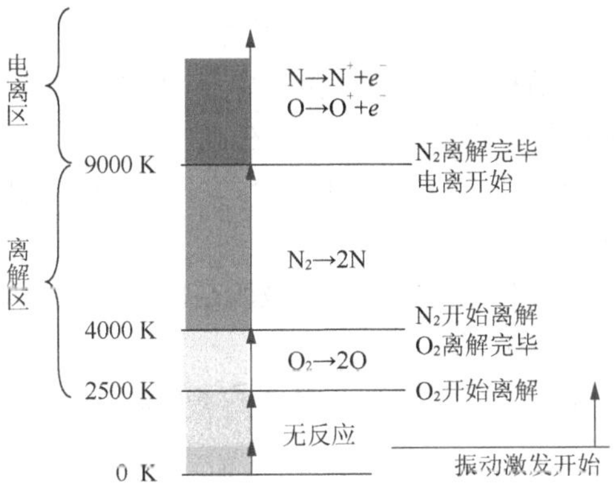

图 8.1.4　1 个大气压下空气随温度升高的状态变化示意图

结合图 8.1.4 来看，在 1 个大气压下，当空气的温度超过 800K 时，分子振动能会受到激发，组分类型虽未变化，空气的热力学属性中，定压比热和定容比热都将成为随温度变化的函数，比热比也称为温度的函数。温度再升高时，空气中将发生一系列化学反应，温度升高到 2000K 时，氧分子(O_2)开始离解为氧原子(O)；温度升高到 4000K 时，氧分子基本离解完毕，氮分子(N_2)开始离解为氮原子(N)；温度升高到 9000K 时，氮分子基本离解完毕；当温度高于 9000K 时，空气开始发生电离($N_2 \to 2N$，$O_2 \to 2O$)，成为电离气体混合物，也称为等离子体。图 8.1.5 给出了不同有升力再入轨道和相应的振动激发、离解和电离的区域，显示出飞行器再入过程中，需要跨越不同状态变化区域。

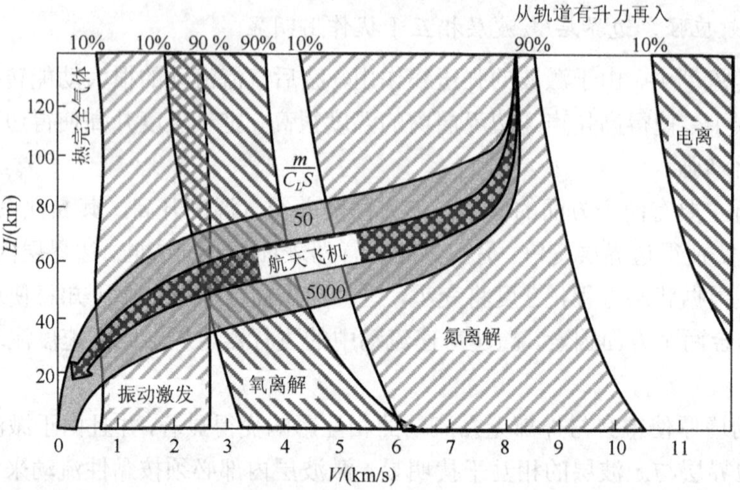

图 8.1.5　不同有升力再入轨道和相应的振动激发、离解和电离的区域分布

高温效应对高超声速飞行器的影响主要表现在以下四个方面。

第一，使得飞行器的气动力和力矩特性距完全气体情况有较大偏差，例如美国航天飞机首飞中体襟翼偏转角几乎达到预示偏角的 2 倍才实现配平。后来有研究者将空气模型考虑 7 组元真实气体模型，通过数值模拟对这一流动进行了计算研究，结果证明了真实气体效应是配平异常的根本原因。有研究还指出，高温效应使得航天飞机的体襟翼效率增大、头部弓形激波脱体距离更小、升力系数降低、阻力系数增加、抬头力矩增加等现象。

第二，边界层流动温度场和热流率偏差巨大，对于飞行器热防护设计影响大，例如，对于美国“阿波罗”(Apollo)飞船的再入飞行，在高度 53km 处，大气温度为 283K，飞行马赫数为 32.5 时，按照完全气体和正激波关系计算出的激波后温度高达 58300K，而实际情况仅为 11600K，二者相差巨大。

第三，较高温度时发生的电离现象，使得激波层内气体成为导电的等离子体“鞘套”，严重影响电磁波的传输，这就是“黑障”问题。

第四，激波后的高温气体延伸至尾流，增大了飞行器的红外目标特征尺度，不利于飞行器的隐身与突防。

§ 8.2　高超声速飞行器气动特性计算方法介绍

在高超声速飞行器的初步设计中，绕飞行器的绝大部分流场中黏性效应可被忽略，应用无黏性流动理论进行气动力设计仍不失为可靠性高、收效快的途径。即使在航天飞机的研制中，采用该类方法进行气动力初步设计也取得了成效。高超声速无黏流动计算常用的理论包括基本激波/膨胀波关系、牛顿理论、马赫数无关原理、高超声速小扰动简化方程求解、切劈法/切锥法、激波–膨胀波方法、高超声速相似率、等效原理和数值模拟方法。

同时应该指出，在气动热设计及现代天地往返运输系统的设计中，黏性效应必须计入，高超声速黏性流动计算方法主要包括自相似边界层求解理论和数值模拟方法。

下面分别针对高超声速无黏流动和黏性流动，简要介绍相关计算方法和重要结论。

8.2.1　高超声速无黏流动计算方法

1. 基本激波/膨胀波关系

激波/膨胀波关系是超声速、高超声速流动中最常用的计算关系，其本身为精确模型，常用于流场参数估算或支撑其他计算模型，下面具体说明。

正激波关系：参照图 8.2.1，流动穿过正激波后多个参数都发生突变。下标 1 表示波前参数，下标 2 表示波后参数，M 为马赫数，p 为压强，ρ 为密度，T 为温度，γ 为比热比。

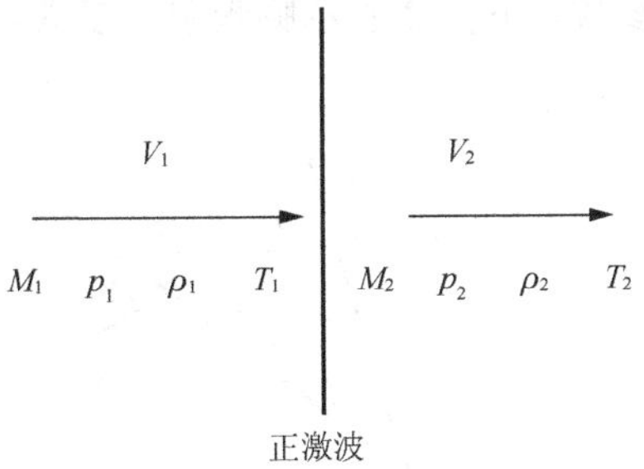

图 8.2.1　正激波前后参数示意图

$$
\begin{cases}
\dfrac{\rho_2}{\rho_1}=\dfrac{M_1^2}{1+\dfrac{\gamma-1}{\gamma+1}\left(M_1^2-1\right)} & \dfrac{p_2}{p_1}=1+\dfrac{2\gamma}{\gamma+1}\left(M_1^2-1\right) \\
\dfrac{T_2}{T_1}=\dfrac{\left[2\gamma M_1^2-(\gamma-1)\right]\left[(\gamma-1)M_1^2+2\right]}{(\gamma+1)^2M_1^2} & M_2^2=\dfrac{1+\dfrac{\gamma-1}{2}M_1^2}{\gamma M_1^2-\dfrac{\gamma-1}{2}}
\end{cases}
\tag{8.2.1}
$$

斜激波关系：参照图 8.2.2，流动穿过斜激波后多个参数也发生突变。下标 1 表示斜激波前参数，下标 2 表示斜激波后参数，β 为激波角，θ 为气流折转角，u 为水平方向速度分量，v 为垂直方向速度分量。

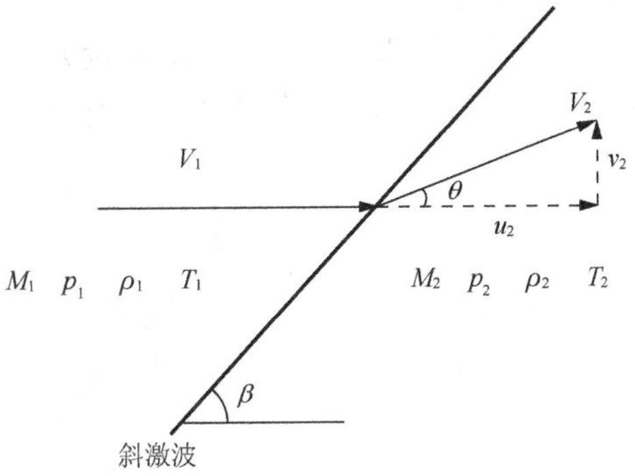

图 8.2.2　斜激波前后参数示意图

$$
\begin{cases}
\dfrac{\rho_2}{\rho_1}=\dfrac{(\gamma+1)M_1^2\sin^2\beta}{(\gamma-1)M_1^2\sin^2\beta+2} & \dfrac{p_2}{p_1}=1+\dfrac{2\gamma}{\gamma+1}\left(M_1^2\sin^2\beta-1\right) \\
\dfrac{u_2}{V_1}=1-\dfrac{2(M_1^2\sin^2\beta-1)}{(\gamma+1)M_1^2} & \dfrac{v_2}{V_1}=\dfrac{2(M_1^2\sin^2\beta-1)\cot\beta}{(\gamma+1)M_1^2} \\
\tan\theta=2\cot\beta\left[\dfrac{M_1^2\sin^2\beta-1}{M_1^2(\gamma+\cos 2\beta)+2}\right]
\end{cases}
\tag{8.2.2}
$$

当来流马赫数 M_1 很大时，$\dfrac{\rho_2}{\rho_1}$ 趋于 $\dfrac{\gamma+1}{\gamma-1}$，$\dfrac{p_2}{p_1}$ 趋于 $\dfrac{2\gamma}{\gamma+1}M_1^2\sin^2\beta$，$\dfrac{\beta}{\theta}$ 趋于 $\dfrac{\gamma+1}{2}$。

膨胀波关系：参照图 8.2.3，流场中的特征结构是膨胀扇，在其中气体参数是连续变化的。下标 1 表示膨胀扇前参数，下标 2 表示膨胀扇后参数，μ 为马赫角，θ 为气流折转角，ν 为普朗特–迈耶函数。

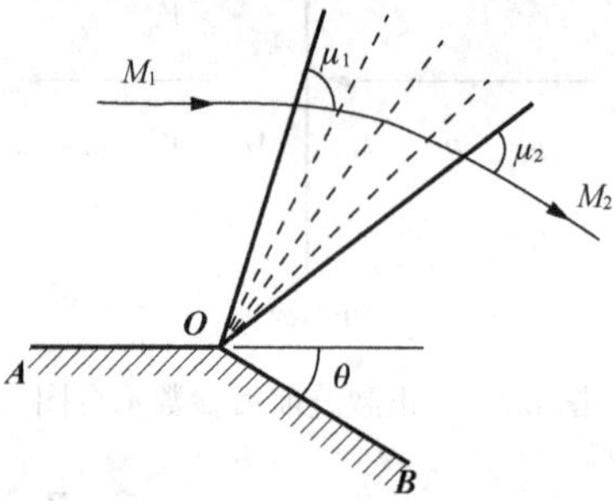

图 8.2.3　普朗特–迈耶膨胀波示意图

$$
\begin{cases}
\mu_1=\sin^{-1}\dfrac{1}{M_1} \qquad \mu_2=\sin^{-1}\dfrac{1}{M_2} \\
\theta=\nu\left(M_2\right)-\nu\left(M_1\right) \\
\nu\left(M\right)=\sqrt{\dfrac{\gamma+1}{\gamma-1}}\tan^{-1}\sqrt{\dfrac{\gamma-1}{\gamma+1}\left(M^2-1\right)}-\tan^{-1}\sqrt{M^2-1}
\end{cases}
\tag{8.2.3}
$$

2. 牛顿理论

牛顿理论是上世纪中期高超声速气动工程计算的重要模型，下面介绍它的模型思路。

对于流向壁面的流动，牛顿理论的假设是，将流动假设为一系列均布的、彼此无关的运动质点，质点与物面碰撞后法向动量损失转化为物面的作用，切向动量不变(图 8.2.4)。

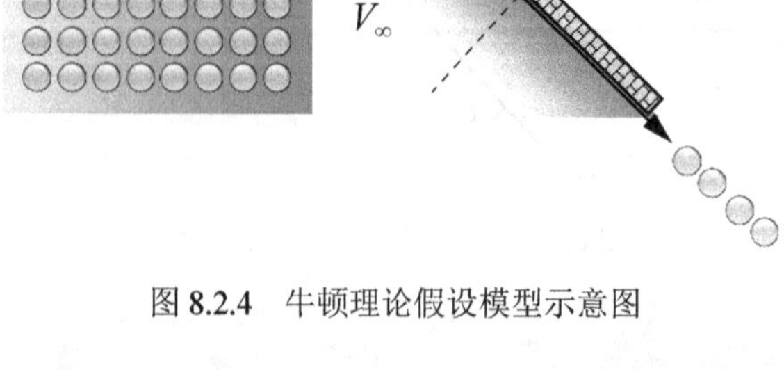

图 8.2.4　牛顿理论假设模型示意图

根据上述假设过程，根据动量定理可推导出著名的正弦平方律，即壁面当地压力系数

$$C_p = \begin{cases} \dfrac{p - p_\infty}{\frac{1}{2}\rho_\infty V_\infty^{\ 2}} = 2\sin^2\theta & \text{迎风面} \\ 0 & \text{背风面} \end{cases} \tag{8.2.4}$$

其中，p 为壁面当地压强，p_∞、ρ_∞ 和 V_∞ 分别为高超声速来流的压强、密度和速度，θ 为来流同壁面方向夹角(图 8.2.5)。对于高超声速流动，由于激波层贴近壁面，实际流动同该模型非常接近，所以该理论在高超声速流动得到较好应用，其优点是只需知道来流条件和壁面外形，就可以直接利用式(8.2.4)求出壁面每个位置的压强 p，当地压强 p 不受其他影响。

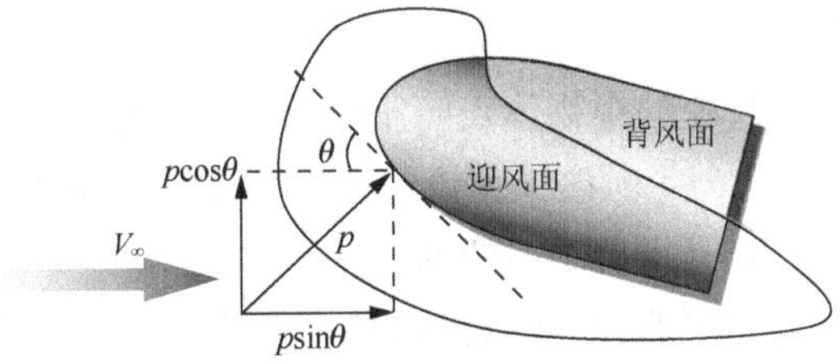

图 8.2.5　牛顿理论运用方法示意图

牛顿理论的具体应用步骤是：①来流与物面分析，确定迎风面和背风面，明确积分形式；②写出物面上一点的压力系数表达式；③根据要求的气动力系数确定表面微元受力分量；④积分求得物体的气动力，进而求取气动力系数。

根据牛顿理论计算高超声速来流下的无黏平板流动(如图 8.2.6(a)所示)，图 8.2.6(b)结果显示，升力系数在 $\theta \approx 55°$ 时达到最大值，阻力系数随 θ 的增大而增大，升阻比随 θ 的增大而减小。其中升阻比在 θ 较小的时候与实际情况有较大出入，实际流动中由于黏性的影响，$\theta = 0°$ 时 L/D 趋于 0 而不是无穷大，应当如图 8.2.6(b) 中的虚线所示，这是牛顿理论所不能描述的。

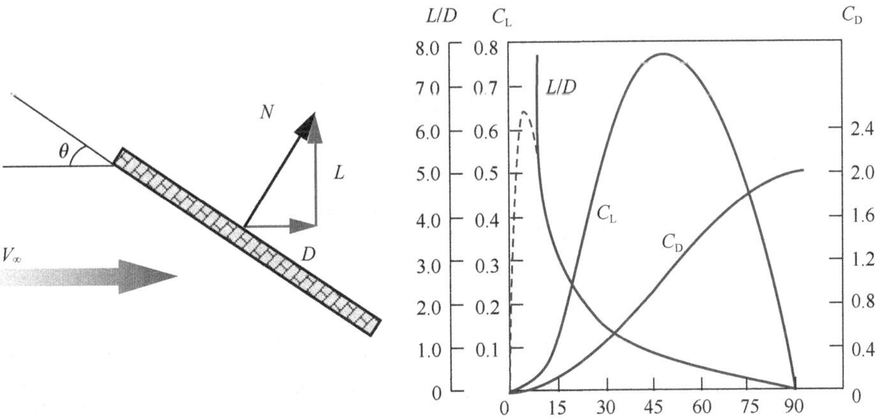

(a)　　　　(b)

图 8.2.6　高超声速来流下的无黏平板流动及计算结果

牛顿理论的两种重要修正形式是李斯(Lees)修正和布塞曼(Busemann)修正。李斯修正主要是根据驻点压强变化比例进行全局修正，使得压力系数不再是马赫数数无关，对于钝头体压强分布，李斯修正比简单牛顿公式的计算结果好得多；布塞曼修正主要针对离心力进行修正，修正较复杂，且很多情况下效果并不很好，所以在一般γ较大的情况下较少使用，而用于部分较小γ的情况；此外对于细长体或薄体，则推荐使用简单牛顿公式，由于两种偏差相互补偿，得到了较为合理的结果。

牛顿理论也存在一些较大偏差的情况，需要引起注意，例如大钝头倒锥体激波层的亚声速区、球锥的肩部附近存在快速过膨胀和再压缩区、气动操纵面局部流动转折产生附加激波的情况，这些情况的统一特点是，流动形式与牛顿理论基本假设相差较大。

3. 切劈法和切锥法

切劈法和切锥法是计算流动中物体表面压强的一类近似方法，在高超声速时该类方法常能提供合理的结果。它们与牛顿碰撞理论一样，假设物面压强只取决于物面微元表面相对于来流的倾角，从这一点上来讲是简便的。

切劈法是针对二维高超声速尖头体流动的一种计算方法。如图 8.2.7 所示，物面上点i的当地倾斜角为θ_i，“切劈法”假设i点的压强等于半顶角为θ_i的尖劈上的压强，即p_i由完全气体精确的斜激波关系式求得。

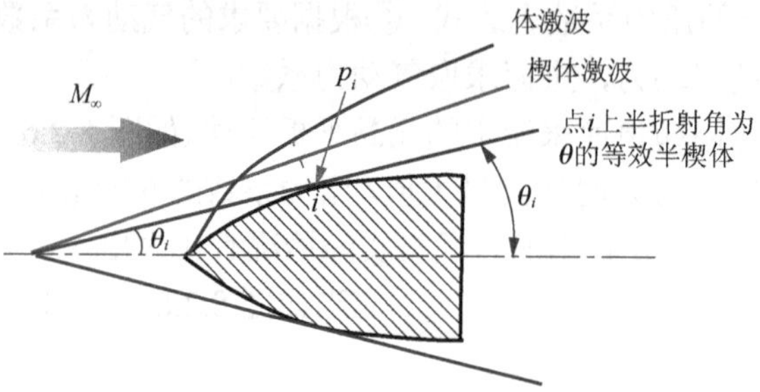

图 8.2.7　切劈法示意图

$$C_{\mathrm{p}}=\frac{4}{M_\infty^2(\gamma+1)}\left(M_\infty^2\sin^2\beta-1\right) \tag{8.2.5}$$

其中，θ_i和β的关系为

$$\tan\theta_i=2\cot\beta\left[\frac{M_\infty^2\sin^2\beta-1}{M_\infty^2(\gamma+\cos2\beta)+2}\right] \tag{8.2.6}$$

切锥法是切劈法向三维情况的扩展，具体如图 8.2.8 所示，等效锥表面的压强由圆锥激波关系式得到，由于不存在简单的$\theta_i-\beta-M$解析关系式，采用切锥法计算时要比二维情况复杂得多，这里不再细述。图 8.2.9 给出了文献给出的切锥法与特征线法计算结果比较，二者较为接近。

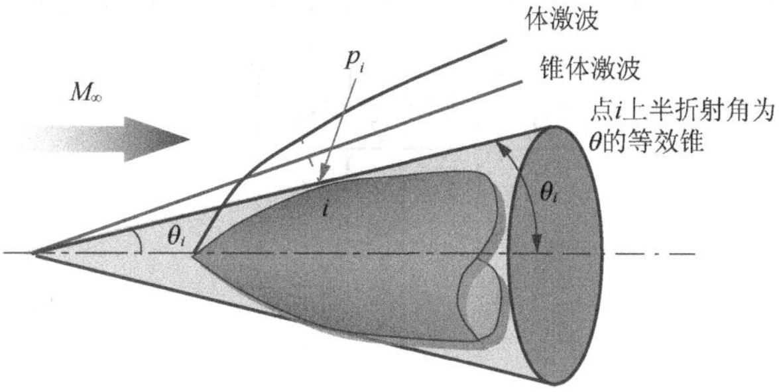

图 8.2.8　切锥法示意图

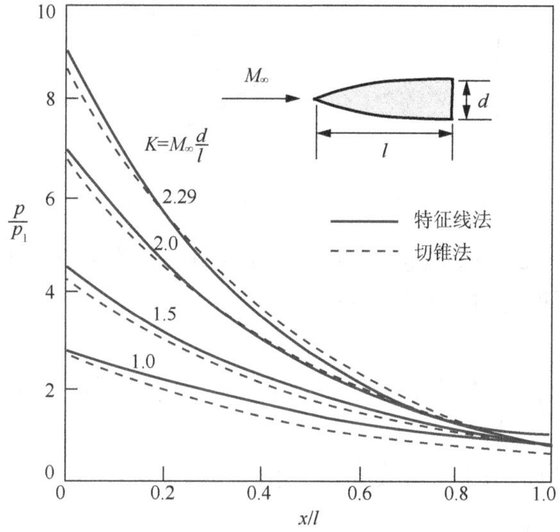

图 8.2.9　文献给出的切锥法与特征线法计算结果比较

4. 激波−膨胀波方法

激波−膨胀波方法一般用于高超声速条件下尖头体流动，头部激波附体，不能应用于钝体流动，且在中等超声速流动条件下结果偏差大一些。它利用平面斜激波关系式和普朗特−迈耶膨胀波关系式求出物面之压强分布，所采用的关系都是精确解法，但由于求解的条件只能近似满足，所以一般将它视作一种工程估算方法。下面基于图 8.2.10 所示，说明该方法的思路。

第一步，假设头部是半楔角 θ_i 的尖劈，利用精确的平面斜激波关系计算斜激波后马赫数和压强(下标为 n)。

$$M_n^2=\frac{(\gamma+1)^2 M_\infty^4\sin^2\beta-4\left(M_\infty^2\sin^2\beta-1\right)\left(\gamma M_\infty^2\sin^2\beta+1\right)}{\left[2\gamma M_\infty^2\sin^2\beta-(\gamma-1)\right]\left[(\gamma-1)M_\infty^2\sin^2\beta+2\right]} \tag{8.2.7}$$

$$\frac{p_n}{p_\infty}=1+\frac{2\gamma}{\gamma+1}\left(M_\infty^2\sin^2\beta-1\right) \tag{8.2.8}$$

其中，激波角 β 由 θ-β-M 关系式确定(形式同式(8.2.6))。

第二步，假定沿头部下游流动是当地的普朗特−迈耶流，则可根据普朗特−迈耶膨胀波关系式(见式(8.2.3))以及 n 点和 i 点间的等熵关系(见式(8.2.9))确定目标点 i 点压强。

$$\frac{p_i}{p_n}=\left(\frac{1+\dfrac{\gamma-1}{2}M_n^{\ 2}}{1+\dfrac{\gamma-1}{2}M_i^{\ 2}}\right)^{\frac{\gamma}{\gamma-1}} \tag{8.2.9}$$

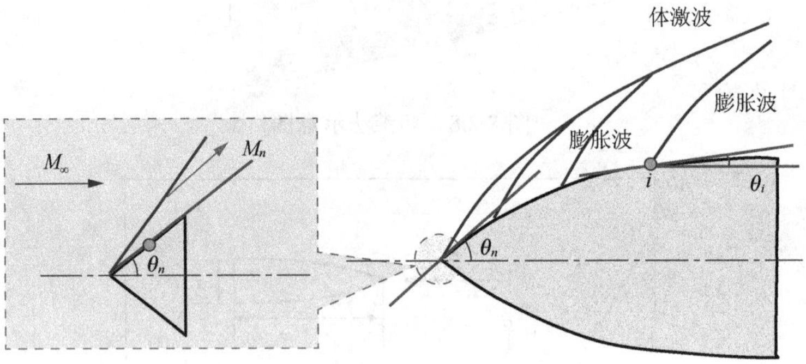

图 8.2.10　激波–膨胀波方法示意图

对于式(8.2.7)~式(8.2.9)所描述的关系，在高超声速薄体绕流条件下还可进行简化，这里略去推导过程，可得壁面当地压力系数

$$C_{\mathrm{p}}=\frac{2}{\gamma M_\infty^{\ 2}}\left\{\left(1-\frac{\gamma-1}{2}\Delta\theta\cdot M_n\right)^{\frac{2\gamma}{\gamma-1}}\left[1+\frac{2\gamma}{\gamma+1}\left(M_\infty^{\ 2}\beta^2-1\right)\right]-1\right\} \tag{8.2.10}$$

激波–膨胀波方法也适用于三维旋成体，方法步骤类似。

8.2.2　高超声速边界层理论简介

在高超声速流动的特征中，黏性是很重要的存在，对于飞行器热流和摩阻的计算，必须考虑流动中黏性的影响。一些重要的结论，都是对边界层方程分析发展得到的：从流动的控制方程全 N–S 方程出发，分析黏流控制方程、相似参数和边界条件并进行简化，可以获得高超声速层流的边界层方程。在其基础上，引入自相似边界层的概念，进行边界层方程的变换，可以获得平板和驻点边界层自相似解，而且能够将这些解应用于飞行器热流和摩阻的近似计算中。上述过程不再赘述，下面给出该理论导出的一些具有实用价值的典型结果。

1. 雷诺比拟

对于高超声速平板边界层流动，有如下关系

$$\frac{C_{\mathrm{f}}}{2S_{\mathrm{t}}}=\mathrm{Pr}^{\frac{2}{3}} \tag{8.2.11}$$

其中，C_{f} 为摩阻系数，S_{t} 为斯坦顿数，Pr 为普朗特数，当来流马赫数从 0 增长到 16 时，$\dfrac{C_{\mathrm{f}}}{2S_{\mathrm{t}}}$ 约下降 2%，变化很小，该关系反映了热流和摩阻之间的密切关系。

2. 驻点热流率与钝头半径的关系

根据驻点边界层自相似解可以导出，高超声速来流中钝头驻点热流率 q_w 满足如下关系

$$q_w \propto \frac{1}{\sqrt{R}} \tag{8.2.12}$$

其中，R 是驻点处壁面曲率半径，可见随着 R 的增大，q_w 是减小的，这也正是飞船和航天飞机需要设计成很大的迎风钝面的主要原因，可以藉此降低飞行器表面热流。

§8.3　高超声速飞行器气动设计的特点与要求

8.3.1　高超声速飞行器气动设计的特点

(1) 概念新。高超声速飞行器研究是飞行器设计领域的前沿，相对于速度较低的飞行器，高超声速飞行器设计的借鉴较为缺乏，很多问题都需要采用新概念，需要探索其利弊。由此带来的许多问题需要大量的先期技术验证和演示验证飞行。20 世纪六十年代美国著名的 X−15 高超声速演示验证飞行器涉及了高超声速研究的所有领域，21 世纪美国的 X−43 和 X−51 采用了高超声速冲压发动机技术，HTV−2 采用了乘波构型概念。

(2) 与任务联系紧密。高超声速飞行器种类很多，在高超声速飞行器的气动设计中，必须和飞行器的具体任务紧密联系。也就是说，对于载人/无人情况，对于入轨、突防、机动等情况，高超声速飞行器具有不同的任务使命，可以采用不同的气动构形及相关设计。另外由于高超声速飞行器的飞行过程常跨越大气层，其任务分析与设计与轨道分析计算密切相关。

(3) 气动问题复杂严峻。高超声速飞行器在飞行过程中遇到许多问题，不仅有气动力的问题，同时还有气动热的问题。因此，高超声速飞行器的构形不仅要满足气动力特性(升阻比、阻力、稳定性等)的要求，而且还要满足气动热特性(如最大热流、总加热量等)的要求。还要满足气动物理因素，如等离子体鞘、电磁屏蔽等的要求。

高超声速飞行器按照起飞、降落形式可以分为：弹道式再入飞行器、垂直起降天地往返运输系统、垂直起飞水平降落天地往返运输系统、水平起降天地往返运输系统，后者的气动设计十分复杂，具有挑战性。

(4) 整体性强，设计复杂。高超声速飞行器与低速、亚声速和超声速飞行器不同，由于相互耦合性强，飞行器的各个部件与系统不能独立设计。例如对于马赫 6 以上带有动力的高速飞行器，亚声速飞机常采用的翼吊式发动机已不能使用，必须将发动机与机身合并，包括进气道、尾喷管都要和飞行器整体进行融合，外形保证高度流线化，进行“一体化设计”。此外，还有热防护系统、结构系统、燃料供应与冷却系统、控制系统等系统同气动设计之间也必须耦合考虑。

8.3.2　高超声速飞行器对气动性能的要求

对于高超声速飞行器的飞行，跟气动设计相关的最重要阶段有两个：上升段和再入段。在上升段，高超声速飞行器的飞行特性主要取决于它采用何种动力装置和飞行器的任务使

命。如果采用火箭发动机为动力，一般都是完成加速入轨的任务。此时，飞行器的阻力会使速度有所损失，但损失并不大。如果采用吸气式组合发动机，则要分别考虑两种情况。一种情况是完成加速入轨任务，此时阻力的影响也不大。另一种情况是完成带有较长巡航段的任务，就要求尽可能地减小阻力和提高预测阻力的精确度。在再入段，不论高超声速飞行器在上升段采用何种动力装置，其再入段的飞行特性都是类似的，主要取决于升阻比 L/D 和弹道系数 $m/(C_D \cdot S)$。

高超声速飞行器的气动性能，特别是它的升阻比和阻力系数对其飞行特性有着重要的影响，应当理解和把握气动特性对高超声速飞行器上升、再入、着陆等阶段关键参数的影响规律。下面分别说明升阻比对再入时最大过载、再入横向机动能力、气动加热的影响。

再入时最大过载对飞行器的人员、结构、设备具有重要影响。特别是降低飞行器再入时的最大过载，可以增加人员的舒适程度。图 8.3.1 是文献给出了典型高超声速再入飞行器再入时最大过载随高超声速升阻比的变化分布，可以看到随着升阻比增大而降低。显然最大过载是弹道式再入飞行器最大，如前苏联东方号飞船，达到 8~9 个 g 的程度；弹道升力式次之，例如当前的各种载人飞船，再入最大过载约 4 个 g，只有弹道式的一半；升力式(美国航天飞机)最小，再入最大过载能够不超过 1.5 个 g。

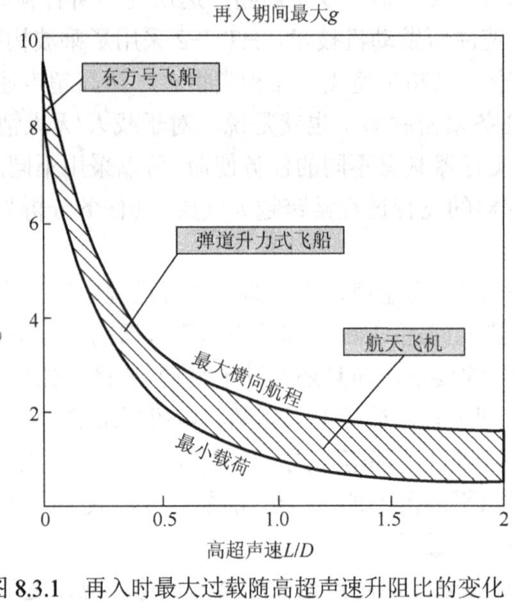

图 8.3.1　再入时最大过载随高超声速升阻比的变化

飞行器再入横向机动能力是非常重要的性质。图 8.3.2 是文献给出了典型高超声速再入飞行器再入时的横向航程的变化，显示出横向航程随高超声速飞行器升阻比的增大而提高。早期无升力的弹道式飞行器而言没有横向机动能力，一般的弹道升力式飞船的横向机动距离可达 200 km 以上，而升力式的航天飞机则高达 1500 km，能够降落到预定的着陆地点。飞行器横向机动越强，在轨等待时间就越短，越有利于天地往返运输系统在轨道飞行段的救生任务，同时也有利于上升段的应急返回。有文献给出，某飞行器从 463km 圆轨道达到肯尼迪航天中心，在飞行器横向航程能力为 185km 时，飞行器所需的等待时间约 130 h；横向航程能力为 556km 时，等待时间约 48 h；横向航程能力为 927km 时，等待时间小于 24 h。

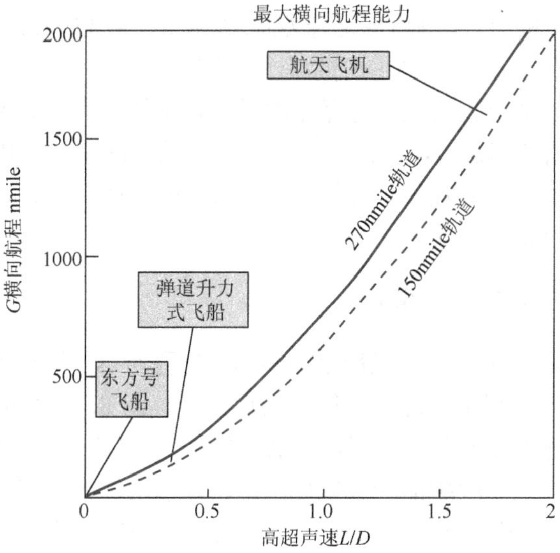

图 **8.3.2**　再入时的横向航程随高超声速升阻比的变化

再入飞行器面临严重的气动加热问题，热防护系统作为重要的设计环节。一般说来，增加升阻比，再入飞行器的减速度下降，会使得热流密度峰值均减小，但同时延长了加热时间，总体上来看对总加热量的影响不大。图 **8.3.3** 是文献给出的某再入飞行器驻热流随升阻比和再入角的变化分布，也反映出了这样的特点。

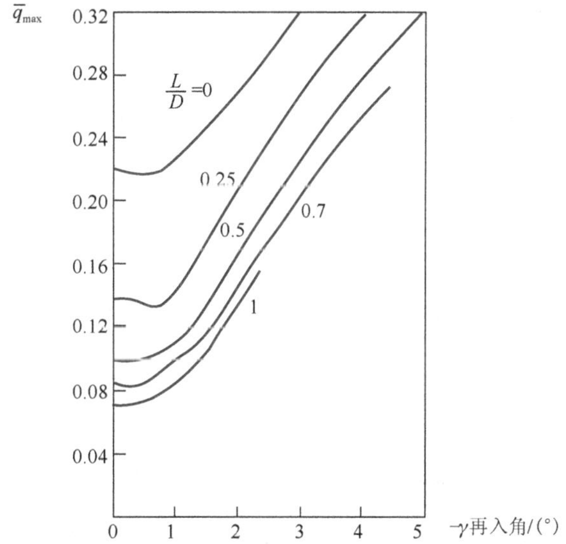

图 **8.3.3**　再入飞行器热流(无量纲)随再入角和升阻比的变化

§ 8.4　高超声速飞行器气动设计

现有实际投入实用的高超声速无人飞行器主要是导弹和早期的返回式卫星，都是弹道式再入的；投入实用的高超声速运载器主要包括飞船、航天飞机，分别为弹道升力式和升力式，目前正在向未来的空天飞机(也是升力式)发展。飞船与航天飞机都是垂直发射、水平着陆，未来的空天飞机却是像普通飞机那样水平起飞、水平着陆的。

在气动设计方面，弹道式再入飞行器难度最小，飞船次之，航天飞机再次之，空天飞机难度最大。从飞行阶段考虑，再入段比上升段的气动问题更加突出。本节将按照难度从小到大的次序，依次讨论弹道式再入飞行器、飞船的再入返回舱、航天飞机轨道器和未来空天飞机的气动设计考虑。

8.4.1 弹道式再入飞行器的气动设计

弹道式再入飞行器是研究与实现最早的高超声速飞行器。经过半个多世纪的发展，弹道式再入飞行器的基本构形多为球头加简单的后锥身，图 8.4.1 给出了几类典型弹道式再入飞行器构形。对弹道式再入飞行，一般采用钝的端头，以减少端头和后身部的气动加热；对机动再入飞行，适宜采用较尖的端头以提高升阻比，增加机动能力，提高落点精度。在弹道式再入飞行器的气动设计中，考虑的主要因素是：防热、静稳定性、弹头形状变化、重量和尺寸限制。

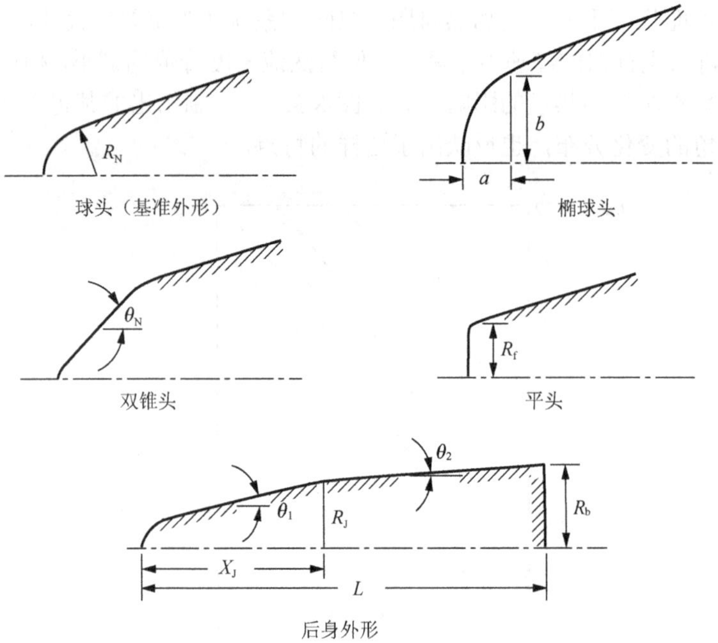

图 8.4.1 典型弹道式再入飞行器构形

国外在 80 年代研究了沿着再入轨道总加热量最小的最佳形状。有研究显示，在相同来流条件下，平头截锥的气动加热量要比球锥减少 30%。同样地，有研究在弹道系数 $m/(C_D \cdot S) = 9765\ \mathrm{kg/m^2}$ 的情况下，对平头和球头的后退量进行了测量，图 8.4.2 显示平头的后退量为 1.397cm，球头的后退量为 6.43cm。上述结果表明，从气动加热的角度考虑，平头截锥明显优于球头。对其成因作如下分析。

湍流边界层的加热大于层流边界层。因此，在其他条件相同时，能够推迟边界层转捩的头部外形比较有优势。而控制边界层转捩的措施主要有：壁面光滑、降低当地雷诺数和压力梯度。研究结果表明：平头有较低的当地雷诺数和较低的驻点速度梯度，因此平头外形具有较慢的边界层转捩传播。因而气动加热弱于球头。

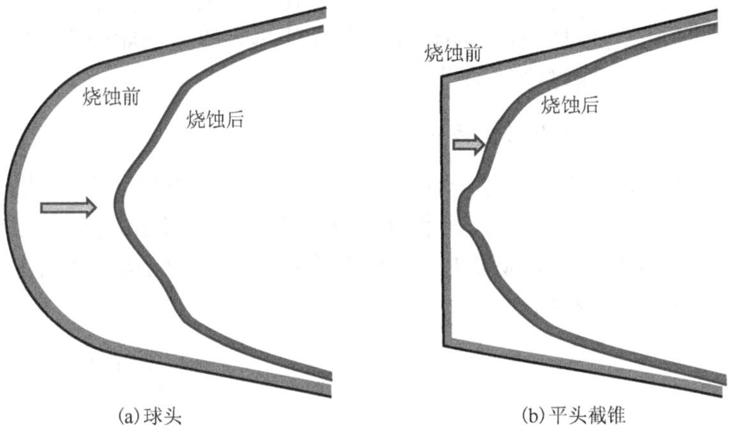

图 8.4.2　不同头部外形形状烧蚀前后变化

图 8.4.3 给出了无黏流动数值计算方法所得到的不同端头形状的钝体的压力中心随马赫数的变化情况。可见球头对应的压力中心最靠前，而 $\theta_N = 85°$ 时静稳定性裕度最大。从图中的变化趋势可以看出，平头(相当于 $\theta_N = 90°$)可增加飞行器的静稳定性。

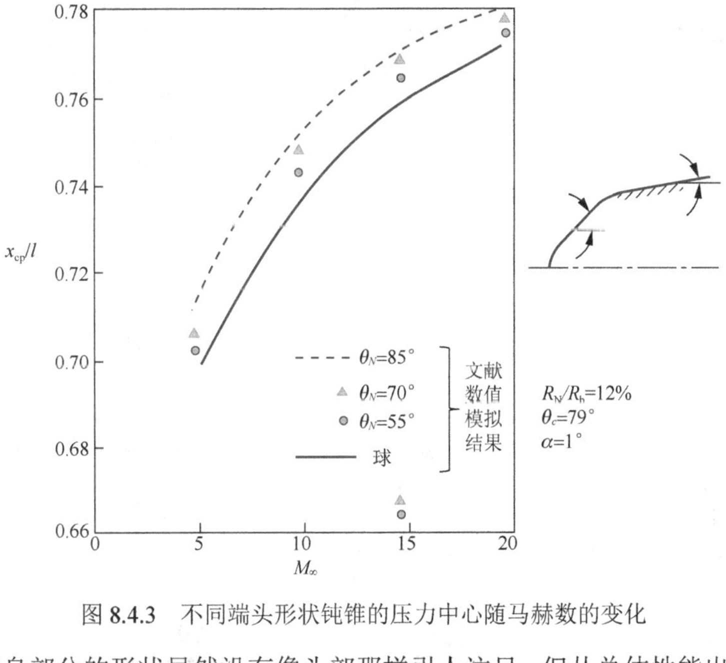

图 8.4.3　不同端头形状钝锥的压力中心随马赫数的变化

飞行器后身部分的形状虽然没有像头部那样引人注目，但从总体性能出发，后身也十分重要。特别是对气动稳定性、边界层转捩的传播和内部容积来说，后身的影响更大。一般来说，双锥和三锥的后身是较佳的形状。文献的数值结果和风洞试验结果表明：双锥外形比起单锥外形，可以减少头部钝度的影响，压力中心随攻角(在高超声速流动研究中迎角常称攻角)和马赫数的变化较小，在大攻角时有较大的静稳定性。

8.4.2 飞船返回舱的气动设计

飞船的形式相对于航天飞机、空天飞机而言，在外形上相对简单。前面已经提到，再入段比上升段的气动问题更加突出。下面主要从飞船再入段返回舱的现有构型特点、气动构型参数、参数选择等方面讨论气动设计。

1. 典型飞船返回舱气动构形及特点

图 8.4.4 给出了苏联、美国从第一代到第三代共六种飞船的构形。从图中可见，水星号为单舱构形，联盟号为三舱构形，其余四种均为双舱构形。联盟号增设了轨道舱，可以改善航天员的生活和工作环境，减轻返回舱的结构重量。但三舱构形将给上升段应急使用的逃逸救生塔的设计带来困难。

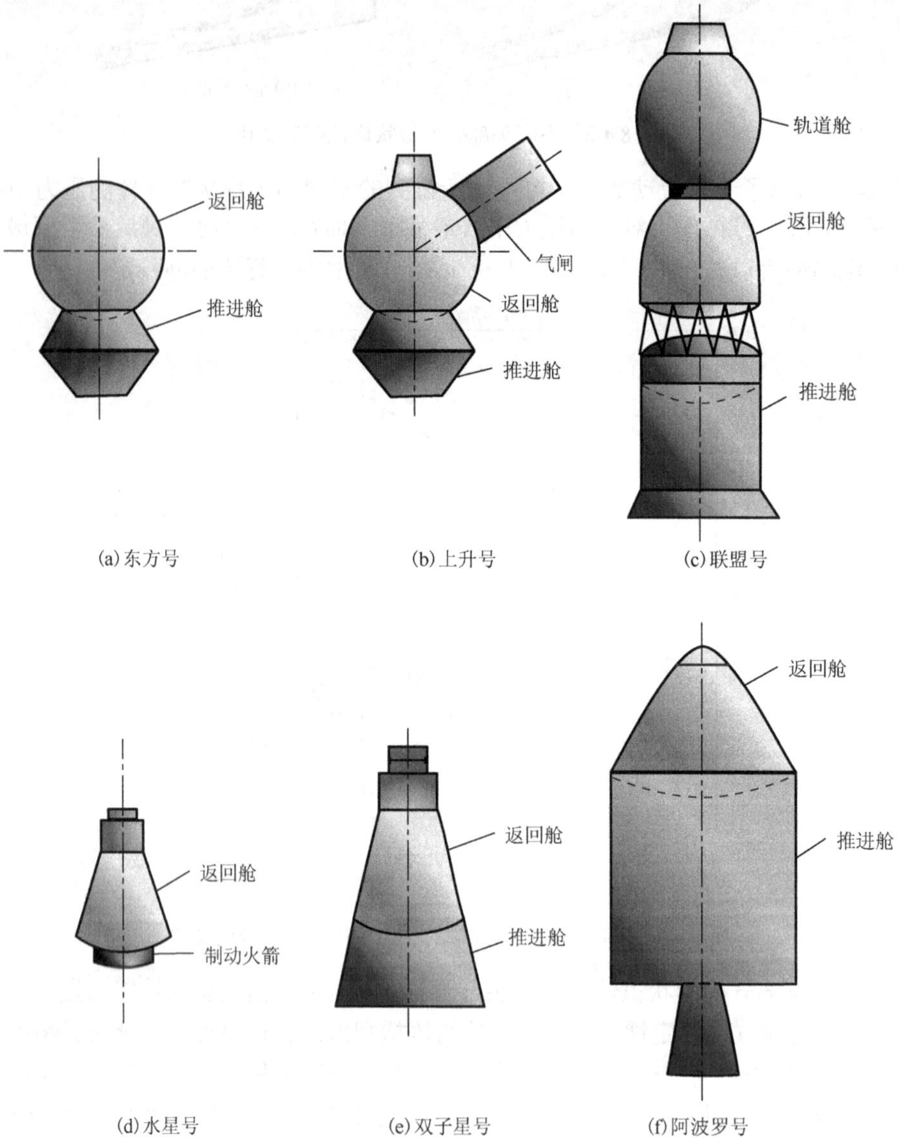

图 8.4.4 六种经典飞船的构形

图 8.4.5 还给出了联盟号和阿波罗号上升段的救生塔的构形。在上升段逃生时，阿波罗号的逃逸塔只要将返回舱抛出即可，而联盟号的逃逸救生塔则要把轨道舱和返回舱一起抛出。联盟号飞船的逃逸救生塔的构形上设计有栅格翼，在没有栅格翼的时候，飞行器构形是静不稳定的，只有加上栅格翼才能保持静稳定性。

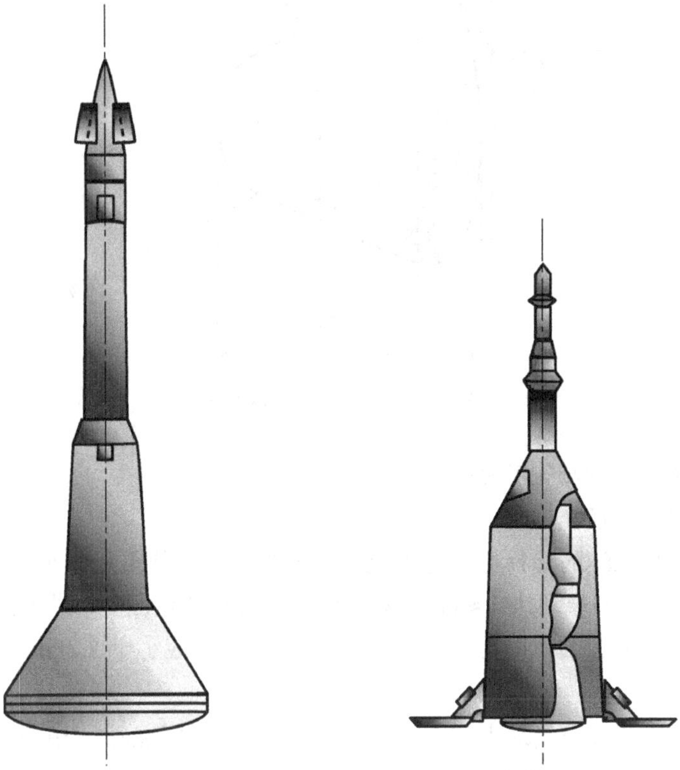

(a)阿波罗号　　(b)上升号

图 8.4.5　联盟号和阿波罗号上升段的救生构形

2. 返回舱气动构形参数

返回舱的气动构形主要是球冠倒锥形，它与球形、钝锥形、大张角锥、截锥等相比具有以下的优点：

球冠倒锥形具有较高的升阻比，可达 0.5 左右，主要是因为这种构形，球冠、锥面的迎风面和背风面都能对升阻比有所贡献；也便于安置航天员与其他设备，使重心位置靠前，保证大头朝前；在一定容积的条件下，球冠倒锥形的整体构形尺寸较小，使得相应的防热结构重量和总重也较小；球冠倒锥形的阻力系数较大(约是球形的 1.5~1.8 倍)，从而在返回过程中在开伞点的飞行速度已降低到较小程度，一般不超过 100~150 m/s，可以提高安全性；球冠倒锥形在一定的升阻比下做配平飞行时，所需要的重心横移量较小，这也是有利的方面。

如图 8.4.6 所示，球冠倒锥形返回舱的主要几何参数是：①球冠钝度 $\overline{R}_{\mathrm{N}}=\dfrac{R_{\mathrm{N}}}{d_{\mathrm{m}}}$，其中

R_N 为球冠曲率半径，d_m 为最大横截面直径；②大头拐角相对曲率半径 $\bar{R}_C = \frac{R_C}{d_m}$，其中，$R_C$ 为拐角曲率半径；③倒截角 θ_c；④长细比 $\lambda = \frac{l}{d_m}$；⑤球冠角 θ_N。

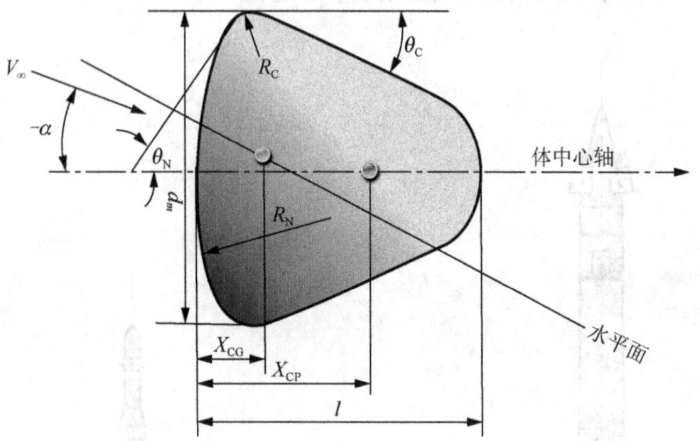

图 8.4.6 球冠倒锥形返回舱

3. 返回舱参数选择与气动特性考虑

(1) 最大横截面直径 d_m。

最大横截面直径 d_m 的选择主要考虑航天员人数。为了使重量最小，应尽可能地减小最大横截面直径 d_m。当长细比 $\lambda \approx 1$ 时，对于两个航天员的返回舱，最大横截面直径 d_m 不应小于 2m；三个航天员的返回舱，最大横截面直径 d_m 不应小于 2.25m。

(2) 球冠钝度 $\bar{R}_N$。

球冠钝度 $\bar{R}_N$ 主要综合气动力和气动热的因素而决定。图 8.4.7 给出了球冠倒锥形的升阻比随球冠钝度的变化。可见当球冠钝度 $\bar{R}_N$ 增加时，球冠倒锥型的升阻比也增加，但当球冠钝度大于 1.5 以后，增加的趋势很平缓；图中还给出了压心系数 $\bar{x}'_{cp} = \frac{\bar{x}_{cp}}{d_m}$ 随球冠钝度的变化。从图中可以看到，压力中心随球冠钝度增加而线性增加；如果中心的相对位置不变，则静稳定性增加。

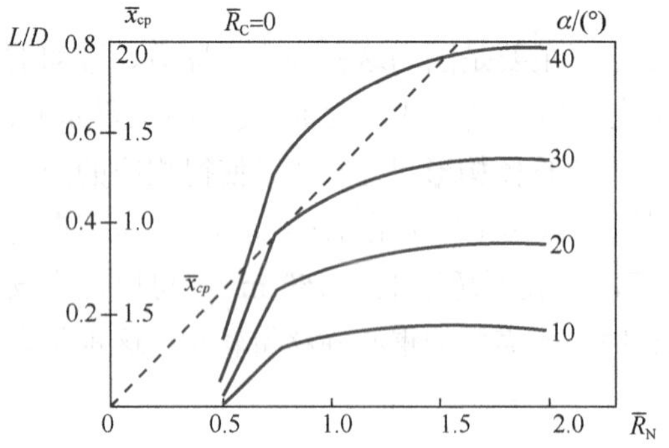

图 8.4.7 球冠倒锥形的气动性能随球冠钝度的变化

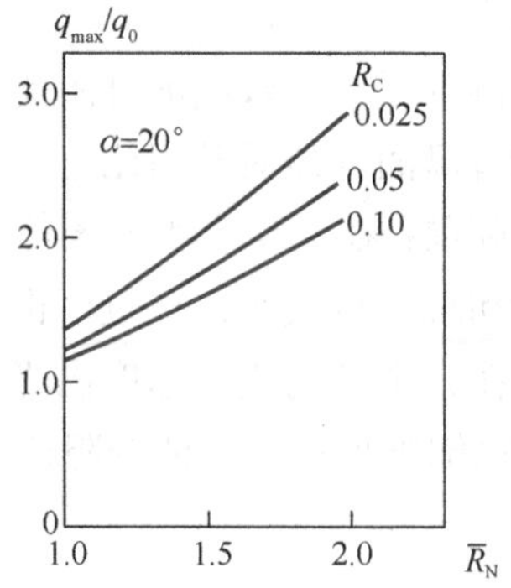

图 8.4.8 拐角处最大热流值随球冠钝度的变化曲线

对于气动热与球冠钝度 $\bar{R}_N$ 的关系，已有大量研究表明，球冠的驻点热流与球冠钝度 $\bar{R}_N$ 的平方根成反比，这正是前面的式(8.2.12)。按照该式，球冠钝度 $\bar{R}_N$ 的增大可以减小驻点热流。图 8.4.8 中给出了拐角处最大热流值随 $\bar{R}_N$ 的变化曲线，可以看到，球冠钝度 $\bar{R}_N$ 的增大使拐角最大热流也增大了。综合上述因素，球冠钝度 $\bar{R}_N$ 应当按适中选择。根据已有设计经验，对应于球冠角 $\theta_N = 50° \sim 65°$ 时，球冠钝度 $\bar{R}_N$ 可取 0.8~1.2。

(3) 大头拐角相对曲率半径 $\bar{R}_C$。

大头拐角相对曲率半径根据气动力、气动热的因素确定。图 8.4.9 中分别给出了球冠倒锥型的升阻比和压心位置随拐角曲率半径 $\bar{R}_C$ 的变化。可以见到，随着 $\bar{R}_C$ 的增大，升阻比有所减小，稳定性下降，且攻角越来越小时，升阻比减小得越缓。另一方面，$\bar{R}_C$ 的增加，使得最大的拐角热流值减小。因此 $\bar{R}_C$ 的选值也要适中，一般取 0.05。

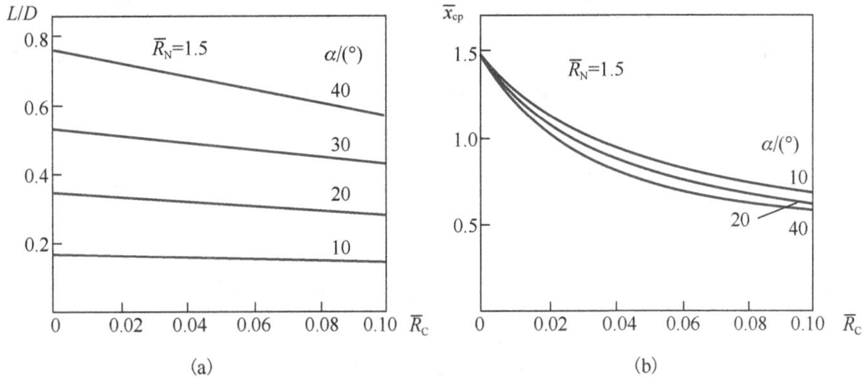

图 8.4.9　球冠倒锥型的气动特性随拐角曲率半径的变化

(4) 倒锥角 θ_c 的选择。

图 8.4.10 给出球冠倒锥形的气动特性随倒锥角 θ_c 的变化曲线。可以看到，最大升阻比和与此对应的攻角 α，随倒锥角 θ_c 的增大而增大；最小的压心系数(一般发生在攻角 80° 到 100°之间，$\alpha = 80° \sim 90°$)则随倒锥角 θ_c 的增大而减小；当 $\theta_c > 15°$ 的时候，压力中心将变成质心，会导致倒向稳定，需要采取其他措施予以防止。阿波罗返回舱在 $\theta_c = 33°$ 的时候，曾出现过倒向稳定现象。

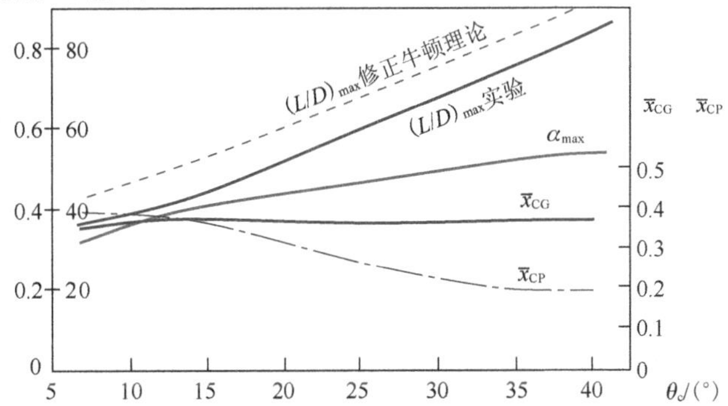

图 8.4.10　球冠倒锥形的气动特性随倒锥角的变化曲线

表 8.4.1 给出了典型飞船的外形参数，可供设计分析参考。

表 8.4.1 典型飞船返回舱外形参数

飞船型号	双子星座	阿波罗	联盟
航天员人数	2	3~5	2~3
最大直径 / d_m	2.286	3.912	2.170
倒锥角 / θ_c	20	33	7
球冠钝度 / $\bar{R}_N$	1.6	1.2	1.0
拐角相对半径 / $\bar{R}_c$		0.05	0.055
长细比 / λ	1.09	0.88	1.0

8.4.3 航天飞机的气动设计

与弹道式或弹道升力式再入飞行器相比，航天飞机的外形和周围的流场可谓复杂得多。涉及大高超声速大攻角气动力问题、真实气体效应问题、反作用控制系统的干扰效应、高马赫数/低雷诺数的气动力问题等诸多空气动力前沿复杂问题，在对航天飞机的气动力特性、气动热特性的认识理解提出了挑战，美国在早期研究时进行了大量的理论计算分析、风洞试验和飞行试验研究。在气动设计上与前面讨论过的飞机气动设计差异巨大，例如气动热由于其重要性被作为主要设计内容之一。下面从几个方面来说明航天飞机的气动设计内容。

1. 航天飞机的气动设计要求

航天飞机最主要的特点是无动力再入滑翔，水平着陆，兼顾高速/低速、高空/低空、滑翔/着陆等飞行任务，需要根据这些要求仔细地设计航天飞机轨道器的外形。使其在轨道飞行时能完成任务；在再入大气层时达到热防护和横向航程的要求；并能满足在无动力下降和着陆时的气动性能和控制的要求。下表给出了美国航天飞机轨道器的气动设计要求。其中，δ_{SB} 表示减速板张开的角度。由表 8.4.2 可见，在高超声速时，要求轨道器是纵向静稳定的。但在亚声速时，轨道器可以允许有不大于 2%机身长度的静不稳定度。

表 8.4.2 美国航天飞机轨道器的气动设计要求

参数	值
攻角	
高超声速	25°~50°
跨声速	0°~15°
亚声速	−5°~20°
重心	
最小移动	2% 机身长度
设计范围	0.65~0.675 机身长度
着陆性能	
载荷	14.515 kg
着陆质量(带载荷)	85.230 kg
最小着陆速度	88 m/s
纵向静稳定性	
最小高超声速静裕量	>0
最小亚声速静裕量(重心位于后限)	−2% 机身长度
升阻比调制	
亚声速峰值(起落架收起，$\delta_{SB}=0°$)	不小于 4.4
超声速峰值(起落架收起，$\delta_{SB}=8.5°$)	不小于 2.5

根据前面气动设计要求，美国航天飞机最后选定的外形为具有 45°/81°双三角翼和中等细长比约 5 左右的机身。

2. 航天飞机的气动布局设计考虑

航天飞机与空气直接接触的主要气动部件包括机身、机翼、尾翼及各类活动操纵控制面等。需要明确航天飞机的基本形式，即机身、机翼、尾翼等主要部件的数量、几何外形和相对位置等。

主要为了满足在轨道上和大气层内飞行所需的热防护的要求，并且满足不带动力再入飞行和着陆的气动性能、稳定性和操纵性要求，美国航天飞机的外形进行了各阶段的设计，经过复杂的迭代和一系列的修改与调整，获得了第一代航天飞机的气动布局，如图 8.4.11 所示。

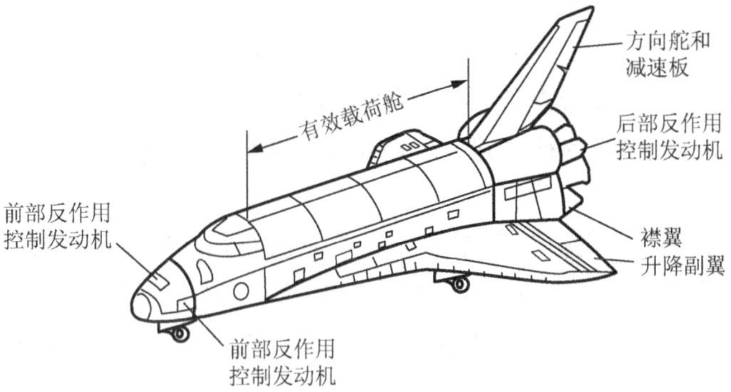

图 8.4.11　第一代航天飞机气动布局形式

航天飞机气动布局的特点包括：

(1) 航天飞机是典型的升力式再入飞行器，需要机动滑翔几百千米甚至几千千米用以减速，直到抵达指定的机场，并能像飞机一样水平着陆，其高超声速升阻比大于 1。长时间滑翔必须要有较大的升力面。

(2) 由于飞行过程跨越整个大气层空域，且速度从极高的近马赫 30 变化到低速，航天飞机必须具备复杂的气动外形以兼顾高速/低速、高空/低空、滑翔/着陆等任务。

(3) 气动加热方式与弹道升力式再入的飞船返回舱相比，飞行时间更长、表面热流率更低，但总加热量仍然很大；为实现可重复使用功能，不能采用烧蚀防热形式，而需采用辐射防热形式。

(4) 航天飞机具有升降副翼、襟翼、方向舵和减速板等各种气动舵面，但是在高空低密度区，气动舵面的效果微弱，需要另外利用反作用控制系统进行控制。

(5) 由于航天飞机滑翔时间长，横航向的操纵稳定性需要详细设计。

当然，现有美国航天飞机的外形也存在缺陷，例如在攻角较大时，方向舵效果很弱。在进行航天飞机的气动布局设计时，应当综合考虑空气动力学、飞行力学、控制、结构等各方面的要求。

3. 航天飞机的气动设计过程

(1)确定等最基本的参数。其中包括弹道系数、总加热量、最大热流、最大过载、航程等等。

(2)确定初始外形。对于基本外形要满足低速、跨超声速小攻角和高超声速大攻角气动力、气动热的要求。

(3)优化折中选形。优化选取机翼、副翼、方向舵、体襟翼的几何参数，确定优化模型和各种约束条件。

(4)确定配平状态条件下的航天飞机的静/动稳定性。

(5)确定热防护系统。充分考虑热防护系统设计的要求，综合分析气动力/气动热的相互要求。

(6)确定飞行走廊。限定航天飞机的最大热流、总加热量及最大温度，限定在热走廊范围内飞行。

(7)控制效率与质心位置的确定。根据配平攻角和侧滑角大小及稳定性要求，初步确定质心的位置，然后进一步考查是否满足控制效率的要求。

(8)综合分析评估再入飞行、进场/着陆的气动性能，进一步协调各种部件的优化配置。

(9)建立数据库。航天飞机气动布局设计首先需要气动数据库，要具有一定精度的气动模型公式，该模型需考虑多变量、非线性以便满足工程设计要求。

(10)确定气动数据不确定度及可靠性。科学地分配气动数据的不确定度及偏差，可靠性和经济性的要求。

4. 航天飞机部件的气动设计考虑

航天飞机机翼气动设计的目标是在给定的任务和载荷条件下，对气动力、防热、结构和质量进行协调，在机身形状固定时，选择最佳的机翼形状和尺寸，在满足着陆和高超声速配平的要求下质量最小。最后选定前缘后掠角为45°，展弦比为2.265，尖梢比为0.2，厚度比为0.04~0.10。

分析表明，减小后掠角可以用较小的机翼面积来达到所要求的着陆速度，但根据减小气动加热的要求，后掠角不能小于 45°。而后掠角选定为 45°，也能保证得到合适的高超声速升阻比。

机身的形状和尺寸主要考虑适应载荷、座舱和轨道机动系统的要求。机身所采用的横截面形状、头部弯度和向上倾斜的前体侧面形状用于改进高超声速配平特性和方向稳定性。这些措施和机身机翼融合等措施共同用于减轻机身侧面的气动加热。

垂直尾翼气动设计中需要考虑的最重要因素是横侧方向的稳定性。在美国航天飞机的气动设计中，曾比较过无尾、单垂尾和双垂尾等方案，风洞试验表明：在高超声速时，只有后两种方案才是稳定的，而在亚、跨、超声速，单垂尾比双垂尾更稳定。综合各方面的因素，美国航天飞机的轨道器采用了单垂尾的方案。但单垂尾方案也有严重的缺点，即在大部分飞行时间内，垂尾由于位于分离区而失效，从而控制偏航的反作用控制系统要在来流 $M_\infty = 1$ 时才能停止工作。

复习与思考

1. 说明高超声速流动的主要特征并理解其产生原因。
2. 高超声速飞行器气动设计的特点有哪些?
3. 写出牛顿模型压力系数表达式并对其参数运用进行理解。
4. 说明高超声速钝头绕流,驻点热流与头部几何外形的大致关系。
5. 理解弹道式再入飞行器、飞船、航天飞机的气动设计存在的差异。

参考文献

艾德• 奥波特．2010．运输类飞机的空气动力设计．顾诵芬，等译．上海：上海交通大学出版社．

陈黎．2009．世界战斗机发展概况及展望．飞机工程，11：54-57．

陈迎春，宋文滨，刘洪．2010．民用飞机总体设计．上海：上海交通大学出版社．

范立钦，周鼎义．1989．飞机空气动力学．西安：西北工业大学出版社．

方宝瑞．1997．飞机气动布局设计．北京：航空工业出版社．

《飞机设计手册》总编委会．2002．飞机设计手册(第6册)气动设计．北京：航空工业出版社．

《飞机设计手册》总编委会．2005．飞机设计手册(第4册)军用飞机总体设计．北京：航空工业出版社．

顾诵芬，史超礼．1998．世界航空发展史．郑州：河南科学技术出版社．

顾诵芬．2001．飞机总体设计．北京：北京航空航天大学出版社．

洪延姬，金星，李小将，等．2012．临近空间飞行器技术．北京：国防工业出版社．

黄志澄．1995．高超声速飞行器空气动力学．北京：国防工业出版社．

李成智．2010．空气动力学与航空工业．太原：山西教育出版社．

李为吉．2001．现代飞机总体综合设计．西安：西北工业大学出版社．

李为吉．2005．飞机总体设计．西安：西北工业大学出版社．

李业惠．2007．飞机发展历程．北京：航空工业出版社．

刘君，郭正．2007．飞行器部件空气动力学．长沙：国防科技大学出版社．

陆志良．2011．空气动力学基础．北京：北京航空航天大学出版社．

陆中荣，刘福长．1988．飞行器空气动力学．北京：北京航空学院流体力学研究所．

马恩春．1991．飞机空气动力学．北京：高等教育出版社．

钱翼稷．2004．空气动力学．北京：北京航空航天大学出版社．

屈西曼．1989．飞行器气动设计．北京：国防工业出版社．

瞿章华，刘伟，曾明，等．2000．高超声速空气动力学．长沙：国防科技大学出版社．

史超礼，何述章，戴惕全．1986．航空概论．北京：北京航空学院出版社．

《世界飞机手册》编写组．2011．世界飞机手册．北京：航空工业出版社．

童秉纲，孔祥言，邓国华．1989．气体动力学．北京：高等教育出版社．

王秉良，鲁嘉华，匡江红，等．2013．飞机空气动力学．北京：清华大学出版社．

吴子牛，王兵，周睿，等．2007．空气动力学(上册)．北京：清华大学出版社．

武文康，张彬乾．2005．战斗机气动布局设计．西安：西北工业大学出版社．

徐华舫．1987．空气动力学基础．北京：北京航空学院出版社．

杨岞生，俞守勤．1987．飞行器部件空气动力学．南京：航空工业出版社．

叶格尔 C M．1987．飞机设计．张锡纯，吴文正译．北京：国防工业出版社．

原渭兰．2013．气体动力学．北京：科学出版社．

张进，李根生，刘玉营．2008．面积律与计算流体力学相结合的减阻设计．飞机工程，4：74-76．

张鲁民，叶友达．2009．航天飞机空气动力学分析．北京：国防工业出版社．

张玉龙，严晓峰．2014．军用飞机．北京：化学工业出版社．

中国航空工业空气动力研究院．2013．航空气动力技术．北京：航空工业出版社．

朱自强，吴宗成．2005．现代飞机设计空气动力学．北京：北京航空航天大学出版社．

Jackson R．2012．战机七视图．李伟杰译．北京：机械工业出版社．

Reding P, Svendsen H O.1988. Lifting Entry Rescue Vehicle Configuration. AIAA 88-9342.

Mesaerachmid E M ,Schottle U M. 1991. Atmospheric Reentry of Capsules and Winged Vehicles. Space Course, Aachen, 36: 1-21.

Probstcin R F, Bray KNC .1955.Hypersonic Similarity and Tangent Cone Approximation for Unyawed Bodies of Revolution. J.Aem.Sci. 22(1):66-68.

附　　录

附录 A　标准大气表

H（m）	T（K）	$p\times10^{-5}$（N/m^2）	ρ（kg/m^3）	$\mu\times10^5$（$N\cdot s/m^2$）	a（m/s）
0	288.15	1.0133	1.2250	1.7894	340.29
500	284.90	0.95461	1.1673	1.7737	338.37
1000	281.65	0.89876	1.1117	1.7579	336.44
1500	278.40	0.81560	1.0581	1.7420	334.49
2000	275.15	0.79501	1.0066	1.7260	332.53
2500	271.91	0.74692	0.95695	1.7099	330.56
3000	268.66	0.70121	0.90925	1.6933	328.58
3500	265.41	0.65780	0.86340	1.6775	326.59
4000	262.17	0.61660	0.81935	1.6612	324.59
4500	258.92	0.57753	0.77704	1.S448	322.57
5000	255.68	0.54048	0.73643	1.6282	320.55
6000	249.19	0.47218	0.66011	1.5949	316.45
7000	242.70	0.41105	0.59002	1.5612	312.31
8000	236.22	0.35652	0.52579	1.5271	308.11
9000	229.73	0.30801	0.46706	1.4926	303.85
10000	223.25	0.26500	0.41351	1.4577	299.53
11000	216.77	0.22700	0.34680	1.4223	295.14
12000	216.65	0.19399	0.31194	1.4216	295.07
13000	216.65	0.16580	0.26660	1.4216	295.07
14000	216.65	0.14170	0.22786	1.4216	295.07
15000	216.65	0.12112	0.19475	1.4216	295.07
15000	216.65	0.10353	0.16647	1.4216	295.07
17000	216.65	0.088497	0.14230	1.4216	295.07
18000	218.65	0.075652	0.12165	1.4216	295.07
19000	216.65	0.064675	0.10400	1.4216	295.07
20000	216.65	0.055293	0.088910	1.4216	295.07

续表

H（m）	T（K）	$p\times10^{-5}$（N/m^2）	ρ（kg/m^3）	$\mu\times10^5$（N·s/m^2）	a（N/s）
21000	217.58	0.047289	0.075715	1.4267	295.70
22000	218.57	0.040475	0.064510	1.4322	296.38
23000	219.57	0.034669	0.055006	1.4376	297.05
24000	220.56	0.029717	0.046938	1.4430	297.72
25000	221.55	0.025492	0.040084	1.4484	298.39
26000	222.51	0.021884	0.034257	1.4538	299.06
27000	223.54	0.018800	0.029298	1.4592	299.72
28000	224.53	0.016162	0.025076	1.4646	300.39
29000	225.52	0.013904	0.021478	1.4699	301.05
30000	226.51	0.011970	0.018410	1.4753	301.71
31000	227.50	0.010313	0.015792	1.4806	302.37
32000	228.49	0.0088906	0.013555	1.4359	303.03
33000	230.97	0.0076731	0.011573	1.4992	304.67
34000	233.74	0.0036341	0.0098874	1.5140	306.49
35000	236.51	0.0057459	0.0084634	1.5287	308.30
36000	239.28	0.0049852	0.0072579	1.5433	310.10
37000	242.05	0.0043325	0.0062355	1.5578	311.89
38000	244.82	0.0037714	0.0053666	1.5723	313.67
39000	247.58	0.0032882	0.0046267	1.5866	315f43
40000	250.35	0.0028714	0.0039957	1.6009	317.19
42000	255.88	0.0021997	0.0029948	1.6293	320.67
44000	261.40	0.0016950	0.0022589	1.6573	324.12
46000	266.93	0.0013134	0.0017141	1.6851	327.52
48000	270.65	0.0010230	0.0013167	1.7037	329.80
50000	270.65	0.00079779	0.0010269	1.7037	329.80
55000	265.59	0.00042752	0.00056075	16784	326.70
60000	255.77	0.00022461	0.00030592	1.6287	320.61
65000	239.28	0.00011446	0.00016665	1.5433	310.10
70000	219.70	0.000055205	0.00008754	1.4383	297.14
75000	200.15	0.000024904	0.00004335	1.329	283.61
80000	180.65	0.000010366	0.00001999	1.216	269.44
85000	180.65	0.000004125	0.00000795	1.216	269.44
90000	180.65	0.000001644	0.00000317	1.216	269.44
95000	195.51	0.000000680	0.00000121		
100000	210.02	0.000000300	0.00000050		

附录 B　布雷盖方程的推导

飞机的推力主要通过燃料燃烧来产生，因此燃料的选择以及燃烧过程的效率对飞行器设计及性能指标会有极大的影响。为了说明这些影响，我们对飞行器的飞行过程进行简单的分析。

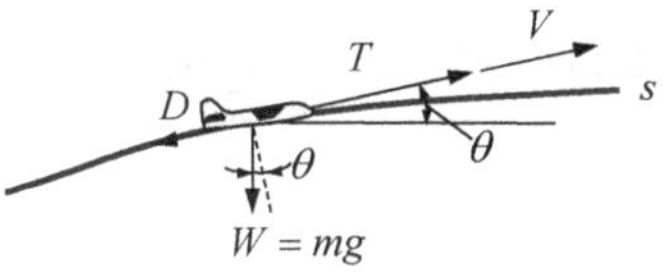

图 B.1　飞机轨迹及其受力分析图

如图 B.1 所示，令飞机以速度 $\frac{\mathrm{d}s}{\mathrm{d}t}=V(s,h,t)$ 沿航迹运动，式中，s 为航迹方向，h 为垂直于地面高度，t 为时间。设 $\frac{\mathrm{d}h}{\mathrm{d}s}<<1$，意味着航迹坡度很小，其曲率可以忽略不计。设航迹方向的运动方程为

$$
\begin{aligned}
m\frac{\mathrm{d}V}{\mathrm{d}t}&=T-D-mg\sin\theta=T-D-mg\cdot\theta\\
&=T-D-mg\cdot\frac{\mathrm{d}h}{\mathrm{d}s}
\end{aligned}
\tag{B.1}
$$

其中，θ 为航迹与水平方向的夹角，$\frac{\mathrm{d}h}{\mathrm{d}s}=\tan\theta\approx\theta$；$T_{\mathrm{h}}$ 为推力，D 为阻力。

$$
\begin{aligned}
&\frac{\mathrm{d}V}{\mathrm{d}t}=\frac{\mathrm{d}V}{\mathrm{d}s}\frac{\mathrm{d}s}{\mathrm{d}t}=V\frac{\mathrm{d}V}{\mathrm{d}s}=\frac{1}{2}\frac{\mathrm{d}V^2}{\mathrm{d}s}\\
&\Rightarrow\frac{m}{2}\frac{\mathrm{d}V^2}{\mathrm{d}s}=T_{\mathrm{h}}-D-mg\cdot\frac{\mathrm{d}h}{\mathrm{d}s}
\end{aligned}
\tag{B.2}
$$

考虑一个特殊情况，航迹的巡航段。

$$
\frac{\mathrm{d}h}{\mathrm{d}s}=0\text{，}\quad V=\mathrm{Const.}\text{，}\quad V=\frac{\mathrm{d}R}{\mathrm{d}t}
\tag{B.3}
$$

其中，R 为航程。运动方程变为：

航迹方向

$$
T=D
\tag{B.4}
$$

垂直于航迹方向（力也趋于平衡）

$$
L=W-W_{\mathrm{F}}(t)
\tag{B.5}
$$

其中，W 是飞机总重量，$W_F(t)$ 是时刻 t 消耗的燃料重量。

单位时间做功所消耗的能量

$$D \cdot V = \frac{W - W_F(t)}{L/D} \cdot \frac{dR}{dt} \tag{B.6}$$

单位时间消耗的燃料所产生的可用能

$$E = H\eta_p \frac{dW_F}{dt} \tag{B.7}$$

其中，H 是燃料的热值，即化学反应效率，η_p 是推进效率，表示有多少热能转化为推力功。要维持飞行，则必须有

$$D \cdot V = E \tag{B.8}$$

也就是燃料所产生的可用能等于做工所消耗的能量。

$$\frac{W - W_F(t)}{L/D} \cdot \frac{dR}{dt} = H\eta_p \frac{dW_F}{dt} \Rightarrow \frac{dR}{dt} = H\eta_p \cdot L/D \cdot \frac{\frac{dW_F}{dt}}{W - W_F(t)} \tag{B.9}$$

其中，$W_F(t)$ 是到 t 时刻消耗掉的燃料重量，当 $t = 0$ 时，燃料没有燃烧，$W_F(0) = 0$；飞行结束时，$W_F(t) = W_F$。积分得到

$$R = H\eta_p \cdot L/D \cdot \ln \frac{W}{W - W_F(t)} = H\eta_p \cdot L/D \cdot \ln \frac{1}{1 - \frac{W_F(t)}{W}} \tag{B.10}$$

其中，$\eta_p \cdot L/D$——气动力推进组合效率；L/D——升阻比，是衡量飞行器气动品质和效率的重要参数。

对于短途飞行，$\frac{W_F}{W} << 1$，则有

$$R \approx H\eta_p \cdot L/D \cdot \frac{W_F(t)}{W} \tag{B.11}$$

此为布雷盖航程方程。布雷盖方程是一个抽象概念，可以视为衡量整架飞行器的品质因数。根据布雷盖航程方程可以看出，燃料效率越高，设计就越好，即飞机用给定的燃料飞得更远。

附录C　飞机的翼型及机翼数据

表 C.1　典型飞机的翼型及机翼数据

国别	型号	翼型	翼面积(m^2)	展弦比 λ	后掠角 χ	最大速度(km/h)	最大起飞重量(kg)
战斗机/攻击机							
美国	A−7E	NACA 65A007	34.83	4	35°	1123	19050
	A−36	NACA 23012			梯形翼	414	
	A−37	翼根 NACA 2418(修) 翼尖 NACA 2412(修)	17.09	6.2		816	6350
	F−86A	翼根 NACA 0012−64(修) 翼尖 NACA 0011−64	25.4	5	35°	1070	7500
	F−89D	NACA 0009−64	65.5	4.46	梯形翼	960	18160
	F−94A	NACA $65_1$213($\alpha=0.5$)	22.0	6.36	梯形翼	M=0.8	7500
	F−100A	NACA 65A007	35.3	3.56	45°(χ_0)	M=1.3	13600
	P−101B	翼根 NACA 65A007(修) 翼尖 NACA 65A006	34.2	4.28	36°(χ_0)	M=1.85	21200
	F−102A	翼根 NACA0004−65(修)，前缘锥扭翼尖(升降副翼外端)NACA 0003.5(修)	61.5	2.21	60°6'(χ_0)	M=1.25	14500
	F−104G	双圆弧超声速翼型 $\bar{c}=3.36\%$，前缘半径 $r=0.041$ cm	18.22	2.45	梯形翼	M=2.35	11400
	F−105D	翼根 NACA 65A 005.5 翼尖 NACA 65A 003.7	35.77	3.18	45°(χ_0)	M=2.1	23800
	P−106A	NACA 0003.9−65(修)，前缘锥扭	64.83	2.198	60°6'(χ_0)	M=2	15875
	F−4B	翼根 NACA 0006.4−64(修) 38%($l/2$)NACA 0005.5−64(修) 翼尖 NACA 0003−64(修)	49.2	2.78	45°(χ_0)	M=2.4	24765
	F−5A	NACA 65A004.8(修)	15.79	3.77	24°	M=1.4	9379
	F−8E	翼根 NACA 65A006，翼尖 NACA 6SA005	32.5	3.65	35°(χ_0)	M=1.87	15400
	F−111A	转轴 NACA 64A210.7(修)，χ_0=16° 翼尖 NACA 64A209.6(修)，χ_0=16°	52.5	7.56	16~72°30'	M=2.5	41500
	F−14A	χ_0=20° 相对弯度　最大弯度位置　相对厚度 翼根　1.77%　3.5%　9.6% 翼尖　1.27%　3%　9%	52.49	(7.28~2.52)	20°~75°	M=2.24	28580
	F−15	31%($l/2$)NACA 64A(0.55)0(5.9),α=0.8(修) 60%($l/2$)NACA64A(0.55)0(4.6),α=0.8(修) 87.5%($l/2$)NACA64A20(3.5),α=0.8(修) 100%($l/2$)NACA64A20(3.0),α=0.8(修)	56.5	3	45°(χ_0)	M=2.5	18145
	F−16A	基本翼型 NACA 64A204	27.87	3	40°(χ_0)	M=2	14968
	F8 验证机	超临界翼型					
	X−29	超临界翼型			−30°(χ_0)		
	F/A−18		37.16	3.5	26°(χ_0)	~M=1.8	25401
	F−22	(修)	78.0	2.4	42°(χ_0)	1482	~36000
	F−35		42.7	2.68	33°(χ_0)	M=1.6	31800

续表

国别	型号	翼型	翼面积 (m^2)	展弦比 λ	后掠角 χ	最大速度 (km/h)	最大起飞重量(kg)
俄罗斯/苏联	米格-17	ЦАГИ 层流翼型	22.6	4.13	47° (χ_0)	1144	6045
	米格-19	ЦАГИ 层流翼型，翼根 C-12C 翼尖 C-7C	25.0	3.24	55°	1454	8660
	米格-21	ЦАГИ 层流翼型	28.94	4.17	57° (χ_0)	2175	9080
	米格-29		38.0	3.4	73°30' (χ_0)	2400	18500
	苏-25		30.1	6.1	~20° (χ_0)	950	17600
	苏-27	有弯度翼型	62.0	3.5	42° (χ_0)	M=2.35	33000
	苏-30		62.04		41° (χ_0)	2125	34500
	苏-33		67.84	3.2	42° (χ_0)	2300	33000
	苏-34		62	3.5	42° (χ_0)	1900	44360
	苏-35					2120	34500
英国	“蚊”式 MK1	RAE102(修) $\bar{c}=8\%$	12.69	3.58	40°	M=0.98	4020
	BAC157	翼根 NACA 23015(修) 翼尖 NACA 4412(修)	19.8	5.84		724	5215
法国	“幻影”2000		41.0	2.03	58° (χ_0)	M>2.2	17000
	“阵风”Rafale		45.7		~48° (χ_0)	M=1.8	19500
以色列	LAVI	设计升力系数为 0.2 的有弯度翼型	33.05	2.3	54°	M=1.85	18370
西班牙	HA-200	翼根 NACA 63_2A(2.5)15 翼尖 NACA 64_2A(2.5)13.5	17.4	6.22	0° (χ_0)	665	700
阿根廷	1A58	翼根 NACA 63_2A 215 翼尖 NACA 64_1A 212	30.3	6.95		490	6200
瑞典	JAS-39		25.1		内到外 55°/52°/55° (χ_0)	M=2.0	12500
日本	F-2		34.84	3.3	33°12' (χ_0)	M~2.0	22100
英/德/意/西	台风 Typhoon	NACA 66(修)	50.0	2.21	53° (χ_0)	M=2.0	>23500
运输机							
美国	C-119/R4Q	翼根 NACA 2418 翼尖 NACA 4409	134.4	8.25	3°51'	505	34925
	C-130E	翼根 NACA 64A 318 翼尖 NACA 64A 412	299.9	7.9	0°	618	79380
	C-141A	翼根 NACA 0013-64(修) 翼尖 NACA 0010-64(修)	299.9	7.9	25°		14300
	C-5A	翼展 20% NACA 0012(修) 翼展 43.07%~70% NACA 0011(修)	576	7.75	25°	919	330200
	波音 707-320B	波音公司翼型	283.4	7.056	35°	M=0.95	151315
	DC-8	对称面-25%半翼展 DSMA128〈变弯度〉，55%半翼展-翼尖 DSMA 87	271.9	7.55	30°		158760
	DC-9-40	中间过渡 0%内 DSMA 433A $\bar{c}=12.6\%$ 半翼展 32.8%DSM 433A $\bar{c}=11\%$ 88.9% DSMA 435A $\bar{c}=9.5\%$	92.97	8.75	24°		51710
	DC-10-10	道格拉斯公司 DSMA 翼型 相对厚度 $\bar{c}_{根}=22\%$，$\bar{c}_{尖}=9\%$	358.7	6.8	35°	940	199580
	Guppy-201	BAC117	182.52	12.427	0°	M=0.413	77110
	Gulfstream Ⅳ	NASA 翼型 $\bar{c}_{根}=12.2\%$，$\bar{c}_{尖}=8.4\%$	88.29		27°40' (χ_0)	952	32522
	C-17	NASA 翼型	26.0		25° (χ_0)	648 (低空)	258547

续表

国别	型号	翼型	翼面积 (m^2)	展弦比 λ	后掠角 χ	最大速度 (km/h)	最大起飞重量(kg)
俄罗斯/苏联	安–12	翼根 ЦАГИ С–5–18 翼中 ЦАГИ С–3–16 翼尖 ЦАГИ С–3–14	121.78	11.86	梯形翼	777	61000
	安–24	翼根 ЦАГИ С–5–18 翼尖 ЦАГИ СВ–13	74.98	11.75	梯形翼 6°50' ($\chi_{1/4}$)		21000
	伊尔–18	翼根 ЦАГИ С–5–18 翼尖 ЦАГИ–3–14	140	10	梯形翼	675	64000
	图–124	翼根 ЦАГИ ПР36-15К 翼中 ЦАГИ ПР–35–13ММ 翼尖 ЦАГИ СР–11–12	119	5.5		970	38000
	图–134	翼根 ЦАГИ П36(修) 翼中 ЦАГИ С–35–13(修) 翼尖 ЦАГИ СР–16(修)	127.3	7.3	35°	M=0.87	44500
德国	A•300B2	豪克•西德利公司翼型 $\bar{c}=10.5\%$	260.0	7.71	28°		137000
英国	HS•748	翼根 NACA 23018，翼尖 NACA 4412	75.15	11.967	2°50'	608	20182
法国	布雷盖–941S	NACA 63A416	83.78	6.56	0° (χ_0)	510	26500
	“快帆” 12	NACA $65_1$212	146.7	8.02	20°		58000
荷兰	F–27	翼根 NACA 64–421 翼尖 NACA 64–415	70	12	梯形翼		20410
加拿大	C–8A	翼根 NACA 64_3A417.5(修) 翼尖 NACA 63_2A615(修)	87.8	9.75	1°40'		22316
日本	YS–11	翼根 NACA 64A–218(修) 翼尖 NACA 64A–412(修)	94.8	10．8	3°11'	M=0.601	24500
瑞典	SAAB 340A	NASA M5(1)－0313 翼根相对厚度 15%，翼尖相对厚度 12%	41.81	11	3°36'	504	12372
轰炸机							
美国	B–45	翼根 NACA 56, 2–215 翼尖 NACA 56, 1–212			梯形翼	880	37600
	B–1B		181.2		15°/67.5° (χ_0)	1529	216400
	B–2		~490		33° (χ_0)		
	B–52		370		35° (χ_0)	957	220000
	B–58A	NACA 0004.08–64	143.3	2.09		M=2.1	72570
	P–2H	翼根 NACA 2419(修) 翼尖 NACA 4410.5	93	10.8	梯形翼		36200
	XB–70	29.5% $(l/2)$，$\bar{t}=2\%$ 平板削尖翼型 73%~100% $(l/2)$，$\bar{t}=2.5\%$ 平板削尖翼型		1.75	65°34' (χ0) 58°48'	M=3	24000
俄罗斯/苏联	伊尔–28	ЦАГИ 层流翼型	60.8	7.57	0° (χ_0)	902	18400
	图–16	ЦАГИ 层流翼型	169	6.64	37°	945	68000
	图–95		289.9	8.6	33°30' ($\chi_{1/4}$)	925	185000
	图–22M		164	3.1/6.4	20°/65° (χ_0)	M=1.88	124000
	图–160		293.15	8.6 (全展开)	20°/65° (χ_0)	2200	275000

注：表中的(修)表示在标准翼型上有修改设计。

该表内容主要摘自：飞机气动布局设计(方宝瑞．北京：航空工业出版社．1997．)，有部分补充。

附录D　飞机的前、后缘增升装置形式

表 D.1　典型民用飞机的前、后缘增升装置形式

民用飞机	前缘增升装置	后缘增升装置
波音 707-320	简单式克鲁格襟翼	双缝襟翼(固定式子翼+主襟翼)
波音 727	前缘缝翼(内侧：简单式克鲁格襟翼)	三缝襟翼
波音 737	前缘缝翼(内侧：头部折叠式克鲁格襟翼)	三缝襟翼
波音 747	可变弯度克鲁格襟翼	三缝襟翼
波音 757	前缘缝翼	双缝襟翼
波音 767	前缘缝翼	内侧：双缝襟翼；外侧：单缝襟翼
波音 777	前缘缝翼	内侧：双缝襟翼；外侧：单缝襟翼
波音 787	前缘缝翼	内侧：双缝襟翼；外侧：单缝襟翼
DC-8-60/70	前缘缝翼	双缝襟翼(固定式子翼+主襟翼)
DC-9-10	(无前缘装置)	双缝襟翼(固定式子翼+主襟翼)
MD-80	前缘缝翼	双缝襟翼(固定式子翼+主襟翼)
DC-10	前缘缝翼	双缝襟翼(铰链式子翼+主襟翼)
MD-11	前缘缝翼	双缝襟翼(铰链式子翼+主襟翼)
A300	前缘缝翼	双缝襟翼
A310	前缘缝翼	内侧：双缝襟翼(铰链式子翼+主襟翼) 外侧：单缝襟翼
A320	前缘缝翼	单缝襟翼
A321	前缘缝翼	内侧：双缝襟翼；外侧：单缝襟翼
A330/340	前缘缝翼	单缝襟翼
A350	前缘缝翼	单缝襟翼
A380	前缘缝翼	单缝襟翼

表 D.2 典型军用飞机的前、后缘增升装置形式

军用飞机	前缘增升装置	后缘增升装置
F-4	前缘缝翼	简单吹气襟翼
F-5	简单前缘襟翼	单缝襟翼
F-14	前缘缝翼	单缝襟翼(可作机动襟翼用)
F-15	无,但往翼尖方向剖面弯度增加	简单襟翼
F-16	前缘襟翼	简单襟翼 (无副翼，襟翼是作为襟副翼使用)
F-18	简单前缘襟翼	简单后缘襟翼
F-104	简单前缘襟翼	简单襟翼，著陆时吹气
F-22	前缘全展长襟翼	内侧：襟副翼；外侧：副翼
F-35	前缘全翼展襟翼	大展长襟副翼
“幻影”2000	前缘缝翼	升降副翼
“阵风”	前缘缝翼	升降副翼
EF2000	前缘缝翼	襟副翼
米格-21	无	单缝襟翼
米格-21MF		吹气襟翼
米格-25	无	简单襟翼
米格-29	前缘襟翼	内侧：简单襟翼；外侧：副翼
米格-29K	前缘襟翼	双缝襟翼
苏-25	前缘缝翼	内侧：双缝襟翼；最外侧：副翼
苏-27	前缘全翼展襟翼	襟副翼
苏-33	前缘襟翼	单缝襟翼和襟副翼
JAS-39	前缘两段襟翼，类型不同	升降副翼

该表内容主要摘自：飞机设计手册 第6册——气动设计(《飞机设计手册》总编委会. 北京：航空工业出版社. 2002)，有部分补充。

附录E　飞机动力增升装置简介

表E.1　各类飞机动力增升装置介绍

装置类型	原　理	图　示
弦向吹气襟翼(弦向边界层控制)	**内吹气式：** 利用非常薄的高速射流层在前缘襟翼的后缘或在后缘襟翼的转轴处沿着机翼表面的切线方向射出，使其保持贴附在翼型表面。高压射流增加了边界层底部的动量，使其提高了克服逆压梯度和避免分离的能力	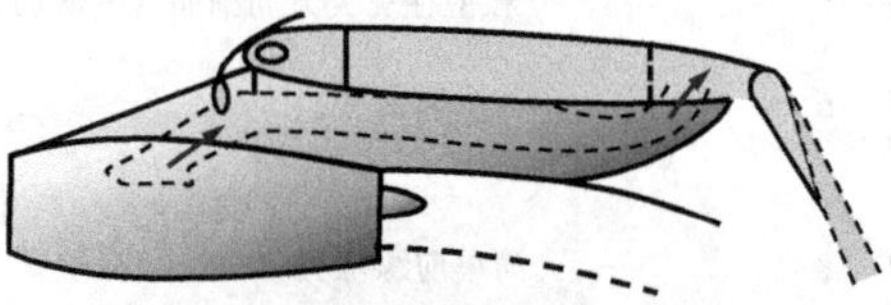 内吹气式襟翼
	外吹气式： 利用喷气发动机喷出的热喷流用一个辅助装置使其转喷在后缘襟翼上，用这种方法来增加边界层能量，避免分离。包括： 下蒙皮吹气式襟翼：具有机翼下吊喷气发动机的飞机，喷口向上偏转，喷流从机翼下表面流向襟翼。 上蒙皮吹气式襟翼：喷气发动机安装在机翼上面的飞机，喷流沿机翼上表面流向襟翼	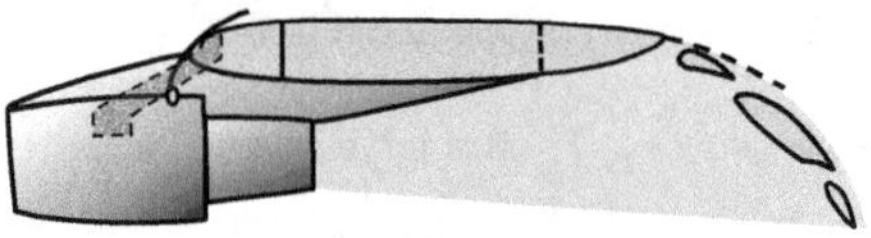 下蒙皮吹气式襟翼 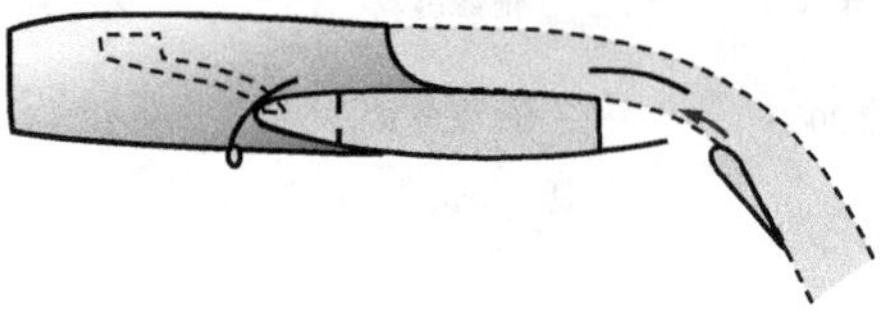 上蒙皮吹气式襟翼
	吹气襟翼： 利用从机翼后缘处的一个缝道中喷出一股稀薄的高速喷流层，相当于以“流体襟翼”的形式代替了机械式襟翼的弦长。这个喷流层造成超环量而产生升力增量	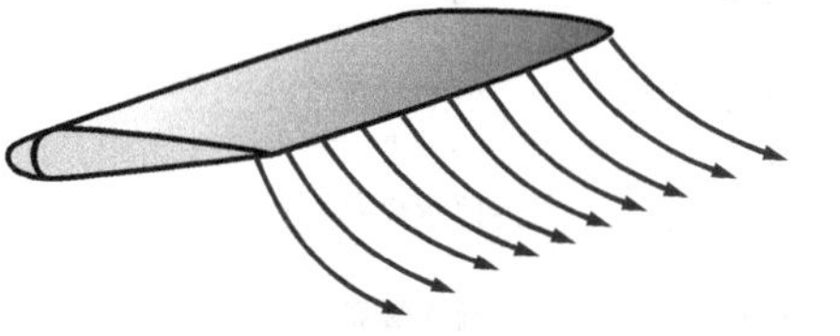 吹气襟翼
展向吹气襟翼	**展向吹气：** 从靠近襟翼前缘根处，由喷嘴朝平行襟翼前缘的方向吹出一股射流，使来流产生一个扰动速度场。该扰动场使大后掠、尖前缘机翼上形成的前缘集中涡，比无射流时自然形成的集中涡有更大的轴向速度和涡量，从而延迟了前缘涡的强度增大与破裂。该技术的增升效果十分可观，尤其在大迎角情况	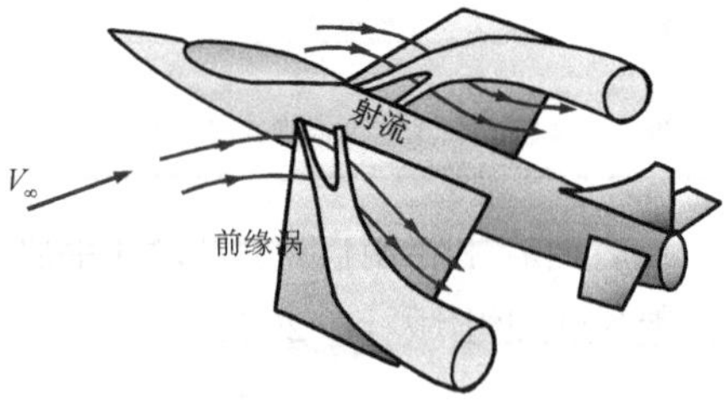 展向射流与前缘涡相互影响

续表

装置类型	原　理	图　示
推力矢量增升	**推力矢量增升：** 能够垂直起飞降落以及在很短距离内起飞降落(简称为垂直/短距起降，V/STOL)，是固定翼战斗机(尤其是舰载机)希望实现的目标。为实现该目标，提出过多种方案，其中一种就是采用发动机推力升力矢量，起飞着陆时向下喷气产生升力，平飞时向后喷气产生推力。具有代表性的是英国的“鹞”式飞机，该飞机有 4 个可旋转喷口的涡轮风扇发动机排列分布在机身两侧。前喷口是来自风扇未经燃烧的低压气体，后喷口是经过燃烧的喷气。喷口可向下转动 98.5°。平飞时，喷流向下偏斜 10°；垂直起落时，喷流向下；短距起落时，喷流向斜后方	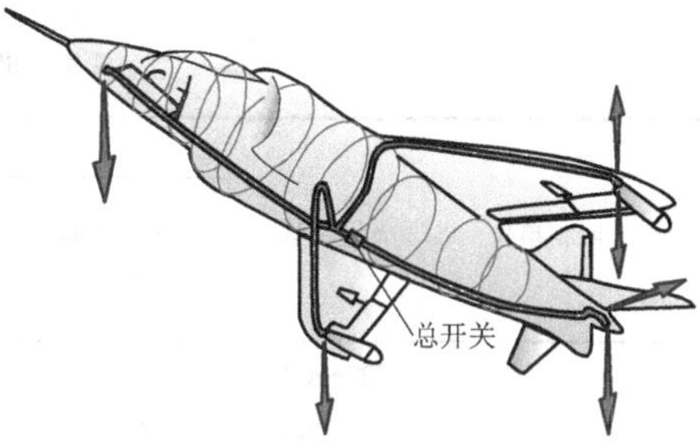 “鹞”式飞机的反作用操纵系统  “鹞”式飞机的反作用操纵系统
旋翼增升	**旋翼增升：** 在固定翼飞机上安装旋翼，当飞机在发动机推力作用下向前运动时，迎面气流吹动旋翼转动，像直升机旋翼一样产生升力。与直升机不同的是直升机的旋翼是由发动机驱动的	 圆盘旋翼机的直升机模式  圆盘旋翼机的固定翼模式

附录 F 飞机副翼的几何数据

表 F.1 典型飞机副翼几何数据

类别	研制单位	飞机名称	副翼				
			相对面积 (S_a/S)	展向位置 (l_a/l) 内侧/外侧		相对弦长 (c_a/c) 内侧/外侧	
				内副翼	外副翼	内副翼	外副翼
喷气式民用客机	波音	727-200	0.034	0.38/0.46	0.76/0.93	0.17/0.24	0.23/0.30
		737-200	0.024		0.74/0.94		0.20/0.28
		737-300	0.021		0.72/0.91		0.23/0.30
		747-200B	0.040	0.38/0.44	0.70/0.95	0.17/0.25	0.11/0.17
		747SP	0.040	0.38/0.44	0.70/0.95	0.17/0.25	0.11/0.17
		757-200	0.027		0.76/0.97		0.22/0.36
		767-200	0.041	0.31/0.40	0.76/0.98	0.23/0.20	0.16/0.15
	原麦道	DC-9-80	0.030		0.65/0.85		0.31/0.36
		DC-9-50	0.038		0.78/0.95		0.30/0.35
		DC-10-30	0.047	0.32/0.39	0.75/0.93	0.20/0.25	0.29/0.27
	空中客车	A300-B4	0.049	0.29/0.39	0.83/0.99	0.23/0.27	0.32/0.30
		A310	0.027	0.32/0.40		0.23/0.27	
	洛克希德	L-1011-500	0.051	0.40/0.49	0.77/0.98	0.22/0.23	0.26/0.22
		BAC1-11	0.030		0.72/0.92		0.26
	英宇航	146-200	0.046		0.78/1.0		0.33/0.31
	图波列夫	图-154	0.036		0.76/0.98		0.34/0.27
喷气式军用飞机	达索	“幻影”IIIE	0.14	0.18/1.0		0.13/1.0	
		“幻影”F1c	0.031	0.77/1.0		0.23/0.25	
		“幻影”2000	0.13	0.19/1.0		0.13/1.0	
		“超军旗”	0.053	0.57/0.81		0.23/0.27	
	费尔柴尔德	A-10A	0.094	0.58/0.91.		0.42/0.40	
	诺斯罗普	F-5E	0.050	0.76/0.99		0.34/0.33	
	凌•沃特	A-7A	0.053	0.59/0.90		0.20/0.24	
	原麦道	F-4E	0.04	0.63/0.98		0.23/0.28	
		F-15	0.053	0.60/0.86		0.25/0.27	
	通用动力	F-16	0.13*	0.30/0.73		0.21/0.23	
	米高扬	米格-25	0.053	0.54/0.79		0.22/0.21	
	苏霍伊	苏-7BM	0.11	0.62/0.97		0.29/0.35	

注：带*的为襟翼或升降副翼。

该表内容主要摘自：飞机设计手册 第 6 册——气动设计(《飞机设计手册》总编委会. 北京：航空工业出版社．2002)。

附录G　飞机绕流片的几何数据

表 G.1　典型飞机绕流片几何数据

类别	研制单位	飞机名称	内侧扰流片			外侧扰流片		
			展向位置	相对弦长	铰链轴位置	展向位置	相对弦长	铰链轴位置
			内侧/外侧	内侧/外侧	内侧/外侧	内侧/外侧	内侧/外侧	内侧/外侧
			相对 $l/2$	相对 c_a/c	相对 c	相对 $l/2$	相对 c_a/c	相对 c
喷气式民用客机	波音	727–200	0.14/0.37	0.09/0.14	0.79/0.69	0.48/0.72	0.16/0.20	0.65/0.63
		737–200	0.40/0.66	0.14/0.18	0.66/0.67	—	—	—
		737–300	0.38/0.64	0.14	0.64/0.70	—	—	—
		747–200B	0.46/0.67	0.12/0.16	0.71	—	—	—
		747SP	0.46/0.67	0.12/0.16	0.71	—	—	—
		757–200	0.41/0.74	0.12/0.13	0.73/0.69	—	—	—
		767–200	0.16/0.31	0.09/0.11	0.85/0.78	0.44/0.67	0.12/0.17	0.74/0.71
	原麦道	DC–9–80	0.35/0.60	0.10/0.08	0.69/0.65	—	—	—
		DC–9–50	0.35/0.60	0.10/0.08	0.69/0.65	—	—	—
		DC–10–30	0.17/0.30	0.05/0.06	0.78/0.74	0.43/0.72	0.11/0.16	0.75/0.70
	空中客车	A300–B4	0.57/0.79	0.16/0.22	0.73/0.72	—	—	—
		A310	0.62/0.83	0.16/0.22	0.69/0.66	—	—	—
	洛克希德	L–1011–500	0.13/0.39	0.08/0.12	0.82/0.73	0.50/0.74	0.14/0.14	0.67/0.67
	英宇航	146–200	0.14/0.70	0.22/0.27	0.76/0.68	—	—	—
	图波列夫	图–154	0.43/0.70	0.14/0.20	0.62/0.60	—	—	—
	阿莱尼亚	G222	0.48/0.70	0.07/0.08	0.70/0.66	—	—	—
军用飞机	洛克希德	S–3AViK	0.24/0.79	0.12/0.15	0.67/0.56	—	—	—
		C–141B	0.15/0.41	0.09/0.12	0.85/0.80	0.43/0.66	0.10/0.13	0.83/0.83
		C–5A	0.36/0.70	0.13/0.12	0.80	—	—	—
	原麦道	MDD kcl0A	0.17/0.30	0.05/0.06	0.78/0.74	0.43/0.72	0.11/0.16	0.75/0.70
	伊留申	伊尔–76T	0.17/0.71	0.10/0.13	0.80/0.69	—	—	—

该表内容主要摘自：飞机设计手册 第6册——气动设计(《飞机设计手册》总编委会. 北京：航空工业出版社. 2002)。

附录H　飞机平尾和升降舵的几何数据

表 H.1　典型飞机平尾和升降舵的几何数据

类别	研制单位	飞机名称	水平尾翼			升降舵	
			相对面积	相对尾臂	尾容量	相对面积	相对弦长 c_e/c_H
			S_H/S	l_H/c	A_H	S_e/S_H	根部/尖部
喷气式民用客机	波音	727-200	0.221	3.72	0.82	0.25	0.29/0.31
		737-200	0.328	3.91	1.28	0.27	0.30/0.32
		737-300	0.295	4.56	1.35	0.24	0.24/0.34
		747-200B	0.267	2.75	0.74	0.24	0.29
		747SP	0.279	1.92	0.54	0.21	0.32/0.20
		757-200	0.300	3.28	1.15	0.25	0.29/0.38
		767-200	0.274	3.41	0.94	0.23	0.30/0.25
	原麦道	DC-9-80	0.247	3.91	0.96	0.34	0.39/0.38
		DC-9-50	0.276	4.81	1.32	0.38	0.41/0.47
		DC-10-30	0.338	2.69	0.90	0.22	0.25/0.30
	空中客车	A300-B4	0.267	4.19	1.12	0.26	0.35
		A310	0.296	3.73	1.09	0.26	0.33/0.30
	洛克希德	L-1011-500	0.362	2.28	0.83	0.19	
	英宇航	146-200	0.331	4.44	1.48	0.39	0.42/0.44
	图波列夫	图-154	0.201	3.51	0.71	0.18	0.27/0.25
喷气式军用飞相	达索	“幻影”IIIE	0	0	0	0	升降副翼
		“幻影”F.1C	0.369	1.43	0.51	1.0	全动平尾
		“幻影”2000	0	0	0	0	升降副翼
		“超军旗”	0.195	1.48	0.29	1.0	全动平尾
	费尔柴尔德	A-10A	0.177	2.30	0.41	0.32	0.33
	格鲁门	A-6A	0.207	2.22	0.46	1.0	全动平尾
		F-14A	0.248	1.61	0.40	1.0	全动平尾
	诺斯罗普	F-5E	0.317	1.61	0.51	1.0	全动平尾
	凌•沃特	A-7A	0.150	1.50	0.22	1.0	全动平尾
	原麦道	F-4E	0.183	1.43	0.26	1.0	全动平尾
		F-15	0.171	1.16	0.20	1.0	全动平尾
	通用动力	FB-111A	0.353	2.14	0.75	1.0	全动平尾
		F-16	0.222	1.35	0.3	1.0	全动平尾
	米高扬	米格-25	0.386	0.92	0.36	1.0	全动平尾
	苏霍伊	苏-7BM	0.282	1.43	0.40	1.0	全动平尾

该表内容主要摘自：飞机设计手册 第6册——气动设计（《飞机设计手册》总编委会．北京：航空工业出版社．2002）。

(a) 米格-21

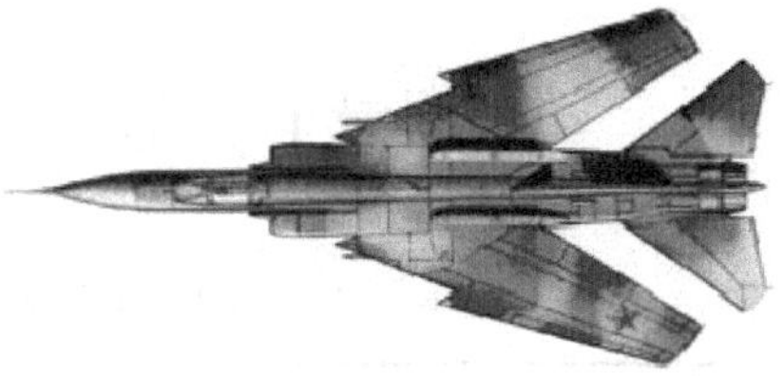

(b) 米格-23

(c) 米格-25

(d) 米格-29

(e) 苏-27

(f) F-15

(g) F-16

(h) F-22

图 H.1　部分带平尾经典战机俯视图

附录 I　飞机垂尾和方向舵的几何数据

表 I.1　典型飞机垂尾和方向舵的几何数据

类别	研制单位	飞机名称	垂尾			方向舵	
			相对面积 S_v/S	相对尾臂 l_v/l	尾容量 A_v	相对面积 S_r/S_v	相对弦长 c_r/c_v
喷气式民用客机	波音	727-200	0.248	0.439	0.110	0.16	0.29/0.28
		737-300	0.237	0.438	0.100	0.24	0.25/0.22
		737-200	0.214	0.482	0.100	0.31	0.26/0.50
		747-200B	0.151	0.520	0.079	0.30	0.30
		747SP	0.161	0.355	0.057	0.27	0.31/0.34
		757-200	0.197	0.434	0.086	0.34	0.35/0.33
		767-200	0.163	0.413	0.067	0.35	0.33/0.36
	原麦道	DC-9-80	0.132	0.468	0.062	0.39	0.49/0.46
		DC-9-50	0.161	0.495	0.079	0.41	0.45/0.44
		DC-10-30	0.153	0,392	0.060	0.18	0.35
	空中客车	A300-B4	0.174	0.541	0.094	0.30	0.35/0.36
		A310	0.207	0.476	0.098	0.35	0.33/0.35
	洛克希德	L-1011-500	0.155	0.355	0.055	0.23	0.29/0.26
	英宇航	146-200	0.269	0.450	0.120	0.44	0.29
	图波列夫	图-154	0.157	0.352	0.055	0.27	0.37
喷气式军用飞机	达索	“幻影”IIIE	0.128	0.515	0.066	0.20	0.22/0.29
		“幻影”F.lC	0.200	0.489	0.098	0.16	0.21/0.35
		“幻影”2000	0.163	0.461	0.075	0.16	0.21/0.34
		“超军旗”	0.158	0.397	0.062	0.18	0.25/0.49
	费尔柴尔德	A-10A	0.166	0.363	0.06	0.28	0.31/0.34
	格鲁门	A-6A	0.150	0.464	0.069	0.21	0.28/0.21
		F-14A	0.209	0.287	0.060	0.29	0.29/0.33
	诺斯罗普	F-5E	0.223	0.438	0.098	0.15	0.26/0.30
	凌•沃特	A-7A	0.307	0.414	0.128	0.13	0.21/0.29
	原麦道	F-4E	0.112	0.477	0.054	0.20	0.20/0.29
		F-15	0.235	0.416	0.098	0.25	0.30/0.50
	通用动力	FB-111A	0.202	0.270	0.054	0.21	0.25/0.26
		F-16	0.207	0.453	0.094	0.25	0.34/0.33
	米高扬	米格-25	0.284	0.367	0.10	0.15	0.24
	苏霍伊	苏-7BM	0.177	0.577	0.10	0.26	0.28/0.25

该表内容主要摘自：飞机设计手册 第 6 册——气动设计(《飞机设计手册》总编委会. 北京：航空工业出版社. 2002)。

(a)米格-21

(b)米格-29

(c)F-4

(d)F-104

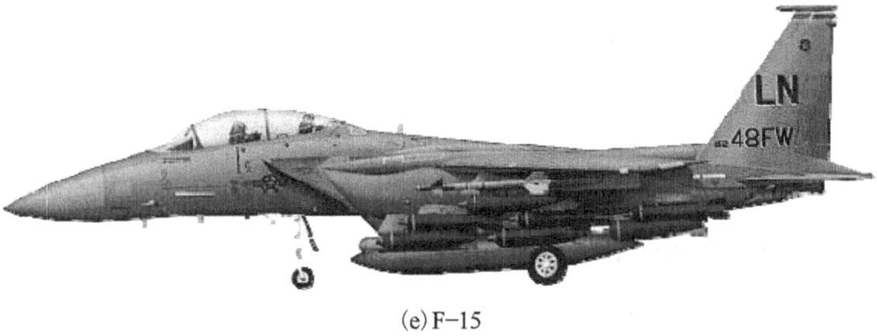

(e)F-15

(f)F-16

图 I.1　部分经典战机侧视图

附录J　本书符号表

符号	意义	位置(章)
a	声速	2,7
	直匀流速度分量	2,A
	儒科夫斯基变换中的圆半径	3
	NACA 六位数翼型定义标记	3
	表 5.2.1 外形参数	5
	式(6.3.25)中参数	6
	椭圆截面的水平轴	7
a_∞	主流声速	2
	$C_l-\alpha$ 直线段的升力线斜率	4
ac	焦点到头部距离	3
A	诱导阻力因子	4,6
	系数(表 7.2.1)	7
A_n	级数系数	3
A_{H}	平尾尾容量	7,H
A_{v}	垂尾尾容量	7,I
b	直匀流速度分量	2
	表 5.2.1 外形参数	5
	椭圆截面的竖向轴	7
B	$B=\sqrt{M_\infty^2-1}$, $M_\infty>1$	5
c	翼型弦长	2,3,4,5,6,7
	系数(表 7.2.1)	7
c_0	机翼根弦长	4
c_1	机翼尖(梢)弦长	4
c_{a}	机翼平均弦长	4,7,F
$\overline{c}_a$	副翼相对弦长	7
c_{r}	方向舵弦长	7,I
c_{v}	垂尾弦长	I
c_{H}	平尾弦长	H
C	常值	2
	薄翼理论中间量，等于 $\alpha V_\infty\sqrt{c}$	3
	式(6.3.25)中参数	6
C_{d}	翼型阻力系数	2,3,5,7

续表

符号	意义	位置(章)
C_{d0}	翼型零升阻力系数	3
$C_{d,shock}$	波阻系数	3
C_e	发动机耗油率	6,H
C_f	摩阻系数	8
C_l	翼型升力系数	3,5,7
C_l'	机翼剖面升力系数	4
C_{l,δ_a}	副翼效率	7
C_{le}	当量蒙皮摩擦阻力系数	6
C_{lmax}	翼型最大升力系数	3
$C_{L\alpha}$	或 $C_{L\alpha}$，升力线斜率	3,5,6,7
C_m	力矩系数	3,7
C_{m0}'	绕焦点零升力矩系数	4
$C_{m,ac}$	以焦点为参考点的力矩系数	3
$C_{m\delta e}$	升降舵效率	7
$C_{m\,LE}$	前缘力矩系数	3
$C_{m\alpha}$	力矩线斜率	7
C_{mz0}	零升力矩系数	5
$C_{m\delta H}$	平尾效率	7
C_p	压强系数	2,3,5,8
C_{pcr}	临界压力系数	5
C_{pi}	当地压力系数	2
C_{pl}	翼型下表面线化压力系数	5
C_{pn}	翼型上任意点压力系数	4
C_{pu}	翼型上表面线化压力系数	5
C_D	机翼阻力系数	4,5,6,7,8
C_{D0}	机翼零升阻力系数	3,6,7
C_{Db}	总的波阻系数	5
C_{Di}	诱导阻力系数	4
C_{Dmin}	最小阻力系数	7
C_{Dn}	机翼对应翼型阻力系数	4
C_L	机翼升力系数	4,5,6,7,8
C_{L0}	起飞时实际升力系数	6
C_{Ld}	抖动升力系数	4
C_{Ldes}	设计升力系数	3
C_{Lmax}	机翼最大升力系数	3,6,7
C_{Lmax0}	起飞最大升力系数	6

续表

符号	意义	位置(章)
$C_{\mathrm{L\,max\,L}}$	着陆最大升力系数	6
C_{Ln}	机翼对应翼型升力系数	4
$C_{\mathrm{L}\alpha,\mathrm{H}}$	平尾的升力线斜率	7
C_{N}	法向力系数	7
$C_{\text{吸}}$	前缘吸力系数	3
d	图 2.2.2 中长度	2
d_{js}	机身直径	7,8
d_{m}	最大横截面直径	8
D	圆管直径	2
	阻力	2,3,6,7,8,B
D_{b}	作用于翼型的波阻力	5
D_i	诱导阻力	4
e	比内能	2
	Oswald 因子	6
E	比总能	2
	单位时间消耗的燃料所产生的可用能	B
f	翼型弯度	3
f_1	ϕ 的解分量	5
f_2	ϕ 的解分量	5
$\overline{f}$	机翼相对弯度	1,3,5
$\mathbf{f}_{\mathrm{V}}$	体积力	2
g	NACA 六位数翼型定义参数	3
	重力加速度	8
G	爬升梯度	6
h	比焓	2
	NACA 六位数翼型定义参数	3
	图 4.4.2 中长度	4
	距离地面高度	B
h_∞	主流比焓	2
H	距海平面高度	2,6,7,A
	总焓	2
	燃料热值	6,B
I_n	葛劳渥公式中的广义积分	3
k	热传导系数	2
	三维修正因子	7
	形状系数 [式(7.2.2)]	7

续表

符号	意义	位置(章)
	考虑展向位置的修正系数[式(7.5.1)]	7
k_i	雷达入射波	7
k_{lw}	座舱盖的长度和宽度或高度之比	7
k_q	速度阻滞系数	7
k_r	雷达出射波	7
$k_{V,H}$	$k_{V,H}=\frac{T_{可用}}{T_{0,加力}}$	6
$k_{巡航}$	式(6.3.34)中参数	6
K	系数	4,5
	升阻比	6
K_1	NACA 五位数字翼型定义参数	3
K_2	NACA 五位数字翼型定义参数	3
Kn	努森数	2
l	机翼展长	4,7,I
	起飞滑跑距离	6
	弹头长度	8
$\bar{l}$	空气分子的平均自由程	2
$\bar{l}_a$	副翼相对展长	7,F
l_c	前翼到机翼的距离	7
l_{js}	机身长度	7
l_{jt}	机头长度	7
l_{jw}	机尾长度	7
l_v	垂尾到机翼的距离	7,I
l_H	平尾到机翼的距离	7,H
L	飞行器特征长度	2,6,7,8
	升力	2,3,4,5
L_1	α_1 时的升力	3
L_2	α_2 时的升力	3
m	流体(微团)质量	2
	累加索引	4
	前后缘判别参数	5
	锥形前机身外形公式中的参数	7
	质量	B
$\bar{m}_E$	空重系数	
m_{ff}	任务的燃油系数	6
m_0	飞机起飞总重	7
m_{wing}	机翼结构质量	3

续表

符号	意义	位置(章)
M	飞行马赫数	1,5,6,7,8
	偶极强度	2
M_{ac}	相对焦点的力矩	3
M_{cr}	临界马赫数	3,5,7
M_{dd}	阻力发散马赫数	3,7
M_P	相对某点 P 的力矩	3
M_{sj}	设计马赫数	3
M_x	x 方向马赫数	2
	对于 x 位置点的力矩	3
M_∞	来流马赫数	2,3,4,5,7,8
$M_{\infty n}$	来流速度在垂直于机翼前缘分量对应的马赫数	5
M_{LE}	对于前缘的力矩	3
n	傅里叶级数的波数	3
	积分公式(4.2.25)中系数	4
	累加索引	4
n	过载系数	6
$\overline{n}$	翼型前缘钝度	3
n_e	升降舵面积转换因子	7
n_x	切向过载	6
n_z	法向过载	6
N_α	平板所受法向力	5,8
p	压强	2,3,4,8,A
p_{cr}	临界压强	5
p_i	壁面一点的压强	3
p_l	下翼面压强	5
p_n	翼型上任意点压强	4
Pr	普朗特数	8
P_S	剩余功率	6
p_u	上翼面压强	5
p_∞	来流压强	2,3,5,8
q	源丝强度	2
q_h	飞机小时耗油量	6
$\overline{q}_{max}$	驻点最大无量纲热流	8
q_w	钝头驻点热流率	8
q_∞	来流动压	4,5,6
$\boldsymbol{q}$	热通量矢量	2

续表

符号	意义	位置(章)
Q	源流量	2
r	从源出发的半径矢量	2
	翼型前缘半径	3
	机头截面半径	7
$\bar{r}$	翼型相对前缘半径	3
R	气体常数	2
	图 2.2.4 中长度	2
	气动力	3,4
	航程	6,B
	前机身底部半径	7
	目标到雷达天线距离	7
	雷达探测距离	7
	驻点处壁面曲率半径	8
R_C	拐角曲率半径	8
Re	雷诺数	2,3,5,7
$\bar{R}_N$	球冠钝度	8
s	中弧线曲线方向	3
	面积	5
	熵	8
$\bar{s}$	机翼半周线长与翼展之比	4
S	机翼面积	4,5,6,7,I
S_a	副翼面积	F
S_c	天线位置目标散射功率密度	7
S_e	升降舵面积	7,H
S_i	目标位置入射雷达功率密度	7
S_{js}	机身最大横截面积	7
S_r	方向舵面积	7,I
S_t	斯坦顿数	8
S_v	垂尾面积	7,I
S_H	平尾面积	6,7,H
$S_{侧}$	侧视图飞机平面面积	6
$S_{参考}$	飞机参考面积	6
$S_{俯}$	俯视图中飞机的平面面积	6
$S_{浸润}$	飞机浸润面积	6
t	图 2.2.2 中长度	2,6
	翼型厚度	3
	时间	B

续表

符号	意义	位置(章)
$\overline{t}$	机翼相对厚度	1,3,5,7
T	温度	2,8,A
	发动机推力	6,B
TOP	起飞参数	6
T_∞	来流温度	2
$T_{0,加力}$	加力推力	6
$T_{可用}$	可用推力值	6
$T_{需}$	需用推力值	6
v	诱导速度	3
v_x	x 坐标方向扰动速度	2,4,5
v_y	y 坐标方向扰动速度，诱导的下洗速度	2,3,4,5
v_z	z 坐标方向扰动速度	2,4
v_r	流过球面或圆的速度	2
V	流速	2
	飞行速度	6,B
	机身容积	7
	离/接地速度	6
V_a	可用推力最大时的飞行速度	6
V_e	有效速度	4
V_i	不可压缩流中的速度	2
V_{max}	最大平飞速度	6
V_{min}	最小平飞速度	6
V_n	法向速度(物面)	4
V_t	切向速度(物面)	4
V_S	失速速度	6
V_x	x 坐标方向速度分量	2
$V_{x\infty}$	来流 x 方向速度分量	2
V_y	y 坐标方向速度分量	2
V_y^*	爬升率	6
$V_{y\infty}$	来流 y 方向速度分量	2
V_z	z 坐标方向速度分量	2
V_θ	点涡流场中的速度	2
V_∞	自由来流速度	2,3,4,5,6,7
$V_{\infty t}$	V_∞ 分量	4
$V_{\infty n}$	V_∞ 分量	4
$\mathbf{v}_y$	诱导的下洗速度矢量	4

续表

符号	意义	位置(章)
$\mathbf{V}$	速度矢量	2,8
$\mathbf{V}_e$	有效速度矢量	4
$\mathbf{V}_\infty$	来流速度矢量	2
W	重量	6,7,B
W_0	飞机起飞总重	6,7
W_{crew}	机组人员重量	6
W_d	死油重	6
W_E	飞机空重	6
W_F	燃料重量	6
$W_{F\ res}$	任务中消耗的燃油重量	6
$W_{F\ used}$	飞机必须的余油重量	6
W_{OE}	飞机使用空重	6
W_P	飞机有效装载重量	6
x	空间位置坐标	2,3,4,5,6,7,8
$\bar{x}$	x 向相对位置	3
x'	对 x 的积分变量	2
	仿射变换后的 x	2
x_{cp}	压力中心	3
$\bar{x}_{ac}$	焦点相对位置	5
$\bar{x}_{cp}$	相对压力中心	4,8
x_f	翼型最大弯度位置	3
$\bar{x}_f$	翼型最大弯度相对位置	3
x_t	翼型最大厚度位置	3
$\bar{x}_{p\min}$	零升力时基本厚度翼型最小压力点相对横坐标	3
$\bar{x}_t$	翼型最大厚度相对位置	3
y	空间位置坐标	2,3,4,5
y'	仿射变换后的 y	2
$\bar{y}_f$	翼型中弧线的 y 坐标	3
y_l	下表面的 y	5
$\bar{y}_t$	将翼型拉直变成为对称翼型时的厚度坐标	3
y_{max}	中弧线 y 向最大坐标值	3
y_u	上表面的 y	5
y_w	壁面 y 向坐标	2
$y_{上}$	翼型上表面 y 向坐标	3
$y_{下}$	翼型下表面 y 向坐标	3
z	空间位置坐标	2,4,5
	儒科夫斯基变换中复数	3

续表

符号	意义	位置(章)
z'	仿射变换后的 z	2
z_c	升力线理论中用于积分的 z 位置	4
z_w	壁面 z 向坐标	2
α	迎角，攻角	2,3,5,6,7
α'	离(接)地迎角	6
α_1	焦点分析时的某迎角	3
α_2	焦点分析时的某迎角	3
α_a	从零升力线算起相对于来流的绝对迎角	4
α_{cr}	在翼型上表面产生流动分离的迎角	7
α_{des}	设计迎角	3
α_e	有效迎角	4
α_S	失速迎角	3
α_n	$V_{\infty n}$ 对机翼迎角，图 5.3.7	5
β	普朗特–葛劳渥因子	2,5
	图 7.2.11 中角度	7
	激波角	8
β_0	薄翼理论中间参数	3
γ	气体比热比	2,5,8
	当地单位长度上涡强	3
	面涡密度	4
	再入角	8
γ_E	发动机密度	6
δ	边界层厚度	2
	升力线理论中与平面形状有关的一个小正数	4
ε	偶极中源汇半距	2
	儒科夫斯基变换中偏心圆偏心距离中系数	3
	有效速度与来流的夹角	4
ζ	机翼表面曲线方向	4
η	机翼根梢比	4,5,7
η_p	推进效率	6,B
θ	薄翼理论过程参数	3
	机翼扭转角	4
	升力线理论中变换参数	4
	尖头翼型前缘半顶角	5
	图 5.2.5 中角	5

续表

符号	意义	位置(章)
	雷达波入射角	7
	气流折转角	8
	来流同壁面方向夹角	8
	航迹与水平方向夹角	8
θ_c	升力线理论变换参数	4
	倒截角	8
θ_N	球冠角	8
λ	机翼展弦比	4,5,7,8,C
λ_e	有效展弦比	4
λ_{jt}	机头长细比	7
λ_{js}	机身长细比	7
λ_{jw}	机尾长细比	7
λ_H	平尾展弦比	7
μ	黏度	2,A
μ_0	薄翼理论中间参数	3
μ	马赫锥半顶角	5,8
μ_G	地面摩擦系数	6
ν	普朗特–迈耶函数	8
ξ	翼型表面曲线方向	3
	机翼梢根比(尖根比)	4,7
	机翼表面曲线方向	4
ρ	密度	2,3,4,7,8
ρ_0	起飞高度的空气密度	6
ρ_∞	来流密度	2,3,5,6
$\rho_{海平面}$	海平面处的空气密度	6
ρ_H	升限高度的空气密度	6
σ	密度比 $\sigma=\dfrac{\rho_0}{\rho_{海平面}}$	6
	雷达散射截面积	7
τ	流体(微团)体积	2
	机翼半后缘角	3
	升力线理论中与平面形状有关的一个小正数	4
$\boldsymbol{\tau}$	切应力张量	2
υ	空气的运动粘性系数	7
ϕ	扰动速度位	2,3,5
	机翼安装角	4
ϕ'	仿射变换后扰动速度位	2

续表

符号	意义	位置(章)
φ	式(7.2.5)参数	7
χ	机翼后掠角	4,5,7,C
χ_0	前缘后掠角	4,5,6,7
$\chi_{1/4}$	1/4 弦线后掠角	4,7
χ_1	后缘后掠角	4,5
χ_e	有效后掠角	4
χ_j	副翼转轴后掠角	7
χ_H	平尾后掠角	7
ψ	机翼上/下反角	4
Γ	绕翼型的速度环量	3,4
Γ_0	机翼对称面处的环量	4
Θ	薄翼理论过程参数	3
Φ	流动速度位	2
Ψ	流函数	2